科学防晒

皮肤保护与技术指南

THE SCIENCE OF SUN PROTECTION A GUIDE TO SKIN PROTECTION AND TECHNOLOGY

孟　潇
陈庆生
胡根华
等
编　著

龚盛昭
主　审

化学工业出版社
·北京·

内容简介

《科学防晒：皮肤保护与技术指南》是一本系统全面、科学严谨的专业图书，内容涵盖紫外线与防晒基础理论、皮肤光生物学、防晒剂成分解析、化妆品配方技术、功效评价方法、安全性与法规政策等多个维度，兼具学术高度与实用价值。本书深入剖析光损伤机制与防护策略，融合国内外最新技术标准与法规动态，旨在推动防晒科学知识的普及与行业创新水平的提升。

本书适合化妆品行业从业者、科研人员及广大护肤爱好者阅读与参考。

图书在版编目（CIP）数据

科学防晒 ： 皮肤保护与技术指南 / 孟潇等编著. 北京 ： 化学工业出版社， 2025. 11. -- ISBN 978-7-122-49357-6

Ⅰ. TQ658.2-62

中国国家版本馆CIP数据核字第20257FE512号

责任编辑：王淑燕　提　岩　　　责任校对：刘曦阳
装帧设计：王晓宇

出版发行：化学工业出版社
（北京市东城区青年湖南街13号　邮政编码100011）
印　　装：中煤（北京）印务有限公司
787mm×1092mm　1/16　印张$14^3/_4$　彩插3　字数380千字
2025年11月北京第1版第1次印刷

购书咨询：010-64518888　　　售后服务：010-64518899
网　　址：http://www.cip.com.cn
凡购买本书，如有缺损质量问题，本社销售中心负责调换。

定　　价：108.00元

编写人员名单

	孟　潇	广州环亚化妆品科技股份有限公司
	陈庆生	广州环亚化妆品科技股份有限公司
	胡根华	广州环亚化妆品科技股份有限公司
	黄丹虹	广州环亚化妆品科技股份有限公司
	黄　洁	广州环亚化妆品科技股份有限公司
	陈佳龄	广州环亚化妆品科技股份有限公司
	周兆芳	广州环亚化妆品科技股份有限公司
	王　棋	广州环亚化妆品科技股份有限公司
	陈金梅	广州环亚化妆品科技股份有限公司
	李建彤	南京科思化学股份有限公司
	徐　良	原北京日用化学研究所
	彭双清	解放军疾病预防控制中心
	杨杏芬	南方医科大学公共卫生学院
	谈益妹	上海市皮肤病医院皮肤与化妆品研究室
	赵　华	北京日化协会
	孟　宏	北京工商大学国际化妆品学院
	谢志洁	中国药品监督管理研究会化妆品专委会
	吴生齐	广东省药品监督管理局审评认证中心
	方继辉	广东省药品检验所
	程建华	华南理工大学环境与能源学院
	谭建华	广州质量检验研究院
	郭清泉	广东工业大学轻工化工学院
	林梦雅	广州环亚化妆品科技股份有限公司
	潘　志	广州环亚化妆品科技股份有限公司
	陈　亮	广州环亚化妆品科技股份有限公司
	吕　晗	广州环亚化妆品科技股份有限公司
	何　叶	广州环亚化妆品科技股份有限公司
	许锐林	广州环亚化妆品科技股份有限公司
	许迎春	广州环亚化妆品科技股份有限公司
	杨雨琪	UA Manufacturing Pty Ltd
	吴小明	UA Manufacturing Pty Ltd
	林卓思	广州环亚化妆品科技股份有限公司
主　审	龚盛昭	广东轻工职业技术大学

前言

作为一名在防晒化妆品研发领域深耕多年的工程师，我始终被“光防护”这门融合光生物学、皮肤科学、材料化学与法规监管等领域的交叉学科所吸引。《科学防晒：皮肤保护与技术指南》的诞生，既源于对技术本质的探索热情，也来自对市场深刻变迁与消费者需求升级的切实回应。

近年来，防晒市场正经历前所未有的变革。消费者不再满足于基础的 UVB 防护，转而追求覆盖 UVA、可见光甚至红外线的全波段广谱防护。产品质地与肤感（轻薄不黏腻）成为关键购买决策因素，适合敏感肌与儿童的高安全性配方成为主流诉求。与此同时，环境友好型防晒化妆品和兼具美白、遮瑕、修护等多效精华级防晒化妆品正迅速重塑市场格局。另外，监管与科学验证的要求日趋严格。从中国《化妆品监督管理条例》对防晒功效宣称的严苛要求，到欧盟、美国、日韩等差异化法规体系，再到 ISO 国际标准测试方法的迭代更新（如 ISO 24444、ISO 24443 等），全球防晒产品开发正步入更科学、更规范的时代。

紫外线是导致皮肤光老化的主要元凶，坚持科学防晒，正是延缓皮肤光老化最有效的方法之一。本书从紫外线与光损伤的基础机制出发，系统解析了防晒剂特性、配方设计原则［包括提出的“五性一率（BEESPA）”模型］、功效与安全评价方法及全球法规框架，并深入探讨了生物防晒成分与光损伤的分子机制等前沿议题。书中既涵盖最新的临床评价技术，也涉及纳米材料安全性、防晒喷雾及儿童产品等热点问题。

希望这本书能成为行业同仁的一本案头参考，为研发创新、产品评价与市场准入提供坚实支撑。防晒科学不仅是配方的艺术，更是守护人类皮肤健康的使命。愿我们以科学之光，照亮防护之路。

本书第一章主要由孟潇、胡根华编写；第二章主要由周兆芳、孟潇编写；第三章主要由孟潇、陈庆生编写；第四章主要由黄洁、陈庆生编写；第五章主要由孟潇、陈佳龄编写；第六章主要由孟潇、陈金梅编写；第七章主要由黄丹虹编写；第八章主要由王棋、孟潇编写；李建彤、徐良、彭双清、杨杏芬、谈益妹、赵华、孟宏、谢志浩、吴生齐、方继辉、程建华、谭建华、郭清泉、林梦雅、潘志、陈亮、吕晗、何叶、许锐林、许迎春、杨雨琪、吴小明、林卓思等人提供相关资料并参与编写；龚盛昭为本书主审，全书由孟潇进行统筹定稿。本书在编写过程中参阅了大量的文献、著作及专利资料，在此向所有原作者与专利权人表示衷心感谢。

因本书涉及的内容较广，限于编者水平和时间，书中不足之处在所难免，敬请广大读者批评指正。

孟　潇

2025 年 9 月

目录

第一章　紫外线与防晒一般性概念　001

第二章　皮肤科学与防晒　012

第三章　化妆品用防晒剂　033

第四章　光损伤及生物防晒成分 084

第五章　防晒化妆品原料、配方与技术　113

第六章　防晒化妆品检验与评价　140

第七章　中国防晒剂原料及防晒化妆品的安全性评价　157

第一章

紫外线与防晒一般性概念

一、太阳光谱与紫外线、可见光、红外线

太阳光谱（solar spectrum）是太阳辐射能量按波长分布的电磁波谱，其本质为带吸收线的连续光谱。太阳辐射理论上涵盖从 γ 射线到长波无线电的全电磁波谱。

受地球大气层吸收影响，地表实际接收波段为紫外线、可见光和红外线三个波段，99% 的能量也集中于这三个波段。这三个波段在我们的日常生活中扮演着重要角色，尤其是与防晒化妆品的关联十分紧密。下面对紫外线、可见光及红外线从细分波段、特性及生物学效应、能量占比等方面进行介绍。

（一）紫外线

紫外线（ultraviolet，UV）是波长比可见光短，但比 X 射线长的电磁辐射，波长范围为 100 ～ 400 nm，其细分波段、特性及生物学效应和能量占比情况如下。

1. 细分波段

（1）长波紫外线（ultraviolet A，UVA），波长范围为 315（320）～ 400 nm。

（2）中波紫外线（ultraviolet B，UVB），波长范围为 280 ～ 315（320）nm。

（3）短波紫外线（ultraviolet C，UVC），波长范围为 200 ～ 280 nm。

（4）真空紫外线（ultraviolet D，UVD），波长范围为 100 ～ 200 nm。

值得提出的是，关于 UVB 与 UVA 波段分界点存在 315 nm 和 320 nm 两种定义的现象，本质上是因不同国际机构采用的分歧所致，而非单一标准。这种差异源于对紫外线生物效应研究的侧重不同，以及实际应用场景的需求差异，如表 1-1 所示。

表 1-1　不同标准机构对于 UVB 和 UVA 波段范围定义差异

标准 / 机构	UVB/UVA 分界点	依据侧重点
国际照明委员会（CIE）	315 nm	光学物理特性与生物效应平衡
国际标准化组织（ISO）	320 nm	防晒产品测试的实用性与可操作性

关键分歧点解析如下。

· CIE 标准（315 nm 分界）：强调紫外线对皮肤的生物效应连续性。315 nm 被视为 UVB

红斑效应与 UVA 晒黑效应的过渡点。

· ISO 标准（320 nm 分界）：侧重防晒产品的测试可操作性。320 nm 是实验室中更易精确控制的波长分界，便于 SPF（UVB 防护）和 UVA-PF（UVA 防护）的分段测试。

此外，虽然理论上的 UVB 起始波长是 280 nm，但在一些跟化妆品相关的 ISO 标准如 ISO 24444 将 UVB 的起始波长定为 290 nm。究其原因，波长＜ 290 nm 的短波紫外线（UVC 和部分 UVB）在到达地表前，几乎被臭氧层完全吸收。因此，地表实际接收的 UVB 辐射起始于 290 nm，而非理论定义的 280 nm。由于 290 nm 以下紫外线无法到达地表，其对人体皮肤的影响可忽略不计。ISO 标准聚焦于实际可接触的紫外线范围（290 nm 以上），确保标准与真实风险匹配。

2. 特性及生物学效应

紫外线的生物损伤性远高于红外线与可见光，如下：

（1）UVA：也称长波黑斑效应紫外线，穿透力强，能穿透云层和玻璃，可深入皮肤真皮层，导致皮肤老化、产生皱纹和色斑，还会降低皮肤的免疫力，严重时易患皮肤癌。

（2）UVB：也称中波红斑效应紫外线，大部分被臭氧层吸收，仅少量可到达地面，夏季和午后强度高，可大部分被玻璃阻挡。作用于表皮层，引发即时晒伤（红肿、脱皮）及 DNA 损伤，是患皮肤癌主因之一。同时也可促进维生素 D 合成，具有生理双重性。

（3）UVC：也称短波灭菌紫外线，几乎被臭氧层完全吸收，自然环境下不到达地表。人工光源（如杀菌灯）可释放 UVC，短时照射即灼伤皮肤 / 眼睛，长期接触致癌。UVC 具强效杀菌作用，可用于医疗和消毒领域。

（4）UVD：也称为真空紫外线（vacuum ultraviolet，VUV）。无法到达地表，地球臭氧层与大气氧气将其完全阻隔，属于纯人工生成波段。凭借其真空依赖性与高能量特性，在臭氧消毒、量子点显示等高科技领域不可替代，但需严格防护以避免光化学损伤。

3. 能量占比

紫外线在太阳总辐射能量中占比约为 7%。而在太阳辐射到达地球表面的紫外线中，UVA 占比约 95%，UVB 占比约 5%，UVC 和 UCD 基本可以忽略不计。季节、海拔、纬度以及臭氧层变化均会导致以上能量占比在小范围内浮动，但 UVA 主导地位不变。

（二）可见光

可见光（visible light，VIS）是人眼可以感知的电磁波，波长比紫外线更长。根据国际照明委员会（CIE）及 2025 年最新科学定义，波长范围为 380 ～ 780 nm。

值得一提的是，可见光定义波长范围涵盖了 380 ～ 400 nm（前述紫外线定义范围），这并非错误，背后的原因在于定义的标准和目的不同。人眼内的感光细胞对 380 nm 附近的光线有极微弱的反应。虽然大多数人看不到，但理论上这个波段是“可见”的起点，因此被划入可见光范围。

1. 细分波段

牛顿在 1671 年通过棱镜色散实验，将可见光谱划分为：红（Red）、橙（Orange）、黄（Yellow）、绿（Green）、蓝（Blue）、靛（Indigo）、紫（Violet），简称“ROYGBIV”。其中蓝光和红光在防晒等领域常被提及。

2. 特性及生物学效应

蓝光能量相对较高，可穿透到视网膜，长期大量暴露可能对视网膜造成损伤；可能影响人体生物钟，抑制褪黑素分泌，干扰昼夜节律；此外还能导致皮肤色素沉着以及氧化应激。红光则具有一定的穿透深度，能促进细胞新陈代谢，在医学和美容领域有应用。

3. 能量占比

可见光在太阳总辐射能量中占比为 42% ～ 50%，具体占比会因测量条件（如大气层厚度、季节以及地理位置）在范围内浮动。

（三）红外线

红外线（infrared，IR）是波长比可见光长的电磁辐射，具体情况如下。

1. 细分波段

（1）近红外（near-IR，NIR），波长范围为 780 ～ 1400 nm。

（2）中红外（middle-IR，MIR），波长范围为 1400 ～ 3000 nm。

（3）远红外（far-IR，FIR），波长范围为 3000 ～ 1000 000 nm（1 mm）。

2. 特性及生物学效应

近红外穿透力较强，可到达皮肤深层组织，能产生热效应，长期过量暴露可能导致皮肤老化；中红外和远红外主要产生热效应，能被皮肤表层吸收，使人感觉到温暖，过量则可能引起烫伤等。

3. 能量占比

红外线在太阳总辐射能量中占比为 43% ～ 49%。同样地，具体占比会因测量条件（如大气层厚度、季节以及地理位置）在范围内浮动。

二、紫外线系数

紫外线指数（ultraviolet index，UVI）是由国际组织（如世界气象组织、世界卫生组织）及各国气象机构共同制定的量化指标，用于衡量特定时间和地点太阳紫外线辐射对人体皮肤的可能损伤程度。

（一）定义

UVI 通过测量波长范围 290 ～ 400 nm 的太阳紫外线辐射，结合“红斑作用光谱曲线”加权计算得出。该曲线模拟人体皮肤对紫外线的平均生物学反应（以红斑损伤为基准），最终将加权总辐射强度（单位：mW/m^2）乘以 0.04 转换为无量纲指数值。

（1）测试时段：UVI 特指太阳在天空最高时（通常为当地时间 10：00 ～ 14：00，峰值在 12：00 前后）的紫外线辐射强度，此时段占全天紫外线总量的 60% 以上。

（2）数值范围：UVI 变化范围为 0 ～ 15+：夜间或极弱辐射时为 0；热带、高原、夏季晴天的极端辐射可达 15+。

（3）影响因素：UVI 受多因素如地理、气候以及地表反射等影响。

（二）基于 UVI 的紫外线防护建议

根据世界卫生组织（WHO）和中国气象局标准，UVI 按数值分为 5 级，对应防护建议如表 1-2 所示：

表 1-2　不同 UVI 值（风险等级）下的参考防护措施

UVI 值	风险等级	参考防护措施
0 ～ 2	弱	无须特殊防护
3 ～ 4	中等	戴太阳帽 + 戴太阳镜 + 涂抹防晒霜

续表

UVI 值	风险等级	参考防护措施
5 ～ 6	强	避免正午外出，若正午外出需使用遮阳伞 + 涂抹高倍防晒霜
7 ～ 9	很强	10: 00 ～ 16: 00 避免户外活动，外出需涂抹高倍防晒霜 + 穿长袖衣物
≥ 10	极强	非必要不外出，外出时需全副武装（涂抹高倍防晒霜 + 穿防晒服 + 戴墨镜）

三、防晒的定义及分类

防晒是指为达到防止皮肤被晒黑、晒伤等目的而采取一些方法来阻隔或吸收紫外线。防晒方式主要分为两种：硬防晒和软防晒。还存在一些其他形式的防晒手段。

（一）硬防晒

硬防晒是指通过遮挡的方式来实现隔绝紫外线的防晒方式，常见的方式有：戴太阳镜、穿防晒衣、戴防晒帽以及使用防晒伞。需要注意的是，我们所穿的衣物、使用的伞具，都具有一定的遮挡防晒效果，但并不是所有的产品都可被称为防晒衣、防晒帽、防晒伞。

1. 防晒衣、防晒帽及防晒伞

符合国家标准 GB/T 18830—2009《纺织品 防紫外线性能的评定》的产品，才可以被称为防晒衣、防晒帽、防晒伞。需同时满足两个重要指标：UPF ＞ 40 且 T（UVA）$_{AV}$ ＜ 5%。其中，UPF 指皮肤无防护时计算出的紫外线辐射平均效应与皮肤有织物防护时计算出的紫外线辐射平均效应的比值。UPF 越高，代表衣物的防晒效果越好。T（UVA）$_{AV}$ 则指对 UVA 的透过率，透过率越低防晒效果越好。

2. 太阳镜

符合国家标准 GB 39552.1—2020《太阳镜和太阳镜片 第 1 部分：通用要求》的镜片，需通过紫外线透射比测试，确保阻挡 99% 以上紫外线（包括 UVA 和 UVB），才能称为“太阳镜”。

（二）软防晒

软防晒是指在皮肤上涂抹防晒化妆品以反射或吸收紫外线的防晒方式。防晒化妆品多种多样，有防晒乳、防晒霜、防晒油、防晒喷雾、防晒啫喱、防晒膏、防晒棒以及防晒粉底等，可以根据自身肤质和应用场景合理选用。在日光充足或进行户外活动前，将防晒化妆品均匀涂抹在皮肤的各个部位，用量需按照使用方法要求，根据时间以及留存情况及时进行补涂，这样才能保证防晒效果。

（三）其他形式防晒

日常一些普通的食物，如番茄、胡萝卜等，因富含胡萝卜素、维生素 C 等成分而具有抗氧化（清除自由基）的能力，也能在一定程度上减轻日光对皮肤造成的氧化应激作用，因此日常可多补充此类食物，协助提升皮肤对日光的抵抗力。

另外，也存在一些光敏性食物。所谓光敏性食物是指那些吃了以后能使皮肤变得对紫外线敏感的物质。通常这类食物含呋喃香豆素、卟啉类物质（如补骨脂素），经紫外线（UVA）激活后引发光毒性反应。常见光敏性食物如下。

· 蔬菜：芹菜、茴香、莴苣、菠菜、苋菜、荠菜、香菜、香椿、灰菜、马齿苋；

· 水果：柑橘、柠檬、葡萄柚、无花果、芒果、菠萝；
· 海鲜：螺类、虾类、蟹类、蚌类、黄鱼；
· 其他：荞麦、某些中药（白芷、补骨脂）。

对于普通人来说，无须过度焦虑而完全避免这些健康食物，只需注意在日光活动强烈的季节，避免一次性大量食用后立即进行长时间的户外暴晒即可。如有特殊光敏性疾病或正在服用光敏性药物，则需更加留意。

（四）防晒误区

1. 夏季才需要使用防晒产品吗?

在大部分人印象中，夏季（6～8月）时阳光最为猛烈，而其他季节阳光强度不大，因此只需在夏季时使用防晒产品。事实上，虽然夏季的UVB强度最大，但不可忽略的是UVA强度随季节变化较小，因此一年四季都要做好防晒措施。除了季节，一天中紫外线最强的时间通常是太阳高度角＞60°时，即中午时间附近（上午10点～下午3点，尤其上午11点～下午1点）。

此外，在春季末夏季初时紫外线强度会骤升，此时皮肤处于一个比较敏感的阶段，因此更加需要注重防晒；北方冬季期间雪地反射紫外线增强，高海拔地区（如青藏高原）冬季UVB强度接近平原夏季，需严格防护。

2. 防晒化妆品的防晒指数（SPF值）是越高越好吗?

高防晒指数产品往往使用感较差，给皮肤带来的负担也较大，因此可根据活动场所对防晒产品的指数和使用体验做一个权衡：日常通勤，如工作、上学、逛街、购物等时可选用中低防晒指数产品，而进行长时间户外运动，如游泳、滑雪、爬山等，则必须使用高防晒指数产品。

此外，对防晒化妆品SPF的认知要科学。比如标识SPF50的防晒化妆品不能简单理解为约是SPF30产品的1.7（50/30）倍。实际上，SPF 30的防晒霜可以阻挡约96.7%的UVB辐射，而SPF50的阻挡率为98%，对UVB的阻隔率仅差约1.3%。即SPF值的增长与紫外线（UVB）防护能力的提升并非线性关系，如图1-1所示。另外，涂两遍SPF30的防晒化妆品，也不能达到SPF60的效果，SPF值非数字叠加关系。

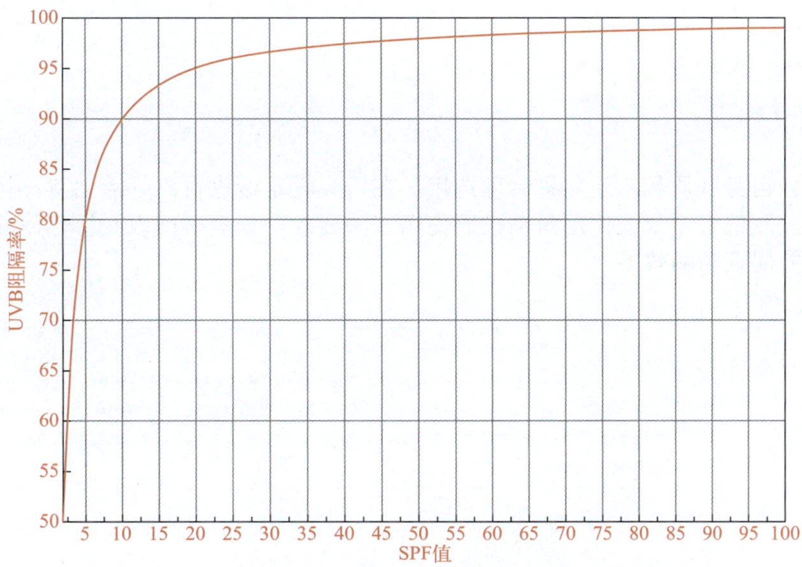

图1-1　SPF值与UVB阻隔率的理论计算模型关系

3. 皮肤不易晒黑就不需要防晒吗?

不同人肤质不同，因此在同样照射条件下，有些人一晒就黑，而有些人则不易晒黑。不易晒黑并不意味着就不需要使用防晒产品。使用防晒产品的意义不仅仅是防止皮肤被晒红晒黑，更重要的是降低患皮肤癌的风险。因此为了皮肤健康着想，无论何种肤质，在特定户外场景下都应该使用防晒产品。

4. 在室内就不需要防晒吗?

目前城市办公楼外墙多采用玻璃材质，虽然美观，但也会造成一定程度的光污染。太阳光在玻璃的折射、反射下，会间接射入室内，对室内的人们造成影响，特别是靠近窗边的人，因此在室内也需提防紫外线的损害。另外，除了太阳光，人们平常接触的电子设备的LED屏也会产生一些光污染（主要是蓝光），因此人们也需要做好防护措施，使用一些具有蓝光防护的防晒产品。

5. 打遮阳伞和戴遮阳帽是否就可以不涂防晒化妆品呢?

虽然打遮阳伞和戴遮阳帽可遮住部分太阳光紫外线，但建筑、地面、草地、沙地、水面以及雪地都可不同程度地反射紫外线。一般草地反射的紫外线为1%，沙地为10%～25%，玻璃幕墙为20%～30%，水面为20%～30%，雪地为80%～90%。因此仍然建议硬软结合（“ABC原则”）使用防晒化妆品，填补防护死角，做好周密防护。

（五）科学防晒策略

科学防晒策略中的“ABC原则”是国际公认的紫外线防护核心理念。

1. A（avoid）避免日晒

避免日晒为最根本的防护策略，其核心理念：不被紫外线照射是最高效的防护方式。

（1）时间规避　上午10点～下午2点（夏季可延长至下午3点）为紫外线峰值时段，占全天辐射量的50%以上，需尽量减少外出。

（2）空间优化　利用树荫、建筑阴影遮挡直射光（阴影区紫外线强度降低50%～90%）。另外普通玻璃可阻挡90%以上UVB，但UVA穿透率依然很高，靠窗位置需辅助遮挡措施。

2. B（block）遮挡防护

其核心理念：通过物理屏障（防晒装备）直接阻隔紫外线。装备选择参考如表1-3所示。

表1-3　防晒装备选择标准

装备	关键技术参数	选购建议
遮阳伞	UPF>40（国标防紫外线产品门槛），黑胶涂层 > 色胶 > 银胶	伞面直径 >100 cm，内衬深色防地面反射
防晒衣	UPF>30，UVA透过率 <5%，面料为锦纶 / 涤纶	深色系 > 浅色系，致密编织 > 疏松面料
太阳镜	标注“UV400”或“100% UV吸收”	镜片覆盖眼角，聚碳酸酯材质防碎裂
遮阳帽	帽檐宽度≥7.5 cm	圆帽檐 > 棒球帽（后者无法防护侧脸）

3. C（cream）防晒霜

其核心理念：在A、B无法满足时，通过使用防晒霜（化妆品）做周全防晒防护。

4. D（diet）饮食辅助

ABC+D。也即之前提到的其他形式的防晒。其核心理念：食物中的抗氧化成分可中和紫外线诱导的自由基损伤。如图 1-2 所示。

图 1-2　科学防晒 ABC+D 原则

四、防晒化妆品

（一）基本定义

在我国，防晒化妆品属于特殊用途化妆品，指添加特定防晒剂成分，通过反射、散射或吸收紫外线（主要为 UVA 和 UVB 波段），使皮肤免受或减轻日晒引起的损伤（如晒伤、光老化、色素沉着）的功能性化妆品。

单纯使用有机（化学）防晒剂的防晒化妆品称为纯化学防晒；仅使用无机（物理）防晒剂的防晒化妆品称为纯物理防晒；两者都使用的为物化结合型防晒。

（二）防护对象与原理

1. 防护对象

防护紫外线：UVA（320 ～ 400 nm）和 UVB（280 ～ 320 nm）。

2. 作用机制

核心功效成分为防晒剂。细分为无机（物理）防晒剂（二氧化钛和氧化锌），通过反射、散射或吸收紫外线来达到紫外线防护目的；有机（化学）防晒剂（如奥克立林、甲氧基肉桂酸乙基己酯等 24 种），通过吸收紫外线并转化为热能等释放来达到紫外线防护目的。

值得一提的是，传统上常把二氧化钛和氧化锌看作是物理防晒剂，即通过反射和散射紫外线起到皮肤防护目的。事实上防晒所使用的纳米级二氧化钛和氧化锌主要靠吸收紫外线发挥防晒效果，同时具备物理反射及散射作用。因此，把二氧化钛和氧化锌称之为无机防晒剂更为恰当。

此外，还有一种说法叫“生物防晒”。它是指从生物学角度出发，借助生物活性成分或生物机制，实现对皮肤的防晒保护及光老化防护的策略（详见第四章光损伤及生物防晒成分）。

（三）功效标识要求

1. SPF 值（sun protection factor，防晒指数）

该标识代表对 UVB 的防护能力，可“简单而直观”理解为皮肤对 UVB 防护时间或承受能量的倍数。比如，若未使用防晒化妆品时皮肤在阳光下 15 min 晒红，按照标准要求用量（2 mg/cm^2）使用 SPF30 的产品后，晒红时间可延长至 15 min×30 = 450 min。当然，这个防护时间只是一个在理想状态下的估量值，并不是绝对的，实际情况还会受到一些不可控因素的干扰，所以只能作为一个参考。如果长时间进行户外运动，要想保证防晒效果，在涂抹均匀的前提下，建议每隔 2 h 或者更短时间间隔涂抹一次。

根据法规要求，SPF 的标识应当以产品实际测定的 SPF 值为依据。当产品的实测 SPF 值小于 2 时，不得标识防晒效果；当产品的实测 SPF 值在 2 ～ 50（包括 2 和 50）时，应当标识该实测 SPF 值；当产品的实测 SPF 值大于 50 时，应当标识为 SPF50+。

2. PA 等级（protection grade of UVA，长波紫外线防护等级）

PA 等级基于防晒化妆品的 UVA 防护因子（PFA）来评定。该标识代表对 UVA 的防护效果，跟 SPF 的倍数理解类似，PA 等级可理解为皮肤对 UVA 防护时间的倍数。比如，PA++++ 的产品对 UVA 防护的时间可延长 16 倍以上。

依据 PFA 值（protection factor of UVA，UVA 防护指数）分级：PA+（PFA：2 ～ 3）、PA++（PFA：4 ～ 7）、PA+++（PFA：8 ～ 15）、PA++++（PFA：≥ 16）。

PA 等级体系由日本化妆品工业联合会制定，中国及亚洲多国沿用，欧美则多用广谱（broad spectrum）或 UVA 圆圈标识，但防护原理一致。

3. 广谱防晒宣称

该宣称代表防晒化妆品对 UVB 和 UVA 的防护均衡，具备更广的紫外线波段防护范围。通常应该选用具有广谱防晒功效的防晒化妆品。

4. 防水抗汗宣称

该宣称代表防晒化妆品具备一般或者强的防水性能，适合“游泳”“防水抗汗”“户外运动”等场景使用。不建议在一般通勤场景使用。

（四）防晒化妆品的使用

1. 认准正规产品

2021 年颁布的《化妆品监督管理条例》明确指出，用于防晒的化妆品为特殊化妆品。特殊化妆品经国务院药品监督管理部门注册后方可生产、进口。与普通化妆品不同，防晒化妆品需“持证上岗”（国产特殊化妆品产品注册证），实行更严格的管理机制。一般而言，一款防晒化妆品从申报到正式上市，至少需一年到一年半的周期，而且费用不低，门槛较高。在选购防晒化妆品时，首先认准批准文号，国产防晒化妆品为“国妆特字 G”开头的编码，进口防晒化妆品为“国妆特进字 J”开头的编码，相应批准文号可以在国家药品监督管理局（以下简称“国家药监局”）官网或手机上下载“化妆品监管”App 进行查验。同时尽量选择在正规卖场或品牌产品官方店铺进行购买，避免买到劣质产品。

2. 防晒化妆品的选择

认准正规防晒产品后，还需根据不同肤质、不同应用场景选择相匹配的防晒产品。按剂型，防晒产品可分为防晒乳、防晒霜、防晒油、防晒喷雾、防晒棒、防晒粉底等，其中，防晒油、防晒棒多为纯油体系，防晒粉底多为油包水体系。

· 肤质：干性肤质可选用油包水体系的防晒产品，或膏体较为滋润的防晒霜产品，防晒同时保湿滋润皮肤；油性肤质可选用防晒乳、防晒喷雾等膏体较为稀薄，容易吸收的产品，减轻对皮肤的负担。

· 应用场景：可大致分为室内、日常通勤以及户外活动。其中室内和日常通勤与日光接触概率较低，可选用中等防晒指数，如 SPF30 左右的产品即可满足需求，无须追求高防晒指数。户外活动与日光接触较多的，则优先选用高防晒指数，如 SPF50+ 的产品，才能较好满足防晒需求。如果是海边，或者进行剧烈运动容易出汗，还需选择具有防水抗汗效果的防晒产品，保证防水抗汗性能。如有化妆需求，也可使用相应的防晒粉底，在防晒的同时也能起到一定的修饰作用。

3. 防晒化妆品的使用方法

防晒产品一般在正常护肤流程后使用，即先用洁面进行清洁，接着用爽肤水、精华打底，然后用乳液或面霜做好基础护肤后再使用防晒产品。一般防晒产品用洁面产品即可洗去，部分高防晒指数，或油包水型，或具有防水抗汗效果的产品，需要先用卸妆产品，再用洁面产品或使用洗卸合一的产品才能完全去除。

防晒化妆品不同于普通化妆品，需保证涂抹量才能具有良好的防晒效果。根据实验室测试结果，一般推荐用量为 2 mg/cm^2，但防晒化妆品普遍较为厚重，大部分消费者实际用量大概为 0.5 mg/cm^2，远远未达到推荐用量。有研究表明，一款 SPF50 的防晒产品，如果使用量为 0.5 mg/cm^2，那么实际测试出来的 SPF 仅为 6，防晒效果大打折扣。因此为了保证防晒效果，还需足量涂抹。一般人面部的裸露皮肤面积为 300 ～ 400 cm^2，按照 2 mg/cm^2 的推荐用量计算，每次需要涂抹 0.6 ～ 0.8 g 才能起到应有的防晒效果。

五、防晒化妆品及防晒剂的发展历史

（一）公元前至 19 世纪：古代文明的光防护实践与天然成分的应用

1. 公元前

· 古埃及的植物防晒智慧：公元前 4000 年，古埃及人使用稻米、茉莉花和羽扇豆等植物的提取物制成防护膏体进行太阳光防护（防晒）。

· 古希腊的运动防护实践：公元前 800 ～公元前 500 年，在古希腊时期，备战奥运会的运动员们为抵御阳光灼伤和防止擦伤，会将橄榄油与细沙混合后涂抹全身。

· 古印度的矿物药理学突破：公元前 500 年，古印度医学典籍《查拉卡本集》（Charaka Samhita）首次记载了氧化锌的药用价值。书中将一种名为“pushpanjan”（经后世考证为氧化锌）的物质配制成药膏，可明目疗创，愈灼焚之伤。

· 古代中国：公元前 1600 ～公元前 256 年，商周时期，人们将天然白垩土（主要成分为碳酸钙）或高岭土（主要成分为硅酸铝）研磨细粉，以水调敷。吸附皮肤油脂，物理遮盖防晒；公元前 770 ～公元前 221 年，春秋战国时期,《神农本草经》记载胡麻（指芝麻）“润五脏，益肌肤”，人们以茶油 / 胡麻油涂身，形成油膜屏障，减少水分蒸发及防晒。

2. 19 世纪：光损伤机制揭示与防晒科学启蒙

· 1820 年，英国外科医生和解剖学家 Everard Home 发现阳光在皮肤灼伤中的作用。

· 1887 年，德国人 Veiel 首次将“Tannin”（单宁酸）作为防晒成分，但因其染色性未广泛使用。但它标志着人类有意识地将特定化学物质作为“防晒剂”使用的开端，具有重要的历史意义。

· 1891 年，德国人 Friedrich Hammer 将“Acidified Quinine Sulfate”（酸化硫酸奎宁，一种最早被用来减轻 UVB 引起的皮肤晒伤效应的物质）应用到乳液和软膏中以阻止晒伤，创造了历史上第一种化学防晒产品，但未直接转化为商业化产品。

· 1894 年，德国皮肤科医生 Paul Unna 首次将长期阳光暴露与皮肤癌的关联系统化，他在研究中发现船员因职业性日光暴露导致皮肤出现严重退行性病变（如角化病和癌变），并由此提出“海员皮肤”与恶性肿瘤的因果关系。同年，法国波尔多大学的 William Dubreuilh 通过对比流行病学数据，观察到葡萄园工人因长期户外劳作，其日光性角化病和皮肤癌发病率显著高于较少暴露的城镇居民，进一步验证了职业性日晒与皮肤癌的关联。这两项研究奠定了光致癌性的临床观察基础，但尚未直接推动防晒产品的商业化应用。

（二）20 世纪上半叶：防晒产品商业化与技术突破

· 1922 年，德国光生物学家 Karl Hausser 与 Wilhelm Vahle 通过系统性实验，首次揭示了紫外线波长与皮肤生物学效应的定量关系。他们的研究是光皮肤病学的里程碑，其核心结论："长波促黑，短波致红"，至今仍是防晒科学的基础范式。

· 1928 年，美国 Lehn & Fink（利洁时）公司推出首款商业化防晒霜——dorothy gray's sunburn cream，使用水杨酸苄酯（benzyl salicyclate）和肉桂酸苄酯（benzyl cinnamate）。但由于防护力较弱，未被大规模使用。

· 1932 年，德国 Bayer（拜尔）公司发明了第一款水溶性 UVB 防晒剂——苯基苯并咪唑磺酸（phenylbenzimidazole sulfonic acid），解决了早期油性防晒剂肤感黏腻的问题。该成分的专利和技术后来由 Bayer 的子公司 Haarmann & Reimer（H&R）继承和发展，而 H&R 在 2003 年与 Dragoco 合并后成立了全球最大的香精香料及防晒公司之一 Symrise（德之馨），该成分也推动了 Symrise（德之馨）等防晒原料巨头的技术发展，成为现代水溶性防晒体系的基础。

· 1935 年，欧莱雅创始人 Eugene Schueller 利用对氨基苯甲酸（para-aminobenzoic acid, PABA）推出第一款助晒油产品——"ambre solaire"，因法国带薪假期推动太阳浴文化，该产品大获成功。该产品仅能提供有限的 UVB 防护。

· 1938 年，瑞士化学家 Franz Greiter 发明冰川霜（gletscher crème），SPF ≈ 2（当时未正式定义 SPF，该值为后世回溯评定）。

· 1943 年，PABA（对氨基苯甲酸）获专利，1948 年其衍生物 padimate O（二甲基 PABA 乙基己酯）被认可。1956 年，皮肤科医生开始接诊对 PABA 过敏的患者，发现 PABA 具有光不稳定性。研究发现，PABA 与组织结合后会分解形成抗原，这一发现促使 PABA 被逐步停用。1960 年，PABA 因致敏性逐渐退出市场，其衍生物 padimate O 也在 1976 年后因其高致敏性和光降解产物的潜在毒性而退出市场。

· 1944 年，美国药商 Benjamin Green 发明了红色凡士林（red veterinary petroleum），是物理防晒的雏形。供第二次世界大战时期的美国士兵使用。1950 年，Benjamin Green 成立了著名的 Coppertone（确美同，又称水宝宝）公司，改良了红色凡士林，推出了首款大众防晒霜。

（三）20 世纪下半叶：SPF 体系建立与 UVA 防护突破

· 1956 年，德国辐射物理学家 Rudolf Schulze 提出 SPF 概念，但未完善计算方法。1962 年，奥地利化学家 Franz Greiter 定义了 SPF 术语，又于 1974 年完善并普及了 SPF 术语。

· 20 世纪 50 ～ 60 年代，当时的紫外线防护，仅仅停留在"防止晒伤"的阶段，也就是着眼于 UVB 的防护，而忽视了 UVA 的作用。UVA（光老化）的危害在 1980 年后才被重视。

· 1960 年，第一个具有一定 UVA 防护作用的化学防晒剂 benzophenone（二苯酮类）诞生，用于 UVB 和短波 UVA 防护。

· 1969 年，美国皮肤科医生 Albert Kligman 通过系统性临床观察，首次提出"光老化"（photoaging）概念，并明确区分了紫外线（尤其是 UVA）引起的皮肤结构性损伤与自然衰老的差异。

· 1978 年，Coppertone 公司推出第一款具有防水功能的防晒霜。

· 1978 年，美国 FDA 出版了防晒霜指南，采纳了 Franz Greiter 提出的 SPF（防晒系数）这一术语，并作为防晒霜的评判标准。

· 1979 年，第一个 UVA 防晒剂——avobenzone（丁基甲氧基二苯甲酰基甲烷）上市。

这是具有重要意义的 UVA 防晒剂。1950 ～ 1960 年期间防晒仅聚焦 UVB，UVA 危害至 1980 年后才受到重视。

· 20 世纪 80 年代，L'Oréal（欧莱雅）公司推出两款新一代的广谱和光稳定化学防晒剂，分别是 1982 年上市的 Mexoryl SX（对苯二亚甲基二樟脑磺酸）和 1988 年的麦色滤 Mexoryl XL（甲酚曲唑三硅氧烷）。

·20 世纪 80 年代末至 90 年代初期，微粒化二氧化钛（1989 年）和氧化锌（1992 年）上市，以减少泛白问题，推动物理防晒剂普及。

· 1992 年，英国 Boots 公司的科学家与纽卡斯尔大学光生物学教授 Brian Diffey 合作，研发出了 UVA 星级评分系统。该系统是一种向消费者传达产品提供的 UVA 防护水平的方法，以符号形式出现在防晒产品上，并在英国被广泛使用。

· 1996 年，日本化妆品工业联合会制定了表示防晒黑能力的 PA（protection grade of UVA）标准。

（四）21 世纪：广谱光稳定防晒与防晒监管法规的完善

· 2000 年以来，UVA 防护的主要研究重点转向了光稳定性，因 UVA 防晒剂可能因暴露于紫外线而受损并失去功效。

· 2000 ～ 2001 年，Ciba 公司（2008 年被 BASF 收购）推出两款广谱、光稳定的防晒剂——Tinosorb M（亚甲基双 - 苯并三唑基四甲基丁基酚/50%）和 Tinosorb S（双 - 乙基己氧苯酚甲氧苯基三嗪）。Tinosorb M 是第一个水分散的微粒型有机广谱防晒剂，Tinosorb S 是第一个具有良好光稳定性的广谱防晒剂。

· 2006 年，BASF 推出了第一款光稳定的 UVA 防晒剂——Uvinul A Plus（二乙氨羟苯甲酰基苯甲酸己酯），后进行工艺升级，于 2016 年上市推出了 Uvinul A Plus Granular。

· 2010 年，可见光（蓝光）和红外线防护的重要性被确立。这与主要导致晒伤的 UVB 和导致老化的 UVA 形成了互补。防晒理念拓展到了更广谱的太阳光防护。

· 2012 年，美国 FDA 最终版防晒专论（monograph），耗时数十年。这是美国防晒监管史上最重要的事件之一。

· 2018 年，欧盟修订化妆品法规，严格规范纳米材料。法规要求所有在欧盟上市的含纳米材料（如纳米级二氧化钛和氧化锌）的防晒产品，必须进行额外的安全评估，并在成分表中明确标注“纳米”。法规体现了对物理防晒剂安全性的深度关切，推动了更严格的安全标准。

· 2018 年，BASF 推出了一种新型的包裹型的水分散防晒原料——Tinosorb S lite Aqua（双 - 乙基己氧苯酚甲氧苯基三嗪: 20%），可减少油相负担，提升抗水效果，并有助于增强防晒功效以达到高 SPF 值的要求。

·2019 年，L'Oréal 公司注册了新一代 UVAI 防晒剂——Mexoryl 400（MCE，methoxypropylamino cyclohexenylidene ethoxyethylcyanoacetate/ 甲氧基丙基氨基环己烯基亚乙基氧基乙基氰基乙酸酯），覆盖 360 ～ 400 nm 波长范围，吸收峰值为 385 nm，可增强防晒产品对长波紫外线的防护。主要专利号包括 ZL201710328916.3（中国）和 ZL201880073173.2（国际专利）。

· 2022 年，L'Oréal 公司旗下 La Roche-Posay（理肤泉）将 Mexoryl 400 用于 Anthelios UVMune 400 系列防晒产品中，主打“全波段防护超长波 UVA”。

纵观防晒数千年发展史，人类对光防护的探索从基于经验的天然成分应用起步，历经 19 世纪光损伤机制的科学启蒙，20 世纪实现技术商业化与 SPF 体系标准化，最终在 21 世纪迈入追求广谱、光稳定及应对可见光损伤的新纪元。这是一部融合了科学发现、技术创新、法规完善与理念升级的宏大历史，其核心始终是人类为保护皮肤健康而与阳光进行的永恒对话。

第二章

皮肤科学与防晒

一、皮肤的结构与功能及光生物学作用

作为人体最大的器官，皮肤是人体与外界环境接触的第一道防线，在保护人体正常代谢及循环中起到重要作用。成年人的全身皮肤面积约为 1.5 ～ 2.0 m^2，不同部位其厚度（不包括皮下组织）不同，跨度为 0.5 ～ 4 mm，平均为 2.0 ～ 2.2 mm。正常情况下，男性皮肤比女性皮肤更厚，眼睑及外阴、包皮等部位皮肤最薄，约为 0.6 ～ 1 mm，手掌及脚后跟皮肤最厚，约为 2 ～ 5 mm。皮肤重量约占体重的 5%（倘若包括皮下组织，则可达 16%），其中男性皮肤平均重量约为 4.8 kg，而女性皮肤平均重量只有 3.2 kg。

皮肤分为表皮、真皮及皮下组织三大部分（图 2-1），同时还含有多种组织如毛发、皮脂腺、汗腺、血管以及神经等等。

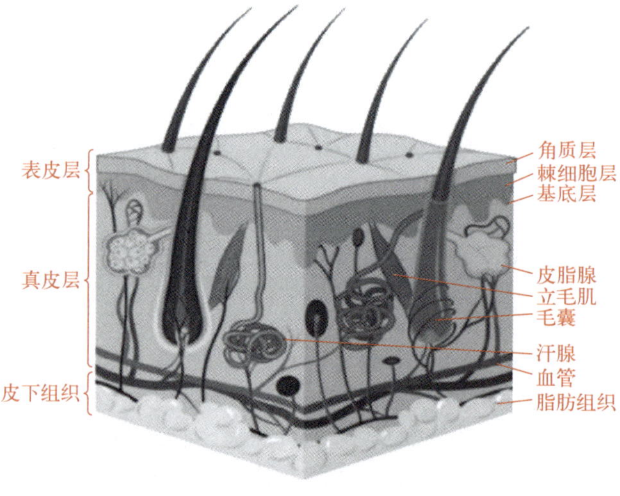

图 2-1　皮肤的构造

（一）表皮层

表皮（epidermis）是皮肤最外层的组织，其厚度一般为 0.035 ～ 0.15 mm，根据部位不

同厚度也不同，表皮主要由角质形成细胞和树枝状细胞组成，其中角质形成细胞约占表皮细胞的 90% ～ 95%。角质形成细胞在不同的发展阶段具有不同的形态特点，根据其形态特点从表皮由里向外依次可分为基底层、棘细胞层、颗粒层、透明层（过渡层）及角质层。通过对表皮进行切面处理，可观察到分层鳞片状上皮结构，该结构客观验证基底层细胞不间断地有丝分裂，持续形成角蛋白细胞，并由基底层经棘细胞层、颗粒层、角质层，最终脱落的生理过程（图 2-2）。

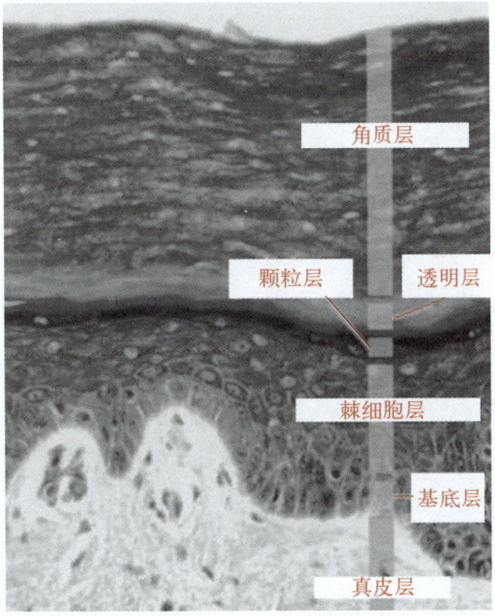

图 2-2　表皮的结构

1. 基底层

基底层（stratum basale）位于表皮最深处，由单层圆柱状细胞构成。基底层细胞排列成栅形，附着于基底膜上，其与真皮层连接截面呈现波浪起伏状，并被原纤维和细纤维束锚定在真皮上。基底层细胞胞质中有细胞核、线粒体、内质网、溶酶体等细胞器，胞浆内还含有黑色素颗粒，其含量影响皮肤的颜色。基底层细胞可通过底层细胞膜从真皮层的毛细血管得到营养成分、抗体等，并随着基底细胞向外推移，补充角质层的消耗，维持表皮细胞数量的动态平衡。

2. 棘细胞层

棘细胞层（stratum spinosum）位于基底层上层，由 4 ～ 10 层大且不规则的多面形细胞构成，是表皮层中最厚的一层，该层细胞均有棘突，因此称为棘细胞。该层细胞具有分裂功能，细胞的形状、结构随其所在位置不同而变化，越靠近表皮，细胞形态越扁平，并伴随有新细胞器。棘细胞间通过桥粒相连，细胞间隙有淋巴液流通，为细胞提供营养。消费者在使用化妆品时发生的不良反应，诸如皮肤发痒、红肿等情况，通常与该层细胞有关。

3. 颗粒层

颗粒层（stratum granulosum）位于棘细胞层上层，通常由 2 ～ 4 层扁平、纺锤状或者菱形细胞构成，细胞核已经趋近退化，细胞胞浆内含有透明角质颗粒，且越靠近角质层，透明角质颗粒越大、数量越多。该层细胞的厚度与角质层的厚度正相关，可吸收外界的物质，因其上层覆盖有中性富脂质层，因此具有防水、防渗透等屏障功效，对于皮肤的储水具有重要影响。

4. 透明层

透明层（stratum lucidum）由 2 ～ 3 层扁平、无核的细胞构成，位于颗粒层上层，该层细胞仅见于手掌、足跖，该层细胞富含磷脂类物质，具有防止水分、电解质通过的屏障功能。

5. 角质层

角质层（stratum corneum）是表皮最外一层，其厚度根据所在部位不同而不同，眼睑、前额、脸颊等部位较薄，最薄为 0.02 mm；手掌、足跖部位较厚，最厚的可达 0.5 mm。该层细胞扁平无核，其长轴与表皮平行，细胞膜变厚，细胞与细胞之间的桥粒逐渐消失，形成板状结构，是角蛋白分化的最后阶段，一般认为该层细胞已无生物活性。角质层由蛋白质和脂质组成，其中角质层细胞内充满了角蛋白纤维，该蛋白为非水溶性的硬蛋白，对酸、碱及有机溶剂具有一定的抵御能力，同时具有较强的吸水能力，能够保持皮肤的柔润。当角蛋白纤维最终在上层降解后，将在角质层形成氨基酸、吡咯烷酮羧酸及乳酸等具有保湿功能的“天然保湿因子”；角质层脂质为多层结构，其上层脂质主要含有胆固醇、神经酰胺和游离脂肪酸，其质量比为 25：50：15，在表皮分化和角质化的过程中，脂质组分及含量都会发生明显变化。角质层是皮肤最重要的屏障，能耐受一定的物理性、化学性、细菌性伤害，且对紫外线具有一定的吸收功能。

表皮细胞的数量取决于细胞增殖和细胞死亡之间的动态平衡，随着角蛋白细胞的不断分裂和演变，表层角质细胞也随之慢慢脱落，表皮分化所需要的时间称为角质细胞更新时间，该时间与年龄相关，年轻人约需要 2 周的时间，而 50 岁以上的人则一般需要 37 天。表皮完全更新的时间包括角蛋白细胞形成、成熟到死亡，一般需要 45 ～ 75 天。

6. 表皮层细胞

（1）黑色素细胞　黑色素细胞（melanocyte）是一种分泌性细胞，位于表皮基底层细胞之间，呈树枝状突起（图 2-3）。人体表皮的基底层细胞中含有 4% ～ 5% 的黑色素细胞，一般

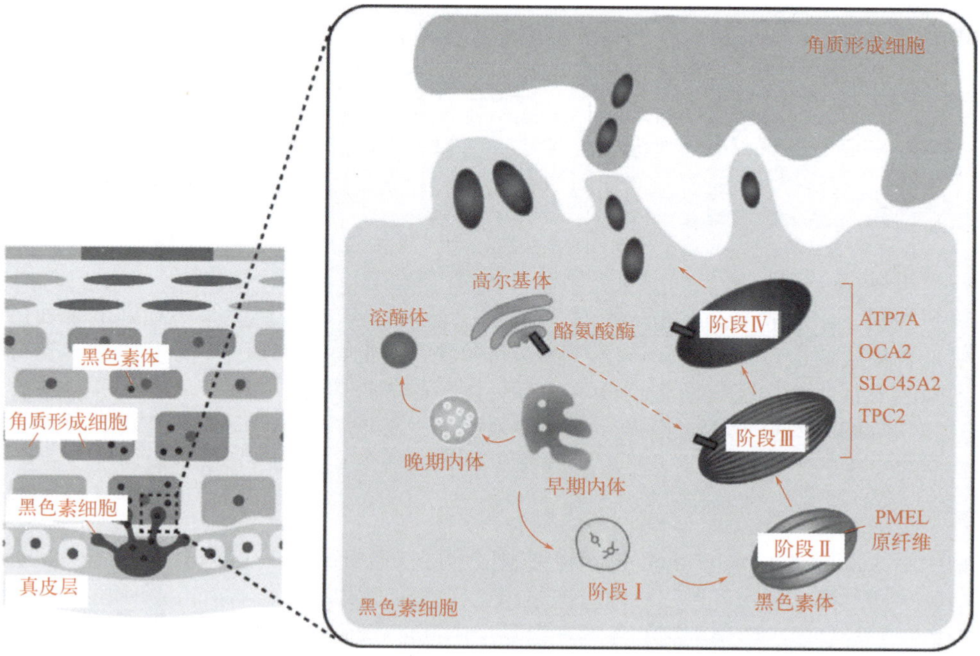

图 2-3　黑色素细胞结构示意图

约 10 个基底细胞中就有一个黑色素细胞。黑色素细胞内含有黑素体，为合成黑色素的细胞器。黑色素体内含有酪氨酸酶、多巴色素歧化酶等关键生物酶，可将底物催化生成黑色素。成熟的黑色素通过黑色素细胞的树枝状突起被运送到角质形成细胞，并随角质形成细胞的增殖与分化，逐渐迁移至角质层中，完成了生成与代谢。由于两者之间结构和功能上紧密相关，因此将每个黑色素细胞及其周围的角质形成细胞定义为表皮黑色素单元，通常每 36 个角质蛋白细胞就有 1 个黑色素细胞，数量受其所在人体部位不同而有所差异。大部分黑色素细胞分布在皮肤内，但是眼睛和耳朵也存在大量的黑色素细胞，此外，黑色素细胞还存在于毛基质中，向毛发输送黑色素。

在所有人种中，表皮中黑色素细胞的平均密度为 800 ～ 1000 个 /mm^2，总数量可达 20 亿个，其数量不会随着年龄的增加而减少，但是基底层中黑色素颗粒在 30 岁后会出现减少趋势，每 10 年约降低 6% ～ 8%，因此随着年龄的增加可能会出现色素痣变淡的情况。黑色素细胞的数量也与日光中紫外线照射程度有关，经常暴露于阳光中的皮肤如面部皮肤，相较于未暴露于阳光中的皮肤如腹部等部位，其黑色素细胞的数量远远高于未暴露部位，黑色素细胞在脸部的皮肤分布密度通常可达到 1200 ～ 1800 个 /mm^2；但有趣的是，紫外线照射后，暴露于紫外线的皮肤和未暴露于紫外线的皮肤，其表皮黑色素细胞的数量都有明显增加，这可能是暴露于紫外线照射的皮肤释放了信号因子，刺激未暴露的皮肤黑色素细胞分裂。

黑色素（melanin）是一种能够吸收紫外线的化合物，其主要作用就是抵御紫外线的辐射。不同肤色的人皮肤的黑色素细胞数目相近，但个体之间黑色素在颜色、数量、分布、降解等存在较大差异，导致个体之间的肤色也有较大差别，因此不同肤色的人群对防晒的需求也有较大的区别。与浅色肤色相比，黑色皮肤发现的黑素体数量更多体型较大，呈较大的卵型，长轴约为 1 μm 甚至更大，而浅色皮肤（Ⅰ型或Ⅱ型）的黑素体约为 0.5 μm。表 2-1 是部分种群黑色素与防晒需求之间的差异。

表 2-1　部分种群黑色素与防晒需求的差异性

项目	黑种人	黄种人	白种人
黑素体的数量	多	介于中间	少
黑素体的大小 /μm	1×0.5	0.6×0.3	0.5×0.3
黑色素类型	真黑素多	兼有真黑素及褐黑素	褐黑素多
颜色	棕色、棕黑色或黑色	浅棕色、棕色或棕黑色	浅红色、黄红色或红棕色
存在形式	单个分散	介于两者之间	簇状聚集
分布情况	分散于整个表皮	介于两者之间	表皮中的基底层
降解速度	缓慢	介于两者之间	易降解
防晒需求	防晒黑	介于两者之间	防晒伤

（2）树枝状细胞　除黑色素细胞外，表皮还有其他三种功能结构不同的树枝状细胞：朗格汉斯细胞（langerhans cell）、梅克尔细胞（merkel cell）和未定型细胞（indeterminate cells）。

① 朗格汉斯细胞呈无色透明树枝状，是表皮专门表达抗原的细胞，具有吞噬细胞的功能，与机体免疫功能相关。该种细胞非表皮所特有，在其他鳞状上皮组织中也能发现，此种细胞约占表皮细胞总数的 2% ～ 8%。UVB 辐射会降低朗格汉斯细胞免疫能力和其在表皮的分布密度。

② 梅克尔细胞位于表皮基底层，是皮肤和口腔黏膜特定细胞，属神经内分泌细胞，与神经和感觉功能有关。

③ 未定型细胞位于表皮最下层，细胞内没有黑色素体及朗格汉斯颗粒，因其可能是朗格汉斯细胞或者黑色素细胞分化而来，因此称为未定型细胞。需要进一步补充的是，现代观点更倾向于认为它们是上述已知细胞类型的不同发育或功能阶段，而非一个独立的细胞类别。

（二）真皮层

真皮层（dermis）位于表皮层和皮下组织之间，具有一定的弹性，能够缓解外界的机械冲击，可为表皮及皮肤附属器官提供养分、电解质并储存水分。真皮层厚度约为 3 mm，是表皮层厚度的 10 ～ 40 倍，作为皮肤的第二道防线，能够防止分子量较大的分子通过，具有渗透屏障功能。真皮层与表皮层相接处呈现凹凸状（图 2-4），真皮层凸出进表皮部分称为“乳头体”，该结构中具有毛细血管，能够给表皮提供营养成分，并排出新陈代谢的废物；表皮凹入真皮层部分称为“表皮突起”，真皮层与表皮层的凹凸结构可增加两者之间的接触面积，使得表皮层与真皮层具有更加紧密的连接。

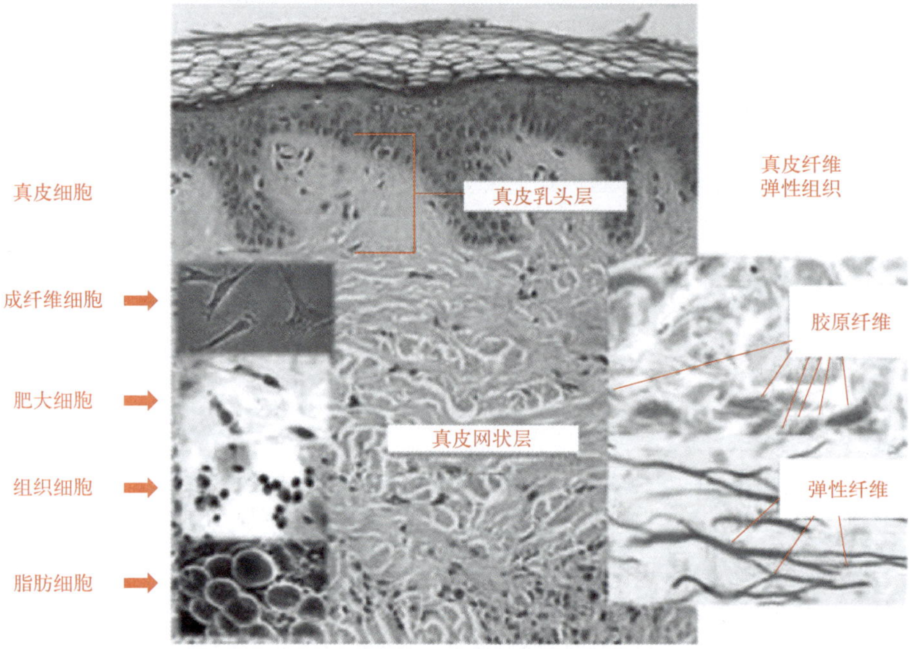

图 2-4　表皮层与真皮层之间呈现凹凸状

真皮层分为乳头层（papillary layer）和网状层（reticular layer），两层之间无明显的分界。其中乳头层在表皮层下方，是一层疏松的结缔组织，含有丰富的毛细血管及神经末梢，因此与表皮层的营养供给及温度调节有密切的关系。此外，脸部皮肤呈现红色或者苍白，与该处血液流通量的多少相关，且皮肤的所有炎症几乎都涉及乳头层被侵犯。网状层在乳头层下方，由一层较致密的结缔组织构成，该结缔组织中的纤维较乳头层更粗，呈纵横交错的不规则排列，赋予了皮肤弹性及韧性。网状层中还含有较大的血管、淋巴管、汗腺、毛囊、皮脂腺和色素细胞等结构，同时伴随较多的神经和神经末梢。

真皮层主要是由结缔组织和含有黏多糖的基质构成，其中结缔组织是由胶原纤维、网状纤维及弹力纤维组成。胶原纤维是真皮结缔组织中的主要纤维组分，约占真皮干基质质量分数的 75%，体积分数的 18% ～ 30%。在光学显微镜下，可以观察到胶原纤维是无色的、宽度为 2 ～ 15 μm 呈波浪状的束带，具有韧性大、拉力强、弹性差的特点，可提供抗拉强度和弹性。胶原纤维由胶原蛋白构成，在人体需要强韧性的组织中含有大量的胶原蛋白。网状纤维在真皮中数量较少，直径约为 0.2 ～ 1.0 μm，是较细且未成熟的胶原纤维，具有柔软、多分支且相互连接成网的结构特点，通常分布在毛囊、皮脂腺、汗腺及神经周围。弹力纤维由弹性蛋白组成，纤维直径为 1 ～ 3 μm，具有良好的弹性，通常围绕着胶原纤维，与胶原蛋白呈现平行或者斜行排列，可使被牵拉后的胶原纤维恢复原状。弹力纤维在网状层下部较多，在面部、头皮及四肢关节周围含量较丰富，其弹性与水的含量相关，当水分含量较低的时候，弹性蛋白会出现变脆的现象。此外，真皮层内的弹力纤维更新非常慢，且会随着年龄变化及基因疾病而产生相应的变化，皮肤光损伤通常伴随着真皮弹性组织的变性。

真皮基质充满在纤维和细胞的间隙，是一种无定形结构的黏多糖与蛋白质的复合物，呈凝胶状，由成纤细胞分泌，可使得纤维黏合，具有支持、连接、提供营养及保护的功能。其主要成分为非硫酸黏多糖、硫酸黏多糖和中性黏多糖，其中非硫酸黏多糖主要为透明质酸，可与胶原蛋白及弹性纤维结合成凝胶结构，使得真皮层具有良好的弹性，且对真皮层中水分含量有较大影响。当透明质酸含量减少时，黏多糖出现变性，真皮层中的血管伸缩性及血管壁通透性减弱，导致真皮层中水分含量降低，进而使得皮肤出现干燥、弹性降低、无光泽、皱纹等皮肤老化的现象；硫酸黏多糖主要含有硫酸软骨素，可维持水和电解质的平衡，保持皮肤的盈润光泽。真皮层中还含有真皮树枝状细胞、巨噬细胞、肥大细胞等其他细胞组分。

（三）皮下组织

皮下组织位于真皮层下方，又称脂膜或者皮下脂肪层，由疏松的结缔组织和脂肪小叶组成。其中结缔组织形成稀疏的网状结构，脂肪小叶分布于其间，脂肪小叶中充满脂肪细胞，是人体储存脂肪的地方，具有储存能量、供给能量、保温及抵御外部机械性冲击的功能。人体不同部位的皮下脂肪层厚度有较大差异，且与年龄、性别、营养状况等相关，人体皮肤脂肪的总量约占皮肤总重量的 3.5% ～ 6%，最低仅为 0.3%，最高可达 10%。此外，皮下组织存在于真皮和肌肉及骨骼之间，与真皮层之间没有明显分界，且含有较大的血管、神经及皮肤附属器官。皮肤的附属器官包括毛发、毛囊、皮脂腺、汗腺及指（趾）甲。

（四）皮肤与紫外线的相互作用

照射到地球表面的太阳光中，紫外线具有最短的波长、最高的能量，它在人类的活动中扮演了多个角色。阳光中的紫外线能够促进人体合成维生素 D，促进人体对钙的吸收，有利于儿童身高的增长，还能有效预防和缓解骨质疏松；冬日的暖阳更是让人身心愉悦，改善低落的心情，这是因为阳光增强了交感神经 - 肾上腺系统的兴奋性，促进了激素分泌；但是过量的紫外线不仅会引起皮肤的晒伤、晒黑，还能导致皱纹、雀斑等光老化现象，甚至诱发皮肤癌。

1. 对紫外线的防护作用

防止紫外线对人体器官及皮肤造成急性或慢性的损伤是皮肤重要的生理功能之一，皮肤对紫外线的防护主要有两重屏障保护：角质层细胞和表皮中的黑色素。表皮中的角质层可以反射大部分的太阳光，且表皮中各层细胞交错排列，可增加透过表皮紫外线的散射从而减轻紫外线直接照射带来的损伤，此外，角质层中的角蛋白还能吸收透入的紫外线，防止其进一步透过表皮。当受到紫外线照射时，角质层还会逐渐变厚以便增加皮肤对紫外线的防护。黑色素也可以吸收紫外线并清除自由基，以此来保护细胞核中的 DNA、胶原蛋白等重要成分。但值得注意的是，目前黑色素在防晒产品中的应用具有比较大的限制性，天然来源的人的黑色素的提取及获得成本较为高昂，且天然黑色素较难溶于水及常规溶剂，其在防晒配方上的稳定性及兼容性也存在较大的挑战，倘若大量添加至配方中则可能导致产品外观颜色较深，涂抹至皮肤上将呈现棕色或黑色等令消费者较难接受的颜色，因此，在不同技术条件下，在防晒产品中添加黑色素可能并不能有效地增加防晒产品的 SPF 值。除上述角质层和黑色素构成的物理与化学屏障外，皮肤细胞还拥有强大的内在生物修复机制。例如，细胞内的核苷酸切除修复系统能够有效识别并修复被紫外线（主要是 UVB）损伤的 DNA，这是防止基因突变和细胞癌变的一道至关重要的内部防线。

（1）皮肤组织对紫外线的吸收作用　当光照射在皮肤上时，一部分的光会被皮肤组织吸收，根据入射光波长的不同，皮肤对其吸收也不一样（表 2-2）。在紫外线波段，主要是由皮肤角质层和透明层的扁平细胞、表皮的黑色素颗粒、核酸、蛋白质、胆固醇等吸收；其中 180 ～ 280 nm 的紫外线（UVC）基本被皮肤角质层吸收，不能到达表皮的基底层（实际地表无 UVC 到达），而 280 ～ 315 nm 的紫外线（UVB）有部分被角质层吸收，约 10% 辐射能到达真皮层上部，如表 2-2 所示。可见光波段主要是由黑色素颗粒、血红蛋白和水吸收；远红外和红外波段，则主要是由皮肤和皮下的水分吸收。皮肤组织中能够吸收光的物质称为生色团。这些生色团是影响皮肤组织吸收光的决定性因素，生色团的比例和数量影响着皮肤组织的反射光谱及吸收光谱，因此皮肤也呈现出不同颜色。

表 2-2　不同波段光谱的光透入皮肤深度

波段	波长 /nm	穿透深度	透射比 /%
部分 UVC 波段，UVB	180 ～ 315	表皮浅层	≤ 10
UVA	315 ～ 400	真皮上层	10 ～ 20
可见光	400 ～ 700	真皮及皮下组织	32 ～ 86
IRA	700 ～ 1400	真皮及皮下组织	36 ～ 86
IRB，IRC	＞ 1400	表皮角质层	0

（2）不同种族群体皮肤对光照吸收的差异性　人皮肤组织中一般存在真黑素（eumelanin）和褐黑素（pheomelanin）两种黑色素。真黑素颜色较深，表现为棕色或者黑色；褐黑素颜色稍浅，表现为黄色、红褐色或者胡萝卜色。这两种黑素在形态特征及理化性质上都存在差异，对紫外线的抵御能力也有所不同。陆洪光使用 HPLC 分析比较黄种人和白种人正常及异常皮肤组织中两种黑素的含量，发现白种人皮肤中褐黑素含量明显高于黄种人（$P < 0.01$），而真黑素的含量则明显低于黄种人（$P < 0.01$），结果见表 2-3。该结果与所观察到的白种人皮肤中黑色素颗粒大多数呈现淡红色，有色人种黑色素颗粒大多数呈现棕色或棕黑色从而推断出的白种人皮肤组织褐黑素高于有色人种的结论一致。有文献报道，褐黑素可以导致培养的组织细胞溶解，其前体在紫外线照射下会导致 DNA 链的断裂，有学者提出褐黑素在紫外照射下可能会导致基因突变，此外根据流行病学资料，白种人皮肤癌的发病率明显高于有色人种，但与褐黑素在皮肤组织中含量偏高是否有关系还需进一步研究。

表 2-3　黄种人和白种人正常皮肤组织中褐黑素和真黑素含量比较

组别	人数	褐黑素（AHP）/（μg/g）	真黑素（PTCA）/（μg/g）	AHP/PTCA/（μg/g）
黄种人	16	4.30±2.74	1.40±0.58	3.10±2.90
白种人	15	9.60±3.20	0.90±0.36	10.80±10.30

注：AHP 和 PTCA 分别为真黑素和褐黑素的定量标志物。

当皮肤受到紫外线辐射时，表皮中的黑色素能够通过吸收和散射作用，有效减弱紫外线的穿透，保护深层细胞免受损伤。黑色素所提供的紫外线防御能力与皮肤色素沉着的程度相关。Ⅰ型和Ⅱ型浅色皮肤由于黑色素防护不足，极易发生光老化和皮肤癌，因此防晒对其至关重要。虽然Ⅳ～Ⅵ型深色皮肤因黑色素含量高而内在的光老化速率相对较慢，但紫外线照射后更容易出现炎症后色素沉着等色素紊乱问题。因此，对于深色皮肤人群，防晒的主要目的之一是预防和减轻色素沉着。例如，某些色素性疾病（如黄褐斑）在亚洲人群中的患病率较高，这与深色皮肤更易出现色素紊乱的倾向性有关。不同肤色人群，皮肤中组分的差异（特别是黑色素），导致了对光的吸收及生物反应程度存在明显差别，进而产生了不同的防晒需求。

此外，不同人种对防晒的需求与行为差异，同样深刻源于社会文化和审美观念。例如，在许多西方文化中，日光浴与休闲、健康形象相关联，而在许多亚洲文化中，则以皮肤白皙为美，因此防晒行为更为普遍。

2. 促进维生素 D 合成

维生素 D 是一大类脂溶性固醇类化合物的总称，其中，与人体健康关系最密切的是维生素 D_2（ergocalciferol，麦角钙化醇）和维生素 D_3（cholecal ciferol，胆钙化醇）。人体维生素 D 的来源一般分为内源性和外源性，外源性指的是通过饮食获得，来源于植物性食物的是维生素 D_2，又称为麦角钙化醇，来源于动物性食物的是维生素 D_3，又叫胆钙化醇。内源性则是通过紫外线照射皮肤合成而来。人体从食物中获取的维生素 D 含量较少，皮肤合成的维生素 D 是人体最主要的维生素 D 来源，一些研究认为，约 90% 以上的维生素 D 是依赖人体皮肤在紫外线照射所合成。皮肤合成维生素 D 的量与皮肤颜色、紫外线辐射到皮肤上的强度、季节等多种因素有关。

（1）维生素与健康　人体维生素 D 来源主要是由皮肤合成，表皮中 7- 脱氢胆固醇（7-dehydrocholesterol，7-DHC）经过阳光中紫外线照射后形成维生素 D_3 前体，再经过温促作用转化为维生素 D_3，维生素 D_3 与维生素 D 结合蛋白结合后经血液循环进入肝脏或者脂肪存储。饮食来源的天然维生素 D 较少，主要存在于脂肪含量较高的鱼类，比如鲑鱼、鲱鱼、鲭鱼及蛋黄等。此外，在一些牛奶中可能也添加了维生素 D，但值得注意的是，除非每天的饮食都是脂肪含量高的鱼类及添加了维生素 D 的奶制品，否则单靠饮食很难满足每天至少 800 IU 的维生素 D 推荐剂量。

维生素 D 的缺乏已经成为全球公共卫生普遍存在的问题，血清中 25- 羟基维生素 D［25-hydroxyvitam in D，25-（OH）D］水平被认为是反映机体维生素 D 营养状况的最佳指标，参照 2016 年全球营养性佝偻病管理共识，血清中 25-（OH）D ＜ 30 nmol/L 为维生素 D 缺乏，30 ～ 50 nmol/L 为维生素 D 不足，≥ 50 nmol/L 才属于适宜范围。

维生素 D 的生理功能包括内分泌功能和旁分泌功能，其中内分泌功能主要包括小肠钙转运、骨代谢、肾钙重吸收及胰岛素分泌等；旁分泌功能则包括抑制细胞增殖和免疫调节。维生素 D 是促进钙、磷吸收和骨骼发育的关键营养素，儿童缺乏维生素 D 会引起骨骼钙化不良，从而导致骨骼疼痛、肌无力、骨骼畸形和生长发育迟缓等问题。研究表明，将个体血清中维生素 D 的含量提高到 80 nmol/L 会使得钙的吸收增加 65%。老年人骨折最为主要的原因是肌无力和跌倒，而维生素 D 对肌肉健康有重要作用，有研究表明，维生素 D 含量与老年人肌肉力量和下肢功能呈现正相关性。

维生素 D 的缺乏不仅仅会危害到骨骼系统，还可能导致免疫力下降、过敏、肥胖以及生殖健康等问题。维生素 D 在女性生殖健康的调节中扮演重要的角色，孕妇维生素 D 的缺乏可能引起胎儿生长受限、低出生体重甚至流产等不良妊娠结果。目前来说，维生素 D 在女性生殖系统的调节机制还需进一步研究，但是与子宫内膜异位症、多囊卵巢综合征、妊娠期糖尿病等的发生及发展都有密切的关系。

鉴于维生素 D 缺乏的广泛影响，通过补充剂维持适宜的血清水平显得尤为重要。研究表明，不论是年轻人还是老年人，每天 700 ～ 1000 IU 的维生素 D 补充剂可以使得 50% 的人群血清维生素 D 的水平达到 75 ～ 100 nmol/L，与 1997 年美国膳食参考摄入量（DRI）对维生素 D 摄入量的建议（表 2-4）相比，老年人的推荐用量（600 IU）只能让大多数老年人群血液中维生素 D 的水平维持在 50 ～ 60 nmol/L。这也提示了后续的膳食指南（如美国医学科学院 2011 年建议）已将此推荐量提高至每日 800 IU。研究表明，对于大部分健康年轻成年人而言，每日摄入高达 4000 IU 的维生素 D（通常是可耐受最高摄入量）是安全的，且此剂量可使 88% 的人血清水平达到至少 75 nmol/L。当然，补充维生素 D 也需适量，过量的维生素 D 可能会导致维生素 D 中毒，常见的维生素 D 中毒有恶心、呕吐、食欲不振、便秘、体重减轻及虚弱等症状，也可能伴随高钙血症、心律不齐及钙质沉着症等症状。

表 2-4　1997 年美国膳食参考摄入量（DRI）对维生素 D 摄入量的建议

年龄段	推荐量（每天）
50 岁以下的成人及儿童	200 IU
51 ～ 70 岁的成人	400 IU
大于 70 岁的成人	600 ～ 800 IU

（2）日光照射与维生素 D 的关系　紫外线强度对皮肤合成维生素 D_3 具有较大影响，大多数的前维生素 D_3 和维生素 D_3 产生于表皮下层的基底层和棘细胞层，其中前维生素 D_3 在胆固醇前体 7- 脱氢胆固醇合成的光反应中，最大作用光谱为 305 nm，因此 UVB 的照射强度及时间决定了前维生素 D_3 的合成量。在紫外线较弱的冬季，紫外线强度不够，阳光照射不足以合成足够的前维生素 D_3，而在紫外线强烈的夏季，无防晒保护的皮肤合成的前维生素 D_3 将达到峰值。

皮肤维生素 D_3 合成除受紫外线强度影响以外，也与皮肤黑色素的含量密切相关。黑色素是皮肤天然的 UVB 吸收剂，在黑色素含量较高的皮肤中，穿透到表皮下层的 UVB 相对于浅色皮肤来说更少，合成的维生素 D_3 也更少，因此晒得越黑的皮肤，皮肤在阳光下单位时间内所合成的维生素 D 的量也会更少；合成相同量的维生素 D 需要在阳光下暴露的时间更长，但也进一步导致皮肤的晒黑。有研究表明，皮肤较黑的人产生 UVB 最小红斑剂量更高，与皮肤较白的人相比，可能需要 3 ～ 6 倍的紫外线暴露时间才能合成相同数量的维生素 D_3。年龄也是影响维生素 D_3 合成的关键因素，与年轻的皮肤相比，老年人皮肤合成维生素 D_3 的含量最高可降低为原来的四分之一。

此外，维生素 D 的合成与纬度、季节、性别、种族甚至文化习俗都有一定的关系。在纬度 35° 以上的冬季，太阳入射角过小，大多数 UVB 被臭氧层吸收，进而导致皮肤合成维生素 D_3 的量急剧降低。即使是在日光充足的地理位置，偶然暴露于阳光下也不足以使得机体获得足够的维生素 D（75 nmol/L 或 30 ng/ml），生活在阳光充足的气候下，仍然可能缺乏维生素 D。

（3）防晒与维生素 D 的关系　防晒或者缺乏户外活动与机体较低的维生素 D 水平相关，但是目前的研究数据显示，防晒与维生素 D 之间的关系比较矛盾。有研究表明，在实验室环境中，暴露于模拟阳光的最小红斑剂量下，用 SPF8 的防晒霜能够显著地抑制维生素 D 的增加，但是在另一项研究中，113 名健康成人（年龄＞ 40 岁）进行随机双盲对照试验，比较夏季每日使用 SPF17 的广谱防晒霜及安慰剂霜，结果发现两者血清中维生素 D 的增加没有明显差别。也有研究表明，在阳光充足的地区（如巴塞罗那），使用 SPF15 的防晒霜会适度降低维生素 D 的水平（冬季 25-（OH）D 下降 17% ～ 40%），但并不会导致临床相关的维生素 D 缺乏及骨骼健康问题，此外还有研究显示，在高紫外线暴露的条件下，使用 SPF 值相同、UVA 防护系数不同的防晒霜时，UVA 防护系数越高，皮肤能够合成的维生素 D 越多。这些看似矛盾的研究结果提示，防晒对维生素 D 合成的影响实际受到多种因素影响。

实行严格防晒、室内工作的人群及深色肤色的人群，机体的维生素 D 含量相对不足，但是目前的调查研究表明，生活在阳光明媚的人群的血清中维生素 D 的含量也是较低的。通过延长在日光下的暴露时间一定程度上可以促进皮肤合成维生素 D，但是长期暴露在阳光下会导致光老化和光致癌，因此要达到并维持 75 ～ 100 nmol/L 的最佳血清维生素 D 水平，均衡饮食并补充维生素 D 是最佳方法。此外，从饮食中摄取维生素 D，除非是每天食用脂肪含量丰富的鱼类及乳制品，否则也难以达到最佳血清维生素 D 的水平。对于缺乏维生素 D 的个体，成人每天补充 1000 IU 的维生素 D_3 较为适宜。针对儿童及婴儿，其推荐摄入量已随研究进展而提高，目前多数指南建议高于 1997 年美国膳食参考摄入量（DRI）所推荐的 200 IU，例如美国儿科学会建议每日摄入 400 IU。在防晒的同时，均衡饮食并补充维生素 D 能有效地维持人体的健康。

3. 光老化

随着年龄的增长，人体的各个器官都会出现衰老、退化的现象，这也包括人体最大的器官——皮肤。皮肤的衰老分为内源性老化和外源性老化。内源性衰老指的是人体随着年龄的增长，皮肤自然地、不可避免地发生老化的过程；外源性衰老则主要指光老化，即紫外线（主要为紫外线，也包括环境污染等综合因素）造成皮肤老化的过程。

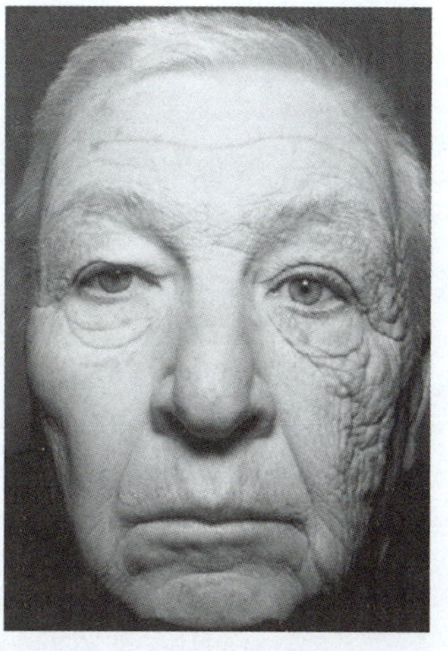
图 2-5　自然老化及光老化对比

通常情况下，自然老化与光老化同时存在，人无法避免皮肤的光老化与自然老化的发生，只能延缓或者降低其发生的程度。在临床外观表现上，皮肤的自然老化与光老化存在较多差别，图 2-5 为 2012 年发表在《新英格兰医学杂志》的临床医学照片，该照片展示因长期单侧受紫外线照射，造成同一张脸左右两侧老化程度产生巨大差异。左脸（曝光侧）是自然老化与严重光老化的叠加，右脸（遮蔽侧）则主要体现了自然老化的特征。两者对比直观地揭示了光老化对皮肤外观的巨大破坏力。无论是暴露在紫外线中的皮肤，还是没有暴露在紫外线中的皮肤，都会受到自然老化的影响；对于未暴露在紫外线中的皮肤，例如腹部、臀部等，皮肤外观变化不明显，主要表现为干燥、松弛、细小皱纹及皮肤萎缩；长期暴露在日光或人工紫外线下的皮肤，通常会出现粗细不等的皱纹、松弛、色素沉着以及粗糙等现象。自然老化与光老化在组织生理学上的特征也有较大区别，表 2-5 是光老化与自然老化在临床和组织生理学上特征变化的差异。

表 2-5　光老化与自然老化在临床和组织生理学上特征变化的差异

特征	自然老化	光老化
临床外观变化	皮肤平滑较薄，有细皱纹，弹性降低，逐渐松弛，出汗较少，慢慢转化为干性皮肤，皮肤有一定的干、脆感，可能有良性肿瘤生长，很少有恶化病变	皮肤粗糙变厚，较多粗大皱纹，较松弛，有结节、雀斑样痣、光化性痤疮，皮肤干、脆感明显，可能有良性、恶性肿瘤生长，外貌变化明显

续表

特征		自然老化	光老化
表皮	厚度	越来越薄	早期棘状，后期出现萎缩
	网脊	稍微拉长	丧失
	细胞增殖速度	变低	变高
	基底层角蛋白细胞	基底层细胞微绒毛细胞质凸出部位消失	基底层细胞微绒毛细胞质凸出部位变异，不均匀性明显，角化不良明显
	角质层	正常	致密，不均匀
	黑色素细胞	黑色素细胞数量减少，功能下降	黑色素细胞数量减少，黑色素合成增加
	表皮-真皮连接	无跨接线区	有跨接线区
真皮	厚度	变薄	变厚，弹性纤维降解
	弹性蛋白	出现变性、降解，乳头真皮中耐酸弹性纤维消失	出现明显变性、降解并密集聚集，出现无定型弹性组织变性物质沉积
	胶原蛋白	胶原网格变致密，胶原束大小稍微有变化	胶原酶活性增加，出现碎片胶原纤维，胶原束大小变化明显
	炎症细胞	无炎症	有炎症

光老化是一种复杂的现象，受环境因素和个体基因的综合影响。光老化在开始阶段表现为表皮增厚，后期表现为明显的表皮萎缩，且随着紫外线对皮肤损伤的积累，开始出现雀斑样的色素沉着以及日光性角化病等癌前病变。伴随着朗格汉斯细胞数目减少及功能的下降，引起免疫力降低，这与良性或恶性的表皮瘤发病率增加，包括雀斑样痣、角化棘皮瘤、基底细胞癌、鳞状细胞癌等可能具有相关性；同时，与未暴露于阳光的皮肤相比，光老化后的皮肤所含的Ⅶ型胶原减少，这被认为是光损伤皮肤皱纹形成及皮肤脆感增加的原因，但其减少的原因未知；此外，长波紫外线（UVA）与短波紫外线（UVB）一样，都能导致弹性蛋白的变性。

紫外线中，UVB 能量较高，是引起皮肤即时性晒伤（红斑）和直接 DNA 损伤的主要因素；而 UVA 穿透力更强，在长期的光老化（如皱纹、松弛）和持久性色素沉着过程中作用更为突出。以往大家认为只有暴露在足够量的紫外线辐射情况下才能诱导光老化，事实上亚红斑剂量的紫外线照射就足以诱导慢性皮肤损伤，如 DNA 损伤、氧化应激和免疫系统的功能下降，当然不同个体对紫外线的敏感性也存在差异，但皮肤较深及老年人群应格外注意亚红斑剂量紫外线的影响。

4. 晒伤与炎症反应

晒伤是紫外线对皮肤短期效应的主要表现，晒伤程度不同症状也不一样，通常为红斑，严重则伴随疼痛、烧灼感，继续加重则产生水疱和脱皮症状。晒伤一般不会留下痕迹，出现轻微晒伤后及时停止暴晒，红斑在 24 ～ 36 h 内褪去，若晒伤严重，则需 4 ～ 8 天才能治愈。晒伤主要由 UVB 辐射皮肤所产生，通常伴随着角质细胞的凋亡及真皮层炎症的浸润，其中 UVB 的辐射产生约 90% 的晒伤，而 UVA 只产生约 10% 的晒伤效果，这是因为引发皮肤晒伤的主要原因是皮肤 DNA 损伤，而紫外线不同波段诱导皮肤产生 DNA 损伤的活性不同。

红斑效应的产生与皮肤类型、紫外线辐射强度及波长有关，常用最小红斑剂量（MED）来描述皮肤对紫外线的敏感程度，肤色较深则最小红斑剂量值较大，这是因为皮肤中黑色素能够吸收紫外线以此来减轻紫外线对皮肤更深层组织的破坏。根据红斑出现的时间，可以分为即时性红斑和滞后性红斑。不同波段紫外线产生最低可感知的红斑辐射剂量也不同，通常UVA为20～55 J/cm^2，UVB为20～50 mJ/cm^2，UVC为5～20 mJ/cm^2。同样地，各波段的紫外线产生红斑的效应也不同，UVA引起的即时红斑在2 h内可以减弱，滞后红斑在6 h达到峰值，UVB引起的滞后红斑则在12～14 h才达到峰值，虽然UVC被臭氧层吸收无法进入地球表面，但在特殊职业接触到UVC也依旧会导致红斑。

5. 色素沉着（黑化）

皮肤的黑化是指皮肤经过紫外线辐射后，表皮内色素增加或皮肤直接出现黑化或色素沉着，是紫外线辐射对人类皮肤肉眼可见的一种生物效应。皮肤的生理功能之一是保护皮肤及内在器官免受紫外线辐射所引起的急性或慢性伤害。皮肤暴露于紫外线中会变黑，该过程按肤色变化分为“即时性色素颜色加深”（immediate pigment darkening，IPD）和“晒黑响应/延迟性黑化”两种。

在暴露日光几分钟或者几小时后，皮肤迅速地呈现出颜色加深的状态为IPD，IPD的作用光谱范围为320～400 nm，其最高效率波长范围为340～360 nm，即UVA波段。即时性黑化通常只出现在紫外线照射部位，表现为灰黑色色素沉着，较常见于有色人种中，并于暴露阳光1 h后达到峰值。IPD具有速发性，在该黑化阶段，表皮并未产生新的黑色素，而是通过黑素细胞中黑色素氧化后颜色加深并重新分布来实现，尽管这一物理变化理论上可能瞬间增加对光子的散射，但其提供的保护作用微乎其微，该状态一般在24 h内消退。一般来说，IPD与黑色素产生没有关系，因此对紫外线也没有防护作用。

晒黑响应也叫延迟性黑化，指的是皮肤经过紫外线辐射后，出现持续几周甚至几个月的色素沉着，通常发生在紫外线照射后几小时到几天，其作用波长为295～320 nm。延迟性黑化反应中酪氨酸酶活性增加，黑素细胞快速生成新的黑色素并通过树突将黑色素转运至角质形成细胞。在一定程度上，黑色素的增加对皮肤有一定的光保护作用，但是黑色素过度增加则可能是黑素细胞瘤出现所导致，因此对于黑色素过度增加的状况应及时就医。

6. 免疫抑制

皮肤是人体免疫的第一道防线，其中表皮层起到防止皮肤干燥和机械损伤的作用，而真皮层不仅仅能够起到物理屏障功效，还含有介导免疫应答的成分如角质形成细胞、T淋巴细胞、朗格汉斯细胞、细胞因子以及在皮肤的局部免疫中具有特异性防御作用的免疫球蛋白等，这些成分构成皮肤特有的免疫屏障。皮肤的免疫抑制是指皮肤的免疫系统受到干扰，免疫能力下降。阳光中的紫外线辐射可能是人体免疫系统面临的最危险的环境因素。紫外线可以通过多种途径来诱导皮肤免疫抑制，其抑制过程较为复杂且相互关联，主要涉及细胞水平改变，如朗格汉斯细胞减少及形态发生改变、角质形成细胞形成各种细胞因子、诱导T淋巴细胞凋亡等；分子水平的改变，如白细胞介素-6（interleukin-6，IL-6）、白细胞介素-2（interleukin-2，IL-2）生成的抑制等。当紫外线暴露水平只有造成晒伤所需能量水平的0.25～0.5倍时，免疫力就会受到抑制。

7. 皮肤癌症

紫外线辐射通常会被皮肤中的不同生色团如黑色素、DNA、蛋白质及脂类所吸收，其中DNA是紫外线最主要的损伤靶标，尤其是其嘧啶结构，这种损伤将导致细胞内的基因不断发生突变。太阳光中的UVB是引起皮肤光致癌的主要因素。表皮基底层、角质形成细胞及黑素细胞受到过量的UVB照射将会导致DNA的直接损伤，受损伤的DNA在修复过程中突变积累并最终产生癌变。当然，UVA也可以直接诱导DNA损伤，但更多的是通过诱导自由基产生而间接引起 DNA 损伤，整体 UVA 所致 DNA 损伤效果较 UVB 表现更弱。皮肤癌的发生涉及多个基因的变异，需要经过紫外线照射损伤的长期积累，因此皮肤癌较常见于老年阶段。

与日光照射密切相关的皮肤癌主要有三种：分别是鳞状细胞癌（squamous cell carcinoma, SSC）、基底细胞癌（basal cell carcinoma, BCC）和恶性黑色素瘤（malignant melanoma, MM），此外皮肤日光性角化病（actinic keratoses, AK）通常表现为局部表皮异常增生，被广泛地认为是出现皮肤癌风险的最早临床标志，因此也被认为是一种原位癌。其中基底细胞癌多发于有毛部位，多为针头到绿豆大小的、半球形、蜡状或半透明的结节，典型的基底细胞癌增殖较慢，一般只在组织附近扩散，但若是转移至肺、骨及其他脏器后，平均存活时间为 10 个月；鳞状细胞癌又称表皮癌，是一种恶性肿瘤，常见于皮肤和有鳞状上皮的黏膜，皮损中心呈溃疡皮肤结节，有时皮损表面伴有明显乳头状或菜花状增生，鳞状细胞癌一般增殖较快，有较强的肿瘤扩散和转移潜力；恶性黑色素瘤是起源于痣细胞和黑色素细胞的高度恶性肿瘤，日光在其发病中起到重要作用，且有明显的种族差异和地域差异性，白种人发病率高于有色人种，生活在赤道的白种人更易出现恶性黑色素瘤。

鳞状细胞癌与紫外线辐射总量直接相关，长期积累的紫外线辐射剂量越大，致癌概率也越大，但是基底细胞癌和恶性黑色素瘤与紫外线辐射量之间的关系尚无定论，与个体在幼儿期间受到的紫外线暴露更为相关。虽然常见的非黑色素瘤皮肤癌（如基底细胞癌和鳞状细胞癌）发病率很高，但若能早期发现和治疗，愈后通常很好，死亡率远低于其他内脏癌症。然而，恶性黑色素瘤若未能及时诊断和处理，具有较高的转移风险和死亡率。

二、皮肤的类型分类及防晒策略

（一）常规肤质特点及防护

皮肤的类型通常可以根据皮脂分泌量来分类，皮脂主要是由皮脂腺分泌，一般来说，每平方米皮肤每分钟可分泌 0.1 mg 皮脂，全身的皮肤每小时可分泌约 1.2 mg 的皮脂。皮脂的分泌受雄性激素促进，受雌激素抑制，因此男性的皮肤皮脂分泌量从成年到老年变化不大，但是女性则在 20 岁前后达到最高值，并随着年龄的增长，皮脂分泌量逐渐降低。此外，皮脂的分泌还受到季节及食物的影响，呈现夏季分泌量大，冬季分泌量少的特性。当吸收的脂肪和碳水化合物过多时，也会出现皮脂分泌量增加的现象。皮脂排出后可以与附近的汗液及水分乳化形成薄膜，使得皮肤平滑有光泽，并防止水分的蒸发。因此可以根据皮脂的分泌量将皮肤分为干性、中性、油性及混合性皮肤。除了根据皮肤皮脂分泌量多少来分类皮肤类型，还可根据皮肤状态，如敏感性、衰老程度等进行分类。

1. 干性皮肤

（1）干性皮肤的特点　干性皮肤毛孔细小，皮脂分泌较少，表皮角质层中含水量一般在 10% 以下，因此皮肤比较干燥，容易出现细纹及色素沉着，并缺少光泽感。该类型皮肤细腻红润，有时可见微血管，容易受到外界刺激，夏天日晒后容易泛红，冬天遇到冷空气容易干燥、脱皮，用洗面奶洗脸后皮肤会有紧绷感。干性皮肤在清洁时，一般需要使用脱脂能力稍弱的清洁产品，清洁以后需要涂抹含油脂较高的润肤乳霜来减少皮肤水分的丧失。

（2）干性皮肤的防晒　基于干性皮肤的肤质特点，这类人群需要格外注意皮肤的保湿和防晒。在防晒产品的选择上，可以适当选择富含保湿成分的产品，产品剂型以含油量稍高的防晒霜为主。当需要选择防水型防晒产品时，尽量选择一般抗水性产品，特殊情况必须选择强抗水防晒时，需额外注意卸妆及清洁步骤，防止过度清洁或清洁不到位的情况发生。

2. 中性皮肤

（1）中性皮肤的特点　中性皮肤角质层含水量一般为 10% ～ 20%，皮脂分泌适中，皮脂和水分达到均衡，皮肤紧致有弹性，表面光滑细腻有光泽，较少出现色素沉着或者细纹，且对外界的刺激有较强的抵抗能力，是最为正常、理想的皮肤。该类皮肤可根据季节变化及个人喜好使用护肤品。

（2）中性皮肤的防晒　中性皮肤属于较为“完美”的皮肤，在防晒产品的选择上，可以根据个人喜好及季节变化来选择防晒产品，一般没有太多的限制。例如，日常可使用肤感轻薄的防晒乳液，夏季户外活动时可选用抗水性强的防晒霜，而秋冬干燥季节则可倾向含有保湿成分的防晒产品，以协助维持皮肤的最佳水油平衡状态。

3. 油性皮肤

（1）油性皮肤的特点　油性皮肤又称为脂溢性皮肤，角质层中含水量正常或偏低，该类皮肤毛孔粗大，皮脂分泌旺盛，肤色暗淡但油润亮泽，因皮脂分泌旺盛而经常引起毛孔堵塞，继而引发炎症产生粉刺、暗疮等，容易在脸部留下色斑及痘坑。此外，由于皮肤有足够多的皮脂保护，因此油性皮肤较其他类型皮肤而言更不容易产生皱纹。

（2）油性皮肤的防晒　油性皮肤由于皮脂分泌旺盛，可能存在毛孔堵塞、粉刺、暗疮等皮肤状况，因此在选择防晒产品上，应该以不含油脂或含油量少的防晒液、防晒凝胶及防晒乳等剂型为主，优先选择具有控油、控痘等功效的防晒产品。

4. 混合性皮肤

（1）混合性皮肤的特点　混合性皮肤是指同时具有两种不同类型的皮肤，一般来说，80% 的女性脸部皮肤属于混合性皮肤，其特点为人脸的前额、鼻翼及下巴等部位毛孔较其他部位粗大，皮脂分泌更为旺盛，属于油性皮肤；而其他面部部位诸如脸颊、眼周又呈现出干燥、细纹等干性皮肤或者中性皮肤的特点。

（2）混合性皮肤的防晒　基于混合性皮肤的肤质特点，在选择防晒产品时，需要根据皮肤实际状态及季节来选择：当夏季皮肤 T 区出油较多，甚至出现毛孔堵塞长粉刺等情况时，尽量选择清爽、含油量少一些的防晒乳；当冬季脸颊、眼周等较为干燥时，可选择防晒霜等具有保湿功效的产品。

5. 日常防晒策略

防晒产品中常见的防晒指数 SPF 和 PA 值分别用以表征防晒产品对紫外线中 UVB 及 UVA 波段的防护效果。其中 UVB 辐射产生了约 90% 的晒伤效果，而 UVA 只产生 10% 的晒伤效果。长期以来人们都以为日光损伤是由 UVB 引起的，但是 UVA 对人体免疫抑制和光老化亦有很大的影响，只是其引发的损伤较 UVB 所引起的晒伤晒红问题更不易被快速注意到。因此在选择防晒产品时应同时关注 SPF 值及 PA 值。

每个人暴露于紫外线的辐射程度受到多种因素的影响，比如天气、出行时间、季节、污染以及地理因素等。一般情况下，温带气候中夏季阳光 UVB 的暴露时间会高于冬季；随着地区纬度的降低，UVB 和 UVA 的暴露都有明显增加；随着地势的升高，每升高 1000 英尺[❶]紫外线辐射强度增加 4%；一天当中，上午 10 点到下午 4 点的紫外线最强。随着波长的增加，紫外线对皮肤的穿透能力也有相应的增加，UVB 可穿透表皮，在真皮上层时几乎被完全吸收，而有近 25% 的 UVA 可透过表皮达真皮层的上层。但是相对于 UVB 来说，UVA 辐射强度受到上述因素影响更小，在一天之内的辐射强度更为稳定。因此需要根据使用场景进行防

❶ 1 英尺 =0.3048 米。

晒方式及防晒产品的选择，当户外紫外线强时，尽量选择 SPF 值高例如 SPF50+ 的防晒产品，但不管紫外线强还是弱，都建议选择 PA 值高或者广谱的防晒产品。

现有的很多防晒产品是按照 Fitzpatrick 量表针对Ⅰ～Ⅲ型白种人群开发的，与Ⅰ～Ⅲ型皮肤相比，大多数黄种人为Ⅳ及Ⅴ型皮肤，其在太阳光辐照下所产生的自由基也具有明显区别，因此需要根据自身皮肤类型、所在地域来选择合适的防晒产品。市面上流行的非广谱防晒产品在一定程度上的确提供了良好的防晒效果，相对而言，对 UVB 的防护力度更强，而广谱防晒产品对 UVA 和 UVB 均有较强防护力，特别针对 UVA，表现出比普通防晒产品更强的防晒效果。在选择防晒产品时，应尽量选择具有广谱防晒效果的防晒产品，能够更好地预防皮肤光老化及免疫抑制反应。

在大多数紫外线不强烈的场合，人们经常会忽略防晒。但是实验证实，以相当于在温带地区每天受到的 UVA 的辐射量照射 5 周（约 20 J/cm^2 的 UVA），或者连续 8 天每天接受 0.5 MED UVA（最小红斑量）的照射，即可产生类似于长期暴露在日光辐射下的积累性变化，包括表皮增生、黑色素沉积增加、潜在的真皮血管和胶原蛋白损伤性炎症、弹性纤维结构紊乱等。在紫外线不强烈的场合，使用低 SPF 值如 SPF30 左右的广谱防晒则能很好地阻止这些变化的产生。

（二）特殊人群皮肤特点及防护

除按皮肤皮脂分泌量将皮肤类型分为干性、中性、油性及混合性皮肤以外，还有一些比较特殊的皮肤状态，比较常见的特殊皮肤状态就是敏感性皮肤。敏感性皮肤是一种特殊类型的皮肤，表现为对外界的刺激容易发生高反应状态，例如刺痛、瘙痒、灼热以及潮红等主观症状，通常还伴随着毛细血管扩张、脱屑及阵发性红斑等客观体征。根据敏感发生的因素，可分为原发性和继发性，也可根据皮肤的敏感程度分为不敏感、轻度敏感、中度敏感及高度敏感。

此外，婴童、孕妇和医美术后人群也属于特殊皮肤状态人群。婴童的皮肤发育还不完善，其皮肤结构、成分和功能与成人有很大差异，表皮屏障功能、真皮纤维结构、黑素细胞功能等发育尚不完全；孕妇在妊娠期受激素水平升高、血管容量扩张、胎儿压迫等因素影响，其在解剖和生理等方面会发生一定的变化，其中 90% 的孕妇皮肤会发生不同形式的改变；而医美术后人群通常进行的治疗属于有创或微创操作，可能会对皮肤屏障及皮下组织（包括色素细胞、胶原纤维等）造成一定程度的可控性损伤，术后存在暂时的皮损，该阶段皮肤会呈现出高敏状态。不同特殊皮肤状态所对应的防晒策略也大不相同，以下将对常见的特殊人群皮肤特点及防晒策略进行详细阐述。

1. 敏感性皮肤及防晒策略

（1）敏感性皮肤的特点　对于敏感性皮肤的认识最早来源于化妆品不耐受症状的发现，1947 年，Bernstein 在撰写的由清洁所导致的敏感性皮肤中第一次提出了敏感性皮肤的概念。目前认为敏感性皮肤是一种皮肤亚健康的状态，并不属于疾病范畴，在皮肤科教科书上也还没有对敏感性皮肤的确切定义。国内外的专家和学者认为敏感性皮肤是一种对通常不会引起皮肤不适的刺激出现不适症状的高反应状态，例如物理（如紫外线照射、冷、热等）、化学（化妆品、环境污染等）或激素（例如生理周期、局部长期使用糖皮质激素等）引起皮肤红斑或者刺痛、灼热、瘙痒等感觉。敏感性皮肤的外观大多数都是正常的，少数人面部皮肤会出现片状或者弥漫性潮红、红斑、毛细血管扩张，并伴随干燥、细小鳞屑等。由于对敏感性皮肤还缺乏统一的标准认识，因此敏感肌肤有多种分类方式，可根据皮肤对刺激的反应、皮肤生理参数及问卷调查结果等进行分类。

根据敏感肌发生的因素，将敏感肌分为原发性和继发性。其中原发性指的是由遗传因素决定，敏感肌人群的基因表达与正常人存在一定的差异，该差异可能与表皮的屏障结构相关，因此原发性的敏感肌需要格外注意皮肤屏障的修护。同时，原发性敏感肌与种族、性别、年龄也有较大的关系。目前已证实不同种族间，健康人群的皮肤敏感性亦存在较大的差异。例如，由于角质层结构更致密且黑色素的光保护作用更强，黑种人的皮肤更不容易出现红斑；而白种人皮肤相对而言屏障功能更易受损，因此对刺激反应更明显，更容易出现红斑。女性皮肤敏感者更多，这可能与男女性之间激素的差异有关，也可能是因为女性更常接触家用化学品、常更换面部清洁及护肤品有关。此外，年龄也会影响皮肤的敏感性，婴童对刺激源的响应较高，随着年龄的增长，触觉敏感性、感觉神经功能及皮肤神经分布下降，响应程度可能会呈现下降的趋势，老年人相对于年轻人的刺激响应较低，但是受刺激的部位需要更长的愈合时间。

继发性敏感指的是与炎症、化妆品、医美治疗等相关的敏感表现。继发性敏感可能与某些皮肤性疾病相关，可以发生在某些炎症性皮肤病的任何阶段；长期使用某些药物，例如外用维 A 酸类制剂也可导致皮肤角质层变薄，引起皮肤屏障损伤，进而导致皮肤敏感；此外，使用不合规的化妆品造成皮肤屏障受损也是敏感性皮肤的常见诱因，某些消费者对化妆品中香精、色素、防腐剂等成分不耐受，如在使用化妆品时出现过敏症状应立即停止使用避免造成进一步伤害；当前一些医美手段或电刺激治疗也使得敏感性人群数量攀升，在光电治疗过程中所使用到的激光，其产生的热效应可能引起皮肤干燥、脱屑、敏感，在使用酸类进行剥脱以后，皮肤的屏障功能也将受到影响，从而诱发皮肤敏感问题。

此外，根据皮肤对刺激的敏感程度不同，皮肤分为不敏感、轻度敏感、中度敏感和高度敏感。通常根据个人对灼烧感、瘙痒或者其他刺激的感受进行半主观测试，其中，刺痛测试是最为通用的方式，可采用辣椒素、乳酸、乙醇、山梨酸、苯甲酸等刺激性成分进行测试，其中乳酸和辣椒素最为常见。测试可在身体各个部位进行，但在科研中，为追求标准化和敏感性，常选择面部脸颊或鼻唇沟等皮肤敏感性较高的区域。以乳酸刺激性试验为例，当受试者对乳酸刺激反应为 0 分时，认为受试者对刺激反应不明显，此时，受试者被认为不敏感；当受试者对乳酸刺激反应为 3 分时，认为皮肤在外界刺激或机体处于病理状态会出现敏感表现，此时认为受试者呈轻度敏感；当受试者对乳酸刺激得分为 4 ～ 5 分时，认为皮肤对外界刺激不易耐受，容易出现过敏且短时间内不易自愈，但平时较少出现皮肤变态反应性疾病，认为受试者为中度敏感；当受试者乳酸刺激试验 6 分，认为该受试者皮肤对外界刺激反应明显，且平时经常发生皮肤变态反应疾病，认为该受试者为高度敏感。刺痛试验完成实验较为简单且花费较少，但乳酸刺痛试验的响应不能代表其他刺激的响应，具有一定的局限性。

（2）敏感肌产生的机制　目前敏感性皮肤的发生率逐年升高，但是其产生的机制却还不明确，国内外研究认为敏感性皮肤的发生是一种涉及皮肤屏障、神经血管及免疫炎症的复杂过程。健康的皮肤屏障是机体抵御外界刺激的第一道防线，皮肤屏障受损与皮肤敏感关系密切。角质细胞最终分化后，在角质层的最上层形成角化包膜，其具有难溶、结构紧密的特点，并具有交联蛋白质的特性，影响着皮肤的屏障功能。皮肤屏障中含有多种蛋白质，为皮肤天然保湿因子提供氨基酸来源，还可调控皮肤屏障的厚度，展现多种生物功能，其种类的多样性和组分的稳定对于皮肤屏障的健康具有重要意义，有研究表明，当敏感皮肤皮损中紧密连接蛋白的 Claudin-5 表达出现降低，皮肤即表现出表屏障受损。

与皮肤敏感密切相关的另一成分是神经酰胺，在敏感性皮肤中，神经酰胺不仅含量降低，其外形结构也在发生变化。神经酰胺的减少及角化蛋白的表达异常将协同降低皮肤屏障功能，增加皮肤水分的流失，引起外界刺激的渗入，并引发皮肤的敏感。

皮肤屏障受损很容易导致皮肤敏感，但是并不是所有敏感性皮肤都存在屏障受损，神经分布与敏感性皮肤存在一定的关系，表皮中高密度神经分布和敏感性皮肤的形成机理有关。目前也认为皮肤屏障的受损可使神经末梢受到的保护减少，感觉神经受到外界刺激信号增加，从而导致敏感性皮肤人群经常出现不适感，例如当瞬时受体电位香草亚酸型 1（transient receptor potential vanilloid 1，TRPV1）被激活，就会导致敏感性皮肤的瘙痒及灼烧感，而后产生刺激，进一步损伤肌肤屏障结构及神经末梢，导致恶性循环。此外，TRPV1 还将进一步刺激肥大细胞和角质形成细胞分泌内皮素（endothelin, ET），诱导神经性炎症；ET-1 还可诱导肿瘤坏死因子 TNF-α 及白介素 IL-6 的分泌，并促进血管内皮生长因子 VEGF 的产生，使得血管反应性增高，引起血管扩张。

（3）影响皮肤对刺激响应的外源性因素　影响皮肤敏感的外源性因素较多，一般分为环境、化妆品及光毒性药物与食物等因素。

① 环境因素：主要指气候及大气污染等，例如季节交替、温度变化、汽车尾气、PM2.5 等。大多数皮肤敏感者都经历过环境变化引起的皮肤敏感，一般情况下，同样的刺激源在冬天比夏天观察到的刺激更为强烈，这可能是因为冬天室内外的温差较大，且皮肤处于相对湿度较低、干燥的环境。

② 化妆品因素：化妆品成分及其使用方式是引发皮肤敏感的两大主要因素。在成分方面，部分防晒剂如二苯酮 -3 可能引起接触性皮肤过敏，对氨基苯甲酸类防晒剂容易导致光敏反应，4- 甲基苄亚基樟脑也偶有过敏案例。此外，一些功效性成分如美白剂中的 α- 羟基酸，因其具有角质剥脱作用，使用不当可能破坏皮肤屏障，引发过敏反应。

需要指出的是，化妆品中含有某些潜在刺激成分并不必然导致过敏。例如，通过将 α- 羟基酸配方的 pH 值调节至中性或弱酸性，或控制其添加浓度，即可显著降低对皮肤的刺激。同样，洗去型洁面皂若将 pH 值调整至中性或弱碱性，其刺激性也远低于传统碱性皂类。

另外，不当使用化妆品同样会诱发皮肤敏感。最常见的问题是过度清洁，如频繁使用洗去型产品，会剥离皮肤表层脂质，损伤皮肤屏障，导致水分流失加剧，出现干燥、紧绷，进而引发过敏。此外，像面贴膜这类封闭型产品，适度使用可提升角质层含水量，但若在短时间内使用过于频繁，可能造成皮肤过度水合，屏障功能受损，从而引发过敏反应。

③ 光毒性药物与食物因素：某些物质在紫外线照射下可引发皮肤不良反应，主要分为光毒反应和光敏反应。光毒反应更为常见，是一种非免疫性的光刺激性反应。当光敏物质吸收光能后，会产生大量活性氧自由基，直接损伤皮肤细胞的 DNA、蛋白质等结构，导致类似严重晒伤的症状（如迅速出现的红斑、灼痛甚至水疱）。绝大多数由药物和食物引起的光皮肤反应属于此类。光敏反应则是一种罕见的、由免疫系统介导的迟发性过敏反应，临床表现更多样（如瘙痒、湿疹），且可能不局限于光照部位。

常见诱因包括：

· 药物。许多药物是明确的光敏剂，如四环素类、喹诺酮类抗生素，以及部分利尿剂、精神类药物等。服用这些药物期间，皮肤对紫外线的耐受性会显著降低，必须严格防晒。

· 食物 / 植物。部分野菜（如灰菜、苋菜）和植物（如柠檬、芹菜、无花果）中含有呋喃香豆素等光敏物质。其汁液大量沾染皮肤后暴晒，极易引发植物性光毒性皮炎。通过日常进食引发反应通常需要极大摄入量。

因此，正在服用相关药物或接触上述植物的人群，应提高防晒意识，避免暴晒。

（4）敏感肌的防晒　敏感性皮肤应注重调整生活习惯，避免敏感肌的触发因素，例如减少进食辛辣食物、减少饮酒、避免情绪的巨大波动、避免长时间处于密闭的热环境中等；同时避免滥用化妆品，让皮肤能维持在一个良好的状态，在此基础上促进皮肤屏障的修护，降低神经血管高反应性、控制炎症反应。在使用护肤品时，应选用通过临床验证，具有安全性的医学护肤品，避免使用去角质类型的产品。在日常皮肤护理时尽量选择用清水洁面，减少清洁的频率，密集洗脸有可能会导致皮肤屏障受损和皮肤干燥。在选择防晒时，应尽量选择使用后可用普通洁面或者清水可卸的防晒，减少因卸除防晒过程中带来的皮肤过度清洁。在化妆品方面，皮肤刺激性一般是由香精、防腐剂、着色剂等一些已知的特定原料引起的，例如尼泊金酯类及甲醛释放体类的防腐剂被认为有一定的致敏风险，因此在选择防晒时，尽可能选择这些原料较少或者不含这些原料的防晒产品；另外高 SPF 值防晒产品中防晒剂用量相对较大，相比于低 SPF 值防晒产品，更容易引起刺激。在选择防晒产品时，应根据使用场景选择合适 SPF 指数的防晒产品，同等 SPF 值的防晒产品，可优先选择纯物理防晒或者物理防晒剂占比更高的、使用了防晒剂微囊和脂质体技术的防晒产品，可进一步降低有机防晒剂潜在的皮肤刺激性。在选用防晒产品时，还可选择含有舒缓抗炎成分的防晒产品，例如马齿苋提取物、洋甘菊、积雪草、红没药醇等，能够舒缓皮肤敏感的状态。

轻度的敏感肌问题，可以通过个人护理产品的正确使用来缓解。但当皮肤敏感症状严重时，在防晒产品的选择上应尽量选择衣物、帽子及太阳镜等物理遮盖方式，避免在紫外辐射峰值（早上 10 点至下午 4 点）时间外出。当选用衣物作为防晒方式时，需要考虑到衣服的遮盖率。在欧洲只有当织物的 UPF ＞ 40 才能宣称具有光防护作用，而在日光强度更高的地区，UPF ＞ 50 才可能有效地防护紫外线。另外，还需要明确除非购买的衣物上标明了防晒指数，否则难以判断其防护的级别，常见的误区就是在挑选防晒衣物时，将衣物对着可见光（紫外线为非可见光），观察透光点，认为透光点越多则防护力越差。此外，敏感肌人群应关注心理健康，精神压力被认为可以影响敏感性皮肤的痒觉，相关研究证实负面情绪确实能够诱发瘙痒症状。

2. 婴童皮肤及防晒策略

（1）婴童皮肤的特点　儿童的生长发育包括新生儿期（0 ～ 28 天）、婴儿期（0 ～ 1 岁）、幼儿期（1 ～ 3 岁）、学龄前期（3 ～ 6 岁）、学龄期（6 ～ 10 岁）及青春期（10 ～ 20 岁），其皮肤结构、成分和功能与成人有很大的差异，但随着年龄的增大，这些与成人皮肤的差距也慢慢缩小，皮肤结构将逐渐接近成人。

婴幼儿皮肤表皮屏障功能不完善，主要表现在角质层和表皮厚度都远远小于成人，其中角质层比成人薄 30%，表皮层薄 20%，角质层含水量低，但出生后 2 ～ 4 周又将明显增加并超过成人。通常，表皮细胞、细胞间连接以及基底膜等组织需到 1 岁才能发育成熟；一般 2 岁以后会形成成熟的弹性纤维，在此之前，真皮层与表皮层连接不够紧密，皮肤更容易受到外界刺激。皮肤的经皮失水在出生至 2 周升高，2 周至 3 个月降低，1 ～ 2 岁将升至最高，但也有研究表明，不同年龄角质层含水量无明显差异，不同年龄的经皮失水也无差异。

新生儿受到母体激素的影响，出生后第 7 天，皮脂的分泌量就与成人接近，而后随着母体激素影响的降低，皮脂腺活性开始下降，至 6 个月后逐渐稳定，并维持在较低的水平，直到青春期前受到雄激素刺激，皮脂分泌将再次增加，到青春期达到峰值，之后维持在相对稳定的状态。

外泌汗腺在胎儿 6 个月的时候开始形成，足月新生儿的汗腺结构与成人相似，但自主神经调节功能要在 2 ～ 3 岁才能完善，因此婴幼儿会出现出汗反应延迟的现象。婴童汗腺总数与成人相似，汗腺密度远远大于成人，出汗温度也比成人高，因此更易发生角质浸渍及汗腺堵塞，引起痱子出现。

成人皮肤的 pH 为弱酸性（4.5 ～ 6.7），而婴儿出生时皮肤却接近中性（6.6 ～ 7.5），这可能与羊水环境（pH=7.4）有关，也可能与天然保湿因子含量较低有关，其机理尚不明确。婴儿的皮肤 pH 将在出生一个月内持续降低，并在 3 个月内保持相对稳定，但依旧高于成人，因此皮肤刺激发炎的比例更高，且皮肤刺激将进一步增加皮肤通透性，引发更为严重的感染。

婴幼儿皮肤的黑色素含量较低，这是因为其黑素细胞功能需在6个月龄时发育完善，黑素小体的数量和活性也在此时才逐渐正常，而黑色素由黑素细胞产生，并能吸收一定量的日光辐射从而保护皮肤免受紫外线损伤，因此婴幼儿皮肤更容易被晒伤。

（2）婴童皮肤的防晒　适量的紫外线照射可以帮助钙的吸收，还能促进骨骼的发育、增强免疫力，有利于婴童的健康和发育，但是婴童的皮肤较成人而言更容易晒伤，且儿童时期接受的紫外线照射剂量相当于终身累积量的1/3，儿童时期受到的紫外线照射剂量与成年后皮肤瘤发病率成正相关，被紫外线晒伤导致皮肤癌的概率比成人增加5～6倍，因此须比成人更重视防晒。

儿童防晒遵循“ABC原则”，A就是avoid，指的是避免强烈日晒以及长时间暴晒，特别是在夏季，10～15点之间尽量避免出门；B是block，即遮挡，使用帽子、墨镜、口罩进行物理遮盖；C是cream，即防晒霜/防晒乳。ABC三原则也建议在A、B不能满足防晒需求的时候，再使用C补足。婴童在户外除使用太阳伞、防晒衣、防晒帽等物理遮挡的方式外，也可以选择适合的防晒霜，但无须过分追求高SPF和PA值，应根据不同的日晒程度和使用场景来选择。6个月以下的婴儿皮肤娇嫩，透皮吸收强，不建议过多涂抹防晒产品，应多通过衣物遮盖来防晒。6个月至2岁的幼儿既可选用衣物遮盖防晒，也可选择防晒产品，但应尽量选择纯物理防晒，避免使用含有二苯酮类、对氨基苯甲酸酯、水杨酸酯等化学防晒剂的产品，该类防晒剂可能渗入表皮对皮肤造成刺激，引起皮肤过敏。防晒产品中的润肤成分尽量选择对婴童皮肤屏障有保护功效的、渗透性较低的油脂，例如天然植物油脂霍霍巴油、植物角鲨烷、阿甘油、澳洲坚果油、白池花籽油等，同时达到防晒和润肤的效果。此外，婴幼儿存在一些特殊举动，例如吸吮、揉眼等，可能导致面部、手背等的防晒产品进入口腔或引起眼睛刺激，因此，防晒产品应尽量选择无经口毒性风险的成分以及对眼部温和、具有急性眼刺激评估等的温和不致敏产品；同时避免选择具有吸入风险的喷雾型、粉末状剂型防晒，优先选择液体、膏霜乳液等易涂抹产品。6岁以后的儿童只要使用后皮肤没有刺激或不舒服的情况，化学、物理和物化结合的防晒霜都可以选择。

3. 孕妇皮肤及防晒策略

（1）孕妇皮肤的特点　从受孕后到分娩前的生理时期通常被称为妊娠期，该生理时期90%的孕妇皮肤会发生不同形式的改变，包括色素性变化、血管性变化、结缔组织性变化、头发和指甲改变以及腺体的改变。

色素性变化包括色素沉着和黄褐斑，其中90%以上的女性在妊娠期间发生了色素沉着增加，皮肤较黑的人更为明显，尤其是大腿内侧、乳晕、乳头、外阴部、腹壁正中部等部位，这些部位在正常情况下色素较多，孕期的色素变化将更为显著。色素性变化的原因与孕期雌激素、促黑激素以及黄体酮升高相关，雌激素的升高增强酪氨酸酶的氧化作用，将合成更多的黑色素，而促黑激素的增多则增强了黑素细胞的活性，并促进黑素小体的转运和扩散。因此随着分娩后激素水平的下降，色素沉着也会逐渐消失，但大多数无法恢复至孕前。色素沉着位于眉、前额、上唇、两颊和鼻梁等部位且呈现出对称、边界清晰的蝶状褐色斑点称为妊娠黄褐斑，约有50%～75%的孕妇会出现黄褐斑，通常在妊娠中期出现，一般产后1年内会消失，但有约30%的孕妇10年后仍然存在黄褐斑。

在孕中期，通常会出现妊娠纹，主要表现为腹部紫红色线状条纹，在四肢、腋下、乳房及臀部也可能出现，并在孕期随着时间增加逐渐变成白色。妊娠纹的出现与人种也有一定的关系，其中90%以上白人女性会出现妊娠纹，而亚裔及非裔女性则相对少一些。妊娠纹在分娩后不会完全消退。

妊娠期雌激素增加也将引起皮肤末梢血流的增加，毛细血管通透性增加。大多数孕妇会因毛细血管通透性增加而导致眼睑、面部、手足出现水肿的现象。在妊娠期，孕妇的免疫体系也将发生改变，部分孕妇对表皮致敏原斑贴试验的反应增强。

妊娠期皮肤的皮脂腺活性增强，通常会导致女性在妊娠期出现痤疮或者原有痤疮加重的情况。其中妊娠后期外泌汗腺功能将变得更为活跃，孕妇出汗逐渐增加，可能导致痱子、多汗症、出汗障碍性湿疹等问题。

此外，感染性疾病、系统性红斑狼疮、神经纤维瘤病、恶性黑素瘤、化脓性肉芽肿、瘢痕疙瘩等都可能在妊娠期出现加重的情况。

（2）孕妇皮肤的防晒　妊娠期皮肤护理应以缓解为目的，需要更加重视护肤品的安全性。妊娠期女性的皮肤易出现的色素沉着、黄褐斑问题，其产生机理尚不明确，但紫外线是主要影响因素之一。针对妊娠期的色素沉着可通过使用防晒霜来起到一定程度的缓解效果，但是由于孕期毛细血管通透性的增加，需要格外注意防晒剂的透皮吸收性，尽量选择物理防晒剂以及双 - 乙基己氧苯酚甲氧苯基三嗪、乙基己基三嗪酮、亚甲基双 - 苯并三唑基四甲基丁基酚等分子量较大、透皮吸收性低的化学防晒剂，尽量避免使用含有 4- 甲基苄亚基樟脑等被欧盟禁用或二苯酮 -3、胡莫柳酯、奥克立林、水杨酸乙基己酯等争议性防晒剂产品。妊娠期女性的免疫学也将发生改变，有的孕妇对表皮致敏原斑贴试验反应增强，因此孕妇在使用防晒产品时，即便是孕前常用的产品在孕期使用也需格外注意是否致敏。另外孕期女性局泌汗腺更为活跃，应尽量选择不含油脂或含油脂较少的清爽型防晒产品，避免出现痤疮或加重痤疮。在选择防晒产品时，尽量选择正规渠道购买产品。倘若孕期出现痤疮加重、过敏、皮肤病等情况应尽量使用物理遮盖如戴防晒帽、穿防晒衣等方式进行防晒，必要时及时就医谨遵医嘱。

4. 医美术后人群皮肤及防晒策略

（1）医美术后人群皮肤的特点　随着医学技术的发展，越来越多的消费者开始进行皮肤的激光美容，皮肤的激光美容可以解决雀斑、黄褐斑等化妆品难以改善的皮肤问题。通常皮肤激光美容是通过选择性光热作用原理对患者的皮肤进行改善，治疗过程中会出现热损伤及皮肤微创伤，使得患者皮肤处于高敏状态，对紫外线非常敏感，因此需要格外地注重防晒，降低晒伤、老化、光敏感及色素沉着情况的发生。

（2）医美术后人群皮肤的防晒　激光美容术后皮肤大多处于敏感状态，可能会出现明显的炎症反应，难以承受防晒剂的刺激，因此在皮损炎症期间，皮损部位需在医嘱下涂抹药膏来预防感染，保持皮肤的干燥，并使用物理遮盖防晒法（硬防晒），例如必须外出时避开上午 10 点～下午 4 点紫外线高峰期，需穿防护衣（UPF ＞ 50）、戴遮阳帽（帽檐长度建议＞ 7.5 cm）、打遮阳伞，尽量避免去水、路面、雪等紫外线反射高的地方；如果无皮损炎症，则可以使用合适的防晒产品来强化防晒效果。

在术后恢复期，如果使用物理遮盖防晒法也无法阻隔紫外线的照射，除了物理遮盖防晒法，还需要局部涂抹防晒产品，但是要确保防晒产品的安全性及有效性。一般来说，物理防晒剂以反射紫外线为主，使用时皮肤受到的刺激更小，安全性更高，化学防晒剂质地更为轻薄，但可能存在一定的刺激性，如果对化学防晒剂较为敏感，则可优先选择纯物理防晒产品，如果对化学防晒剂不过敏，则两种都可供选择。通常情况下，需选择对紫外线长波段及中波段均有良好防御效果的防晒产品，并根据不同的季节选择防晒指数，冬天可选择 SPF 15 ～ 30，PA++ ～ PA+++，夏季选择 SPF ＞ 30、PA+++ 的防晒产品，在出门前 30 min 涂抹即可。

有学者调研了 122 例皮肤激光美容患者，研究防晒护理对其皮肤激光美容术后并发症的影响。相关结果表明使用防晒组创面疼痛患者比对照组少，创面愈合时间比对照组短（*P*

< 0.05），且干预后防晒组焦虑自评量表（self-Rating anxiety scale，SAS）、抑郁自评量表（self-rating depression scale，SDS）评分比对照组低（$P < 0.05$），这说明防晒护理可下调患者创面疼痛，减少创面愈合时间，降低患者负面情绪，这可能是因为在术后皮损修复的不同阶段，使用相应的防晒措施，避免了在高敏期造成过多损伤，且根据紫外线的强度调整防晒霜的使用，也进一步避免了炎症的发生，影响创面的愈合，进而影响患者的良好心态；此外，防晒组并发症发生率为 4.92%，比对照组 16.38% 低（$P < 0.05$），这说明防晒护理可有效降低并发症的发生率，这可能是因为防晒护理有效地降低了紫外线接触创面，正确地使用防晒产品改善了防晒效果，进而降低了光敏反应的发生，减少了术后并发症的出现。

第三章

化妆品用防晒剂

一、中国准用防晒剂介绍

防晒化妆品在我国属于特殊化妆品，是指用于保护皮肤、口唇免受特定紫外线（主要是UVB和UVA）所带来损伤的一类化妆品。防晒剂是防晒化妆品中的功效成分，指利用光的吸收、反射或散射作用以保护皮肤免受特定紫外线所带来的伤害或保护产品本身而在化妆品中加入的物质。

《化妆品安全技术规范》（2015版）（后简称《技术规范》）中准用防晒剂收录共27种防晒剂。2021年，国家药监局发布第74号公告，更新《化妆品禁用原料目录》，自2021年5月1日起，将《技术规范》中准用防晒剂中原料序号为1的“3-亚苄基樟脑”变更为禁用原料。因此，防晒化妆品中准用防晒剂实际为26种，包括了2种无机（物理）防晒剂和24种有机（化学）防晒剂，如表3-1所示。

表3-1 中国准用防晒剂清单及使用规范

序号	中文名称	化妆品使用时的最大允许浓度
1	4-甲基苄亚基樟脑	4%
2	二苯酮-3	10%
3	二苯酮-4/二苯酮-5	总量5%（以酸计）
4	亚苄基樟脑磺酸及其盐类	总量6%（以酸计）
5	双-乙基己氧苯酚甲氧苯基三嗪	10%
6	丁基甲氧基二苯甲酰基甲烷	5%
7	樟脑苯扎铵甲基硫酸盐	6%
8	二乙氨羟苯甲酰基苯甲酸己酯	10%
9	二乙基己基丁酰胺基三嗪酮	10%
10	苯基二苯并咪唑四磺酸酯二钠	10%（以酸计）
11	甲酚曲唑三硅氧烷	15%
12	二甲基PABA乙基己酯	8%

续表

序号	中文名称	化妆品使用时的最大允许浓度
13	甲氧基肉桂酸乙基己酯	10%
14	水杨酸乙基己酯	5%
15	乙基己基三嗪酮	5%
16	胡莫柳酯	10%
17	对甲氧基肉桂酸异戊酯	10%
18	亚甲基双 - 苯并三唑基四甲基丁基酚	10%
19	奥克立林	10%（以酸计）
20	PEG-25 对氨基苯甲酸	10%
21	苯基苯并咪唑磺酸及其钾、钠和三乙醇胺盐	总量 8%（以酸计）
22	聚丙烯酰胺甲基亚苄基樟脑	6%
23	聚硅氧烷 -15	10%
24	对苯二亚甲基二樟脑磺酸及其盐类	总量 10%（以酸计）
25	二氧化钛	25%
26	氧化锌	25%

《技术规范》规定，防晒化妆品中使用的防晒剂严格限于准用防晒剂清单所列物质，且使用中不得超过清单规定的最大允许浓度、限用范围及限制条件，同时在产品标签上标注必要的使用条件和注意事项，以保障安全使用。现对准用清单中的 26 种防晒剂进行详细介绍。

（一）4- 甲基苄亚基樟脑

1. 基本信息

· INCI 名称：4-Methylbenzylidene camphor。

· INN 名称：Enzacamene（恩扎卡美）。

· 化学名称：3-（4′-Methylbenzylidene）-*dl*-camphor、(.+-.)-1,7,7-trimethyl-3-[(4-methylphenyl)methylnen]bicyclo[2,2,1]heptan-2-one、（±）-1,7,7- 三甲基 -[（4- 甲基苯基）亚甲基]- 双环 [2,2,1] 庚烷 -2- 酮。

· 其他名称：4-MBC。

· CAS 号：36861-47-9/38102-62-4。

· EC 号：253-242-6。

· 分子式：$C_{18}H_{22}O$。

· 分子量：254.4 g/mol。

· 结构式：

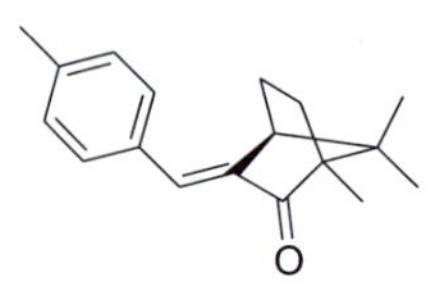

· 分配系数（Log Pow）：5.1（23℃）。

· 经皮吸收率：4.18 μg/cm^2。

· 最大吸收波长（nm）：约 300。
· 主要紫外吸收波段：UVB（280 ～ 320 nm）。
· 紫外吸收曲线（溶剂：无水乙醇）（图 3-1）。

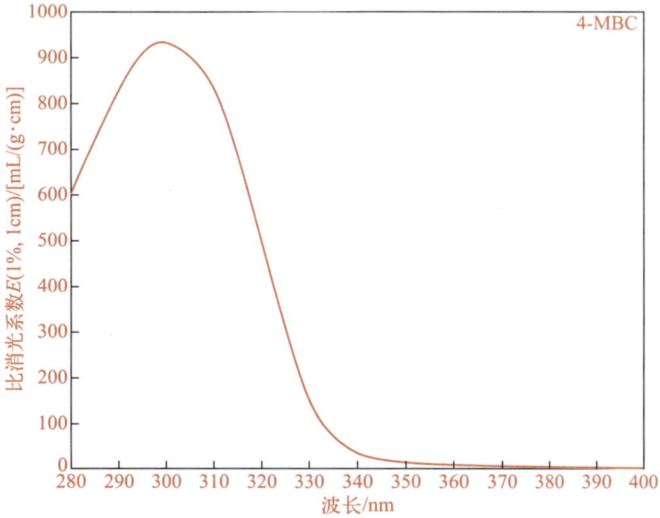

图 3-1　4- 甲基苄亚基樟脑紫外吸收曲线

· 防晒特性简述：油溶性固体 UVB 波段过滤剂。

·主要的生产厂家（商品名）：华阳（HYSHELL MBC）、DSM（PARSOL 5000），Symrise（Neo Heliopan MBC）。

2. 中国监管要求

《技术规范》准用防晒剂，最大允许使用浓度 4%。

3. 权威机构安全性评估结论

4- 甲基苄亚基樟脑（后面简称 4-MBC）是一种有机樟脑衍生物。欧盟消费者安全科学委员会（SCCS）对 4-MBC 的最新评估结论为：有足够的证据表明 4-MBC 可能作为内分泌干扰物，对甲状腺和雌激素系统产生影响，无法确认 4-MBC 作为紫外线过滤剂在防晒化妆品中的安全性（SCCS/1640/21）。

SCCS 收到来自欧盟化妆品原料联合会（European Federation for Cosmetic Ingredients，EFfCI）和丹麦内分泌、激素研究和诊断中心（Center for Endokrinologi, Hormon- og Stofforskning，CEHOS）对 4-MBC 生殖发育毒性、内分泌活性的研究结果。有充分的证据表明，4-MBC 可能作为一种内分泌干扰物，对甲状腺和雌激素系统都有影响，但对雄激素系统的影响不明显。欧洲化学品管理局（ECHA）成员国委员会一致将涵盖任何单个异构体和 / 或组合的 4-MBC 确定为高度关注物质（substances of very high concern，SVHC），因有科学证据表明其内分泌干扰特性可能对人类健康产生严重影响，2022 年 1 月 17 日列入 SVHC 候选清单。

另外，虽然 4-MBC 在细菌回复突变试验和体外哺乳动物细胞基因突变试验中检测结果均为阴性，然而仅一项可用的体外染色体畸变试验因不符合当前经合组织 OECD TG 473 的接受标准，SCCS 认为不足以充分评估其潜在的遗传毒性。因此无法就 4-MBC 在化妆品中使用的安全性得出结论。

欧盟委员会根据 SCCS 的评估结论认为，在化妆品中使用 4-MBC 对人体健康存在潜在风险，不应再被允许用于化妆品中。2024 年 4 月，欧盟正式发布（EU）2024/996，对（EU）NO 1223/2009 条例进行修订，将 4-MBC 列入附录Ⅱ化妆品禁用物质清单中。2025 年 5 月 1 日起，含 4-MBC 产品不得投放欧盟市场；2026 年 5 月 1 日起，全面禁售。4-MBC 因其内分泌干扰风险，美国未批准使用，欧盟已经正式禁用。

2025 年 9 月 15 日，中国食品药品检定研究院（后简称“中检院”）发布《4- 甲基苄亚基樟脑（征求意见稿）》拟将 4-MBC 列入《化妆品禁用原料目录》。建议在开发防晒化妆品时充分考虑该物质的安全及法规风险，尽量避免该物质的使用，选择其他更加安全、有效的防晒剂。

4-MBC 毒理学信息总结如表 3-2 所示。

表 3-2　4-MBC 毒理学信息总结（SCCS）

毒性终点	毒理学信息总结
急性毒性	对小鼠、大鼠和狗的急性经口毒性研究得出的 LD_{50} 值均 >5000 mg/kg，大鼠急性经皮毒性 LD_{50} 值 >2000 mg/kg
皮肤 / 眼刺激性	Draize 皮肤刺激性试验，未观察到对兔皮肤有刺激性；三项人体试验中，含量为 5% 的制剂局部施用于受试者皮肤，未观察到任何刺激现象。 Draize 眼刺激性试验，未观察到对眼睑闭合不全有刺激性
皮肤致敏性	在人类皮肤致敏试验中，高达 5% 的 4-MBC 未引起皮肤致敏作用
光毒性和光敏性	5% 4-MBC 对小鼠无光毒性，对豚鼠无光敏性，4% 4-MBC 对人体无光毒性、无光敏性
遗传毒性	细菌回复突变试验、体外哺乳动物细胞基因突变试验结果均为阴性
重复剂量毒性	在 90 天大鼠口服毒性研究中，每天给予大鼠服用 4-MBC，剂量为 25 ～ 312 mg/(kg bw · d)，结果发现主要影响甲状腺激素水平，基于甲状腺作用的口服 NOAEL 值为 25 mg/(kg bw · d)；90 天大鼠经皮毒性试验中，剂量水平为 0、100、400 和 2000 mg/(kg bw · d)，在 400 mg/(kg bw · d) 剂量组观察到一些轻微的甲状腺影响，高剂量组动物因表皮损伤、创面、坏死严重被实施安乐死，作者得出 4-MBC 的经皮 NOAEL 为 400 mg/(kg bw · d)，NOEL 为 100 mg/(kg bw · d)
生殖发育毒性	一代生殖毒性研究，在 25 和 50 mg/(kg bw · d) 的剂量下仅观察到轻微的甲状腺影响，12.5 mg/(kg bw · d) 的剂量下则未观察到影响；一项产前发育毒性研究中，基于最高剂量组 [100 mg/(kg bw · d)] 显示对雌鼠体重增长略低，胎儿体重减少，胸骨和四肢骨化程度较低，其他剂量组均未发现对母鼠生殖参数和胎儿发育参数有影响，研究得出母体和胎儿的 NOAEL 值为 30 mg/(kg bw · d)
经皮吸收	4-MBC 的皮肤吸收率为 4.18 μg/cm^2，通过比较人和大鼠的毒代动力学数据，SCCS 认为将物种间毒代动力学因子从 4 降低为 1，物种间毒效动力学因子为 2.5，人体内的毒代动力学和毒效动力学因子为 10，则安全系数由 100 降低为 25

（二）二苯酮 -3

1. 基本信息

· INCI 名称：Benzophenone-3。

· INN 名称：Oxybenzone。

· 化学名称：2-Hydroxy-4-methoxybenzophenone（2- 羟基 -4- 甲氧基二苯甲酮）。

· 其他名称：BP-3。

· CAS 号：131-57-7。

· EC 号：205-031-5。

· 分子式：$C_{14}H_{12}O_3$。

· 分子量：228.24 g/mol。

· 结构式：

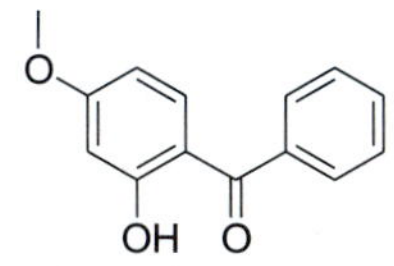

· 分配系数（Log Pow）：3.45（40 ℃）。

· 经皮吸收率：9.9%。

· 最大吸收波长（nm）：约 289（主峰），约 322（肩峰）。

· 主要紫外吸收波段：UVB（280 ～ 320 nm）和 UVA Ⅱ（320 ～ 340 nm）。

· 紫外吸收曲线（溶剂：无水乙醇）（图 3-2）。

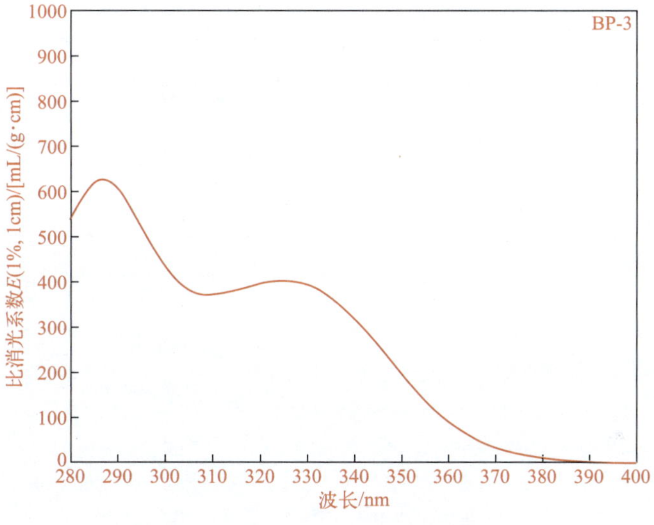

图 3-2　二苯酮 -3 紫外吸收曲线

· 防晒特性简述：油溶性固体广谱紫外线过滤剂。

·主要的生产厂家（商品名）：爱奇士（Aegivita UV-M4）、美丰（MFSORB 202）、Symrise（Neo Heliopan BB）。

2. 中国监管要求

《技术规范》准用防晒剂，最大允许使用浓度 10%，标签上必须标注“含二苯酮 -3”。

3. 权威机构安全性评估结论

二苯酮 -3（后面简称 BP-3）是一种可吸收 UVB 及部分 UVA 波段（UVA Ⅱ）的紫外线吸收剂，可用于防御受紫外线照射造成皮肤损伤，也可帮助保护化妆品中的其他成分避免阳光照射下变质。BP-3 在防晒化妆品中使用的安全性争议不断，SCCS 多次修订关于 BP-3 在化妆品中使用的安全性评估科学意见。

关于 BP-3 内分泌干扰特性，部分研究显示 BP-3 可能具有内分泌干扰效应，但不同的研究得出相反结果，或者报告的数据未能显示剂量 - 反应关系，或仅在相对极高剂量下（远超人类暴露范围）才能观察到相关效应。SCCS 得出结论，当前证据还不能确定 BP-3 的内分泌干扰性，在防晒身体乳、防晒喷雾中 6% 浓度不再安全（SCCS/1625/20）。2022 年欧盟委员会发布（EU）2022/1176，修订欧盟化妆品法规（EC）No 1223/2009 附录Ⅵ/4，根据 SCCS 评估意见调整 BP-3 的最大允许使用浓度：

（1）面部、手部和唇部产品（不包括气雾剂和喷雾剂产品）：6%。

（2）体用产品（包括气雾剂和喷雾剂产品）：2.2%。

（3）其他产品：0.5%。

美国 FDA 批准 BP-3 可以作为非处方防晒活性成分使用，浓度不得超过 6%，而日本、韩国规定最高限量为 5%。目前，欧盟、美国、日本、韩国等国家对 BP-3 的限量均低于中国化妆品法规中的限量。

2025 年 9 月 15 日，中检院发布《二苯酮 -3（征求意见稿）》，拟将化妆品使用时的最大允许浓度 10% 调整为面部、手部和口唇产品（不包括喷雾和气雾产品）6%，体用产品（包括喷雾和气雾产品）2.2%。调整后与欧盟、英国等国家或地区的相关规定基本一致。建议在选择化妆品中的防晒剂时，充分考虑 BP-3 的安全风险，合理使用确保产品安全、合规。

BP-3 毒理学信息总结如表 3-3 所示。

表 3-3　BP-3 毒理学信息总结（SCCS）

毒性终点	毒理学信息总结
急性毒性	BP-3 的大鼠急性经口毒性 LD_{50} 值 >5000 mg/kg，兔经皮毒性 LD_{50} 值 >16000 mg/kg
皮肤 / 眼刺激性	动物试验和人体试验数据显示 BP-3 无皮肤刺激性，OECD 439 体外皮肤刺激（重建人表皮模型）试验显示 BP-3 对皮肤无刺激性，动物试验和人体试验数据显示 BP-3 无眼刺激性
皮肤致敏性	豚鼠最大化试验和局部淋巴结试验（LLNA）均表明该物质对皮肤无致敏性
光毒性和光敏性	OECD 432 体外光毒性试验显示 BP-3 不具有光毒性，多项临床试验显示该物质可以引起光过敏反应，欧洲光斑贴试验工作组指出该物质是 UV 过滤剂中第二常见的光接触过敏原
遗传毒性	体内、体外遗传毒性试验均表明 BP-3 不具有遗传毒性、光遗传毒性潜力
重复剂量毒性	在大鼠 90 天的重复口服毒性研究中，主要不良反应为非特异性全身毒性体征，肾脏组织病理学改变，肝重量增加但没有组织病理学改变，血清蛋白水平紊乱，NOAEL 值确定为 411 mg/(kg bw・d)
生殖发育毒性	一项关键的产前发育毒性研究，大鼠母体及哺乳期通过食物喂养的 BP-3 浓度为 0、1000、3000、10000、25000 或 50000 ppm [相当于 0、67.9、207.1、670.8、1798.3 和 3448.2 mg/(kg bw・d)]，未发现对照组与 BP-3 给药组在生殖 / 妊娠参数或后代性别比例方面存在显著差异。最高剂量组雄性幼崽的正常 AGD 显著降低，血清 ALT 降低，相对肝脏与体重比也显著增加，配对肾脏重量显著降低，后代生精小管中的精母细胞数量与对照组相比显著减少，25000 和 50000 ppm 剂量组后代的胆固醇水平显著升高，体重、卵巢和子宫重量显著降低。在 3000 ppm 及更高剂量下，每条生精小管中的精子细胞数量显著减少。在 3000 和 25000 ppm 剂量下观察到的睾酮水平下降。SCCS 最终认为研究得出 NOAEL 为 1000 ppm [67.9 mg/(kg bw・d)]
致癌性	美国国家毒理学计划（NTP）对 BP-3 致癌性研究，在为期 2 年的条件下，基于甲状腺 C 细胞腺瘤的发生率增加和子宫间质息肉的发生率增加，在雌性 SD 大鼠中存在可疑的致癌活性证据；基于脑和脊髓恶性脑膜瘤的发生率，暴露在雄性 SD 大鼠中的致癌活性证据不明确；在 1000、3000 和 10000 ppm 的暴露浓度下，没有证据表明雄性或雌性 B6 C3 F1/N 小鼠具有致癌活性。SCCS 与 NTP 一致认为，BP-3 致癌性证据模棱两可
经皮吸收	体外透皮吸收研究（OECD TG 428）得出，6%BP-3 经皮吸收率为 9.9%（用于 6%BP-3 产品暴露量计算），2%BP-3 经皮吸收率为 8%（用于其他产品经暴露量计算）

（三）二苯酮 -4 和二苯酮 -5

1. 基本信息

・INCI 名称：Benzophenone-4/Benzophenone-5。

· INN 名称：Sulisobenzone/Sulisobenzone sodium。

· 化学名称：2-Hydroxy-4-methoxybenzophenone-5-sulfonic acid and its sodium salt、5-Benzoyl-4-hydroxy-2-methoxybenzenesulfonic acid and its sodium salt（5- 苯甲酰基 -4- 羟基 -2- 甲氧基苯磺酸及其钠盐）。

· 其他名称：BP-4/BP-5。

· CAS 号：4065-45-6/6628-37-1。

· EC 号：223-772-2/613-918-7。

· 分子式：$C_{14}H_{12}O_6S$/$C_{14}H_{11}NaO_6S$（$C_{14}H_{11}O_6S \cdot Na$）。

· 分子量：308.31/330.29 g/mol。

· 结构式：

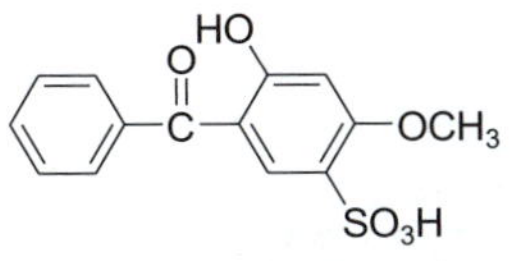

BP-4

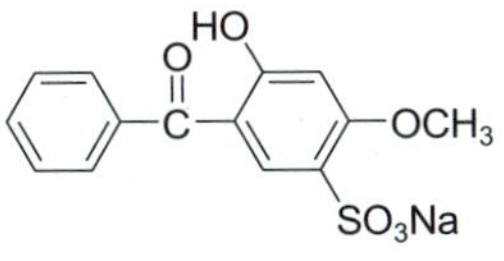

BP-5

· 分配系数（Log Pow）：（BP-4）0.515（25℃）。

· 经皮吸收率：0.46%。

· 最大吸收波长（nm）：约 288（主峰），约 333（肩峰）。

· 主要紫外吸收波段：UVB（280 ～ 320 nm）和 UVA Ⅱ（320 ～ 340 nm）。

· 防晒特性简述：水溶性固体广谱紫外线过滤剂。

· 主要的生产厂家（商品名）：美丰（Mfsorb 101/Mfsorb 102）。

2. 中国监管要求

《技术规范》准用防晒剂，最大允许使用浓度总量 5%（以酸计）。

3. 权威机构安全性评估结论

二苯酮 -4（后面简称 BP-4）及其钠盐二苯酮 -5（后面简称 BP-5），可吸收较广波长范围内的紫外线，可保护皮肤免受 UVB 和 UVA Ⅱ 的损害。欧盟化妆品法规（EC）No 1223/2009 附录Ⅵ/22 准用防晒剂指出最大允许使用浓度 5%。1999 年 SCCS 的前身欧盟化妆品及非食品科学委员会（Scientific Committee on Cosmetic Products and Non-Food Products，SCCNFP）对 BP-4 的安全性评估认为用于防晒化妆品中使用浓度 5% 是安全的。

随着毒理学研究方法和技术的不断发展，近几年欧盟开始高度关注化妆品组分的潜在内分泌干扰特性。2018 年欧盟委员会通过了关于化妆品法规（EC）1223/2009 中具有内分泌干扰性物质的审查报告，2019 年委员会建立含 28 种内分泌干扰性物质的优先清单，开始收集数据并进行安全评估，包括 BP-4、BP-3、奥克立林、4-MBC 等防晒剂。2024 年，SCCS 重新发布 BP-4 评估意见（SCCS/1660/23），在重复剂量毒性和生殖发育毒性研究中，并未观察到 BP-4 对大鼠甲状腺、性激素水平有明显影响，体外和体内研究未检测到雌激素活性和抗雄激素作用。据此，SCCS 得出结论，BP-4 不具有内分泌干扰特性，在防晒霜、面霜、护手霜及所有淋洗类和驻留类产品、唇膏、推进剂和泵式防晒喷雾中单独或混合使用时，作为紫外线过滤剂最高使用浓度为 5% 是安全的。

BP-5 作为 BP-4 的钠盐，SCCS 在 2025 年发布的评估意见（SCCS/1679/25）中指出，因结构类似，通过交叉参照参考 BP-4 的相关数据得出相同结论，BP-5 在防晒霜、面霜、护手霜及所有淋洗类和驻留类产品、唇膏、推进剂和泵式防晒喷雾中，单独或与 BP-4 混合使用时，最高安全使用浓度为 5%。

BP-4 毒理学信息总结如表 3-4 所示。

表 3-4　BP-4 毒理学信息总结（SCCS）

毒性终点	毒理学信息总结
急性毒性	研究表明 BP-4 的急性经口毒性为低至无毒，急性皮肤毒性为无毒
皮肤 / 眼刺激性	OECD 431 体外皮肤腐蚀性试验（RhE）显示未稀释的 BP-4 具有腐蚀性，体内动物试验显示浓度为 5% 的水溶液对兔皮肤无刺激性，浓度超过 5% 的动物和人体试验中则对皮肤表现出刺激性；根据体外（MatTek EpiOcular™ 模型）和体内动物数据，未稀释的 BP-4 对眼睛具有刺激性，浓度为 8%、16% 时对眼睑闭合不全有刺激作用，5% 水溶液无刺激作用
皮肤致敏性	豚鼠最大化试验结果为阳性，Buehler 试验结果为阴性，SCCS 认为，当皮肤屏障被破坏时，BP-4 容易引起致敏反应，皮肤屏障通常能有效阻止其透过皮肤，虽然在一些文献报道中 BP-4 出现少数致敏的病例，但 SCCS 认为该物质的致敏风险非常低
光毒性和光敏性	豚鼠体内研究显示 BP-4 无光毒性，对人体产生光毒性、光敏性的风险很低
遗传毒性	细菌回复突变试验、哺乳动物细胞基因突变试验、体外哺乳动物细胞染色体畸变试验结果为阴性，显示没有潜在遗传毒性
重复剂量毒性	OECD 408 大鼠 90 天口服重复毒性试验中得出最高剂量 1239 mg/(kg bw · d) 为 NOAEL 值
生殖发育毒性	OECD 422 重复剂量毒性联合生殖发育毒性筛选试验，受试物质以 750、1000 和 1250 mg/(kg bw · d) 的剂量经口给药，各剂量组均未观察到与治疗相关的变化，得出 NOAEL 值为 1250 mg/(kg bw · d)
经皮吸收	以人体皮肤为重点研究的体外皮肤渗透研究，BP-4 的吸收量为应用剂量的 0.46%

（四）亚苄基樟脑磺酸及其盐类

1. 基本信息

· 化学名称：Alpha-（2-oxoborn-3-ylidene）-toluene-4-sulphonic acid and its salts。

· 其他名称：Benzylidene camphor sulfonic acid and its salts。

· CAS 号：56039-58-8。

· EC 号：809-459-9。

· 分子式：$C_{17}H_{20}O_4S$。

· 分子量：320.40 g/mol。

· 结构式：

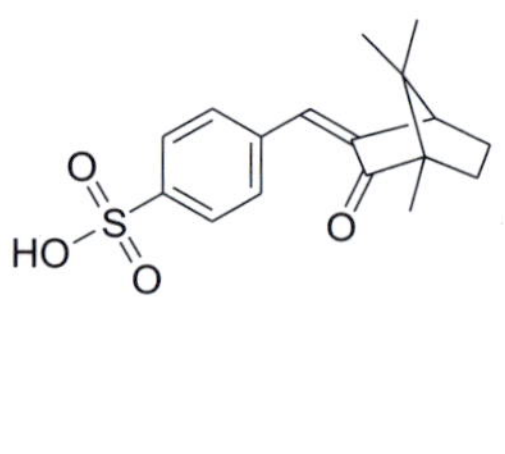

· 分配系数（Log Pow）：2.9。

· 最大吸收波长（nm）：约 294。

· 主要紫外吸收波段：UVB（280 ～ 320 nm）。

· 防晒特性简述：亚苄基樟脑磺酸是 4- 甲基苄亚基樟脑的衍生物，由其结构中的甲基经磺酸基（—SO_3H）取代制得。它为水溶性固体紫外线过滤剂。

2. 中国监管要求

《技术规范》准用防晒剂，最大允许使用浓度总量 6%（以酸计）。

3. 权威机构安全性评估结论

亚苄基樟脑磺酸及其盐类是一类亚苄基樟脑衍生物，具有六环结构，含共轭双键能够吸收紫外线，同时容易发生加成反应，产生皮肤毒性。《技术规范》准用防晒剂中除了未甲基化的衍生物 3- 亚苄基樟脑已被禁用外，还有 5 种樟脑衍生物。美国 FDA 未批准任何一种樟脑衍生物作为防晒剂使用，欧盟已禁用 3- 亚苄基樟脑和 4- 甲基苄亚基樟脑，原因主要在于此类物质的内分泌干扰具潜在风险。

亚苄基樟脑磺酸是 4- 甲基苄亚基樟脑的衍生物，甲基被磺酸基取代，该物质及其盐类作为防晒剂在欧盟、澳大利亚、东盟等国家规定使用量高达 6%（以酸计），与我国法规限量一致。亚苄基樟脑磺酸在防晒产品中使用频率非常低，目前未有其内分泌干扰等安全风险相关的文献报道，被认为是一种低风险物质，不列入优先研究清单。

（五）双 – 乙基己氧苯酚甲氧苯基三嗪

1. 基本信息

· INCI 名称：Bis-ethylhexyloxyphenol methoxyphenyl triazine。

· INN 名称：Bemotrizinol。

· 化学名称：2,2′-[6-（4-Methoxyphenyl）-1,3,5-triazine-2,4-diyl]bis{5-[（2-ethylhexyl）oxy]phenol}、2,2′-[6-（4- 甲氧苯基）-1,3,5- 三嗪 -2,4- 二基] 双 {5-[（2- 乙基己基）氧] 苯酚 }。

· 其他名称：BEMT。

· CAS 号：187393-00-6。

· EC 号：425-950-7。

· 分子式：$C_{38}H_{49}N_3O_5$。

· 分子量：627.81 g/mol。

· 结构式：

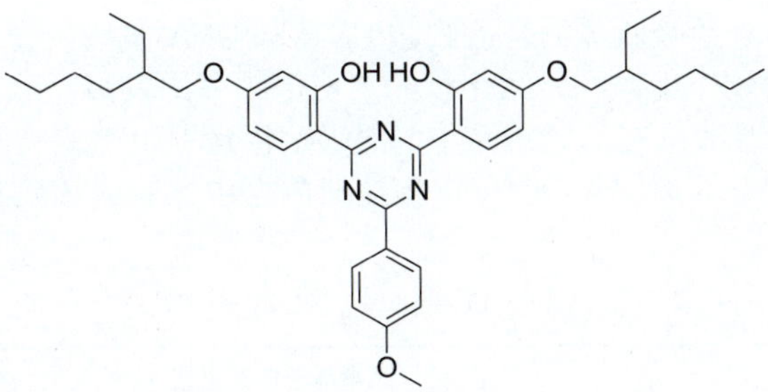

· 分配系数（Log Pow）：＞ 5.7（20℃）。

· 经皮吸收率：＜ 1%。

· 最大吸收波长（nm）：约 310 和 340。

· 主要紫外吸收波段：UVB（280 ～ 320 nm）、UVA Ⅱ（320 ～ 340 nm）、UVA Ⅰ（340 ～ 400 nm）。

· 紫外吸收曲线（溶剂：无水乙醇）（图 3-3）。

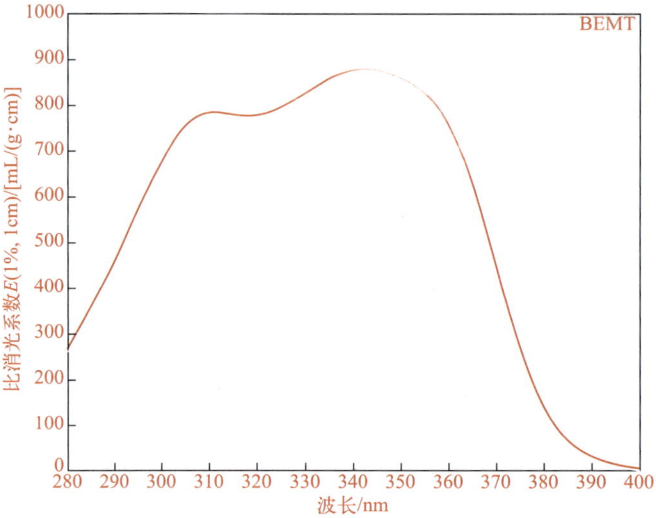

图 3-3 双 - 乙基己氧苯酚甲氧苯基三嗪紫外吸收曲线

· 防晒特性简述：卓越油溶性固体广谱紫外线过滤剂，光稳定性好，可稳定光不稳定性紫外线过滤剂。

· 主要的生产厂家（商品名）：科思（SUNOBEL Shell）、BASF（Tinosorb S）、DSM（PARSOL Shield）。

2. 中国监管要求

《技术规范》准用防晒剂，最大允许使用浓度 10%。

3. 权威机构安全性评估结论

根据欧盟化妆品及非食品科学委员会的评估意见（SCCNFP/0082/98），双 - 乙基己氧苯酚甲氧苯基三嗪（后面简称 BEMT）无急性毒性，亚慢性重复毒性未发现剂量依赖性异常，无遗传毒性、致畸性证据，体外试验没有表现出雌激素活性，无皮肤刺激性，无光毒性、光敏性，在皮肤吸收研究得出经皮吸收率非常低，SCCNFP 得出结论，该物质作为防晒剂在化妆品中最高添加量为 10% 是安全的。

BEMT 具有广谱紫外线吸收能力，能吸收 UVB 和 UVA 波段，光稳定性非常好，与其他防晒剂使用时有协同增效作用，在防晒化妆品中使用频率比较高。欧盟、澳大利亚、韩国等规定该物质作为紫外线吸收剂在防晒产品中的最大使用量为 10%。

在欧洲化学品管理局（ECHA）的化学品注册数据中已收录该物质详细毒理学信息，总结见表 3-5。

表 3-5 BEMT 毒理学信息总结（ECHA）

毒性终点	毒理学信息总结
急性毒性	OECD 401 大鼠急性经口毒性 LD_{50}>2000 mg/kg，OECD 402 大鼠急性经皮毒性 LD_{50}>2000 mg/kg，OECD 403 大鼠急性吸入毒性 LD_{50}>0.649 mg/L
皮肤 / 眼刺激性	OECD 404 急性皮肤刺激性试验显示未稀释时对家兔皮肤无刺激性，OECD 405 急性眼刺激试验显示未稀释时对眼睑闭合不全无刺激性
皮肤致敏性	OECD 406 皮肤致敏性豚鼠最大化试验，诱导浓度皮内 3%、表皮 30%，激发浓度 30%，显示无致敏作用

续表

毒性终点	毒理学信息总结
遗传毒性	OECD 471 细菌回复突变试验、OECD 473 体外染色体畸变试验和 OECD 474 体内微核试验结果都是阴性，表明无潜在遗传毒性作用
重复剂量毒性	OECD 408 90 天亚慢性经口毒性研究中，未观察到大鼠临床体征、组织病理学变化等，对神经毒性、免疫系统无不良影响，得出 NOAEL 为 1000 mg/(kg bw・d)；OECD 411 亚慢性经皮毒性研究得出 NOAEL 为 1000 mg/(kg bw・d)
生殖发育毒性	OECD 414 产前发育毒性研究，试验剂量为 0、100、300、1000 mg/(kg bw・d)，研究得出的母体毒性和产后胚胎发育毒性的 NOAEL 为 1000 mg/(kg bw・d)
致癌性	在长达 2 年的大鼠皮肤致癌慢性毒性研究中，以 100、500、1000 mg/(kg bw・d) 的剂量，对大鼠皮肤无致癌性，NOAEL 为 1000 mg/(kg bw・d)
经皮吸收	在以 4% 制剂施用于大鼠皮肤的体内透皮吸收研究（OECD 427）得出经皮吸收潜力非常低（均 <1%），亚慢性经皮试验中血浆浓度证实该物质无生物利用度

（六）丁基甲氧基二苯甲酰基甲烷

1. 基本信息

· INCI 名称：Butyl methoxydibenzoylmethane。

· INN 名称：Avobenzone（阿伏苯宗）。

· 化学名称：1-（4-*Tert*-butylphenyl）-3-（4-methoxyphenyl）propane-1,3-dione、1-[4-(1,1-Dimethylethyl)phenyl]-3-(4-methoxyphenyl)propane-1,3-dione、1-（4- 叔丁基苯基）-3-（4- 甲氧基苯基）-1，3- 丙二酮。

· 其他名称：BMDBM。

· CAS 号：70356-09-1。

· EC 号：274-581-6。

· 分子式：$C_{20}H_{22}O_3$。

· 分子量：310.39 g/mol。

· 结构式：

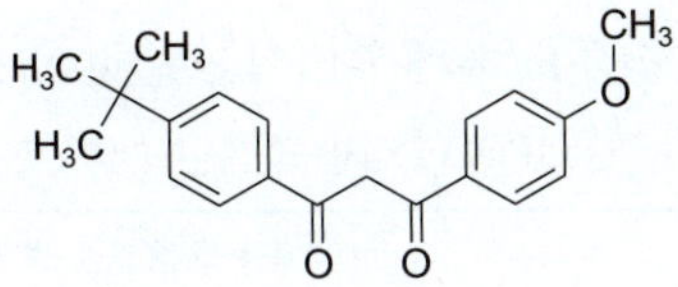

· 分配系数（Log Pow）：6.1（20℃）。

· 最大吸收波长（nm）：约 357。

· 主要紫外吸收波段：UVA Ⅱ（320 ～ 340 nm）、UVA Ⅰ（340 ～ 400 nm）。

· 紫外吸收曲线（溶剂：无水乙醇）（图 3-4）。

· 防晒特性简述：卓越油溶性固体 UVA 波段过滤剂，但光稳定性不佳，在紫外线照射下易发生异构化反应，导致吸收能力下降。

· 主要的生产厂家（商品名）：科思（SUNOBEL AVB）、DSM（PARSOL 1789）。

2. 中国监管要求

《技术规范》准用防晒剂，最大允许使用浓度 5%。

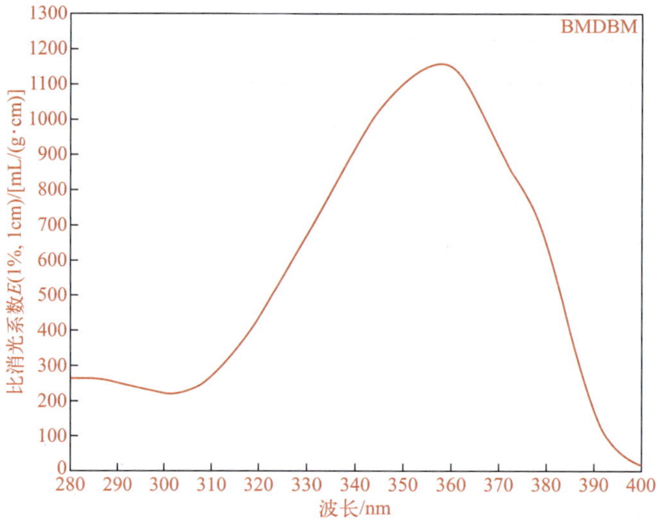

图 3-4　丁基甲氧基二苯甲酰基甲烷紫外吸收曲线

3. 权威机构安全性评估结论

欧盟 SCCS 等权威机构未发布丁基甲氧基二苯甲酰基甲烷（后面简称 BMDBM）的评估意见。BMDBM 几乎在全球范围内被允许用于防晒化妆品中，欧盟、澳大利亚、韩国、东盟等国家限定最大使用量为 5%，美国、加拿大限量为 3%。

BMDBM 的内分泌系统调节研究，在体外人胚肾细胞（HEK 293）中 10 ～ 100 μmol/L 浓度观察到对雌激素受体 α（hER α）的轻微诱导，但在体内斑马鱼试验中不能诱导雌激素受体的转录激活，因此无法证实该物质的内分泌干扰性。

BMDBM 本是一种安全有效的 UVA 紫外线吸收剂，但在阳光照射下，容易发生异构化和降解反应，产生不吸收紫外线的产物并形成其他具有潜在毒性的化合物。因此，遇光不稳定性导致以 BMDBM 为主要防晒成分的产品，随光照时间变长防晒效果显著下降，且容易引起皮肤光毒性和光过敏反应，在防晒产品中需与其他光稳定性好的防晒剂复配使用，例如双 - 乙基己氧苯酚甲氧苯基三嗪、奥克立林等，能有效帮助 BMDBM 保持光稳定，维持防晒效果，降低产生皮肤毒性的风险。

ECHA 化学品注册数据中该物质的毒理学信息总结见表 3-6。

表 3-6　BMDBM 毒理学信息总结（ECHA）

毒性终点	毒理学信息总结
急性毒性	类似或等同于 OECD 401 大鼠急性经口毒性 LD_{50}>16000 mg/kg，类似或等同于 OECD 402 大鼠急性经皮毒性 LD_{50}>1000 mg/kg
皮肤 / 眼刺激性	类似或等同于 OECD 404 急性皮肤刺激性试验，10% 浓度未引起或仅出现极轻微皮肤红斑和水肿，认为对皮肤无刺激性；类似或等同于 OECD 405 急性眼刺激试验，20% 浓度对眼睑闭合不全产生短暂的轻微刺激
皮肤致敏性	OECD 429 皮肤致敏性（小鼠局部淋巴结）试验显示无致敏作用
光毒性和光敏性	BMDBM 的 3T3 中性红摄取光毒性试验结果显示具有皮肤光毒性
遗传毒性	类似或等同于 OECD 476 体外哺乳动物细胞基因突变试验、类似或等同于 OECD 474 体内小鼠骨髓微核试验结果均为阴性，表明无潜在遗传毒性作用

续表

毒性终点	毒理学信息总结
重复剂量毒性	类似或等同于 OECD 408 的大鼠 90 天亚慢性经口毒性研究，试验剂量为 0、200、450、1000 mg/（kg bw · d），在 450 和 1000 mg/（kg bw · d）的剂量下，雌性大鼠的绝对和相对肝脏重量显著增加，在 1000 mg/（kg bw · d）剂量下雄性大鼠的肝脏绝对和相对重量显著增加，雌性动物的红细胞和血红蛋白有所下降，因此得出 NOAEL 为 450 mg/（kg bw · d）
生殖发育毒性	类似或等同于 OECD 414 产前发育毒性研究，BMDBM 在高达 1000 mg/（kg bw · d）剂量下不具有胚胎毒性或致畸性，不会对胚胎产生产后发育毒性

（七）樟脑苯扎铵甲基硫酸盐

1. 基本信息

· INCI 名称：Camphor benzalkonium methosulfate。

· 化学名称：*N,N,N*-trimethyl-4-（2-oxoborn-3-ylidenemethyl）anilinium methyl sulphate。

· CAS 号：52793-97-2。

· EC 号：258-190-8。

· 分子式：$C_{20}H_{28}NO \cdot CH_3SO_4$。

· 分子量：409.55 g/mol。

· 结构式：

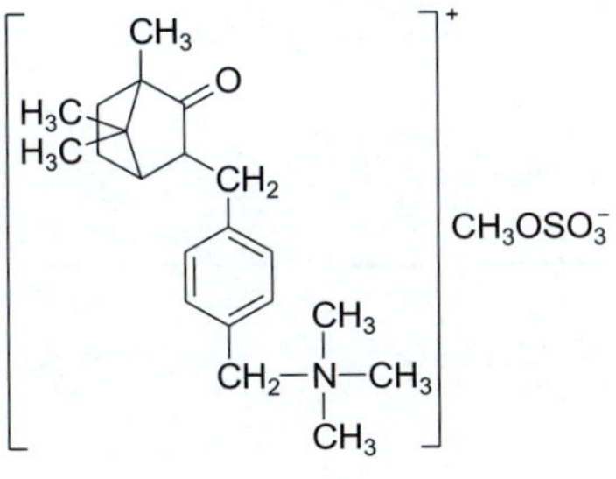

· 分配系数（Log Pow）：0.28。

· 经皮吸收率：2.73 μg/cm^2。

· 最大吸收波长（nm）：约 284。

· 主要紫外吸收波段：UVB（280 ～ 320 nm）。

· 防晒特性简述：水溶性 UVB 波段过滤剂，与油溶性紫外线过滤剂有协同效果。

2. 中国监管要求

《技术规范》准用防晒剂，最大允许使用浓度 6%。

3. 权威机构安全性评估结论

2006 年欧盟前消费品科学委员会（SCCP）2006 年发布的科学意见提出（SCCP/1015/06），樟脑苯扎铵甲基硫酸盐在防晒化妆品中的最大使用浓度为 6% 是安全的，由于风险评估得出的安全边际值为 109，接近安全系数 100，不推荐用于可能存在其他暴露途径的化妆品中，在重新评估前要求提供新的皮肤吸收研究数据。2008 年 SCCP 根据申请人建议将最大使用浓度由 6% 降为 3%（SCCP/1202/08），认为虽然没有 3% 樟脑苯扎铵甲基硫酸盐的经皮吸收数据，但是物质的皮肤吸收随浓度下降而减少，在化妆品中使用浓度 3% 也是安全的。

樟脑苯扎铵甲基硫酸盐作为防晒剂在中国、澳大利亚、欧盟等国家规定的最大使用量为

6%，目前没有关于人体健康潜在风险或接触性过敏的数据。根据现有毒理数据，该物质 6% 浓度时具有眼刺激性，因此在实际应用时，需关注眼部接触产品的刺激性风险，可选择进行人体安全试验或适当降低该物质使用浓度，确保消费者使用安全。

樟脑苯扎铵甲基硫酸盐毒理学信息见表 3-7。

表 3-7　樟脑苯扎铵甲基硫酸盐毒理学信息总结（SCCS）

毒性终点	毒理学信息总结
急性毒性	OECD 401 急性经口毒性 LD_{50}>600 mg/kg，OECD 402 急性经皮毒性 LD_{50}>600 mg/kg
皮肤 / 眼刺激性	OECD 404 急性皮肤刺激性试验，30% 浓度水溶液无皮肤刺激性；OECD 405 急性眼刺激性试验，6% 浓度对眼睑闭合不全有刺激性
皮肤致敏性	OECD 406 皮肤致敏性豚鼠最大化试验，供试品含 30% 活性成分，皮内诱导浓度为 1%，局部诱导浓度为 50%，局部激发浓度为 50% 和 100%，显示无致敏作用
光毒性和光敏性	OECD 432 体外光毒性试验中，测试物对豚鼠不具有光毒性、光敏性作用
遗传毒性	OECD 471 细菌回复突变试验、OECD 473 体外染色体畸变试验、OECD 474 大鼠骨髓细胞微核试验结果均为阴性，表明该物质无遗传毒性
重复剂量毒性	13 周大鼠重复经口毒性研究，受试物（30% 活性成分）剂量为 0、100、300、1000 mg/(kg bw · d)，结果显示中、高剂量组大鼠尸检时发现消化道出现变色，高剂量组大鼠胃肠道黏膜出现侵蚀现象，研究得出 NOAEL 值为 300 mg/(kg bw · d)
生殖发育毒性	OECD 414 生殖发育毒性研究得出大鼠母体毒性 NOAEL 和 NOEL 分别为 1000 mg/(kg bw · d) 和 300 mg/(kg bw · d)，胚胎发育毒性 NOEL 为 1000 mg/(kg bw · d)。雌激素活性试验中未观察到大鼠任何临床体征，在 100 mg/(kg bw · d) 最高剂量组中子宫重量略有下降，但未观察到显著的形态学差异，认为没有毒理学意义
经皮吸收	OECD 428 体外透皮吸收研究以 6% 樟脑苯扎铵甲基硫酸盐的水溶液为受试物，测试所得的皮肤吸收率为 2.73 μg/cm^2

（八）二乙氨羟苯甲酰基苯甲酸己酯

1. 基本信息

· INCI 名称：Diethylamino hydroxybenzoyl hexyl benzoate。

· 化学名称：Benzoic acid, 2-（4-（diethylamino）-2-hydroxybenzoyl）-,hexyl ester、2-（4-二乙氨基 -2- 羟基苯甲酰基）苯甲酸己酯。

· 其他名称：DHHB。

· CAS 号：302776-68-7。

· EC 号：443-860-6。

· 分子式：$C_{24}H_{31}NO_4$。

· 分子量：397.5 g/mol。

· 结构式：

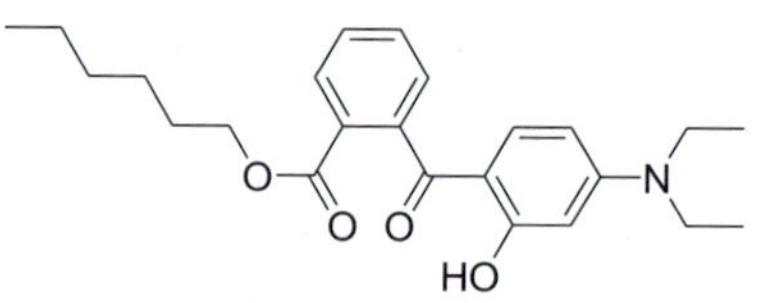

· 分配系数（Log Pow）：6.2（24℃）。

· 经皮吸收率：0.31 μg/cm^2 或 0.15%。

· 最大吸收波长（nm）：约 356 ～ 358。
· 主要紫外吸收波段：UVA Ⅱ（320 ～ 340 nm）、UVA Ⅰ（340 ～ 400 nm）。
· 紫外吸收曲线（溶剂：无水乙醇）（图 3-5）：

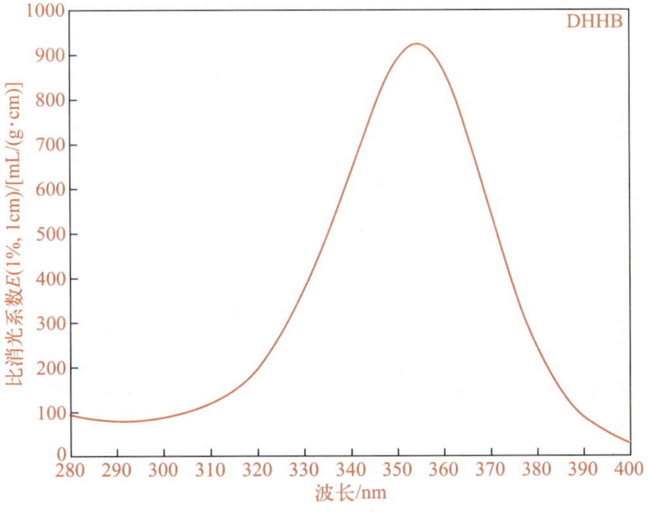

图 3-5　二乙氨羟苯甲酰基苯甲酸己酯紫外吸收曲线

· 防晒特性简述：卓越油溶性固体 UVA 波段过滤剂，光稳定性好。

·主要的生产厂家（商品名）：BASF（Uvinul A Plus Granular）、DSM（PARSOL DHHB）、科思（SUNOBEL PA）。

2. 中国监管要求

《技术规范》准用防晒剂，最大允许使用浓度 10%。

3. 权威机构安全性评估结论

2008 年欧盟 SCCP 评估认为二乙氨羟苯甲酰基苯甲酸己酯（后面简称 DHHB）作紫外线吸收剂在防晒化妆品中用量高达 10% 是安全的（SCCP/1166/08）。

2024 年德国当局通报在儿童尿液中检出塑化剂邻苯二甲酸二正己酯（DnHexP）可能与使用防晒霜有关，SCCS 被要求重新评估 DHHB 的安全性及可能存在 DnHexP 的情况。2025 年，最新意见 SCCS/1678/25 指出，DnHexP 被确定为 DHHB 生产过程中不可避免的杂质，在 DHHB 最大使用浓度 10% 的情况下，DnHexP 在产品中的最高允许限值为 0.026%（260 ppm）。SCCS 建议 DnHexP 应保持尽可能低的含量，作为 DHHB 不可避免的痕量杂质限值设定为 1 ppm。

DHHB 毒理学信息总结见表 3-8。

表 3-8　DHHB 毒理学信息总结（SCCS）

毒性终点	毒理学信息总结
急性毒性	OECD 423 大鼠急性经口毒性 LD_{50}>2000 mg/kg
皮肤 / 眼刺激性	OECD 404 急性皮肤刺激性试验显示，未稀释时无皮肤刺激性，14 天皮肤刺激研究，浓度为 10%、20% 受试物对豚鼠皮肤无刺激性；OECD 405 急性眼刺激性试验显示，所有动物在给药当天均观察到轻度至中度结膜充血，1 只动物出现轻度分泌物，反应在 48 h 内均为可逆，因此未稀释的测试物质对眼睑闭合不全有短暂的轻微刺激性

续表

毒性终点	毒理学信息总结
皮肤致敏性	OECD 406 皮肤致敏豚鼠最大化试验显示，皮内诱导 5%，局部诱导和局部激发浓度为 25%，对豚鼠皮肤无致敏作用
光毒性和光敏性	OECD 体外 3T3 NRU 光毒性试验显示受试物无光毒性，紫外线照射豚鼠皮肤光毒性、光敏性试验显示，浓度为 10%、20% 受试物局部施用于豚鼠皮肤，UVB、UVA 紫外线照射下未观察到光毒性、光过敏反应
遗传毒性	OECD 471 细菌回复突变试验、OECD 476 体外哺乳动物细胞基因突变试验、OECD 473 体外染色体畸变试验结果均为阴性，表明无遗传毒性
重复剂量毒性	OECD 408 大鼠 90 天重复经口毒性研究得出 NOAEL 值为 15000 ppm［相当于雄性 1248.8 mg/(kg bw·d)，雌性 1452.1 mg/(kg bw·d)］
生殖发育毒性	OECD 414 大鼠产前发育毒性研究得出母体毒性 NOAEL 为 200 mg/(kg bw·d)，胎儿产前发育毒性 NOAEL ≥ 1000 mg/(kg bw·d)
经皮吸收	OECD 428 体外透皮吸收研究得出该物质的经皮吸收率最大值为 0.31 μg/cm^2 或 0.15%

（九）二乙基己基丁酰胺基三嗪酮

1. 基本信息

· INCI 名称：Diethylhexyl butamido triazone。

· INN 名称：Iscotrizinol。

· 化学名称：Benzoic acid, 4,4′-((6-(((((1,1-dimethylethyl) amino) carbonyl) phenyl) amino) 1,3,5-triazine-2,4-diyl) diimino) bis-, bis-(2-ethylhexyl) ester、苯甲酸，4,4′-[[6-[[4-[[(1,1-二甲基乙基）氨基］羰基］苯基］氨基]-1,3,5-三嗪-2,4-二基］二亚氨基］双-，双（二-乙基己基）酯。

· 其他名称：DHBT。

· CAS 号：154702-15-5。

· EC 号：421-450-8。

· 分子式：$C_{44}H_{59}N_7O_5$。

· 分子量：765.98 g/mol。

· 结构式：

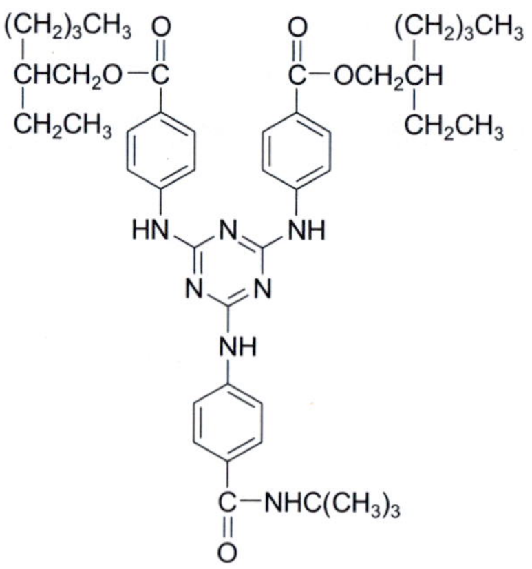

· 分配系数（Log Pow）：4.1 ～ 5.925（20 ～ 25℃）。

· 经皮吸收率：＜ 0.1%。
· 最大吸收波长（nm）：约 312。
· 主要紫外吸收波段：UVB（280 ～ 320 nm）。
· 紫外吸收曲线（溶剂：无水乙醇）（图 3-6）：

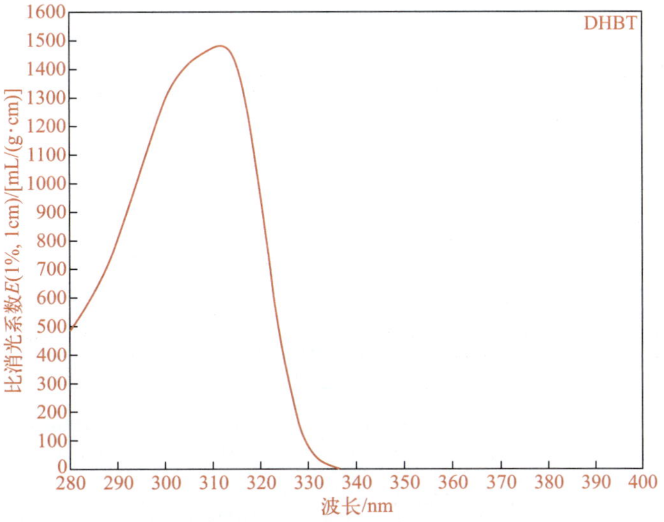

图 3-6 二乙基己基丁酰胺基三嗪酮紫外吸收曲线

· 防晒特性简述：卓越油溶性固体 UVB 波段过滤剂，光稳定性好。
· 主要的生产厂家（商品名）：科思（SUNOBEL HEB）。

2. 中国监管要求

《技术规范》准用防晒剂，最大允许使用浓度 10%。

3. 权威机构安全性评估结论

1998 年 SCCNFP 通过了二乙基己基丁酰胺基三嗪酮（后面简称 DHBT）的评估意见，该物质急性经口毒性和亚慢性口服毒性低，无皮肤刺激性和光刺激性潜力，无黏膜刺激性，在人类志愿者中重复应用无刺激性和低过敏性，不产生光敏性。在离体的人体皮肤样本中测试皮肤吸收情况，结果表明吸收率非常低。该物质的致突变试验、染色体畸变试验结果均为阴性，风险评估得出的安全边际值非常高，委员会认为该物质在防晒化妆品中安全用量高达 10%。

现有数据表明，DHBT 安全性较高，具有光稳定性，在欧盟、东盟、韩国以及我国规定最大允许使用浓度为 10%。

ECHA 收录的 DHBT 毒理学信息总结见表 3-9。

表 3-9 DHBT 毒理学信息总结（ECHA）

毒性终点	毒理学信息总结
急性毒性	OECD 401 急性经口毒性 LD_{50}>2000 mg/kg
皮肤 / 眼刺激性	OECD 404 急性皮肤刺激性试验显示该物质不是皮肤刺激物，OECD 405 眼刺激性试验结果显示该物质不是眼刺激物
皮肤致敏性	OECD 406 皮肤致敏性试验中，诱导浓度皮内 3%、表皮 30%，激发浓度 30%，未显示致敏作用

续表

毒性终点	毒理学信息总结
遗传毒性	OECD 471 细菌回复突变试验、OECD 473 体外哺乳动细胞染色体畸变试验结果均为阴性
重复剂量毒性	OECD 408 亚慢性毒性研究中，受试物以最高 1.5% 饮食水平给予大鼠连续口服 13 周后，大鼠的一般状况、行为、生长、摄食、血液指标、临床化学、器官重量、组织病理学等结果均未出现给药相关变化，未见有害作用水平 NOAEL 值为 831 mg/(kg bw · d)（雄性）和 963 mg/(kg bw · d)（雌性）
生殖发育毒性	OECD 421 生殖发育毒性筛选试验得出 NOAEL 值为 1000 mg/(kg bw · d)
经皮吸收	在大鼠的急性和重复经皮毒性试验（不是基于人体皮肤的体外经皮吸收试验）中得出吸收率非常低，小于应用剂量的 0.1%，认为该物质不会经皮吸收

（十）苯基二苯并咪唑四磺酸酯二钠

1. 基本信息

· INCI 名称：Disodium Phenyl Dibenzimidazole Tetrasulfonate。

· INN 名称：Bisdisulizole disodium（双硫唑二钠）。

· 化学名称：Disodium salt of 2,2′-bis-（1,4-phenylene）-1*H*-benzimidazole-4,6-disulfonic acid、2,2′-（1,4- 亚苯基）双 -1H- 苯并咪唑 -4,6- 二磺酸二钠盐。

· 其他名称：DPDT，Bisimidazylate。

· CAS 号：180898-37-7。

· EC 号：429-750-0。

· 分子式：$C_{20}H_{12}N_4Na_2O_{12}S_4$。

· 分子量：674.58 g/mol。

· 结构式：

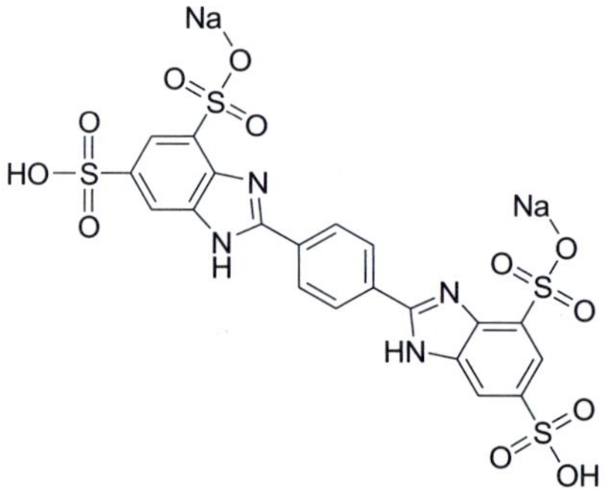

· 分配系数（Log Pow）：−2（23℃）。

· 经皮吸收率：0.1% ～ 0.3%。

· 最大吸收波长（nm）：约 334。

· 主要紫外吸收波段：UVA Ⅱ（320 ～ 340 nm）、UVA Ⅰ（340 ～ 400 nm）。

· 紫外吸收曲线（溶剂：水）（图 3-7）。

· 防晒特性简述：高效水溶性固体 UVA 波段过滤剂，与油溶性紫外线过滤剂有协同效果。

· 主要的生产厂家（商品名）：Symrise（Neo Heliopan AP）。

2. 中国监管要求

《技术规范》准用防晒剂，最大允许使用浓度 10%（以酸计）。

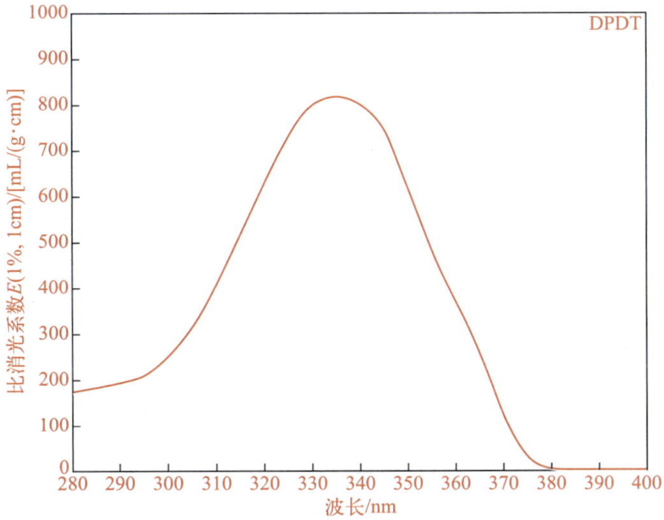

图 3-7　苯基二苯并咪唑四磺酸酯二钠紫外吸收曲线

3. 权威机构安全性评估结论

1999 年欧盟 SCCNFP 评估认为苯基二苯并咪唑四磺酸酯二钠（后面简称 DPDT）作为紫外线过滤剂在化妆品中以酸计用量高达 10% 是安全的。意见摘要中没有提供详细的试验数据，SCCNFP 总结该物质无急性经口、经皮毒性，没有证据显示生殖发育毒性、遗传毒性和致癌性，未观察到刺激性、致敏性现象，无潜在光毒性、光敏性。

DPDT 吸收波长在 290 ～ 370 nm 之间，属于水溶性 UVA 防护剂，光稳定性好，具有良好的安全性。欧盟、澳大利亚、韩国等国家与我国法规限量要求基本一致，在化妆品中的使用量以酸计不得超过 10%。

ECHA 收录的 DPDT 毒理学信息总结见表 3-10。

表 3-10　DPDT 毒理学信息总结（ECHA）

毒性终点	毒理学信息总结
急性毒性	OECD 401 急性经口毒性试验、OECD 402 急性经皮毒性试验得出的大鼠 LD_{50} 都大于 2000 mg/kg，OECD 403 急性吸入毒性 LC_{50}>1.87 mg/L
皮肤 / 眼刺激性	OECD 404 急性皮肤刺激性试验显示未稀释时无皮肤刺激性，OECD 405 急性眼刺激性试验显示未稀释时无眼刺激性
皮肤致敏性	OECD 406 皮肤致敏性豚鼠最大化试验显示，诱导浓度 0.5% 皮内、25% 表皮，激发浓度 10%，不会引起豚鼠皮肤过敏反应
遗传毒性	OECD 471 细菌回复突变试验、OECD 476 体外哺乳动物细胞基因突变试验、OECD 473 体外染色体畸变试验结果均为阴性，表明无遗传毒性
重复剂量毒性	OECD 408 大鼠 13 周口服亚慢性毒性试验得出 NOAEL 值为试验的最高剂量 10000 ppm[相当于雄性 695 mg/(kg bw · d)，雌性 825 mg/(kg bw · d)]
生殖发育毒性	产前发育毒性研究得出母体和胎儿毒性 NOAEL 值为 1200 mg/(kg bw · d)
经皮吸收	苯基二苯并咪唑四磺酸酯二钠供试样在大鼠体内经皮吸收研究得出经皮吸收率为 0.1% ～ 0.3%

（十一）甲酚曲唑三硅氧烷

1. 基本信息

· INCI 名称：Drometrizole trisiloxane。

·化学名称：Phenol,2-（2*H*-benzotriazol-2-yl）-4-methyl-6-（2-methyl-3-（1,3,3,3-tetramethyl-1-（trimethylsily l）oxy）-disiloxanyl）propyl、2-（2-*H*- 苯并三唑 -2- 基）-4- 甲基 -6-[2- 甲基 -3-[1,3,3,3- 四甲基 -1-[（三甲基硅基）氧] 二甲硅醚基] 丙基] 苯酚。

· 其他名称：DTS、Silatrizole（西曲唑）。

· CAS 号：155633-54-8。

· EC 号：422-940-4。

· 分子式：$C_{24}H_{39}N_3O_3Si_3$。

· 分子量：501.85 g/mol。

· 结构式：

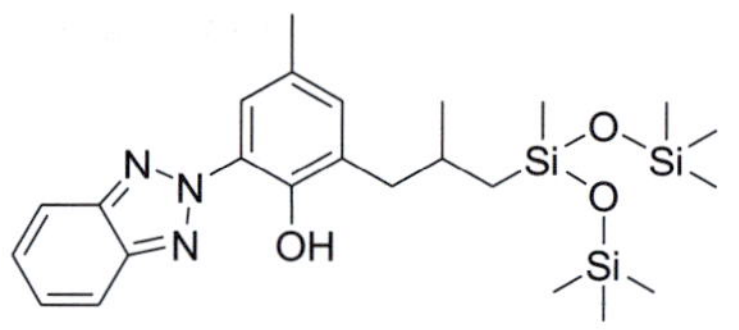

· 分配系数（Log Pow）：6（22℃）。

· 经皮吸收率：＜ 1%。

· 最大吸收波长（nm）：约 303 和 341。

· 主要紫外吸收波段：UVA Ⅱ（320 ～ 340 nm）、UVA Ⅰ（340 ～ 400 nm）。

· 紫外吸收曲线（溶剂：无水乙醇）（图 3-8）：

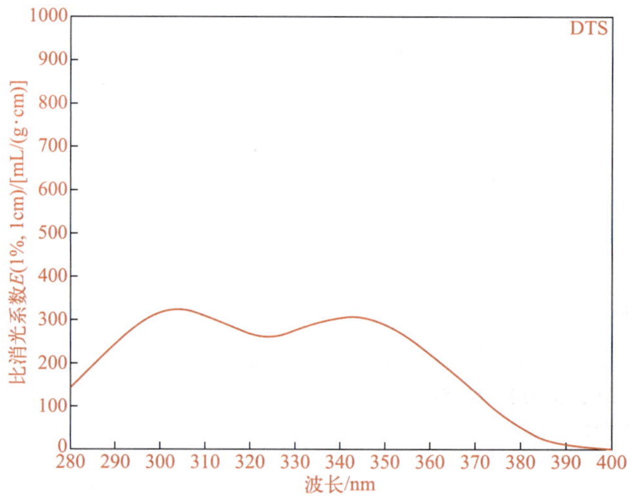

图 3-8　甲酚曲唑三硅氧烷紫外吸收曲线

· 防晒特性简述：高效油溶性固体广谱紫外线过滤剂。

· 主要的生产厂家（商品名）：欧莱雅（Mexoryl XL）、Cropasse（Crosorb D）。

2. 中国监管要求

《技术规范》准用防晒剂，最大允许使用浓度 15%。

3. 权威机构安全性评估结论

1997 年欧盟 SCCNFP 通过了甲酚曲唑三硅氧烷（后面简称 DTS）的审查意见，认为该物质作为紫外线过滤剂在化妆品中的安全用量可达 15%。该物质急性经口毒性低，没有迹象表明具有生殖发育毒性和遗传毒性。其经皮吸收非常低，亚慢性经口毒性试验获得的 NOAEL 计算得出系统毒性风险安全边际值在安全范围内，试验得出不具有皮肤 / 眼刺激性、致敏性，无潜在光毒性、光敏性。

DTS 是光稳定的亲脂性 UVA、UVB 紫外线过滤剂，使用的不良反应报告比较少，美国 FDA 认为现有数据仍不足以充分证明其普遍使用的安全性因而未批准纳入非处方防晒活性成分。其他大多数国家地区如欧盟、东盟、日本、韩国，已批准作为防晒剂用于防晒化妆品中最高使用量为 15%，而澳大利亚允许最大浓度为 10%。

DTS 毒理学信息总结见表 3-11。

表 3-11 DTS 毒理学信息总结（ECHA）

毒性终点	毒理学信息总结
急性毒性	OECD 401 急性经口毒性 LD_{50}>2000 mg/kg，OECD 402 急性皮肤毒性 LD_{50}>2000 mg/kg
皮肤 / 眼刺激性	OECD 404 急性皮肤刺激性试验显示该物质未稀释时不具有皮肤刺激性; OECD 405 急性眼刺激性试验显示该物质未稀释时不具有眼刺激性
皮肤致敏性	OECD 406 皮肤致敏性豚鼠最大化试验，供试品以 5% 浓度皮内诱导，85% 局部诱导，85% 局部激发，结果显示对豚鼠皮肤无致敏作用
遗传毒性	遗传毒性试验包括细菌回复突变试验（OECD 471）、体内染色体畸变试验（OECD 473）、体内小鼠骨髓细胞微核试验（OECD 474）结果都显示为阴性
重复剂量毒性	OECD 408 大鼠亚慢性经口毒性研究得出的 NOAEL 值为试验的最高剂量 1000 mg/(kg bw · d)
生殖发育毒性	OECD 414 产前发育毒性研究和一项产前和产后发育毒性研究得出，在 1000 mg/(kg bw · d) 高剂量下未显现出对母体或胚胎的毒性，NOAEL 值为 1000 mg/(kg bw · d)
经皮吸收	在无毛大鼠体内经皮吸收研究中，含 15% 该物质的制剂局部应用 8 h 后血浆容量百分比不超过 1%，认为经皮吸收率不超过 1%

（十二）二甲基 PABA 乙基己酯

1. 基本信息

- INCI 名称：Ethylhexyl dimethyl PABA。
- INN 名称：Padimate O。
- 化学名称：2-Ethylhexyl 4-(dimethylamino)benzoate、4-（二甲氨基）苯甲酸 2- 乙基己酯。
- 其他名称：对二甲氨基苯甲酸乙基己酯、EHDP。
- CAS 号：21245-02-3/58817-05-3。
- EC 号：244-289-3。
- 分子式：$C_{17}H_{27}NO_2$。
- 分子量：277.4 g/mol。
- 结构式：

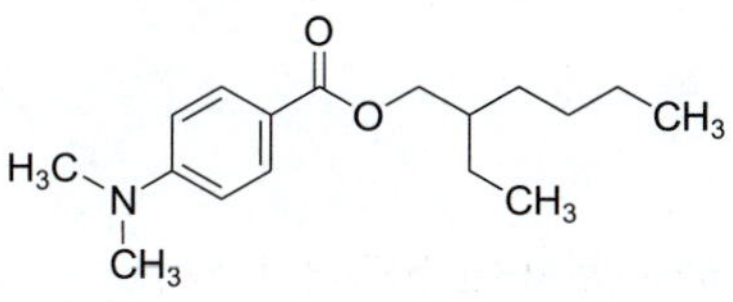

· 分配系数（Log Pow）：6.2。
· 经皮吸收率：2.5%。
· 最大吸收波长（nm）：约 311。
· 主要紫外吸收波段：UVB（280 ～ 320 nm）。
· 防晒特性简述：油溶性 UVB 波段过滤剂，部分研究提示其代谢产物可能具有光致敏性。

2. 中国监管要求

《技术规范》中准用防晒剂，最大允许使用浓度 8%。

3. 权威机构安全性评估结论

1999 年 SCCNFP 评估得出二甲基 PABA 乙基己酯作为紫外线吸收剂可安全用于化妆品中，最大使用量为 8%。该物质的急性经口毒性低，没有迹象表明具有致畸活性和遗传毒性，其经皮吸收约为 2.5%，亚慢性经口毒性试验在合理的剂量范围内未观察到试验动物产生不良反应，试验得出该物质不具有皮肤刺激性，对眼有轻微刺激性，无或轻微致敏性，无潜在光毒性、光敏性。二甲基 PABA 乙基己酯是一种油溶性 UVB 防护剂，相比其他防晒剂，其经皮吸收程度稍好。欧盟、美国、澳大利亚、韩国等国家规定在防晒化妆品中的最高使用量为 8%。

二甲基 PABA 乙基己酯毒理学信息总结如表 3-12 所示。

表 3-12　二甲基 PABA 乙基己酯毒理学信息总结

毒性终点	毒理学信息总结
急性毒性	类似于 OECD 401 急性经口毒性，该物质供试品（50% 玉米油）LD_{50}>14.9 g/kg
皮肤 / 眼刺激性	OECD 431 重组人表皮（RhE）试验显示体外皮肤无腐蚀性，OECD 439 重组人表皮（RhE）试验显示体外皮肤无刺激性；OECD 437 牛角膜混浊和通透性试验显示无眼刺激性；类似于 OECD 405 急性眼刺激试验显示，5%、2% 浓度的供试品不产生眼刺激性
皮肤致敏性	OECD 406 皮肤致敏性豚鼠最大化试验显示未对豚鼠皮肤产生致敏作用；在 50 名人体志愿者中进行重复刺激斑贴试验中，在白凡士林中浓度为 1.5%、4% 时不会引起志愿者皮肤刺激、过敏等不良反应
遗传毒性	OECD 471 细菌回复突变（Ames）试验、OECD 490 体外哺乳动物细胞（胸苷激酶）基因突变试验、OECD 473 体外染色畸变试验、OECD 474 体内微核试验均显示阴性结果
重复剂量毒性	类似于 OECD 407 的大鼠 28 天重复经口毒性试验，大鼠暴露于 0、100、300 和 1000 mg/(kg bw · d) 剂量水平的供试品，在最高剂量组出现体重、临床体征、血液学、血液生化指标、器官重量和组织病理学的给药相关变化，得出 NOAEL 值为 300 mg/(kg bw · d)
生殖发育毒性	OECD 421 生殖发育毒性筛选试验，在 50、175、600 mg/(kg bw · d) 各剂量组未观察到雌性动物卵巢、子宫和阴道等不良反应，中、高剂量下肉眼观察到雄性大鼠睾丸和附睾较小，生殖器官重量较低，精子计数呈剂量依赖性下降，给药 2 周后对大鼠生殖力和生育力产生不利影响，所有雌性动物未出现妊娠反应；低剂量组对雄性大鼠交配性能、生殖力或生育力无不良影响，该组所有雌性动物均妊娠并产下活仔，研究得出的雄性大鼠 NOAEL 值为 50 mg/(kg bw · d)，雌性大鼠 NOAEL 值为 600 mg/(kg bw · d)。OECD 414 产前发育毒性研究，在 1000 mg/(kg bw · d) 剂量下，母体体重较轻与胎仔体重较轻和骨骼骨化延迟相关，未发现致畸作用，母体毒性和发育毒性 NOAEL 值为 200 mg/(kg bw · d)
经皮吸收	离体人表皮渗透吸收试验显示供试品表皮渗透水平较低，该物质的高分配系数表明不利于表皮吸收，经皮吸收实际偏低

（十三）甲氧基肉桂酸乙基己酯

1. 基本信息

· INCI 名称：Ethylhexyl methoxycinnamate。

· INN 名称：Octinoxate（奥西诺酯）。

· 化学名称：2-Ethylhexyl 4-methoxycinnamate、3-（4- 甲氧基苯基）-2- 丙酸（2- 乙基己基）酯。

· 其他名称：甲氧基肉桂酸辛酯、EHMC、OMC。

· CAS 号：5466-77-3（标准结构）/83834-59-7（异构体）。

· EC 号：226-775-7/629-661-9。

· 分子式：$C_{18}H_{26}O_3$。

· 分子量：290.4 g/mol。

· 结构式：

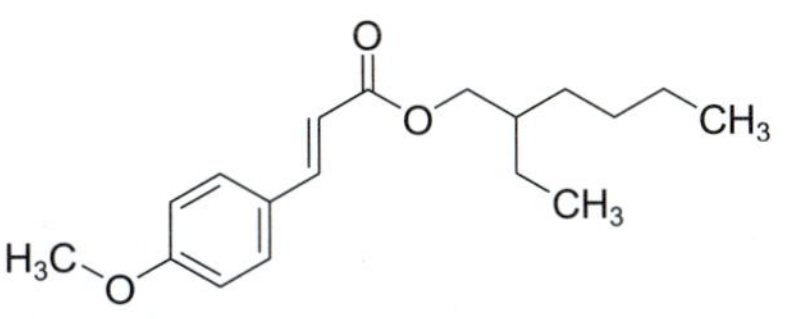

· 分配系数（Log Pow）：＞ 6（23℃）。

· 经皮吸收率：0.45%。

· 最大吸收波长（nm）：约 310。

· 主要紫外吸收波段：UVB（280 ～ 320 nm）。

· 紫外吸收曲线（溶剂：无水乙醇）（图 3-9）。

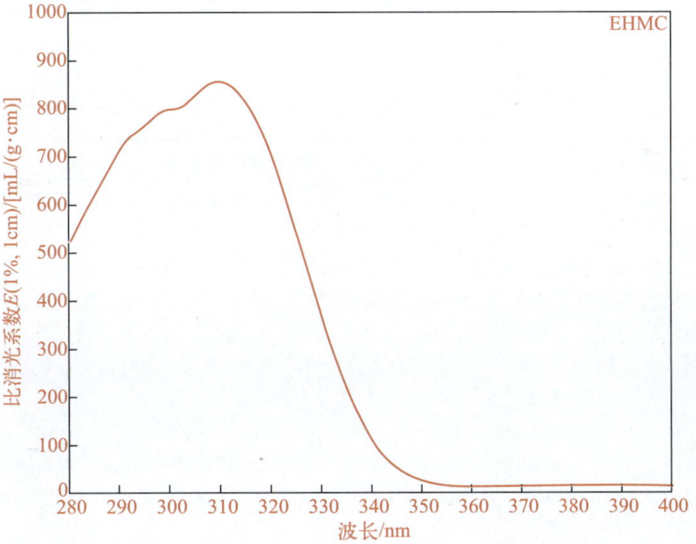

图 3-9　甲氧基肉桂酸乙基己酯紫外吸收曲线

· 防晒特性简述：高效油性液体 UVB 波段过滤剂，结晶性防晒剂的优良溶剂，光稳定性一般。

· 主要的生产厂家（商品名）：BASF（Uvinul MC 80）、DSM（PARSOL MCX）、科思（SUNOBEL OMC）。含丁羟甲苯。

2. 中国监管要求

《技术规范》准用防晒剂，最大允许使用浓度 10%。

3. 权威机构安全性评估结论

2001 年，Schlumpf 等人发布的包括甲氧基肉桂酸乙基己酯（后面简称 EHMC）在内的几种防晒剂的体外测试显示出雌激素活性的文章，引发大众对当前在使用的防晒剂安全性的担忧，其测试结果的争议引起公众的激烈讨论。欧盟 SCCNFP 被要求针对这项研究做出综合分析，并对紫外线过滤剂的雌激素效应进行评估。SCCNFP 强调体外试验只能证明紫外线过滤剂是否与雌激素受体结合，不能作为其是否具有雌激素活性的证据，几种防晒剂的体内试验结果，与体外试验结果并不一致，体外最具活性的防晒剂在体内仅表现出弱活性。根据 Schlumpf 等人的数据，大鼠的子宫营养试验中获得 NOEL（雌激素活性）为 522 mg/（kg bw・d），用于计算 MoS 结果高于 100，SCCNFP 认为该物质在防晒化妆品中使用不太可能影响人体雌激素效应，最大安全使用量为 10%。

2021 年，欧盟委员会按照内分泌干扰物评估计划开始进行第二批物质的安全数据收集和审查工作。2025 年，SCCS 发布 EHMC 的最终评估意见（SCCS/1671/24）中提供了多项内分泌干扰性研究数据，EHMC 在体外大鼠和人类细胞中具有雌激素活性和抗孕酮活性，在大鼠体内观察到抗雄激素活性。SCCS 指出 EHMC 很可能是一种内分泌干扰物，能改变暴露生物体的正常功能。经综合评估后得出结论，EHMC 作为防晒剂在防晒乳、面霜、护手霜、唇膏、防晒气雾剂及泵喷雾产品中最高浓度不超过 10%（单独或复配使用）的情况下是安全的，在上述儿童产品中也是安全的。

澳大利亚国家工业化学品通告评估署（NICNAS）对 EHMC 的评估结论与欧盟基本一致，在防晒产品中使用浓度不超过 10% 不会对公众健康造成不合理的风险。除了欧盟、澳大利亚、东盟的规定限量与我国一致，美国、韩国规定在防晒化妆品最大允许使用量为 7.5%，而日本规定在非黏膜接触产品中的使用量可高达 20%。

EHMC 毒理学信息总结如表 3-13 所示。

表 3-13 EHMC 毒理学信息总结（NICNAS、SCCS）

毒性终点	毒理学信息总结
急性毒性	大鼠急性经口毒性 LD_{50}>8000 mg/kg，OECD 402 大鼠急性经皮毒性 LD_{50}>126.5 mg/kg，OECD 403 大鼠急性吸入毒性 LC_{50}>0.511 mg/m^3
皮肤 / 眼刺激性	皮肤刺激研究中，未稀释的测试物质涂抹在维也纳白兔的磨损皮肤上，在封闭条件下持续 24 h，在涂抹后 24、48 和 72 h 出现轻微红斑和水肿，所有症状在 15 天内完全可逆，试验得出 EHMC 对皮肤有轻微刺激性；眼刺激性研究中，未稀释的测试物质滴入三组兔子的结膜囊肿观察 7 天，其中两组动物分别在 2 s 和 4 s 后进行了眼睛冲洗，结果显示 1 h 观察到结膜有轻微刺激，在 24 h 内完全消退，未观察到其他任何影响，试验得出 EHMC 不是眼刺激物
皮肤致敏性	OECD 406 皮肤致敏性豚鼠最大化试验显示，诱导浓度皮内 5%、表皮 100%，激发浓度 75%，未对豚鼠皮肤产生致敏作用；小鼠局部淋巴结试验（LLNA）显示 EHMC 不具有致敏潜力；在人体重复刺激斑贴试验中，53 名受试者在 2% 浓度下，54 名受试者在 7.5 % 浓度下均未观察到过敏反应。EHMC 不具有皮肤致敏潜力
光毒性和光敏性	OECD 432 体外光毒性试验显示无光毒性作用; NICNAS 指出，对环境皮肤病学数据库中阳性光斑贴反应的回顾性分析中，EHMC 在 12 年测试期间引发了两例光过敏反应，认为 EHMC 引起的光过敏反应较为罕见
遗传毒性	OECD 471 细菌回复突变试验、OECD 473 体外染色畸变试验、OECD 474 体内微核试验等多项体内、体外遗传毒性试验均显示阴性结果，该物质不具有潜在遗传毒性
重复剂量毒性	OECD 408 大鼠 90 天重复经口毒性试验，大鼠暴露于 0、200、450、1000 mg/(kg bw・d) 剂量水平的供试品，在最高剂量下观察到雄性大鼠肾脏重量轻微增加、肝脏糖原减少（伴有肝细胞轻微萎缩），以及库普弗细胞中铁阳性物质的轻微但不显著增加，雌性大鼠血浆活性和谷氨酸脱氢酶（GLDH）水平升高，研究得出 NOAEL 值为 450 mg/(kg bw・d)

续表

毒性终点	毒理学信息总结
生殖发育毒性	OECD 416 两代生殖毒性研究中，大鼠通过饮食给予不同剂量水平的测试物质［0、150、450 和 1000 mg/(kg bw·d)］，在最高剂量下亲代动物食物摄入量和体重减少、肝脏重量增加及肝细胞质嗜酸性粒细胞增多、胃腺黏膜溃疡增加，后代泌乳体重增长和器官重量减少、性成熟略有延迟，生殖发育毒性 NOAEL 值确定为 450 mg/(kg bw·d)。根据 FDA 指南进行的一项发育毒性研究中，受孕雌兔在妊娠第 7 至 20 天以 80、200、500 mg/(kg bw·d) 的剂量口服测试物质，在妊娠第 30 天取出胎儿，并测试其 24 h 存活率，最高剂量下在母体观察到体重增长略有减少，便秘和厌食的发生频率略有增加，生殖参数未受影响，胎儿未显示出任何骨骼或内脏异常。母体和胎儿生殖发育毒性 NOAEL 值确定为 500 mg/(kg bw·d)
经皮吸收	OECD 428 体外皮肤吸收试验进行的关键研究显示，含 10%EHMC 的化妆品配方测定的平均皮肤吸收水平为 0.28%±0.17%，SCCS 建议采用 0.45%（即平均值 +1 倍标准差）用于安全边际（MoS）计算

（十四）水杨酸乙基己酯

1. 基本信息

· INCI 名称：Ethylhexyl salicylate。
· INN 名称：Octisalate。
· 化学名称：2-Ethylhexyl salicylate、2- 羟基苯甲酸 2- 乙基己基酯。
· 其他名称：水杨酸辛酯、EHS。
· CAS 号：118-60-5。
· EC 号：204-263-4。
· 分子式：$C_{15}H_{22}O_3$。
· 分子量：250.34 g/mol。
· 结构式：

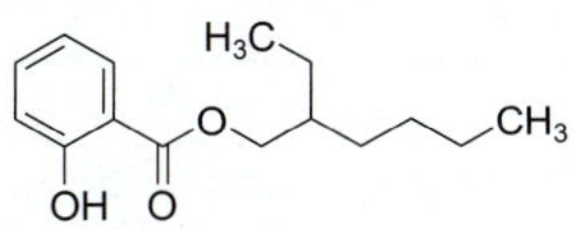

· 分配系数（Log Pow）：5.94（25℃）。
· 经皮吸收率：3%。
· 最大吸收波长（nm）：约 306。
· 主要紫外吸收波段：UVB（280 ～ 320 nm）。
· 紫外吸收曲线（溶剂：无水乙醇）（图 3-10）。
· 防晒特性简述：油性液体 UVB 波段过滤剂，结晶性防晒剂的优良溶剂。
· 主要的生产厂家（商品名）：科思（SUNOBEL OS）、DSM（PARSOL EHS）、Symrise（Neo Heliopan OS）。

2. 中国监管要求

《技术规范》准用防晒剂，最大允许使用浓度 5%。

3. 权威机构安全性评估结论

1998 年 SCCNFP 总结认为，水杨酸乙基己基酯（后面简称 EHS）急性经口毒性低，亚慢性经皮和口服试验获得的无作用水平高，刺激性和腐蚀性试验显示无刺激性和腐蚀性，人体重复接触该物质未出现任何不良反应，人体的光毒性和光敏性试验结果为阴性，细菌回复

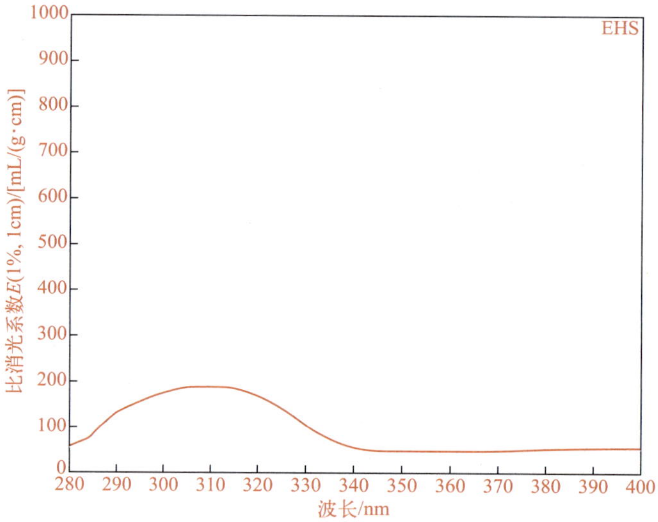

图 3-10　水杨酸乙基己酯紫外吸收曲线

突变试验、染色体畸变试验显示无遗传毒性、无光遗传毒性，6 项体外人体皮肤经皮吸收试验显示的经皮吸收率极低。SCCCNFP 得出结论，该物质作为紫外线过滤剂在防晒化妆品中最高用量为 5%。

EHS 的紫外线吸收波长范围为 295 ～ 310 nm，属于油溶性 UVB 防晒剂。该物质为水杨酸衍生物，在碱性条件下可能产生水杨酸，必要时需考虑产生水杨酸的风险，需符合我国化妆品法规对水杨酸的限值，且不得用于 3 岁以下儿童产品等要求。目前欧盟、中国、美国、韩国等国家都批准使用作为防晒剂用于化妆品中，限量为 5%。

EHS 毒理学信息总结如表 3-14 所示。

表 3-14　EHS 毒理学信息总结（ECHA）

毒性终点	毒理学信息总结
急性毒性	类似于 OECD 402 急性经口毒性大鼠 LD_{50} 大于 5000 mg/kg，OECD 402 急性皮肤毒性大鼠 LD_{50} 大于 5000 mg/kg
皮肤 / 眼刺激性	OECD 404 急性皮肤刺激性试验显示，该物质未稀释对皮肤无刺激性；OECD 405 急性眼刺激试验，第 1 天在所有动物中观察到结膜轻微或中度水肿和发红，第 4 天所有的症状消退表示完全可逆，该物质被认为不具有眼刺激性
皮肤致敏性	OECD 406 皮肤致敏性豚鼠最大化试验，皮内诱导浓度 2.5%，皮肤诱导浓度 50%，激发浓度 25%，显示对豚鼠无致敏作用
光毒性和光敏性	体外 3T3 中性红摄取光毒性测试结果显示无光毒性作用（CIR，2019）
遗传毒性	OECD 471 细菌回复突变试验、OECD 473 体外染色体畸变试验、OECD 474 体内微核试验结果均为阴性
重复剂量毒性	OECD 412 大鼠 28 天吸入毒性试验得出 NOAEL 值为 1155 mg/m^3
生殖发育毒性	OECD 421 生殖发育毒性筛选试验得出的雄性大鼠 NOAEL 值为 250 mg/(kg bw · d)，雌性大鼠 NOAEL 值为 80 mg/(kg bw · d)，根据着床后丢失增加、妊娠指数降低和窝仔数减少的观察结果，发育毒性 NOAEL 值确定为 25 mg/(kg bw · d)。子宫营养试验、雌激素受体结合和雄激素受体结合试验研究显示均未发现任何问题，因此认为该物质不会引起内分泌活性效应
经皮吸收	类似于 OECD 428 体外皮肤吸收试验显示 EHS 的体外人体皮肤渗透性相对较低，在水包油乳溶媒中吸收率为 0.65% ～ 1.14%。ECHA 总结该物质经皮吸收率以 3% 计

（十五）乙基己基三嗪酮

1. 基本信息

· INCI 名称：Ethylhexyl triazone。

· 化学名称：2,4,6-Trianilino-（*p*-carbo-2′-ethylhexyl-1′-oxy）-1,3,5-triazine、Benzoic acid, 4,4′,4″-(1,3,5-triazine-2,4,6-triyltriimino)tris-,tris(2-ethylhexyl) ester、octyl triazone、2,4,6-三苯胺基-（对-羰-2-乙基己基-1-氧）-1,3,5-三嗪、4,4′,4″-（1,3,5-三嗪-2,4,6-三基三亚氨基）三苯甲酸三（2-乙基己基）酯。

· 其他名称：辛基三嗪酮、Octyl triazone、EHT。

· CAS 号：88122-99-0。

· EC 号：402-070-1。

· 分子式：$C_{48}H_{66}N_6O_6$。

· 分子量：823.1 g/mol。

· 结构式：

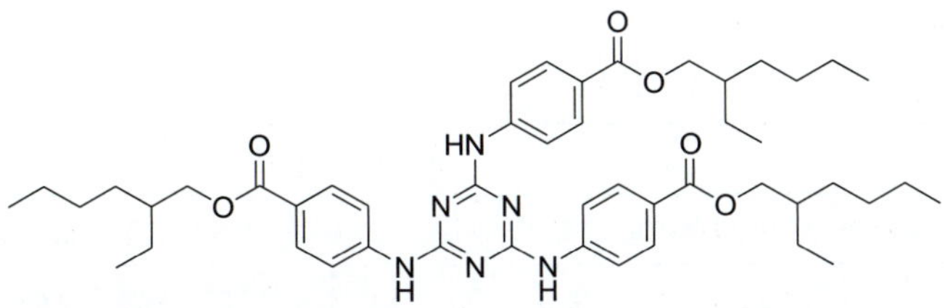

· 分配系数（Log Pow）：7（25℃）。

· 经皮吸收率：很低。

· 最大吸收波长（nm）：314 ～ 316。

· 主要紫外吸收波段：UVB（280 ～ 320 nm）。

· 紫外吸收曲线（溶剂：无水乙醇）（图 3-11）。

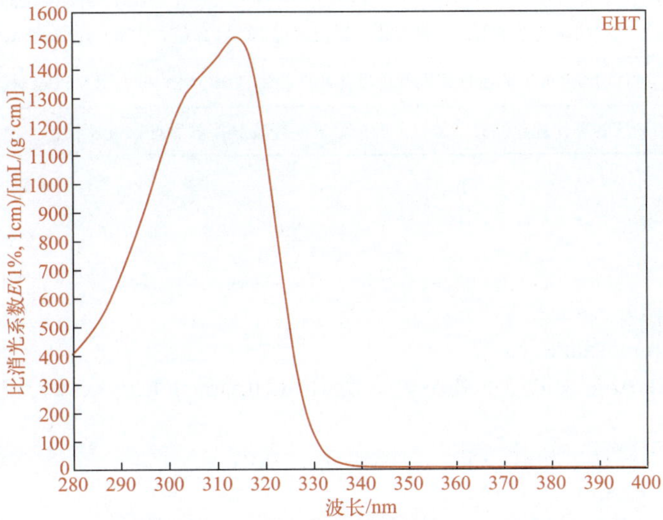

图 3-11　乙基己基三嗪酮紫外吸收曲线

· 防晒特性简述：卓越油溶性固体 UVB 波段过滤剂，光稳定性好。

· 主要的生产厂家（商品名）：科思（SUNOBEL EHT）、BASF（Uvinul T 150）、DSM（PARSOL EHT）。

2. 中国监管要求

《技术规范》准用防晒剂，最大允许使用浓度 5%。

3. 权威机构安全性评估结论

乙基己基三嗪酮（后面简称 EHT）作为防晒剂在化妆品中的使用历史也比较长，1997 年欧盟 SCCNFP 评估认为该物质在防晒产品中最大添加量不超过 5% 是安全的，其急性经口、皮肤毒性都比较低，亚慢性研究获得的 NOAEL 值比较高，试验剂量下未显现出致畸性或胚胎毒性，无遗传毒性，动物和人体试验显示无刺激性和致敏性，无光毒性和光敏性，体外试验得出经皮吸收率非常低，大分子量也证实了该物质的经皮渗透性比较差。

EHT 是一种油溶性 UVB 防晒剂，它具有较大的分子结构和很高的紫外线吸收效率，光稳定性高。从理化性质可以看出它基本不溶于水，使用该物质的配方可具防水性。在欧盟、澳大利亚、日本、韩国等允许在用于防晒霜中添加量不得超过 5%。

其毒理学信息总结如表 3-15 所示。

表 3-15 EHT 毒理学信息总结（ECHA）

毒性终点	毒理学信息总结
急性毒性	OECD 401 急性经口毒性 LD_{50}>5000 mg/kg，OECD 402 急性皮肤毒性 LD_{50}>2000 mg/kg
皮肤 / 眼刺激性	OECD 404 急性皮肤刺激性试验显示，EHT 未稀释时对皮肤无刺激性；OECD 405 急性眼刺激试验，第 1 天在 1/3 动物中观察到眼睛发红，症状可逆，该物质被认为不具有眼刺激性
皮肤致敏性	OECD 406 皮肤致敏性豚鼠最大化试验，皮内诱导浓度 5%，皮肤诱导浓度 60%，激发浓度 40%，显示 EHT 对豚鼠无致敏作用
遗传毒性	OECD 471 细菌回复突变试验、OECD 474 体内哺乳动物红细胞微核试验结果为阴性，表明无遗传毒性
重复剂量毒性	OECD 408 大鼠 90 天重复经口毒性试验，剂量水平为 0、1000、4000、16000 mg/(kg bw · d)，基于血液学和临床化学参数的轻微变化，试验得出 NOAEL 值为 1000 mg/(kg bw · d)
生殖发育毒性	OECD 414 产前发育毒性研究得出母体和胚胎毒性 NOAEL 值为最高试验剂量 1000 mg/(kg bw · d)
经皮吸收	该物质的理化性质如分子量、分配系数表明经皮肤接触后难以被吸收

（十六）胡莫柳酯

1. 基本信息

· INCI 名称：Homosalate。

· INN 名称：Homosalate。

· 化学名称：Benzoic acid, 2-hydroxy-, 3,3,5-trimethylcyclohexyl ester、2- 羟基 -3,3,5- 三甲基环己基苯甲酸酯。

· 其他名称：水杨酸三甲环己酯、原膜散酯、HMS。

· CAS 号：118-56-9。

· EC 号：204-260-8。

· 分子式：$C_{16}H_{22}O_3$。

· 分子量：262.34 g/mol。

· 结构式：

· 分配系数（Log Pow）：6.34（24℃）。
· 经皮吸收率：5.3%。
· 最大吸收波长（nm）：约 306。
· 主要紫外吸收波段：UVB（280 ～ 320 nm）。
· 紫外吸收曲线（溶剂：无水乙醇）（图 3-12）。

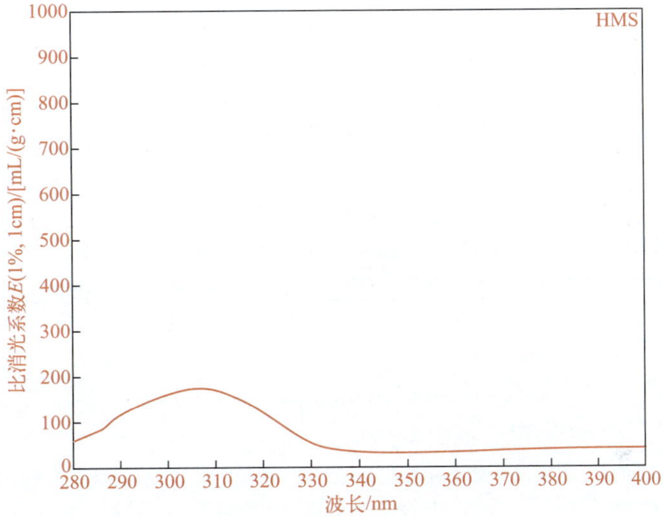

图 3-12 胡莫柳酯紫外吸收曲线

· 防晒特性简述：油性液体 UVB 波段过滤剂，结晶性防晒剂的优良溶剂。
· 主要的生产厂家（商品名）：科思（SUNOBEL HMS）、DSM（PARSOL HMS）。

2. 中国监管要求

《技术规范》准用防晒剂，最大允许使用浓度 10%。

3. 权威机构安全性评估结论

胡莫柳酯（后面简称 HMS）是欧盟内分泌干扰物评估优先名单之一，欧盟 SCCS 多次发布对 HMS 的评估意见，对其在化妆品中的安全性和内分泌干扰特性研究数据进行分析评估。依据 2021 年发布意见 SCCS/1622/20，SCCS 认为无法排除 HMS 对人体内分泌干扰的可能性，其在防晒化妆品中安全用量为 0.5%。然而考虑到 HMS 作为防晒剂的长期广泛使用，应业界要求 SCCS 重新计算仅在面部产品使用 HMS 的安全系数，将 HMS 在面霜和面部喷雾的安全用量调整为 7.34%（SCCS/1638/21）。

SCCS 总结 HMS 的内分泌干扰研究，多项体外试验显示 HMS 具有雌激素活性和抗雄激素活性，仅在极高测试浓度（10 mM 和 1 mM）下才表现出雄激素效应和抗雌激素活性；体内子宫营养试验，未成熟大鼠皮下注射剂量高达 1000 mg/(kg bw · d)，未显示出雌激素活性作用。由于 HMS 的体内研究不充分，在有限的体内研究中发现可能存在内分泌干扰的结果，生殖发育毒性研究中、高剂量组存在对大鼠激素水平波动、精子变化以及对甲状腺的影响，SCCS 认为目前证据尚无法充分确定 HMS 具有内分泌干扰特性，其对人体内分泌系统的影响应予以持续关注。

根据安全系数计算结果，SCCS 认为，在所有化妆品中组合使用 0.5% 的 HMS 和在面部产品中组合使用高达 7.34% 的 HMS 是不安全的，因此，HMS 的使用应仅限于面部产品（包括非喷雾和泵式喷雾产品），最高浓度为 7.34%。目前不同地区的法规存在较大差异，此前欧盟允许的最高浓度为 10%，现已调整为仅限用于面部产品（推进剂喷雾产品除外）最高浓度为 7.34%，美国 FDA 允许的最高浓度为 15%，日本、韩国规定的限量为 10%。

2025 年 9 月 15 日，中检院发布《胡莫柳酯（征求意见稿）》，订拟将化妆品使用时的最大允许浓度调整为面部产品（非气氛产品）7.34%。调整后，与欧盟、东盟使用管理要求一致。

HMS 毒理学信息总结如表 3-16 所示。

表 3-16　HMS 毒理学信息总结（SCCS）

毒性终点	毒理学信息总结
急性毒性	急性经口毒性和急性经皮毒性非常低，LD_{50} 远高于 2000 mg/kg
皮肤 / 眼刺激性	OECD 439 体外皮肤刺激性（重建人体表皮模型）试验显示 HMS 对皮肤无刺激性；眼刺激性研究表明在防晒霜中浓度高达 10% 对眼无刺激性
皮肤致敏性	现有的豚鼠和小鼠致敏性研究数据表明 HMS 没有致敏性；人体重复损伤贴片试验（HRIPT）显示，含有高达 15%HMS 的防晒霜和其他化妆品，没有发现皮肤致敏性的迹象
光毒性、光敏性	体外小鼠 BALB/c 成纤维细胞中性红摄取（NRU）试验表明 HMS 无光毒性，体内豚鼠和小鼠光敏性试验中未出现光敏反应
遗传毒性	细菌回复突变试验、体外哺乳动物细胞基因突变试验、体外染色体畸变试验结果为阴性，表明 HMS 不具有遗传毒性
重复剂量毒性	OECD 422 重复剂量毒性研究联合生殖 / 发育毒性筛选试验，以剂量 0、60、120、300、750 mg/(kg bw · d) 对大鼠进行灌胃给药，观察到最高剂量组雌性动物肾脏、肝脏、甲状腺和胸腺的病变，摄食量和体重下降并出现死亡，得出雌性大鼠 NOAEL 值为 300 mg/(kg bw · d)，基于雄性大鼠的肾脏重量在最低剂量组开始发生明显改变，得出雄性大鼠观察到有害作用的最低剂量（LOAEL）为 60 mg/(kg bw · d)
生殖发育毒性	根据 OECD 422 重复剂量毒性研究联合生殖 / 发育毒性筛选试验，观察到最高剂量组两性食物摄入量和体重的下降影响，雌性出现死亡现象，雄性精子形态发生显著变化和精子活力下降，受孕雌鼠表现出黄体数量减少和着床后流失增加，300 mg/(kg bw · d) 剂量下观察到着床后丢失发生率升高导致出生指数降低，但对产仔数无影响，基于母体效应和发育毒性确定了雄性和雌性 NOAEL 值为 300 mg/(kg bw · d)
经皮吸收	OECD 428 体外人体皮肤渗透试验研究得出其经皮吸收率为 3.86%±1.43%，SCCS 采用平均值 +1 倍标准偏差即 5.3% 计算安全边际值

（十七）对甲氧基肉桂酸异戊酯

1. 基本信息

· INCI 名称：Isoamyl p-methoxycinnamate。

· INN 名称：Amiloxate（阿米洛酯）。

· 化学名称：2-Propenoic acid,3-（4-methoxyphenyl）-,3-methylbutyl ester、3-（4- 甲氧基苯基）-2- 丙酸 -3- 甲基丁基酯。

· 其他名称：Isopentyl-4-methoxycinnamate、*p*- 甲氧基肉桂酸异戊酯、IMC。
· CAS 号：71617-10-2。
· EC 号：275-702-5。
· 分子式：$C_{15}H_{20}O_3$。
· 分子量：248.32 g/mol。
· 结构式：

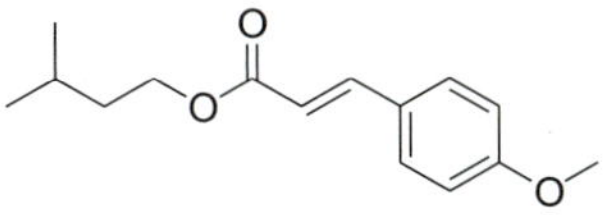

· 分配系数（Log Pow）：4.947（25℃）。
· 经皮吸收率：难以吸收。
· 最大吸收波长（nm）：约 308。
· 主要紫外吸收波段：UVB（280 ～ 320 nm）。
· 紫外吸收曲线（溶剂：无水乙醇）（图 3-13）。

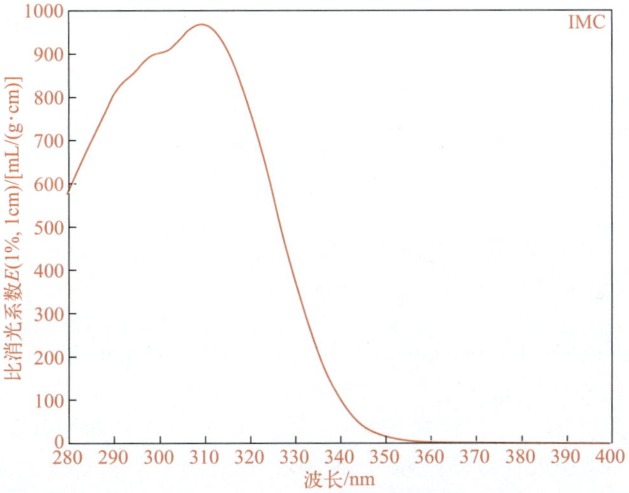

图 3-13　对甲氧基肉桂酸异戊酯紫外吸收曲线

· 防晒特性简述：油性液体 UVB 波段过滤剂，结晶性防晒剂的优良溶剂。
· 主要的生产厂家（商品名）：Symrise（Neo Heliopan E1000）。

2. 中国监管要求

《技术规范》准用防晒剂，最大允许使用浓度 10%。

3. 权威机构安全性评估结论

1997 年 SCCNFP 评估认为对甲氧基肉桂酸异戊酯（后面简称为 IMC）作为防晒剂在化妆品中最大使用量为 10%，总结其急性经口、皮肤毒性比较低，经口亚慢性研究获得的 NOAEL 值在合理范围内，试验未显现出致畸性或胚胎毒性，无遗传毒性，动物和人体试验显示无刺激性和致敏性，无光毒性和光敏性。

欧盟、澳大利亚、韩国批准 IMC 作为防晒剂使用，在化妆品中的最高使用浓度为 10%，与中国法规一致，美国、日本未批准使用。

IMC 毒理学信息总结如表 3-17 所示。

表 3-17　IMC 毒理学信息总结（ECHA）

毒性终点	毒理学信息总结
急性毒性	急性经口毒性试验大鼠雄性 LD_{50} 为 9900 mg/kg，雌性 LD_{50} 为 9600 mg/kg，急性经皮毒性 LD_{50} >20000 mg/kg
皮肤 / 眼刺激性	OECD 404 急性皮肤刺激性试验，未稀释受试物对兔皮肤无刺激性；IMC 的体外眼刺激性鸡胚尿囊膜通透性试验（HET-CAM）、牛角膜混浊和通透性试验（BCOP）结果为阴性，结构类似物甲氧基肉桂酸乙基己酯进行的白化病兔的 Draize 眼刺激性试验，未稀释时试验样品对眼睑闭合不全无刺激性作用
皮肤致敏性	OECD 406 皮肤致敏性试验，皮内诱导浓度 5%，局部诱导浓度未稀释，激发浓度 75%、未稀释，结果显示对豚鼠皮肤无致敏作用
遗传毒性	细菌回复突变试验、体外哺乳动物细胞基因突变试验、体内哺乳动物细胞微核试验结果显示阴性，表明 IMC 无潜在遗传毒性
重复剂量毒性	大鼠 90 d 重复经口毒性试验，接受 IMC 剂量为 0、20、200、2000 mg/(kg bw·d)，基于最高剂量组雄性大鼠体重发育迟缓，脾脏和肝脏中含铁色素沉积物增加表明红细胞分解增加，酶活性和胆红素浓度升高以及血浆胆固醇浓度降低表明对肝功能有影响，组织学检查绝对和相对肝脏重量较高，得出 NOAEL 值为 200 mg/(kg bw·d)
生殖发育毒性	OECD 416 两代生殖毒性研究显示，高剂量组［1000 mg/(kg bw·d)］亲代动物中观察到摄食量和体重降低、肝脏重量增加、肝细胞质嗜酸性粒细胞增多和腺胃黏膜溃疡，子代性成熟延迟，得出亲代全身毒性及发育毒性 NOAEL 为 450 mg/(kg bw·d)；OECD 414 产前发育毒性研究得出 NOAEL 值为 0.75 mL/(kg bw·d)；体内子宫营养试验，未成熟雌性大鼠给药剂量高达 1000 mg/kg，未显示出具有雌激素效应
经皮吸收	体内人体皮肤渗透研究显示 IMC 均未显著渗透到人类志愿者的皮肤中；在离体猪皮吸收试验中 IMC 显示出皮肤渗透性，在 o/w 乳液、w/o 乳液 24 h 后渗透率分别高达 37%、58%，但没有进入体内循环

（十八）亚甲基双－苯并三唑基四甲基丁基酚

1. 基本信息

· INCI 名称：Methylene bis-benzotriazolyl tetramethylbutylphenol。

· 化学名称：2,2′-Methylene-bis（6-（2*H*-benzotriazol-2-yl）-4-（1,1,3,3-tetramethyl-butyl）phenol）、2,2′- 亚甲基双 [6-（2*H*- 苯并三唑 -2- 基）-4-（1,1,3,3- 四甲基丁基）苯酚]。

· 其他名称：Bisoctrizole（双辛三唑）、MBBT。

· CAS 号：103597-45-1。

· EC 号：403-800-1。

· 分子式：$C_{41}H_{50}N_6O_2$。

· 分子量：658.9 g/mol。

· 结构式：

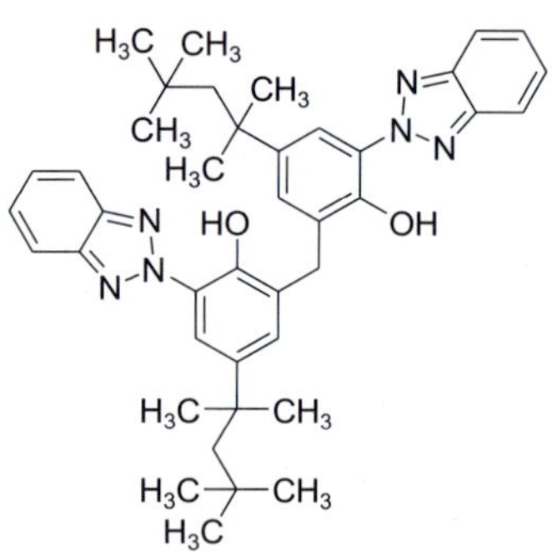

· 分配系数（Log Pow）：12.7（25℃）。

· 经皮吸收率：5.922%（纳米级）。

· 最大吸收波长（nm）：约 305 和 360。

· 主要紫外吸收波段：UVB（280 ～ 320 nm）、UVA Ⅱ（320 ～ 340 nm）、UVA Ⅰ（340 ～ 400 nm）。

· 紫外吸收曲线（溶剂：水）（图 3-14）。

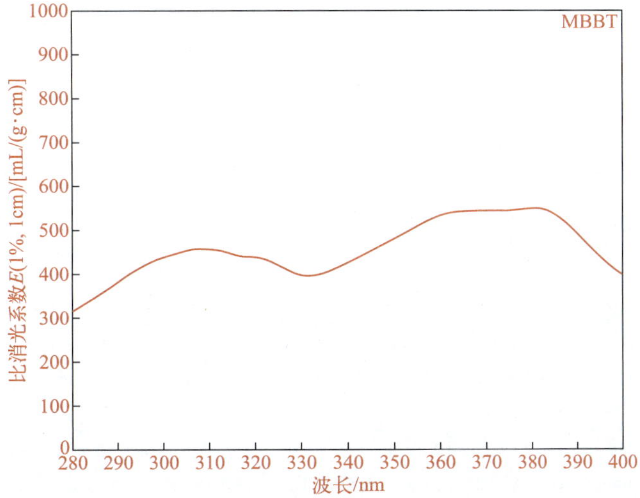

图 3-14　亚甲基双 - 苯并三唑基四甲基丁基酚紫外吸收曲线

· 防晒特性简述：高效水分散广谱紫外线过滤剂，与油溶性紫外线过滤剂有协同效果。

· 主要的生产厂家（商品名）：科思（SUNOBEL MASK）、BASF（Tinosorb M）、DSM（PARSOL Max）。原料为 50% MBBT 含量的复合水分散液。

2. 中国监管要求

《技术规范》准用防晒剂，最大允许使用浓度 10%。

3. 权威机构安全性评估结论

随着纳米技术的发展，纳米颗粒在化妆品中使用越来越频繁，包括纳米级防晒剂。至今为止，欧盟 SCCS 已发布 5 种纳米级防晒剂的安全评估意见，其中亚甲基双 - 苯并三唑基四甲基丁基酚（后面简称 MBBT）在化妆品中的安全使用浓度高达 10%（SCCS/1546/15）。对于纳米级 MBBT，其安全评估基于以下特定质量规格（见表 3-18），且不得用于可能吸入导致消费者肺部暴露的产品中。

表 3-18　SCCS 评估 MBBT 纳米颗粒质量规格

指标	要求
纯度	≥ 98.5%
异构体含量	2,2′-methylene-bis-（6（2H-benzotriazol-2-yl）-4-（isooctyl）phenol）含量不超过 1.5%
溶解度	<5 ng/L（25℃）
正辛醇 / 水分配系数	12.7（25℃）
涂层	无涂层
中位粒径	D_{50} 质量分布≥ 120 nm 或数量分布≥ 60 nm

依据现有证据，SCCS 认为纳米级和非纳米级 MBBT 的经皮吸收度非常低，还欠缺纳米材料重复吸入的影响研究，因此纳米材料不得用于可能导致吸入的产品中，例如喷雾剂、粉末等。目前欧盟、澳大利亚、日本、韩国批准该物质作为防晒剂使用，最高限量为 10%。

MBBT 的毒理学信息总结如表 3-19 所示。

表 3-19　MBBT 毒理学信息总结（SCCS）

毒性终点	毒理学信息总结
急性毒性	急性经口毒性 LD_{50}>2000 mg/kg，急性皮肤毒性 LD_{50}>2000 mg/kg；OECD 403 急性吸入毒性试验得出纳米 MBBT 的大鼠 LC_{50}>0.488 mg/L（4 h）
皮肤 / 眼刺激性	豚鼠累积原发性刺激试验显示，15% ～ 40% 浓度的非纳米级 MBBT 对皮肤无刺激性，65% 有轻微刺激性；OECD 405 急性眼刺激性试验显示，含 50% 纳米级 MBBT 的制剂对眼睑闭合不全有轻微刺激性
皮肤致敏性	豚鼠最大化致敏性试验，皮内诱导浓度 5%，局部诱导浓度 30%，激发浓度 10%，结果显示 MBBT 对豚鼠皮肤无致敏作用
光毒性和光敏性	使用豚鼠进行的光毒性和光敏性测试结果显示 MBBT 没有光毒性和光敏性作用；人体光毒性斑贴试验和人体重复损伤光敏性试验显示，测试浓度为 5% 纳米级 MBBT，对人体皮肤不产生光毒性和光过敏反应
遗传毒性	OECD 474 小鼠骨髓细胞微核试验、OECD 486 体内非程序性 DNA 合成试验结果均显示阴性；OECD 487 体外哺乳动物细胞微核试验、OECD 476 体外哺乳动物细胞基因突变试验，纳米级和非纳米级 MBBT 结果均为阴性
重复剂量毒性	根据非纳米级 MBBT 的大鼠 90 天重复经皮毒性研究，未观察到有害作用剂量为试验最高剂量 1000 mg/(kg bw · d)；90 天重复经皮毒性研究，使用迷你猪为受试动物，试验得出纳米级 MBBT 的 NOAEL 为试验最高剂量 1000 mg/(kg bw · d)
生殖发育毒性	依据 ICH 指南进行的生育力与一般生殖毒性研究、发育和围产期 / 产后生殖毒性研究，非纳米级 MBBT 对大鼠生殖性能没有不良影响，两项研究得出的无作用水平 NOEL 均为试验最高剂量 1000 mg/(kg bw · d)，OECD 414 产前发育毒性研究得出对大鼠母体毒性和胚胎发育 NOAEL>1000 mg/(kg bw · d)。内分泌干扰作用研究中，体外试验未显示 MBBT 具有雌激素或雄激素活性，幼龄大鼠的体内子宫营养试验显示无雌激素活性效应
经皮吸收	非纳米级：含 0.2% 和 10 % 非纳米级 MBBT 的配方体内皮肤吸收试验，局部应用 6 h 后经皮吸收率非常低，5 天内不超过应用剂量的 0.8 % 和 0.4 %，局部应用没有达到系统可测量的浓度，证明无生物利用度；纳米级：根据 OECD 428 体外大鼠和人体皮肤透皮吸收研究，纳米 MBBT 在大鼠皮肤的渗透性显著高于人体皮肤渗透性，SCCS 推荐用于安全评估的大鼠经皮吸收率为 0.048%、人体经皮吸收率为 5.922%，预损伤人体皮肤的总吸收率保守值为 0.35%

（十九）奥克立林

1. 基本信息

· INCI 名称：Octocrylene。

· INN 名称：Octocrilene。

· 化学名称：2-Cyano-3,3-diphenyl acrylic acid, 2-ethylhexyl ester、2- 氰基 -3,3- 二苯基 -2- 丙烯酸（2- 乙基己基）酯。

· 其他名称：OCR。

· CAS 号：6197-30-4。

· EC 号：228-250-8。

· 分子式：$C_{24}H_{27}NO_2$。

· 分子量：361.48 g/mol。

· 结构式:

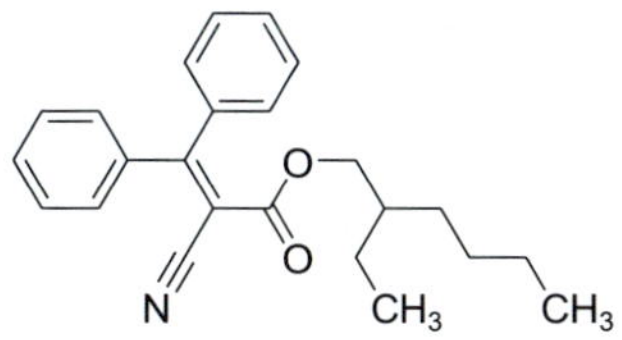

· 分配系数（Log Pow）: 6.1（23℃）。
· 经皮吸收率: 0.97 μg/cm² 或 0.33%。
· 最大吸收波长（nm）: 约 303 ～ 308。
· 主要紫外吸收波段: UVB（280 ～ 320 nm）、UVA Ⅱ（320 ～ 340 nm）。
· 紫外吸收曲线（溶剂: 无水乙醇）（图 3-15）。

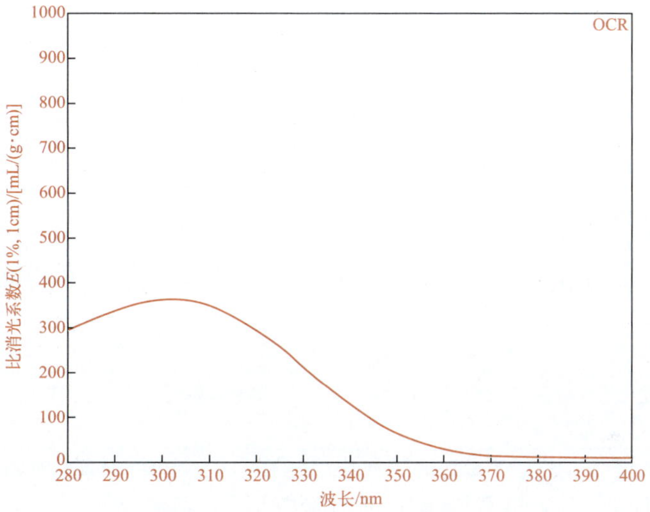

图 3-15　奥克立林紫外吸收曲线

· 防晒特性简述: 油性液体 UVB 波段过滤剂，全球可用，结晶性防晒剂的优良溶剂。
· 主要的生产厂家（商品名）: 科思（SUNOBEL OCT）、DSM（PARSOL 340）。

2. 中国监管要求

《技术规范》准用防晒剂，最大允许使用浓度 10%（以酸计）。

3. 权威机构安全性评估结论

2021 年 SCCS 根据内分泌干扰物评估计划，更新奥克立林（后面简称 OCR）的安全评估意见（SCCS/1627/21）: 在含推进剂的防晒喷雾剂使用浓度不得超过 9%，其他防晒产品如面霜、乳液、唇膏等不超过 10%。

OCR 的内分泌干扰性研究显示，体外雌激素 / 抗雌激素、雄激素 / 抗雄激素活性试验结果显示主要与雄激素 / 抗雄激素活性有关，但对于体内影响没有生物学意义。体内未成熟大鼠的子宫营养试验显示该物质没有雌激素活性效应。体内关键研究主要依据于大鼠重复剂量毒性和生殖发育毒性的研究结果，在扩展一代生殖毒性研究试验剂量下，雄性和雌性生殖器官均未见与治疗相关变化，3000 ppm［193 mg/(kg bw · d)］剂量下观察到与治疗相关的甲状腺滤泡上皮的轻微或中度肥大，被认为是负责甲状腺激素代谢的肝酶诱导的结果，肝脏相关的甲状腺激素清除增加，导致雌性大鼠 T4 特异性 UDP 葡萄糖醛基转移酶、雄性大鼠甲状腺素 5′- 去碘酶 D3 型活性增加，脑下垂体刺激甲状腺激素分泌，甲状腺显示出滤泡细胞肥大 / 增生，并伴有最小的胶质改变。SCCS 指出，与啮齿动物不同，人体中具有 T4 结合蛋白，可大大降低甲状腺刺激敏感性，在啮齿动物中发生的此效应无法推导至人体。

根据 SCCS 的评估意见，目前的证据还不足以证明 OCR 具有内分泌干扰活性，应给予持续关注。OCR 是欧美常用的防晒活性成分之一，能够防御 UVB 和部分 UVA 紫外线照射外，对其他防晒剂如 BMDBM 具有稳定作用。欧盟委员会议已调整 OCR 在含推进剂的防晒喷雾中的最高使用浓度为 9%，美国、澳大利亚、日本、韩国等仍以最高浓度 10% 批准用于所有类型化妆品中。

2025 年 9 月 15 日，中检院发布《奥克立林（征求意见稿）》，拟将化妆品使用时的最大允许浓度 10% 调整为气雾产品 9%，其他产品 10%。调整后，与欧盟相关规定基本一致。

OCR 毒理学信息总结如表 3-20 所示。

表 3-20　OCR 毒理学信息总结（SCCS）

毒性终点	毒理学信息总结
急性毒性	该物质急性经口毒性 LD_{50}>5000 mg/kg，急性皮肤毒性 LD_{50}>2000 mg/kg
皮肤 / 眼刺激性	皮肤和眼刺激性的研究显示未稀释样品对眼睑闭合不全、皮肤无刺激性作用
皮肤致敏性	小鼠局部淋巴结试验（LLNA）结果显示阳性反应，EC3 值为 7.7%；人体斑贴试验中 0.7% ～ 5% 志愿者出现阳性反应，OCR 是一种中度致敏剂
光毒性和光敏性	在光斑贴试验中，使用 10%OCR 贴片，0.7% 的志愿者出现疑似光敏性接触性皮炎的阳性反应，由于实际应用过程中含有 OCR 的化妆品引起过敏性接触性皮炎的报告非常少，SCCS 指出光过敏反应由含有非甾体抗炎药物的酮洛芬引起，不是由 OCR 引起，在豚鼠皮肤光毒性试验中未显示出光毒性作用
遗传毒性	遗传毒性研究中，体外细菌回复突变试验、染色体畸变试验、体内微核试验结果未观察到基因毒性效应，表明无潜在遗传毒性
重复剂量毒性	大鼠 90 天重复经口毒性研究，在中、高剂量组观察到肝脏、甲状腺和脑下垂体、血液学参数的给药相关效应，得出未观察到有害作用水平 NOAEL 为 175 mg/(kg bw · d)
生殖发育毒性	OECD 443 扩展一代生殖毒性试验，基于亲代和幼崽体重影响、植入位点数量较少和产仔数较少，得出的大鼠生殖和发育毒性 NOAEL 值为 2100 ppm［相当于雄性 153 mg/(kg bw · d)，雌性 162 mg/(kg bw · d)］
经皮吸收率	OECD 428 体外人体皮肤经皮吸收研究，给药后 24 h 吸收量为（0.45±0.52）$\mu g/cm^2$（0.15%±0.18%）。SCCS 推荐用于全身暴露量评估的经皮吸收率为 0.97 $\mu g/cm^2$

（二十）PEG-25 对氨基苯甲酸

1. 基本信息

· INCI 名称：PEG-25 PABA。

· 化学名称：Ethoxylated ethyl 4- aminobenzoate、α,α'-[[（4- 羧基苯基）亚氨基］二 -2,1- 乙二基］二 [ω- 羟基 - 聚（氢 -1,2- 乙二基）] 与 α- 氢 -ω- 羟基聚（氧环氧乙烷）（1 : 1）的酯化物。

· 其他名称：聚乙二醇 -25 对氨基苯甲酸。

· CAS 号：116242-27-4/113010-52-9。

· 分子式：$C_{17}H_{27}NO_7$。

· 分子量：357.4 g/mol。

· 结构式：

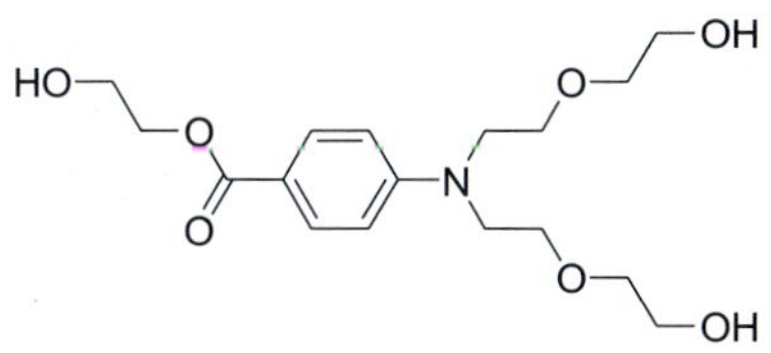

· 分配系数（Log Pow）: −0.5。
· 最大吸收波长（nm）: 约 310。
· 主要紫外吸收波段: UVB（280 ～ 320 nm）。
· 防晒特性简述: 水溶性 UVB 波段过滤剂。有潜在致敏性及二噁烷残留风险。

2. 中国监管要求

《技术规范》准用防晒剂，最大允许使用浓度 10%。

3. 权威机构安全性评估结论

1997 年欧盟 SCCNFP 评估认为 PEG-25 对氨基苯甲酸在防晒产品中最大添加量不超过 10% 是安全的。意见摘要中总结该物质毒理学信息为：急性经口毒性低，试验显示无刺激性和致敏性，无光毒性和光敏性，经口亚慢性研究获得的 NOAEL 值在合理范围，替代试验未显现出致畸性，体内和体外染色体畸变试验和致突变试验结果为阴性，体内、体外人体皮肤经皮吸收研究得出经皮吸收程度中等，系统毒性风险评估得出安全边际值较高，在安全范围内。

欧盟、澳大利亚批准 PEG-25 对氨基苯甲酸在化妆品中使用的最高浓度为 10%，美国、日本、韩国未批准使用。该物质属于水溶性较好的化学防晒剂，因其防水、防汗性能较差，紫外线吸收效能比其他化学防晒剂差，在防晒化妆品中实用价值不高，因此市面上的防晒产品中比较少见，使用频率非常低。

（二十一）苯基苯并咪唑磺酸及其钾、钠和三乙醇胺盐

1. 基本信息

· INCI 名称: Phenylbenzimidazole sulfonic acid（and its salts）。
· INN 名称: Ensulizole。
· 化学名称: 2-Phenylbenzimidazole-5-sulfonic acid and its potassium, sodium and triethanolamine salts、2- 苯基 -1H- 苯并咪唑 -5- 磺酸及其钾盐、钠盐和三乙醇胺盐。
· 其他名称: PBSA。
· CAS 号: 27503-81-7。
· EC 号: 248-502-0。
· 分子式: $C_{13}H_{10}N_2O_3S$。
· 分子量: 274.3 g/mol。
· 结构式:

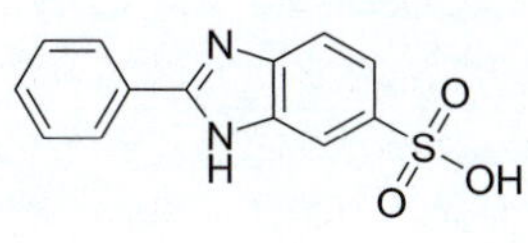

· 分配系数（Log Pow）: −1.42（25℃）。
· 经皮吸收率: 0.259%。
· 最大吸收波长（nm）: 约 302。
· 主要紫外吸收波段: UVB（280 ～ 320 nm）。

· 紫外吸收曲线（溶剂：水）（图 3-16）。

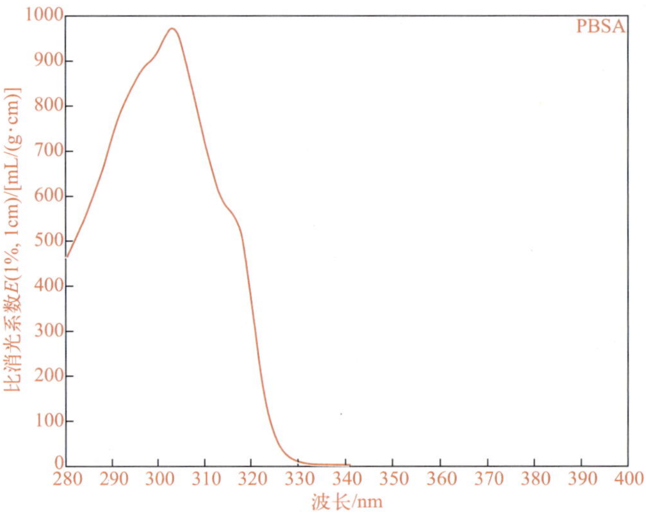

图 3-16　苯基苯并咪唑磺酸紫外吸收曲线

· 防晒特性简述：水溶性固体 UVB 波段过滤剂，与油溶性紫外线过滤剂有协同效果。

·主要的生产厂家（商品名）：科思（SUNOBEL HS）、DSM（PARSOL HS）、Symrise（Neo Heliopan Hydro）。

2. 中国监管要求

《技术规范》准用防晒剂，最大允许使用浓度总量 8%（以酸计）。

3. 权威机构安全性评估结论

欧盟 SCCS 评估得出，苯基苯并咪唑磺酸（后面简称 PBSA）及其盐作为防晒剂在化妆品中的最大使用浓度不超过 8% 是安全的（SCCP/1056/06）。

PBSA 及其盐是亲水性防晒剂，主要吸收 UVB，常与其他防晒剂配合使用。欧盟、东盟批准作为紫外线过滤剂在化妆品中的最大使用量为 8%，而美国、澳大利亚、韩国批准最高用量为 4%。

PBSA 毒理学信息总结如表 3-21 所示。

表 3-21　PBSA 毒理学信息总结（SCCS）

毒性终点	毒理学信息总结
急性毒性	急性经口毒性大鼠 LD_{50}>1600 mg/kg，小鼠 LD_{50}>5000 mg/kg，大鼠急性经皮毒性 LD_{50}>3000 mg/kg
皮肤 / 眼刺激性	OECD 404 急性皮肤刺激性试验显示，浓度 72% 的样品对家兔皮肤有轻微刺激性，稀释后 11.5% 浓度的供试品对兔皮肤无刺激性；OECD 405 急性眼刺激性试验显示，30% 浓度供试品水溶液对眼睑闭合不全无刺激性
皮肤致敏性	OECD 406 皮肤致敏性试验，以 1% 浓度皮内诱导，50% 浓度局部诱导，25%、10% 局部激发显示对豚鼠皮肤无致敏作用；25% 皮内、100% 局部诱导，75% 激发，对豚鼠无致敏作用；PBSA 不具有皮肤致敏性
光毒性、光敏性	OECD 432 体外 3T3 中性红摄取光毒性试验显示最高浓度 5% 无光毒性作用，光敏性试验中 PBSA 以 100%、75%、50%、25% 浓度诱导，1% 浓度激发，没有引起豚鼠皮肤光敏性反应
遗传毒性	细菌回复突变试验、体外哺乳动物细胞染色体畸变试验结果显示阴性，无遗传毒性风险

续表

毒性终点	毒理学信息总结
重复剂量毒性	OECD 408 大鼠 90 天经口毒性试验，0、100、330、1000 mg/(kg bw · d) 各剂量组均未观察到与治疗相关的不良反应，得出 NOAEL 值为 1000 mg/(kg bw · d)
生殖发育毒性	OECD 414 产前发育毒性研究，设置对照组和单剂量试验组 [0、1000 mg/(kg bw · d)]，未发现母体和胎儿相关不良影响，得出母体生殖和胎儿发育毒性 NOAEL 为 1000 mg/(kg bw · d); PBSA 及其盐的体外雌激素、雄激素综合筛选试验和一项未成熟大鼠体内子宫营养试验证明该类物质不存在雌激素效应潜力
经皮吸收	人体临床测试，苯基苯并咪唑磺酸钠盐累积渗透量相当于应用剂量的 0.159%（0.107% ～ 0.259%），SCCS 推荐使用最大值 0.259% 为经皮吸收率用于安全评估全身暴露量的计算

（二十二）聚丙烯酰胺甲基亚苄基樟脑

1. 基本信息

· INCI 名称：Polyacrylamidomethyl benzylidene camphor。

· 化学名称：Polymer of *N*-{（2 and 4）-[（2-oxoborn-3-ylidene）methyl]benzyl} acrylamide。

· CAS 号：113783-61-2。

· 结构式：

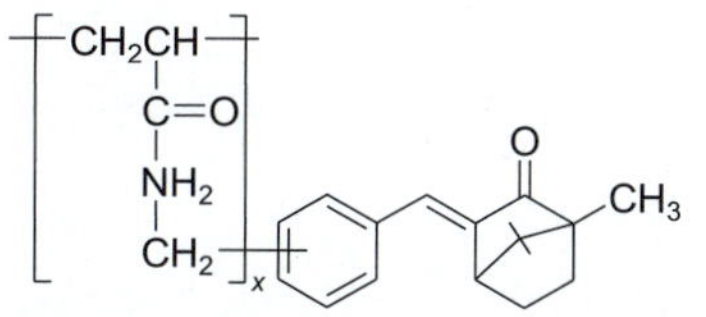

· 最大吸收波长（nm）：约 300。

· 主要紫外吸收波段：UVB（280 ～ 320 nm）。

· 防晒特性简述：油溶性固体 UVB 波段过滤剂。

2. 中国监管要求

《技术规范》准用防晒剂，最大允许使用浓度 6%。

3. 权威机构安全性评估结论

亚苄基樟脑衍生物类，作为防晒剂使用，吸收紫外线的同时容易产生皮肤毒性。据文献记载，此类物质被认为具有内分泌干扰潜在风险，美国 FDA 未批准樟脑衍生物使用。目前没有关于聚丙烯酰胺甲基亚苄基樟脑内分泌干扰等安全风险相关的文献报道，其在防晒产品中使用频率非常低，被认为是一种低风险物质，未列入欧盟内分泌干扰物评估优先名单中，SCCS 暂未对其在化妆品中使用的安全性进行评估，欧盟、东盟规定其在化妆品中最大使用量为 6%，与我国法规限量一致。

另外，聚丙烯酰胺甲基亚苄基樟脑的使用还需考虑可能带入有害物质丙烯酰胺单体的风险，按照《技术规范》规定，在全身使用的防晒霜中丙烯酰胺单体残留量不得超过 0.1 mg/kg，其他产品中残留量不得超过 0.5 mg/kg。

（二十三）聚硅氧烷 -15

1. 基本信息

· INCI 名称：Polysilicone-15。

· 化学名称：Benzylidene malonate polysiloxane、Dimethicodiethylbenzalmalonate。
· 其他名称：亚苄基丙二酸盐聚硅氧烷、PS-15。
· CAS 号：207574-74-1。
· EC 号：426-000-4。
· 分子式：$C_{196}H_{490}O_{84}Si_{65}$。
· 分子量：5987 g/mol。
· 结构式：

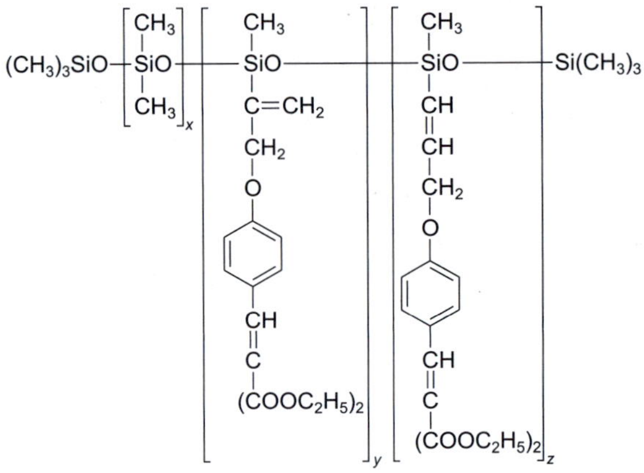

· 分配系数（Log Pow）：＞6（30℃）。
· 经皮吸收率：基本无法吸收。
· 最大吸收波长（nm）：约 310。
· 主要紫外吸收波段：UVB（280 ～ 320 nm）。
· 紫外吸收曲线（溶剂：无水乙醇）（图 3-17）：

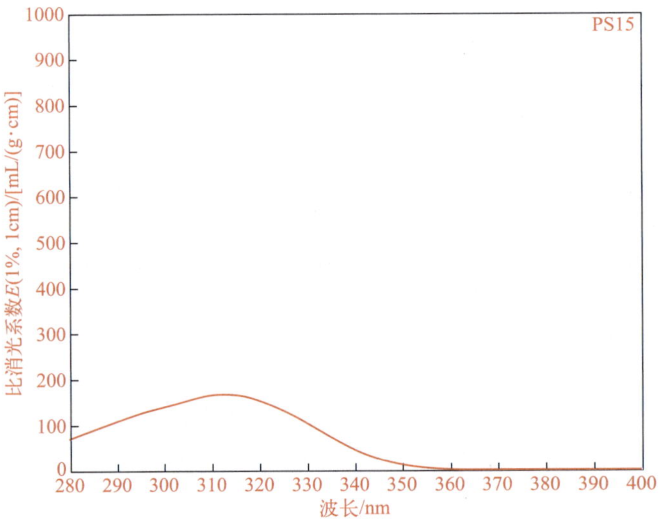

图 3-17　聚硅氧烷 -15 紫外吸收曲线

· 防晒特性简述：油性液体 UVB 波段过滤剂。
· 主要的生产厂家（商品名）：DSM（PARSOL SLX）。

2. 中国监管要求

《技术规范》准用防晒剂，最大允许使用浓度 10%。

3. 权威机构安全性评估结论

欧盟 SCCS 根据聚硅氧烷 -15（后面简称 PS-15）的吸入毒性研究，发布安全性评估的科学意见 SCCS/1346/10，认为 PS-15 作为紫外线过滤剂，在皮肤接触和喷雾剂化妆品中最高使用浓度不超过 10%，在推进剂发用喷雾中不超过 0.1% 是安全的。

SCCS 考虑了 PS-15 的吸入暴露风险，其在泵喷雾剂产品中的最高历史用量为 1%，推进剂喷雾产品中历史最高 0.05%。空气动力学直径小于 15 μm 的颗粒才有可能会被吸入进入人体肺部交换区，泵喷雾剂产生的颗粒粒径较大（一般 120 μm 及以上），不太可能被吸入，消费者可以安全地使用含有聚硅氧烷 -15 的泵喷雾剂。而推进剂喷雾剂产生的颗粒比较小，通常在 40 ～ 120 μm，荷兰国家公共卫生和环境研究所（RIVM）风险评估表明，发用喷雾剂的空气动力学直径约为 35 μm。因此 SCCS 认为，在推进剂喷雾产品中使用 0.1%PS-15 对消费者也不会产生健康危害风险。

PS-15 主要吸收 UVB 紫外线波段，光稳定性较强，需与其他 UVA 紫外线防晒剂配合使用才能达到全面防晒的效果。欧盟、澳大利亚、日本、韩国等都已批准作为防晒剂使用，在化妆品中限量为 10%。

PS-15 毒理学信息如表 3-22 所示。

表 3-22　PS-15 毒理学信息总结（SCCS）

毒性终点	毒理学信息总结
急性毒性	急性经口毒性 LD_{50}>2000 mg/kg，急性经皮毒性 LD_{50}>2000 mg/kg，急性吸入毒性 LC_{50} 为 0.285 ～ 1.838 mg/L
皮肤 / 眼刺激性	急性皮肤刺激试验显示未稀释的 PS-15 对家兔皮肤无刺激性；急性眼刺激试验，滴入未稀释样品后所有动物在 1 h 后出现巩膜和结膜充血和分泌物，24 h 后，结膜和巩膜有轻微发红，72 h 后未发现异常，PS-15 被认为不具有眼刺激性
皮肤致敏性	豚鼠最大化试验显示以 5% 皮内诱导，100% 局部诱导，以 100%、30%、10%、3% 激发，对豚鼠皮肤无致敏性作用；以液体石蜡中 10% 浓度的溶液进行人体重复损伤贴片试验，103 例志愿者中没有出现明显不良反应，认为无刺激、致敏作用
光毒性、光敏性	豚鼠光毒性试验显示 25%、50%、75%、100% 浓度的 PS-15 未显现出光毒性反应；人体光敏性试验以 10% 局部诱导，未稀释浓度进行激发，结果显示未引起受试者皮肤光刺激、光过敏反应
遗传毒性	细菌回复突变试验、体外哺乳动物细胞染色体畸变试验、体外哺乳动物细胞基因突变试验结果为阴性，该物质无潜在遗传毒性、光遗传毒性
重复剂量毒性	大鼠 90 天亚慢性重复经口毒性研究，在 0、60、220、1000 mg/(kg bw · d) 各剂量组未发现与治疗相关的临床异常现象，得出 NOAEL 值为 1000 mg/(kg bw · d)
经皮吸收	PS-15 不溶于水，分配系数高，平均分子量大，由理化性质可以得出，从完整皮肤基本无法被吸收进入体内

（二十四）对苯二亚甲基二樟脑磺酸及其盐类

1. 基本信息

· INCI 名称：Terephthalylidene dicamphor sulfonic acid（and its salts）。

· INN 名称：Ecamsule（依莰舒）。

· 化学名称：3,3′-（1,4-Phenylenedimethylene）bis（7,7-dimethyl-2-oxobicyclo-[2.2.1]hept-1-yl-methanesulfonic acid）and its salts。

· 其他名称：TDSA。
· CAS 号：92761-26-7/90457-82-2。
· EC 号：410-960-6。
· 分子式：$C_{28}H_{34}O_8S_2$。
· 分子量：562.69 g/mol。
· 结构式：

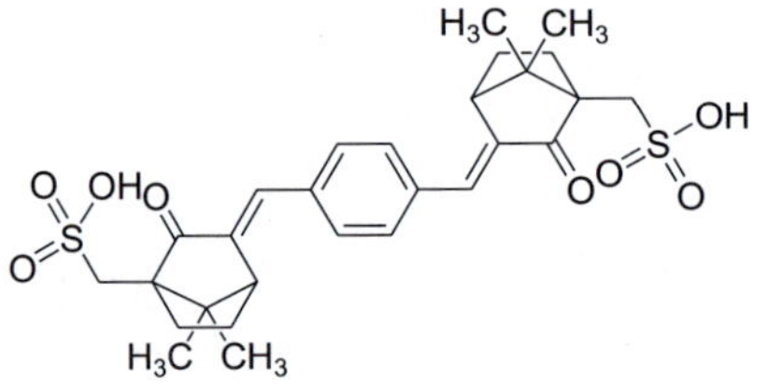

· 分配系数（Log Pow）：−1.84（22℃）。
· 经皮吸收率：低。
· 最大吸收波长（nm）：约 345。
· 主要紫外吸收波段：UVB（280 ～ 320 nm）、UVA Ⅱ（320 ～ 340 nm）、UVA Ⅰ（340 ～ 400 nm）。
· 紫外吸收曲线（溶剂：水）（图 3-18）。

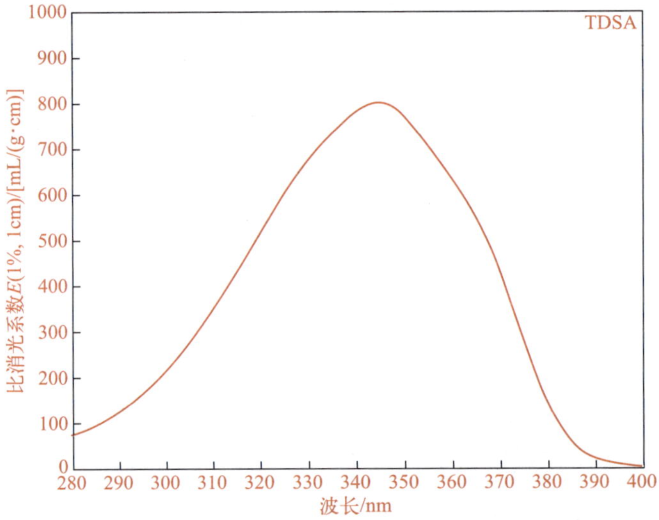

图 3-18　对苯二亚甲基二樟脑磺酸紫外吸收曲线

· 防晒特性简述：水溶性固体广谱紫外线过滤剂，与油溶性紫外线过滤剂有协同效果。
· 主要的生产厂家（商品名）：BASF（Uvinul TS Hydro）、Cropasse（Crosorb T）、欧莱雅（Mexoryl SX）。为 33% TDSA 含量的水溶液。

2. 中国监管要求

《技术规范》准用防晒剂，最大允许使用浓度总量 10%（以酸计）。

3. 权威机构安全性评估结论

欧盟 SCCS、澳大利亚 NICNAS 等机构未发布对苯二亚甲基二樟脑磺酸（后面简称 TDSA）

的安全性评估意见。TDSA 属于水溶性防晒剂，与其他樟脑衍生物相比，其紫外线吸收峰值更高。除美国没有批准樟脑衍生物类防晒剂的使用外，在中国、欧盟、澳大利亚、日本、韩国等国家，都已将该物质列为化妆品中可使用的防晒剂，使用浓度高达 10%（以酸计）。ECHA 收录的毒理学信息见表 3-23。

表 3-23　TDSA 毒理学信息总结（ECHA）

毒性终点	毒理学信息总结
急性毒性	OECD 401 急性经口毒性 LD_{50}>5000 mg/kg，OECD 402 急性皮肤毒性 LD_{50}>4460 mg/kg
皮肤 / 眼刺激性	OECD 404 急性皮肤刺激性试验显示未稀释固态样品对家兔皮肤无刺激性
皮肤致敏性	OECD 406 皮肤致敏性试验显示对豚鼠皮肤无致敏作用
遗传毒性	OECD 471 体外细菌回复突变试验、OECD 475 体内大鼠骨髓细胞染色体畸变试验结果为阴性
重复剂量毒性	OECD 408 大鼠亚慢性经口毒性研究得出未观察到有害作用剂量 NOAEL 值为 1000 mg/(kg bw・d)
生殖发育毒性	类似于 OECD 415 一代生殖毒性研究得出的大鼠生殖发育毒性 NOAEL 值为 1000 mg/(kg bw・d)，类似于 OECD 414，在兔中进行的产前发育毒性研究得出母体和胚胎毒性 NOAEL 值为 360 mg/(kg bw・d)

（二十五）二氧化钛

1. 基本信息

・INCI 名称：Titanium dioxide。

・化学名称：二氧化钛。

・其他名称：CI 77891、钛白粉、TiO_2。

・CAS 号：13463-67-7。

・EC 号：236-675-5。

・分子式：TiO_2。

・分子量：79.87 g/mol。

・结构式：

O=Ti=O

・主要紫外吸收波段：UVB（280 ～ 320 nm）、UVA Ⅱ（320 ～ 340 nm）。

・紫外吸收曲线（溶剂：异壬酸异壬酯）（图 3-19）。

・防晒特性简述：分散性固体 UVB 及 UVA Ⅱ波段过滤剂，物理（无机）防晒剂。紫外线过滤性能跟其晶型、粒径大小分布以及涂层等相关。

・主要的生产厂家（商品名）：科思（SUNOBEL NT-15TV）、Croda（SOLAVEIL CTP1）、TAYCA（MT-100TV）。

2. 中国监管要求

《技术规范》准用防晒剂，最大允许使用浓度 25%；准用着色剂，适用于各种化妆品。

3. 权威机构安全性评估结论

二氧化钛除在食品中作添加剂，在化妆品、口腔护理产品中作着色剂之外，也是化妆品中常用的物理防晒剂。2013 年 SCCS 评估得出，基于特定质量规格（涂覆状态、晶型、粒径等）的二氧化钛纳米材料在防晒化妆品中使用最高浓度为 25% 是安全的（SCCS/1516/13），2016 年新增 3 种纳米二氧化钛涂层规格（SCCS/1580/16），欧盟对二氧化钛纳米颗粒质量规格和涂层特性要求总结见表 3-24。

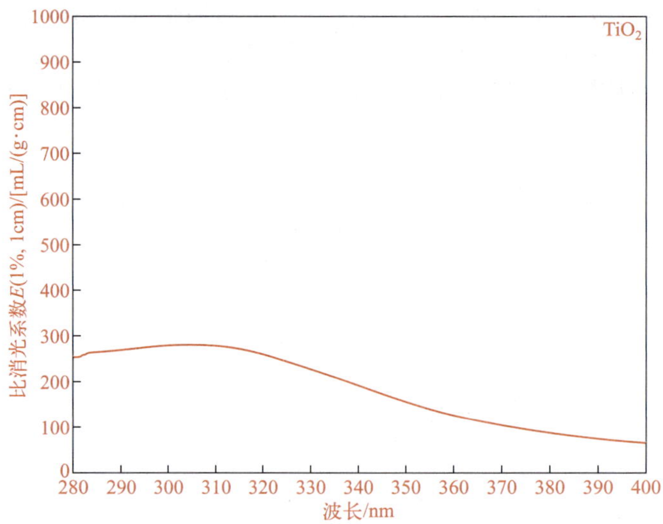

图 3-19 二氧化钛紫外吸收曲线

表 3-24 欧盟对二氧化钛纳米颗粒质量规格要求

指标	要求
纯度	≥ 99%
晶型结构	金红石型，或最高含 5% 锐钛矿的金红石型
物理外观	球形、针状或披针形的簇状物
中位粒径	≥ 30 nm
高度比	1 ～ 4.5
体积比表面积	≤ 460 m^2/cm^3
涂层	涂有二氧化硅、水合二氧化硅、氧化铝、氢氧化铝、硬脂酸铝、硬脂酸、三甲氧基辛基硅烷、甘油、聚二甲基硅氧烷、氢化聚二甲基硅氧烷、有机硅树脂；或涂有以下组合之一：最大浓度为 16% 的二氧化硅和最大浓度为 6% 的鲸蜡醇磷酸酯，最大浓度为 7% 的氧化铝和最大浓度为 0.7% 的二氧化锰（不用于唇部产品），最大浓度为 3% 的氧化铝和最大浓度为 9% 的三乙氧基辛基硅烷
光催化活性	相对于相应的无涂层或无掺杂参照物，光催化活性≤ 10%
光稳定性	在最终配方具有光稳定性

2020 年，SCCS 认为消费者在使用面部喷雾、散粉、发用喷雾等，可能造成肺部吸入不溶性二氧化钛，对其吸入风险进行评估（SCCS/1617/20），研究表明在肺部发生内暴露的情况下会表现出遗传毒性效应，极可能是通过间接机制（氧化应激）或次级机制（如免疫细胞引发的氧化应激和炎症）显现的，这种作用模式存在实际阈值可进行定量风险评估。基于 Bermudez 等人的吸入暴露研究得出二氧化钛（80% 金红石型和 20% 锐钛型的未涂层纳米颗粒）未见有害作用水平 NOAEC 值为 0.5 mg/m^3，SCCS 根据吸入暴露计算面部散粉、发用气溶胶喷雾的安全边际值 MoS 后得出结论：二氧化钛以 25% 使用浓度，在面部彩妆散粉中是安全的，在发用气溶胶产品中是不安全的。

2021 年，欧洲食品安全局（EFSA）发布意见，食品添加剂二氧化钛（E171）对器官没有一般毒性，对生殖和发育毒性也没有影响，但根据对 TiO_2 纳米材料的测试，不能排除遗传毒性风险。2024 年 SCCS 应委员会要求对其在口腔化妆品中的遗传毒性和吸入、口服暴露风险重新进行评估并得出结论（SCCS/1661/23），认为现有证据仍不能排除二氧化钛的潜在遗传毒性，鉴于二氧化钛在化妆品中经皮利用度低于口服利用度，此前皮肤用化妆品中二氧化钛、纳米级二氧化钛的评估结论保持不变，即作为紫外线过滤剂，在化妆品中的最高使用浓度不超过 25%，不得在可能导致吸入的产品中使用。

二氧化钛的毒理学信息总结如表 3-25 所示。

表 3-25 二氧化钛毒理学信息总结（SCCS）

毒性终点	毒理学信息总结
急性毒性	二氧化钛微米或纳米级的经口、经皮的急性毒性较低。二氧化钛纳米材料的急性和亚慢性吸入暴露研究表明，在高暴露剂量下会出现显著的炎症反应，组织学检查显示上皮细胞肥大和增生现象
皮肤 / 眼刺激性	二氧化钛对皮肤、眼睛产生轻微或无明显刺激性
皮肤致敏性	对皮肤致敏潜力低，多项研究均未发现二氧化钛具有皮肤致敏性
光毒性和光敏性	光刺激性试验显示涂层型纳米二氧化钛不会对兔皮肤产生光刺激性，光致敏性试验显示豚鼠没有产生光过敏反应；OECD 432 体外光毒性试验显示，涂层型样品未产生光毒性，无涂层样品具有光毒性
遗传毒性	SCCS 审查了 84 种不同级别二氧化钛的遗传毒性研究报告，包括 44 种着色剂（其中 13 种级别可相当于食品添加剂），40 种纳米涂层、无涂层二氧化钛，以及 EFSA 对二氧化钛（E171）遗传毒性的评估数据，总结认为其中 2 种纳米材料不具有遗传毒性，目前仍无法排除其他级别二氧化钛在口腔化妆品中应用的遗传毒性风险
重复剂量毒性	针对大鼠、小鼠和仓鼠开展的二氧化钛 90 天吸入毒性研究，除观察到与颗粒物清除能力下降呈剂量依赖性相关的显著炎症反应和负荷反应外，组织学检查明确显示气道上皮细胞肥大和增生迹象，未见其他异常
生殖发育毒性	通过口服或皮肤接触途径均未产生包括生殖发育毒性或致癌效应在内的全身性影响
致癌性	ECHA 和欧盟委员会认定吸入二氧化钛可能对人类致癌。SCCS 认为炎症反应及活性氧自由基（ROS）介导的间接遗传毒性效应是主要致毒机制，主要归因于二氧化钛颗粒的生物持久性和低溶解性。因此可设定大鼠肿瘤发生的阈值，并用于评估人类吸入二氧化钛的安全风险。一项大鼠亚慢性吸入超细二氧化钛（P25）颗粒的毒性研究作为推导关键参考值的研究，基于 NOAEC 为 0.5 mg/m^3 计算得到人体等效浓度（HED）为 0.258 $mg/(m^3 \cdot d)$，肺部区域人体安全沉积量为 766 μg/d
经皮吸收	二氧化钛难溶于水，难以经皮肤渗透被吸收。SCCS 已评估的 3 种涂层纳米二氧化钛，体外试验结果都显示不能穿透皮肤角质层被吸收。无论是有涂层或无涂层，二氧化钛颗粒都无法通过晒伤的皮肤吸收进入体内

（二十六）氧化锌

1. 基本信息

- INCI 名称：Zinc oxide。
- 化学名称：氧化锌。
- 其他名称：CI 77947、锌白粉、ZnO。
- CAS 号：1314-13-2。
- EC 号：215-222-5。
- 分子式：ZnO。
- 分子量：81.38 g/mol。
- 结构式：

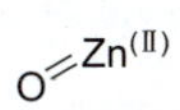

· 经皮吸收率：0.03%。

· 主要紫外吸收波段：UVB（280 ～ 320 nm）、UVA Ⅱ（320 ～ 340 nm）、UVA Ⅰ（340 ～ 400 nm）。

· 紫外吸收曲线（溶剂：异壬酸异壬酯）（图 3-20）：

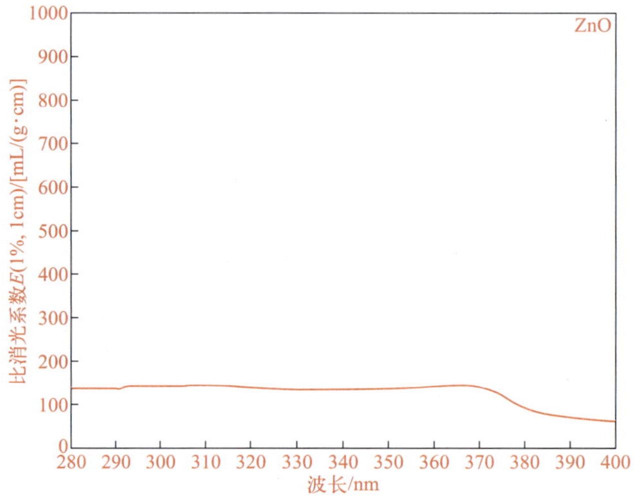

图 3-20　氧化锌紫外吸收曲线

· 防晒特性简述：分散性固体广谱紫外线过滤剂，物理（无机）防晒剂。紫外线过滤性能跟其晶型、粒径大小分布以及涂层等相关。

· 主要的生产厂家（商品名）：科思（SUNOBEL NZ-25AS）、Sunjin（SUNZnO-NAS）、BASF（Z-cote HP1）、EverCare（Zano 20 Plus）。

2. 中国监管要求

《技术规范》准用防晒剂，最大允许使用浓度 25%，准用着色剂，适用于各种化妆品。

3. 权威机构安全性评估结论

氧化锌能够吸收和折射紫外线，在化妆品作防晒剂，欧盟 SCCS 已评估氧化锌、纳米氧化锌在化妆品中最高使用浓度不超过 25%（SCCS/1489/12），且不得用于可能导致吸入暴露的产品中，纳米氧化锌质量规格和涂层特性见表 3-26。

表 3-26　欧盟 SCCS 评估氧化锌纳米颗粒质量规格

指标	要求
纯度	⩾ 96%
晶型结构	纤锌矿晶体结构
物理外观	棒状、星状等轴状的簇状
杂质	仅由二氧化碳和水组成，其他杂质总量 <1%
粒径分布	中位直径 D_{50} 粒径分布在 30 nm 以上，而 D_1 粒径分布在 20 nm 以上
溶解度	<50 mg/L
涂层	未涂覆或涂覆有三乙氧基辛基硅烷、聚二甲基硅氧烷、二甲氧基二苯基硅烷 / 三乙氧基辛基硅烷交联共聚物或辛基三乙氧基硅烷

根据目前充分的证据，氧化锌纳米颗粒的全身暴露非常低，在防晒霜中应用于皮肤，对消费者造成的健康风险非常低，因此 SCCS 仍然认为氧化锌在防晒化妆品中使用浓度不超过 25% 对消费者是安全的。由于吸入氧化锌纳米颗粒观察到明显的肺局部效应，在喷雾产品中使用氧化锌纳米颗粒是不安全的，纳米级氧化锌不得用于可能造成肺部吸入的产品例如喷雾、散粉中。

氧化锌的毒理学信息如表 3-27 所示。

表 3-27　氧化锌的毒理学信息总结（SCCS）

毒性终点	毒理学信息总结
急性毒性	经口急性毒性试验得出大鼠 LD_{50}>5000 mg/kg，经皮急性毒性 LD_{50}>2000 mg/kg，英国、美国允许的长期吸入暴露浓度为 5 mg/m^3。纳米级：大鼠经口急性毒性 LD_{50}>2000 mg/kg
皮肤 / 眼刺激性	急性皮肤刺激性、重复斑贴试验均显示未稀释的供试品对兔皮肤无刺激性，急性眼刺激性试验显示对眼睑闭合不全无刺激性。纳米级：豚鼠 3 天连续皮肤刺激研究中，40% 和 25% 测试物质分散液的皮肤刺激评分分别为 0.1 和 0.0，表明具有轻微刺激性。类似 OECD 405 急性眼刺激性试验显示，供试品未稀释和稀释为 25% 溶液对眼睑闭合不全产生轻微和短暂刺激性，该物质具有轻微眼刺激性
皮肤致敏性	人体重复损伤贴片试验显示 25% 浓度的氧化锌、氧化锌纳米颗粒对皮肤无刺激性和致敏性
光毒性和光敏性	人体光斑贴试验，25% 浓度的氧化锌、使用聚二甲基硅氧烷涂覆的纳米氧化锌，紫外线照射下均未引起受试者皮肤刺激性，氧化锌不具有光毒性潜力。紫外线照射下的豚鼠最大化致敏试验中，均未引起任何光敏性反应
遗传毒性	体外研究显示，氧化锌和锌盐在哺乳动物细胞的基因突变、染色体畸变和非程序性 DNA 合成试验中表现出遗传毒性活性。氧化锌纳米颗粒在 A431 人表皮细胞、人黏膜细胞的彗星实验中显示具有基因毒性，在有和没有紫外光照射的情况下，都诱导了中国仓鼠肺成纤维细胞的染色体畸变，对中国仓鼠卵巢细胞具有致裂活性。然而鉴于纳米颗粒是否在测试中到达目标细胞接触 DNA 的不确定性，无法证实氧化锌微米或纳米颗粒对人体具有基因毒性、光基因毒性风险
重复剂量毒性	氧化锌纳米颗粒与微米颗粒具有相似的吸收率、组织分布和毒性特征。氧化锌的长期系统毒性研究是基于锌离子的毒性研究，硫酸锌的大鼠 13 周口服毒性研究得出无作用剂量 NOEL 值为 240 mg $ZnSO_4 \cdot 7H_2O$/(kg bw · d) [相当于 53.5 mg Zn^{2+}/(kg bw · d)]。OECD 413 亚慢性吸入毒性研究，测试不同剂量（0、0.3、1.5、4.5 mg/m³）纳米氧化锌（三乙氧基己基硅烷包覆）的毒性效应，并与微米氧化锌（0、4.5 mg/m³）进行对比。未发现任何试验组在血液学参数、临床化学或尿液分析方面出现具有统计学意义或生物学相关性的变化，纳米 ZnO 和微米级 ZnO 均未发现系统毒性的迹象。鉴于肺部巨噬细胞和肺引流淋巴结的持续活化，NOAEL 值确定为 0.3 mg/m³
生殖发育毒性	雌性大鼠受孕第 6 ～ 18 天暴露于硫酸锌的剂量为 0、0.4、2.0、9.1 和 42.5 mg/(kg bw · d)，在所有剂量水平下均未观察到与化合物相关的效应，得出母体毒性和发育毒性 NOEL 为 42.5 mg/(kg bw · d) [相当于 17 mgZn/(kg bw · d)]；另一项致畸性研究中，大鼠从交配前第 21 天开始，直到妊娠第 15 天，暴露于氧化锌的剂量为 2000 ppm、4000 ppm [相当于 100、200 mg/(kg bw · d)]，结果显示 2000 ppm 剂量下对胎儿发育没有不良影响，得出氧化锌发育毒性 NOEL 值为 100 mg/(kg bw · d)
经皮吸收	氧化锌的体内和体外经皮吸收研究显示，局部应用氧化锌、硫酸锌制剂不会影响血浆中锌含量，氧化锌几乎不被吸收进入体内，其经皮利用率 <1%。目前没有任何证据表明氧化锌纳米颗粒能够通过经皮渗透被吸收，SCCS 假设氧化锌和氧化锌纳米颗粒以锌离子形态被吸收，在人体志愿者研究中，锌通过皮肤屏障被少量吸收，为应用剂量的 0.03%

二、其他防晒剂

（一）甲氧基丙基氨基环己烯基亚乙基氧基乙基氰基乙酸酯

1. 基本信息

· INCI 名称：Methoxypropylamino Cyclohexenylidene Ethoxyethylcyanoacetate。

· 化学名称：2-ethoxyethyl（2Z）-2-cyano-2-[3-（3-methoxypropylamino）cyclohex-2-en-1-ylidene]acetate。

· 其他名称：MCE、Mexoryl 400（麦色滤 400）。

· CAS 号：1419401-88-9。

· EC 号：700-860-3。

· 分子式：$C_{17}H_{26}N_2O_4$。

· 分子量：322.41 g/mol。

· 结构式：

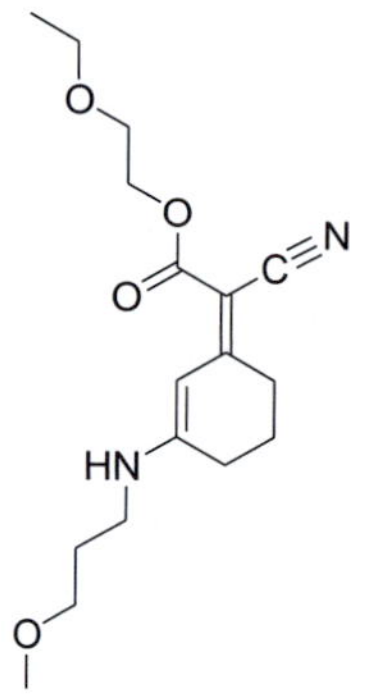

· 分配系数（Log Pow）：1.7。

· 经皮吸收率：2.65% 或 1.75 μg/cm²。

· 最大吸收波长（nm）：约 385。

· 主要紫外吸收波段：UVA Ⅰ（340 ～ 400 nm）。

· 紫外吸收曲线（图 3-21）。

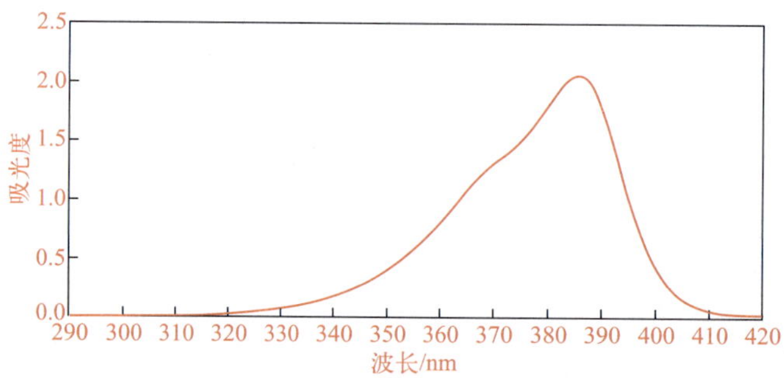

图 3-21　甲氧基丙基氨基环己烯基亚乙基氧基乙基氰基乙酸酯紫外吸收曲线

· 防晒特性简述：油溶性 UVA 紫外线过滤剂。

2. 国际监管要求

中国未批准使用，欧盟批准其在化妆品中的最大使用浓度为 3%，且不得用于可能导致肺部吸入的产品中；不得与亚硝基化物共用，亚硝胺含量不超过 50 μg/kg；保存在不含亚硝酸盐的容器中。

3. 权威机构安全性评估结论

2017 年至 2019 年，欧盟 SCCS 对一款新型防晒剂甲氧基丙基氨基环己烯基亚乙基氧基乙基氰基乙酸酯（后面简称 MCE）进行安全数据审查及评估（SCCS/1605/19），最终确认：

在防晒化妆品中使用最大浓度为 3% 是安全的，未评估吸入毒性，因此不适用于可能导致吸入的产品。2019 年欧盟委员会批准 MCE 为防晒剂，在化妆品中使用不超过 3%，不得用于吸入产品中。MCE 属于仲链烷胺类化合物，容易发生亚硝化反应并形成致癌物亚硝胺，不能与亚硝基化物一起使用，亚硝胺含量不超过 50 μg/kg，且应当保存在不含亚硝酸盐的容器中。

MCE 紫外线吸收覆盖范围在 360 ～ 400 nm 之间，最大吸收波长约为 385 nm，能够防御超长波 UVA（370 ～ 400 nm）辐射，填补了多年来传统防晒产品难以覆盖的波长空白，与其他防晒剂配合使用可以实现 290 ～ 400 nm 的全波段紫外线防护，在防晒产品中具有很大的技术优势，目前仅在欧盟获得批准使用。

其毒理学信息如表 3-28 所示。

表 3-28　MCE 毒理学信息总结（SCCS）

毒性终点	毒理学信息总结
急性毒性	无急性毒性研究数据。依据 MCE 大鼠骨髓微核试验中重复给药最高剂量 2000 mg/kg，未导致死亡，认为该物质的大鼠口服毒性 LD_{50}>2000 mg/kg
皮肤 / 眼刺激性	OECD 439 体外皮肤刺激性（重建人表皮模型）试验显示 MCE 未稀释状态下无皮肤刺激性。OECD 437 牛角膜混浊与渗透性（BCOP）试验显示，3%MCE 水悬浮液不会造成严重损伤；OECD 492 体外眼刺激性（EpiOcularTM）试验显示，未稀释、稀释为 3% 浓度测试样品均未表现出眼刺激潜力
皮肤致敏性	OECD 442B 小鼠局部淋巴结试验（LLNA：BrdU-ELISA）显示，MCE 不具有皮肤致敏潜力
光毒性和光敏性	OECD 432 体外 3T3 细胞中性红摄取光毒性试验显示 MCE 无光毒性。豚鼠皮肤光敏性试验显示 50% 浓度未显示出皮肤光刺激性或光致敏性
遗传毒性	OECD 471 细菌回复突变试验显示无致突变性；OECD 487 体外人淋巴细胞微核试验显示 MCE 在加或不加代谢系统的条件下均能诱导微核形成；采用 EpiDermTM 模型的重建皮肤微核试验（RSMN 试验）显示 MCE 表现出细胞毒性，对微核诱导呈阴性；OECD 474 体内大鼠骨髓细胞微核试验结果为阴性。根据体内和体外测试组合提供的数据，SCCS 认为 MCE 在体内不具有遗传毒性潜力
重复剂量毒性	OECD 408 大鼠 90 天重复经口毒性试验，剂量水平为 0、100、300、1000 mg/(kg bw·d)，在最高剂量组观察到肝脏重量变化伴随微观肝组织病变（小叶中央区肥大）以及血液学参数改变，在中剂量组中仅观察到雌性大鼠肝脏重量增加，未发现微观肝组织病变，SCCS 认为试验得出的 NOAEL 为 300 mg/(kg bw·d)
生殖发育毒性	OECD 421 大鼠生殖 / 发育筛查研究在 0、100、250、700 mg/(kg bw·d) 剂量下进行，基于高剂量组观察到的体征（腹部毛发尿液污染、平均体重增长减缓及平均食物摄入量轻微下降），中剂量组每窝幼崽平均体重的下降，SCCS 得出亲代毒性和生殖毒性 NOAEL 为 250 mg/(kg bw·d)。OECD 414 产前发育毒性研究设置相同剂量水平，700 mg/(kg bw·d) 剂量下观察到母体毒性相关的胎儿体重轻微下降和骨化迟缓，得出 NOAEL 为 250 mg/(kg bw·d)
经皮吸收	OECD 428 体外经皮吸收试验显示，含 3%MCE 的化妆品制剂透皮吸收程度较低，估算 24h 最大吸收量为（1.08±0.67）μg/cm²，相当于施用剂量的 1.63%±1.02%，SCCS 认为采用平均值 +1 倍标准差［1.63%+1.02%=2.65% 或（1.08+0.67）μg/cm²=1.75 μg/cm²］进行安全边际（MoS）计算

（二）三联苯基三嗪

1. 基本信息

· INCI 名称：Tris-Biphenyl Triazine。

· 化学名称：1,3,5-Triazine, 2,4,6-tris（1,1′-biphenyl）-4-yl-。

· 其他名称：TBPT。

· CAS 号：31274-51-8。

· EC 号：479-950-7。

· 分子式：$C_{39}H_{27}N_3$。
· 分子量：537.66 g/mol。
· 结构式：

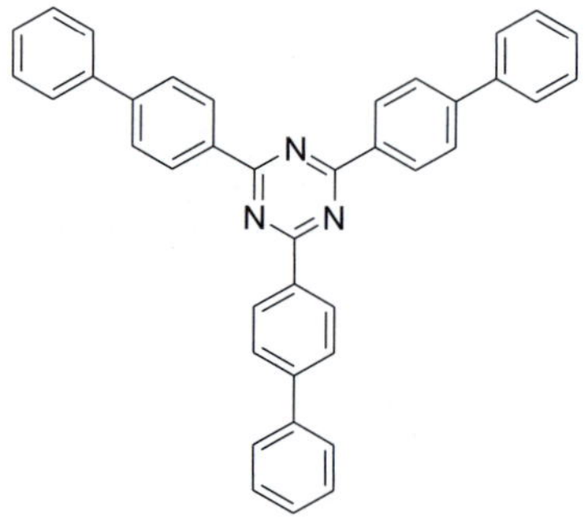

· 分配系数（Log Pow）：>5.6（21℃）。
· 经皮吸收率：0.57%（非纳米级），0.2%（纳米级）。
· 最大吸收波长（nm）：约 310，340（峰肩）。
· 主要紫外吸收波段：UVB（280 ～ 320 nm）、UVA Ⅱ（320 ～ 340 nm）、UVA Ⅰ（340 ～ 400 nm）。
· 紫外吸收曲线（图 3-22）。

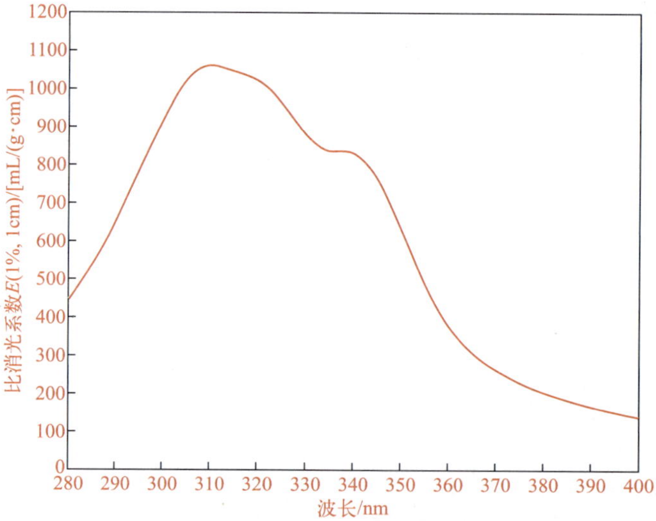

图 3-22　三联苯基三嗪紫外吸收曲线

· 防晒特性简述：高效水分散广谱紫外线过滤剂，与油溶性紫外线过滤剂有协同效果。
· 主要的生产厂家（商品名）：BASF（Tinosorb A2B），50% TBPT 含量的复合水分散液。

2. 国际监管要求

中国未批准使用，欧盟批准其作为防晒剂在化妆品中的最大使用浓度为 10%，不得用于可能导致肺部吸入的产品中。

3. 权威机构安全性评估结论

三联苯基三嗪（后面简称 TBPT）是欧盟 SCCS 评估的第 4 种纳米防晒剂（SCCS/1429/11），

SCCS 得出结论，TBPT 作为防晒剂在化妆品中使用浓度不超过 10% 是安全的，缺少重复吸入毒性数据无法评估吸入安全性，因此不得用于喷雾产品中，其纳米材料质量规格需符合：初级粒子中位直径 >80 nm，纯度≥ 98%，无涂层。

TBPT 的体外雄激素受体试验、体外雌激素受体试验显示不具有与雄激素受体、雌激素受体相互作用的潜力，体内子宫营养试验显示未引起大鼠子宫增重反应，表明该物质不具有内分泌干扰性。

TBPT 能够覆盖 280 ～ 360 nm 紫外线范围，具有极佳的光稳定性，属于水不溶性有机防晒剂，东盟、澳大利亚已批准作为化妆品防晒剂的使用限量为 10%。凭借广谱和高效的紫外线吸收特性以及显著的光稳定性，TBPT 在现代防晒产品中表现出巨大潜力，成为很多欧盟、澳大利亚防晒产品配方的理想选择。

TBPT 毒理学信息如表 3-29 所示。

表 3-29　TBPT 毒理学信息总结（SCCS）

毒性终点	毒理学信息总结
急性毒性	非纳米级 TBT 的急性经口和经皮毒性试验得出 LD_{50} 均大于 2000 mg/kg。OECD 423 急性经口毒性试验，TBPT 纳米颗粒的大鼠 LD_{50}>1000 mg/kg，OECD 403 急性吸入毒性试验，大鼠吸入含 10% 纳米 TBPT 气溶胶后，观察到明显的炎症反应（中性粒细胞的大量涌入和巨噬细胞数量约两倍的增加）
皮肤 / 眼刺激性	OECD 404 急性皮肤刺激性试验显示非纳米级 TBPT 未稀释时无皮肤刺激性；OECD 405 急性眼刺激性试验显示非纳米级 TBPT 未稀释时对眼睑闭合不全有轻微刺激性
皮肤致敏性	OECD 429 小鼠局部淋巴结试验（LLNA）显示，非纳米级 TBPT 不具有皮肤致敏潜力
光毒性和光敏性	纳米级 TBPT 的 13 周无毛小鼠光毒性研究中，小鼠实施每日 1 次、每周 5 天、持续 13 周的紫外线辐照处理，周一、三、五于紫外线辐射前，周二、四于紫外线辐射后，局部施用测试样品于小鼠的背部及两侧约 25 cm^2，TBPT 有效剂量为 0、80、160、325、650 mg/(kg bw·d)，结果显示均未对小鼠皮肤皱褶、浮肿、皮肤厚度产生不良影响。人体光毒性和光致敏性斑贴试验，含 9.9% 纳米 TBPT 的乳膏制剂与安慰剂对照相比，未显示出显著的光毒性或光致敏性潜力
遗传毒性	细菌回复突变试验、体外哺乳动物染色体畸变试验和小鼠 TK 基因位点体外突变试验均未显示非纳米级 TBPT 具有遗传毒性。OECD 474 体内小鼠骨髓细胞微核试验，测试了纳米级和微米级的 TBPT 均未诱发小鼠骨髓细胞染色体或纺锤体损伤，表明 TBPT 无论粒径大小，在体内不具有染色体断裂或非整倍体诱发效应。SCCS 认为 TBPT 无潜在遗传毒性风险
重复剂量毒性	OECD 422 重复剂量毒性联合生殖发育毒性筛选试验，剂量水平为 0、100、500、1000 mg/(kg bw · d)，未发现纳米 TBPT 对全身毒性、生殖发育等影响，得出 NOAEL 为 1000 mg/(kg bw · d)；OECD 411 亚慢性经皮毒性试验，剂量水平为 0、150、500、1000 mg/(kg bw · d)，最高剂量组动物体重显著下降，SCCS 得出 NOAEL 为 500 mg/(kg bw · d)。OECD 408 大鼠 90 天经口毒性试验，非纳米级 TBPT 的全身重复给药毒性 NOAEL 为 1000 mg/(kg bw · d)
生殖发育毒性	OECD 422 重复剂量毒性联合生殖发育毒性筛选试验，未发现纳米 TBPT 对全身毒性、生殖发育等影响，试验得出 NOAEL 为 1000 mg/(kg bw · d)。OECD 414 产前发育毒性试验，大鼠接受非纳米级 TBPT 的剂量分别为 0、100、300、1000 mg/(kg bw · d)，未发现对母体和胎儿发育产生不良影响，母体生殖毒性和胚胎发育毒性 NOAEL 为 1000 mg/(kg bw · d)
经皮吸收	开展了两项纳米级 TBPT 体外经皮吸收试验（OECD 428），第 1 项试验得出人体皮肤吸收量为 0.06%，大鼠皮肤吸收率为 1.38%，透皮吸收的速度和程度非常有限。第 2 项试验在预损伤的人体皮肤中进行，测得纳米 TBPT 吸收量为 0.81%，受损的角质层没有引起皮肤透过率的显著升高。SCCS 建议计算安全边际（MOS）采用平均值 ±2 倍标准差，由此得出大鼠皮肤总吸收率为 4.78%，人体皮肤总吸收率为 0.20%。非纳米级 TBPT 的大鼠和人体皮肤体外吸收研究显示经皮吸收率高于纳米级，采用平均值 ±2 倍标准差得出大鼠皮肤吸收率为 12.77%，人体皮肤吸收率为 0.57%

第四章

光损伤及生物防晒成分

生物防晒是指从生物学角度出发，借助生物活性成分或生物机制，实现对皮肤的防晒保护及光老化防护的策略。生物防晒区别于传统物理和化学防晒直接阻隔、吸收紫外线的作用机制，更聚焦于利用生物活性物质或者生物体系的天然防御，从源头减少光损伤、强化皮肤自身抗损伤能力，来实现光老化。

本章从光损伤的定义、临床表现、影响因素、分子生物学表型、相关信号调控、临床评价、体外研究方法以及生物防晒成分等方面详细阐述。

一、光损伤的定义与范畴

光损伤是指日光辐射和其他形式的光照暴露对人体皮肤造成多维度的急、慢性损伤。其中急性损伤范畴涵盖日光性皮炎（晒伤）、光毒性反应及光过敏反应等病理表现，而慢性损伤则以光老化与光致癌为主要特征。

急性光损伤主要是短期内强暴露导致皮肤产生的即时性炎症、色沉等病理变化，及时处理可恢复；而慢性光损伤是指长期累积的结构、功能损伤，往往具有不可逆性，需要通过防晒等手段预防。其中慢性光损伤以光老化最为常见，主要指皮肤在长期光暴露过程中，因损伤持续累积造成组织结构退行性改变而引发的衰老现象，其在皮肤衰老进程中所占权重约为80%，相较之下，自然衰老因素约占20%。

二、光损伤的临床表现

（一）皮肤外观变化

（1）皮肤松弛、结构塌陷及皱纹生成　在光暴露部位，随着光老化进程的加剧，皮肤固有支撑结构进行性减弱，表现为组织松弛、弹性丧失，轮廓下垂，同时真皮胶原蛋白与弹性纤维网络发生降解，致使皮肤弹性、紧致度下降，进而形成交叉网格状深皱纹。

（2）皮肤粗糙　随着日光辐照对皮肤屏障的损伤，会引起皮肤表面粗糙不平，肤质变差。

（二）色沉与色斑

日光中紫外线（ultra violet，UV）可激活黑素细胞的功能亢进状态，促使其异常合成与分泌黑素颗粒，在皮肤表面形成局限性褐色或黑色斑疹，即临床所指的“晒斑”。

（三）血管扩张

UV 辐射可诱发皮肤的炎性反应，导致面部皮肤的毛细血管扩张，形成红血丝或蜘蛛网状血管，加剧面部泛红。

（四）皮肤敏感度增加

长期日光辐照可破坏皮肤屏障的完整性，导致经皮水分流失，同时也会损伤皮肤免疫监视功能，使皮肤耐受性显著降低。临床表现为对理化刺激的反应性增强，易出现红肿、瘙痒、刺痛等敏感症状。

（五）光老化与自然衰老区别

光老化与自然衰老在临床表现、发生部位及进展速度等方面存在显著差异。

（1）临床表现　自然衰老多表现为皮肤变薄、细纹形成、整体弹性下降，而光老化多出现皮肤增厚、粗糙、深粗皱纹形成、不规则色沉、毛细血管扩张、屏障功能受损等。

（2）发生部位　自然衰老通常呈全身性均匀分布，而光老化多发生于面颈等光暴露部位。

（3）进展速度　自然衰老相对进程缓慢，而光老化因紫外累积损伤效应，其病理改变更为迅速且严重。

三、光损伤的影响因素

能照射到皮肤上的太阳辐射主要有 UV、可见光和红外线，其中 UV 占比约为 7%，可见光约为 42% ～ 50%，红外线约为 43% ～ 49%。虽然 UV 占比最低，但具有最强的生物学效应，可见光和红外线同样可产生较强的生物学效应。

（一）紫外线

皮肤光老化主要由日光中的 UV 介导，按波长可分为三类：UVA（长波紫外线，315 ～ 400 nm）、UVB（中波紫外线，280 ～ 315 nm）、UVC（短波紫外线，200 ～ 280 nm）。

（1）UVA　作为到达地球表面的紫外线主要组成部分（占比约 95%），其长波长特性赋予其穿透玻璃和皮肤组织的能力。UVA 可透过表皮抵达真皮层，通过诱导黑素细胞活化导致皮肤黑化，同时激发活性氧（reactive oxygen species，ROS）大量生成，引发脂质过氧化与胶原蛋白降解，促使弹性纤维变性，最终导致皮肤出现皱纹、弹性下降等早衰表征。

（2）UVB　虽具有较强生物活性，但因大气层的吸收作用，仅占地表紫外线辐射的 5%。其经皮穿透深度局限于表皮层，除活跃黑色素合成信号外，还可加剧皮肤晒黑、晒斑发生。急性暴露可导致日光性红斑，表现为皮肤红、热、脱皮、水疱等症状，长期暴露则会诱发角质层过度增生，显著提升皮肤癌发病风险。

（3）UVC　波长较短，无法穿透大气层，不会直接损伤皮肤。

（二）可见光

可见光（400 ～ 780 nm）约占太阳辐射的 42% ～ 50%，其穿透皮肤的深度超过紫外线，可抵达皮肤全层组织，在光老化进程中扮演重要角色。研究表明，可见光可通过诱导皮肤内 ROS 及其他自由基生成，激活黑素合成信号通路，导致皮肤出现过度色素沉着及黄褐斑的问题。与 UVA 相比，可见光诱导的色素沉着更为持久，且与 UVA 协同作用时可增强红斑反应及色素沉积效应。此外，可见光参与调控细胞外基质（extracellular matrix，ECM）降解与皮肤炎症级联反应，其中蓝光（400 ～ 450 nm）作为光防护重点，过度暴露可引发 DNA 损伤、皮肤屏障功能障碍，并加剧色素性疾病进展。

值得注意的是，可见光亦具备临床治疗潜力，如红光（620 ～ 750 nm）已应用于皮肤焕肤与嫩肤治疗；红蓝光联合疗法已被证实具有抗菌和抗炎效果，对痤疮、银屑病及光损伤等皮肤疾病有良好的治疗效果。

（三）红外线

除 UV 辐射外，红外线（780 ～ 1440 nm）亦参与皮肤光损伤 / 老化进程。该波段辐射可穿透至皮下组织，通过干扰线粒体呼吸链电子传递功能诱导 ROS 生成，触发氧化应激反应，进而上调基质金属蛋白酶 -1（matrix metalloproteinase-1，MMP-1）表达，破坏 ECM 稳态，导致胶原降解与皮肤弹性丧失。此外，慢性红外线暴露可协同增强紫外线诱导的基质金属蛋白酶 -3/13（matrix metalloproteinase-3/13，MMP-3/13）mRNA 转录及基质金属蛋白酶 -2/9（matrix metalloproteinase-2/9，MMP-2/9）酶活激活，加剧皮肤结构退行性改变。

四、光损伤的分子生物学表型

包括光老化在内的光损伤的分子生物学表型有 DNA 损伤、氧化应激、炎性风暴、皮肤结构损伤、自噬等，以下分别做下详细介绍。

（一）DNA 损伤

DNA 光损伤是皮肤癌发生的重要分子机制之一。

研究表明，UVB 可直接损伤表皮 DNA，通过诱导形成 6-4 光产物（6-4 photoproduct，6-4PP）和环丁烷嘧啶二聚体（cyclobutane pyrimidine dimer，CPD）两种特征性 DNA 加合物，直接干扰 DNA 复制的保真度。这种损伤会激活 p16/Rb 和 p53/p21 信号，使细胞周期蛋白依赖性激酶抑制剂 p16 表达上调，导致细胞周期停滞延长，最终诱发日光性红斑等急性光损伤表型。

而 UVA 更多的是间接引起 DNA 损伤，其能量可被皮肤内发色团（如黄素、卟啉类物质）吸收，触发 ROS 过量生成并引发氧化应激。产生的 ROS 进一步攻击细胞 DNA、蛋白质、脂质等生物大分子而引起损伤。其中 UVA 诱导的 DNA 损伤常以碱基氧化修饰产物——8- 羟基脱氧鸟苷（8-hydroxy-2′-deoxyguanosine，8-oxo-dG）为典型标志物，这类氧化性损伤会持续累积并参与皮肤癌发生的分子进程。

（二）氧化应激

当机体内源性氧化水平突破自身抗氧防御能力，就会引起体内的氧化应激压力上升。这种氧化 - 抗氧化稳态失衡会促发皮肤组织内复杂的生物级联效应，进而产生多种不良生物学效应。UV 可通过多途径介导皮肤组织内 ROS 异常蓄积。过量的 ROS 可直接损伤细胞功能，一方面引发脂质过氧化——ROS 攻击细胞膜磷脂双分子层，促使丙二醛（malondialdehyde，MDA）等脂质过氧化产物生成，破坏皮肤屏障结构完整性；另一方面导致氧化 - 抗氧化系统的失衡，造成超氧化物歧化酶（superoxide dismutase，SOD）、过氧化氢酶（catalase，CAT）、谷胱甘肽（glutathione，GSH）等抗氧化物质过度消耗，削弱细胞损伤修复能力。

此外，ROS 作为关键起始信号分子，参与多重光老化相关信号通路的调节。过量的 ROS 可激活有丝分裂原活化蛋白激酶（mitogen-activated protein kinase，MAPK）和核因子

κB（nuclear factor kappa-light-chain-enhancer of activated B cells，NF-κB）信号通路，促使活化蛋白 -1（activating protein-1，AP-1）转录激活，进而诱导下游多类促炎因子表达，参与皮肤炎性反应调节；同时促进 MMPs 家族蛋白的表达和减少组织金属蛋白酶抑制剂（tissue inhibitors of metalloproteinases，TIMPs）的表达，加速 ECM 的降解。

Tao Liu 等研究发现，千叶素 A 可通过双重机制发挥光保护效应：一方面降低 UVB 损伤的永生化人角质形成细胞系（human keratinocyte cell line，HaCaT）内 ROS 蓄积水平；另一方面重塑细胞抗氧化稳态——提升 SOD、CAT 活性，降低 MDA 含量，从而显著缓解皮肤光老化病理表型，为光损伤防护提供了新的活性物质靶点。

（三）炎性风暴

炎症是引起细胞衰老的重要原因之一，UVB 作用于表皮层，可激活 NF-κB 信号通路，驱动角质形成细胞释放前列腺素 E_2（prostaglandin E_2，PGE_2）、肿瘤坏死因子 α（tumor necrosis factor-alpha，TNF-α）、白介素 1β（interleukin-1 beta，IL-1β）、IL-6/8 等促炎介质，引发皮肤红肿、灼痛等急性炎症反应。这类炎症因子一方面直接促进细胞衰老进程，另一方面诱导衰老细胞分泌大量衰老相关分泌表型（senescence-associated secretory phenotype，SASPs），包括促炎因子、趋化因子、MMPs 等。反过来 SASPs 又可进一步加剧 ECM 的降解及 ROS 的生成，进一步扩大氧化损伤并维持慢性炎症微环境，最终形成“炎症诱导衰老→衰老促进炎症”的恶性循环，持续破坏皮肤稳态。

在光损伤相关炎症网络中，IL-6 和 TNF-α 起到非常重要的调控作用。IL-6 作为组织损伤早期的敏感标志物，既是前炎症细胞因子，又可通过级联放大效应促进其他细胞因子与炎症介质合成。TNF-α 是启动炎症反应最关键、最快速的介质，可激活中性粒细胞、淋巴细胞，诱导 IL-6 的大量合成；同时增加血管内皮通透性，并协同诱导其他炎症介质与细胞因子的级联表达，形成“炎症瀑布”效应。当 IL-6 与 TNF-α 水平协同升高时，会打破机体内源性抗炎 - 促炎平衡，出现过度的炎症反应。

近年来，具有炎症调控活性的植物提取物成为化妆品领域研究热点，其多靶点作用机制为光损伤防护提供了新策略。人参皂苷是人参发挥多种药理活性的主要生物活性成分。研究表明，人参皂苷 Rg3 可通过抗氧化作用抑制 UVB 诱导的细胞损伤，当其负载于水凝胶中，可有效抑制 ROS 生成，并且有效降低促炎因子 TNF-α、环氧合酶 -2（cyclooxygenase-2，COX-2）、诱导型一氧化氮合酶（inducible nitric oxide synthase，INOS）和 IL-1β 的表达。

（四）皮肤结构损伤

慢性光损伤最典型的组织学特征为真皮细胞 ECM 成分的退行性改变。真皮 ECM 主要成分是胶原蛋白、弹性纤蛋白和糖胺聚糖等，其降解主要由 MMPs 家族介导。UV 通过激活质膜电子传递系统诱导 ROS 爆发性生成，继而激活有丝分裂原活化蛋白激酶 / 激活蛋白 1（MAPK/AP-1）信号通路，显著上调 MMP1、MMP3、MMP9 等降解酶表达。其中 MMP1 特异性降解Ⅰ型胶原蛋白（collagen type Ⅰ，COL1）与Ⅲ型胶原蛋白（collagen type Ⅲ，COL3），破坏真皮结构支架；MMP3 可降解Ⅳ型胶原蛋白（collagen type Ⅳ，COL4）、蛋白聚糖、纤维粘连蛋白，瓦解基底膜完整性。另外，UVA 还可通过抑制转化生长因子 β（transforming growth factor-beta，TGF-β），进一步削弱 ECM 合成与修复能力。

除基质降解外，紫外辐照还可诱发表皮细胞凋亡，角质形成细胞增殖能力下降，导致表皮层厚度减少。同时使得锚定纤维减少、致密层重复或断裂，使真表皮连接（dermo-epidermal junction，DEJ）褶皱结构消失，结构趋于扁平化。这种结构退化破坏了表皮 - 真皮信号通信网络，加速皮肤衰老进程。

（五）线粒体功能障碍

线粒体作为能量代谢和 ROS 产生的主要场所，在皮肤光老化进程中扮演关键角色。UV 可诱导线粒体发生多重损伤，包括线粒体 ROS（mitochondrial ROS，mtROS）生成和线粒体 DNA（mitochondrial DNA，mtDNA）突变，进而引发线粒体膜电位去极化。mtDNA 作为 ROS 的主要攻击靶点，因其缺乏组蛋白保护且不具备核苷酸切除修复机制，突变频率显著高于核 DNA。mtDNA 缺失和其他线粒体异常在 UV 诱导的光老化和皮肤癌中尤为常见。

线粒体对 UV 的退行性响应表现为形态学与功能学的改变。形态学上，线粒体生物发生进程减弱、分裂 - 融合动态平衡被打破；功能学上，则体现为三磷酸腺苷（adenosine triphosphate，ATP）合成效率降低、氧化磷酸化水平下降及耗氧率显著降低。UV 可累及多种皮肤功能细胞的线粒体结构与功能，包括角质形成细胞、表皮干细胞、黑素细胞、成纤维细胞及免疫细胞（淋巴细胞、朗格汉斯细胞）。

（六）自噬

自噬作为高度有序的细胞降解程序，通过清除受损细胞器、错误折叠蛋白质和其他细胞碎片来维持细胞稳态，因此也是应对外界不良刺激自我修复的重要手段。自噬在皮肤光老化中发挥复杂的调节作用，UV 引起的 ROS 增加会导致细胞内蛋白、DNA、细胞器功能障碍，而自噬通过动态调控通量以清除受损组分，成为维持细胞内环境稳定的关键防线。

UV 辐射主要通过两条信号通路激活自噬：一方面，UV 可抑制自噬的负调节因子——雷帕霉素靶蛋白（mammalian target of rapamycin，mTOR），当 mTOR 磷酸化水平降低时，UNC-51 样自噬激活激酶 1 复合物解离并启动自噬体形成，促使受损线粒体、蛋白聚集体等被包裹降解。这种线粒体自噬可使异性清除 UV 损伤的线粒体，避免因呼吸链功能异常导致的 ROS 持续生成，从而维持细胞能量代谢平衡。另一方面 UV 辐射可激活 AMP 依赖的蛋白激酶（AMP-activated protein kinase，AMPK），通过磷酸化结节性硬化症蛋白复合体 2（tuberous sclerosis complex 2，TSC2）抑制 mTOR，并直接促进自噬体 - 溶酶体融合，增强降解效率。

在维持 DNA 稳定性和 DNA 损伤修复中，自噬也起到不可或缺的作用。自噬不仅通过降解携带有氧自由基损伤的染色质结合蛋白，还能促进核苷酸切除修复（nucleotide excision repair，NER）通路关键因子如着色性干皮病 A 组蛋白（xeroderma pigmentosum group A，XPA）、着色性干皮病 C 组蛋白（xeroderma pigmentosum group C，XPC）的表达，减少 CPD 等光产物的累积，从而去除可能携带遗传缺陷的受损蛋白质和细胞器，最大限度地减少有害突变的积累。

在光损伤中，自噬也被证实可以通过选择性降解炎症介质，阻断 NF-κB 的激活和抑制核苷酸结合寡聚化结构域样受体蛋白 3（nucleotide-binding oligomerization domain-like receptor protein 3，NLRP3）炎症小体激活，从而减少光老化引起的慢性炎症。此外，自噬还可通过降解细胞周期蛋白 D1 和其他细胞周期调节因子，如 CDK4，帮助维持适当的细胞周期进程，使 UV 损伤细胞停滞于 G1/S 期，为 DNA 修复争取时间，防止导致老化和癌变的突变传播。该过程不仅维护基因组稳定性，还作为减缓光老化过程的保护机制。

然而自噬的保护作用是有限的，过量的 UV 辐射，一旦超过细胞的修复机制致使细胞生理功能严重受损，会导致自噬流的中断，严重的甚至可直接触发自噬性细胞死亡，从而恶化 UV 诱导的光老化的整体效应。对自噬水平进行合理调控，不仅可以维持细胞内环境稳态，还可以起到基因保护作用，是一种预防紫外线辐射造成皮肤衰老的新途径。

五、光损伤相关信号调控

皮肤光损伤是紫外线辐射诱导的急、慢性损伤过程，涉及氧化应激、炎症反应、ECM降解、细胞自噬紊乱等多重生理病理改变的交互作用。这一复杂表型由高度网络化的信号通路协同调控，其核心通路包括：

（1）MAPK/AP-1——介导炎症与 ECM 降解；

（2）转化生长因子 β/Smad 家族通路（TGF-β/Smad family，TGF-β/Smad）——调控ECM 合成与修复；

（3）NF-κB——驱动慢性炎症与免疫失调；

（4）Kelch 样 ECH 相关蛋白 1/ 核因子 E2 相关因子 2 通路（Kelch-like ECH-associated protein 1/nuclear factor erythroid 2-related factor 2，KEAP1/NRF2）——维持氧化还原稳态。

近年来研究进一步揭示非编码 RNAs，包括长链非编码 RNA（long non-coding RNA，lncRNA）、微小 RNA（microRNA，miRNA）和环状 RNA（circular RNA，circRNA），作为表观遗传调控层也通过调节多重信号通路，进而调控炎症细胞因子、MMPs 和衰老相关基因的表达、细胞增殖、分化及免疫调节等多个生物学过程，从而参与光损伤的抑制和促进过程。

本部分则对参与光损伤调节的关键信号通路作进一步的介绍（图 4-1）。

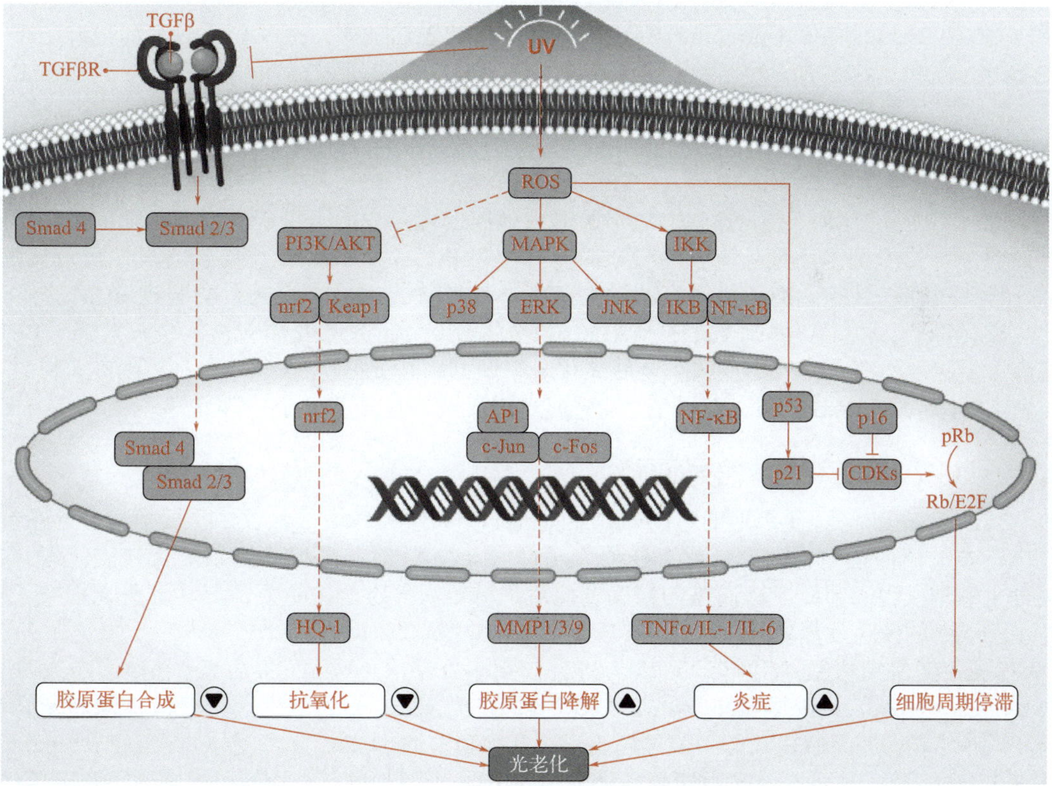

图 4-1　紫外线诱导皮肤老化的分子机制

（一）MAPK 信号通路

MAPK 是细胞内高度保守的信号转导系统，属于丝氨酸 / 苏氨酸激酶家族。该通路通过三级磷酸化级联反应传递、放大并整合多种外界刺激信号（如生长因子、应激原），将细胞表面受体激活的信号传递至胞内靶标，最终调控核内基因表达，介导细胞增殖、分化、发育、炎症反应、凋亡等关键生物学过程。因此在皮肤应对 UV 辐射等环境应激时，MAPK 通路发挥核心调控作用。

UV 暴露后，通过激活表皮生长因子受体（epidermal growth factor receptor，EGFR）等酪氨酸激酶受体，触发 Ras/Rac 等小 GTP 酶的活化，进而启动磷酸化级联反应，这会进一步激活 MAPK 级联反应相关的酶，包括 MAPK 激酶激酶（mitogen-activated protein kinase kinase kinases，MAP3Ks）、MAPK 激酶（mitogen-activated protein kinase kinases，MAP2Ks）和 MAPK，活化的 MAPK 可磷酸化胞质内靶蛋白，或易位入核磷酸化转录因子，调控基因表达。

MAPK 包括 3 个主要核心分支通路，即细胞外信号转导蛋白激酶（extracellular signal-regulated kinase，ERK）、C-Jun N- 末端激酶（C-Jun N-terminal kinases，JNKs）及 p38 MAPK。UV 诱导的 ROS 爆发是 MAPK 通路过度激活的核心驱动力，一方面大量 ROS 可激活 JNK、p38 MAPK 通路，促使 ERK1/2、JNK、p38 MAPK 转移至胞核中，激活转录因子 AP-1（c-Fos/c-Jun 异二聚体），AP-1 结合促炎基因启动子，上调 COX-2、IL-8/10、PGE_2 等促炎因子的表达，诱发皮肤持续性炎症，这不仅会加剧光老化进程，而且会促进肿瘤细胞浸润，造成光相关皮肤肿瘤的侵袭与转运。此外，AP-1 还会直接激活 MMP1、MMP3、MMP9 等基因转录，导致胶原、弹性蛋白等 ECM 大量降解，破坏真皮结构完整性，加重光老化的病理反应。另一方面，ROS 的升高会促进 p38 MAPK 的磷酸化，促进凋亡蛋白 Bcl2 关联 X 蛋白（BCL-2-associated X protein，Bax）及 p53 蛋白的表达上调，抗凋亡蛋白 B 细胞淋巴瘤 -2（B-cell lymphoma-2，Bcl-2）表达下调。这部分促凋亡蛋白进入线粒体后，使得细胞色素 C 大量释放，从而激活下游效应器——半胱氨酸天冬氨酸蛋白酶而诱导细胞凋亡，加之皮肤整体炎性反应增强，因此这也是为什么短时间内在大量 UV 中暴露皮肤，会使之出现红斑、水疱、肿胀等急性光损伤的反应。

进一步细分，ERK 主要参与 UV 相关的细胞周期调控与增殖进程，反复长期的 UV 暴露会导致不可逆的细胞周期停滞及 SASPs 的发生。JNK、p38 MAPK 主要参与炎性反应调控，并介导严重损伤细胞的凋亡，p38 MAPK 还可进一步激活 MMPs 表达，参与到 ECM 降解过程。整体而言，在 UV 的刺激下，MAPK 通路的激活，促进了氧化应激、炎症应激、ECM 降解、细胞损伤凋亡，最终加剧了皮肤老化。靶向抑制 ROS-MAPK 轴（如 p38/JNK 抑制剂）、阻断 AP-1 转录活性或中和炎性因子，可能成为防治光老化及光致癌的新策略。

（二）TGF-β/Smad 信号通路

TGF-β/Smad 信号通路是细胞内一个兼具高度保守性和环境依赖性的重要信号传导系统。它广泛参与调控细胞增殖、分化、迁移、凋亡、ECM 合成、组织修复以及炎性反应等众多关键生物学过程，因此，该通路的精确调控对维持组织稳态至关重要，其功能失调已被证实与多种疾病的发生发展密切相关。

Smad 蛋白家族是 TGF-β 超家族信号［包括 TGF-β、activin（激活素）、骨形态发生蛋白（bone morphogenetic protein，BMP）等配体］下游最主要的胞内信号效应器与转录调节因子。正常情况下，TGF-β 信号传导起始于和细胞膜上的 TGF-β Ⅱ型受体（TGF-β receptor 2，TGFβR2）结合，这种结合继而招募并磷酸化 TGF-β Ⅰ型受体（TGF-β receptor 1，TGFβR1），形成活化的异源四聚体受体复合物。该复合物随后磷酸化并激活其直接底物——受体调节型 Smads（主要为 Smad2/3）。活化后的 Smad2/3 构象发生改变，形成同源或异源二聚体，从受体复合物上解离后与通用型 Smad（Smad4）结合，形成稳定的异源三聚体复合物。该活化的 Smad 复合物从胞质转运入核，在细胞核内，该复合物通过识别并结合靶基因启动子区域特定的 DNA 序列——Smad 结合元件（smad binding elements，SBEs），招募共激活因子或共抑制因子，从而精确调控下游靶基因的转录活性。TGF-β/Smad 通路直接调控的靶基因包括多种参与 ECM 合成的关键分子，如Ⅰ型和Ⅲ型胶原基因（COL1A1, COL1A2, COL3A1）以及纤连蛋白等。同时，该通路也正在调控 TIMPs 的表达，从而抑制 MMPs 对 ECM 的降解。通过这些靶基因的协同调控，TGF-β/Smad 通路成为促进 ECM 合成、维持皮肤结构完整性和驱动组织修复的核心正向调节者。同时该通路也受到抑制型 Smad（主要为 Smad6/7）的负反馈调节，这类抑制型 Smad 竞争性结合 TGFβR1，阻碍 Smad2/3 的招募与磷酸化，更为重要的是，Smad7 可作为支架蛋白，招募特定的 E3 泛素连接酶（如 SMURF1/2），介导 TGFβR1 的泛素化修饰，进而促进其通过蛋白酶体途径降解，有效限制信号的过度或持续激活。

在皮肤光损伤过程中，UV 辐射，尤其是 UVB 是导致 TGF-β/Smad 通路功能严重受损的核心环境因素，其作用机制复杂且多层面。首先，氧化应激可介导 TGF-β/Smad 通路的直接抑制，UV 辐射诱导产生大量 ROS，累积的 ROS 可直接氧化修饰 Smad2/3 蛋白上的关键半胱氨酸残基。这种氧化修饰干扰了 Smad2/3 与活化 TGFβR1 的正常结合，从而直接阻碍了信号从受体向胞内 Smad 效应器的传递。其次，UV 诱导的 ROS 同时是强有力的 MAPK 信号通路激活剂，活化的 MAPK 通路最终导致转录因子 AP-1 的激活。激活的 AP-1 不仅驱动 MMPs 的表达促进 ECM 降解，还直接拮抗 TGF-β/Smad 通路的功能。一方面，AP-1 可与 Smad 复合物竞争性结合胶原基因（如 COL1A1，COL1A2）启动子上的重叠位点或邻近调控元件；另一方面，AP-1 诱导产生的某些因子也可能干扰 Smad 复合物的形成或活性。这种竞争与干扰最终导致胶原基因转录被显著抑制。最后，UV 辐射被证实能显著上调 Smad7 的表达。如前所述，Smad7 蛋白水平的升高，通过竞争受体结合和促进受体泛素化降解，强力抑制 TGF-β 信号传导，形成一个自我限制的负反馈循环，但在慢性 UV 暴露下，导致了通路的持续性功能低下。大量研究表明，UVB 照射可显著增加 HaCaT 中 MAPKs、AP-1、MMPs 和 Smad7 的蛋白质和 mRNA 表达，并降低 TIMP-1/2、TGF-β1、Smad3 和Ⅰ型前胶原的表达。这种分子谱的失衡是光老化皮肤中胶原净流失（合成减少 + 降解增加）的核心分子基础。

值得注意的是，长期或反复的 UV 辐射不仅是光老化的驱动因素，也是皮肤癌（特别是皮肤鳞状细胞癌）的重要诱因。UV 的基因毒性作用可导致 TGF-β/Smad 通路中关键元件的基因发生突变，高频突变靶点包括信号传导的核心效应器 Smad2/4、TGFβR1/2。这些核心通路元件的失活突变通常与肿瘤的发生、恶性进展、侵袭能力的增强以及转移潜能的增加密切相关。

TGF-β/Smad 通路是维持皮肤稳态，尤其是调控 ECM 合成与平衡的核心信号轴。UV 辐射通过诱导氧化应激、激活拮抗通路（MAPK/AP-1）、增强负反馈（Smad7）以及诱发基因突变等多重机制，导致该通路的功能严重受损。这种失调不仅直接驱动光老化表型（胶原减少、皱纹形成），也为皮肤肿瘤（特别是皮肤鳞状细胞癌）的发生与发展创造了有利的分子环境。因此，深入理解并靶向干预 TGF-β/Smad 通路的失调，对于防治光老化及其相关的皮肤肿瘤具有重要的理论和应用价值。

（三）NF-κB 信号通路

NF-κB 是一类进化保守的转录因子家族，它在细胞对多种刺激做出反应时发挥着核心作用，通过调控炎症反应、免疫应答、细胞存活与增殖等过程，在维持生理稳态和介导疾病发生中发挥核心作用。该通路主要包括 p50、p52、RelA（p65）、c-Rel 和 RelB 五种亚基，这些亚基通过形成同源或异源二聚体发挥功能，其中 p50 和 RelA 二聚体最为常见，是介导经典信号通路的核心组合。在非活跃状态下，NF-κB 通常与 NF-κB 抑制蛋白（Inhibitor of NF-κB，IκB）结合，以无活性复合物形式存在于细胞质中。

经典通路激活机制遵循“刺激 - 受体 -IKK-IκB 降解”的级联模式：当细胞受到病原体

相关分子模式（pathogen-associated molecular patterns，PAMPs）或炎症因子（如 TNF-α、IL-1β）刺激时，细胞表面受体（TLR、IL-1R、BCR 等）通过衔接蛋白 TNF 受体相关死亡结构域（TNFR-associated death domain，TRADD）、肿瘤坏死因子受体相关因子 6（TNF receptor-associated factor 6，TRAF6）和髓样分化因子 88（myeloid differentiation factor 88，MyD88）招募并激活 IκB 激酶（IκB kinase，IKK）复合体。激活的 IKK 磷酸化 IκB 蛋白，使其被泛素化降解，释放 NF-κB 二聚体入核，结合 DNA 上的 κB 应答元件启动靶基因转录。

非经典的 NF-κB 信号通路激活则依赖于分化簇 40（TNF receptor superfamily member 5，CD40）、核因子 -κB 受体活化因子（receptor activator of NF-κB，RANK）等非典型受体激活，信号进一步通过 TRADD、TRAF2/5、受体互作蛋白激酶 1（receptor-interacting protein 1，RIP1）等传导激活 NF-κB 诱导激酶（NF-κB-inducing kinase，NIK）。NIK 激活后进一步磷酸化 IKKα，促使 p100 加工，释放出 RelB/p52 复合体转移至胞核中，激活下游基因的转录。

在皮肤光损伤进程中，NF-κB 信号通路的异常激活发挥着关键驱动作用。过量 UV 辐射引发的氧化应激通过产生大量 ROS 会激活 IκB 激酶，使 IκB 蛋白磷酸化并降解，进而 NF-κB 活化并转入细胞核，与炎症、增殖及肿瘤等相关的编码基因结合，使促炎因子 IL-8、COX-2、TNF-α、PGE_2 等转录上调，这些促炎因子进一步放大炎症并吸引中性粒细胞和巨噬细胞等免疫细胞到损伤部位，从而加剧局部炎性反应。免疫细胞的募集、促炎细胞因子和 ROS 的释放在维持炎症和氧化应激中起核心作用，这种炎症环境通过促进募集的免疫细胞释放额外的 ROS、活性氮，加剧 UV 辐射引发的氧化应激和细胞损伤。升高的 ROS 水平压倒细胞抗氧化防御，形成氧化应激放大炎症的反馈回路，持续细胞损伤和结构降解。

值得注意的是，NF-κB/p65 信号通路和 MAPK 信号通路存在相互交叉调控，AP-1 和 NF-κB 二者可共同增强 MMPs 的表达。一旦 MMPs 激活后，可降解胶原、弹性蛋白等 ECM 成分，削弱皮肤的结构完整性，促成皱纹形成和日光性弹性组织变形的发展。

因此，NF-κB 激活在启动和放大加速光损伤的炎症级联中起关键作用，其过度激活在光损伤病理进程中具有双重促进作用：一方面通过放大炎症级联反应加剧氧化应激，另一方面通过调控基质代谢失衡加速组织结构破坏。靶向 NF-κB 信号通路的干预策略，有望为皮肤光损伤防治及炎症相关性疾病治疗提供新的理论依据与药物靶点。

（四）KEAP1/NRF2 信号通路

氧化应激水平升高是衰老进程的核心特征，其通过破坏细胞氧化还原稳态以驱动多种年龄相关疾病的发生。在衰老过程中，线粒体电子传递链异常、炎症细胞激活及代谢紊乱等因素导致 ROS 生成显著增加。与此同时，机体抗氧化防御系统功能衰退，表现为 SOD、CAT、谷胱甘肽过氧化物酶（glutathione peroxidase，GPX）等抗氧化酶的表达与活性降低，蛋白酶体对氧化损伤蛋白的降解效率下降，形成“氧化损伤 - 修复能力衰退”的恶性循环。更关键的是，细胞对氧化应激的适应性响应随衰老显著减弱，其中 KEAP1/NRF2 信号通路的调控失衡扮演着决定性角色。

KEAP1/NRF2 信号通路调控着许多抗氧化酶和蛋白酶体的基础表达及诱导表达，是细胞应对氧化应激的关键调节因子，在保护皮肤细胞免受光损伤过程中 UV 辐射的损害方面发挥着重要作用。在生理状态下，NRF2 与其抑制蛋白 KEAP1 结合，定位于胞质中。KEAP1 通过其 Kelch 结构域锚定 NRF2，并作为 Cullin 3 泛素连接酶复合物的衔接蛋白，介导 NRF2 的泛素化降解，使胞质内 NRF2 维持低水平状态。当细胞遭遇氧化应激，KEAP1 的保守半胱氨酸残基（如 Cys151、Cys273）被氧化修饰，导致其与 NRF2 的结合力减弱。游离的 NRF2 转位至细胞核，与靶基因启动子区域的抗氧化反应元件（antioxidant response element，ARE）结合，启动抗氧化保护性基因，如血红素加氧酶（heme oxygenase-1，HO-1）、醌氧化还原酶Ⅰ［NAD（P）H quinone dehydrogenase 1，NQO1］、谷胱甘肽硫转移酶（glutathione transferases，GSTs）和 GPX2 等抗氧化酶的转录。这些酶通过清除 ROS、中和过氧化产物及修复氧化损伤，以维持体内氧化还原平衡。例如，HO-1 催化血红素分解产生一氧化碳和胆红素，发挥抗炎与抗氧化作用；NQO1 通过双电子还原反应减少醌类化合物的细胞毒性。

UV 辐射，尤其是 UVB 是皮肤光损伤的主要环境诱因，其通过破坏 KEAP1/NRF2 信号通路加剧氧化应激损伤。过量 UVB 暴露可瞬间升高皮肤细胞内 ROS 水平，一方面直接氧化 KEAP1 的调控位点，理论上应激活 NRF2 信号；但另一方面，持续高强度的氧化压力会导致 NRF2 发生泛素化修饰异常，反而抑制其核转位能力。这种矛盾现象的本质在于：急性低强度氧化应激可激活 NRF2 的保护性响应，而慢性高强度应激（如长期 UV 暴露）则通过干扰 NRF2 的翻译后修饰（如磷酸化、sumoylation），使其无法与 ARE 有效结合。

信号通路异常的连锁反应表现为：NRF2 失活导致 HO-1、NQO1 等抗氧化酶表达下调，细胞清除 ROS 能力减弱；同时，TGF-β/Smad 通路受抑制，Ⅰ型前胶原合成减少，而 MMP-1、IL-6 等促炎因子因 NF-κB、AP-1 等转录因子激活而过度表达，最终导致胶原降解加速、炎症级联放大，形成光老化特征性的皮肤弹性下降与皱纹生成。

研究表明，通过调节 KEAP1-NRF2/ARE 信号通路，上调人皮肤成纤维细胞中抗氧化酶的表达水平，可增强细胞的抗氧化能力，减少 UVA 诱导的 ROS 和脂质氧化产物 MDA。过量的 UV 暴露，致 ROS 异常增多，使 NRF2 失活，无法转位入胞核，KEAP1/NRF2 信号通路被抑制，导致抗氧化酶或抗氧化物水平下降，更多 ROS 进一步蓄积，加剧皮肤氧化应激损伤。

近年来，天然植物来源的活性成分因其高生物相容性与多靶点调控特性，成为干预皮肤光老化的研究热点。多项研究证实，稀有人参皂苷、白藜芦醇、槲皮素等可通过不同机制激活 KEAP1/NRF2 信号通路。作为三七茎叶提取物的酶解产物，稀有人参皂苷 C-Mx 可浓度依赖性地促进 NRF2 的核累积，显著上调 HO-1、NQO1 的 mRNA 与蛋白表达，增强细胞内 GSH 的合成与再生能力。在正常人真皮成纤维细胞中，C-Mx 通过抑制 KEAP1 的泛素连接酶活性，延长 NRF2 的半衰期，同时通过 TGF-β/Smad 通路逆转 UVB 诱导的Ⅰ型前胶原降解，减少 MMP-1 的分泌。其有望成为一种有前景的天然美容成分，用于预防和治疗 UVB 诱导的皮肤损伤。而多酚类化合物——白藜芦醇通过抑制 KEAP1 的 BTB 结构域二聚化，解除其对 NRF2 的束缚；槲皮素则通过激活 PI3K/Akt 激酶，促进 NRF2 的丝氨酸 Ser40 位点磷酸化，增强其与 ARE 的结合亲和力。这些作用共同导致抗氧化酶表达上调，减少 UVA 诱导的 MDA 等脂质过氧化产物。胎菊提取物中的黄酮类成分不仅能直接清除 ROS，还能通过抑制 MAPK 通路的过度激活，间接维持 NRF2 的核定位稳定性，在斑马鱼光损伤模型中显著减少表皮细胞凋亡。

KEAP1/NRF2 信号通路作为连接氧化应激与衰老的关键枢纽，其靶向调控为皮肤光损伤的预防与治疗提供了新方式。以稀有人参皂苷 C-Mx 为代表的天然活性成分，因其兼具抗氧化、抗炎及胶原保护三重功效，且无传统化学防晒剂的细胞毒性，有望开发为新型功能性护肤品。未来研究可聚焦于：

· 解析 C-Mx 与 KEAP1 的结合位点及构效关系；

· 探索 C-Mx 与其他植物成分的协同配方优化；

· 通过临床前模型验证其在紫外线防护中的剂量效应与安全性，推动天然抗氧化成分在美容医学领域的转化应用。

总结一下这四大核心通路，如下所述。

（1）MAPK/AP-1 通路　炎症与 ECM 降解的“拆迁队”。MAPK 是接到拆除指令的工人（传递信号），AP-1 是指挥员（下达指令），MMPs 是挖掘机（破坏老旧建筑）。先清理废墟（ECM 降解），为重建腾出空间。

（2）TGF-β/Smad 通路　ECM 合成与修复的“建筑队”。TGF-β 是工程负责人（启动信号），Smad 是施工图纸（传递指令），ECM 蛋白是砖瓦水泥（重建结构）。

（3）NF-κB 通路　慢性炎症与免疫失调的“火灾警报器”。短暂警报（急性炎症）可灭火（清除感染），但警报失灵长期鸣响（慢性激活）会引发混乱（免疫失调），招来过多消防员（免疫细胞）反而加重破坏。

（4）KEAP1/NRF2 通路　氧化还原稳态的“抗氧化保洁系统”。KEAP1 是保管员（锁住 NRF2），氧化应激是烟雾（自由基），NRF2 是保洁员（启动排风扇 - 抗氧化酶）。

（五）非编码 RNA 在皮肤光损伤中的作用

非编码 RNA 是一类未翻译的转录本，虽不编码蛋白，但是可作为蛋白质编码基因的主要调控因子。在维持皮肤结构、皮肤屏障功能、形态发生和发育中具有关键调控作用。已有研究报道，非编码 RNA 表达的改变与多种皮肤疾病相关，如光老化和皮肤癌，其可通过调节 MAPK 等信号通路，以及调控炎症细胞因子、MMPs 和衰老相关基因，参与抑制或促进光损伤的过程。

非编码 RNA 根据其核苷酸长度通常可分为小非编码 RNA 和长链非编码 RNA。

1. 小非编码 RNA

通常长度小于 200 个核苷酸，包括 miRNA、circRNA、核糖体 RNA（ribosomal RNA，rRNA）、转移 RNA（transfer RNA，tRNA）、小核仁 RNA（small nucleolar RNA，snoRNA）等。其中 miRNA 是一组短（22 个核苷酸）单链 RNA，其本身虽不编码任何蛋白质，但它们可以在转录后水平调节其他蛋白质编码基因的表达。为此，miRNA 以序列特异性方式引导 RNA 诱导沉默复合体（RISC）结合到靶 mRNA 的 3′ 非翻译区（3′UTR），导致其翻译抑制或靶 mRNA 降解，从而介导转录后基因沉默。已表明 miRNA 几乎在所有的生物和生理过程中都发挥重要作用，而异常的 miRNA 表达和功能已在许多疾病中被发现。此外，circRNA 是一类新的非编码 RNA，具有通过前 mRNA 的可变剪接形成的闭环结构，circRNA 可作为 miRNA 的海绵，抑制其对下游靶基因表达的影响。此外，circRNA 可调节可变剪接、转录，并与 RNA 结合蛋白相互作用。

2. lncRNA

为长度超过 200 个核苷酸的非编码 RNA，在转录或转录后不同水平具有基因调控功能。lncRNA 可通过海绵吸附 miRNA 来调节基因表达，并抑制 miRNA 介导的靶 mRNA 降解。

miRNA 和 lncRNA 是目前在皮肤健康和功能领域研究最广泛的非编码 RNA。在人体皮肤中，miRNA 通过影响细胞增殖、分化、免疫调节和伤口愈合，参与皮肤的发育、形态发生和维持。lncRNA 与皮肤生理过程如角质形成细胞增殖、黑素生成、毛囊诱导和伤口愈合密切相关。在 UV 所致光损、银屑病、皮炎和皮肤癌等皮肤疾病中，lncRNA、circRNA 均会发生不同程度的表达变化。不同于开启或关闭特定靶点的传统方法，这些非编码 RNA 通过作为温和的调节因子微调蛋白质编码基因来发挥其生物学功能。因此，它们可作为改善皮肤健康和预防过早衰老的理想候选者。

近年来，已有大量研究表明 miRNA 在光损伤中发挥着重要的调节作用。miRNA 主要通过调节衰老相关基因、氧化应激、MMPs 和调节与皮肤光损伤相关的信号通路来抑制和促进光损伤。Srivastava 等人揭示了暴露于 UV 的皮肤中 miRNA 表达存在许多变化，其中 miR-34a、miR-145 和 miR-383 均表达上调，这些 miRNA 在自然衰老和光老化中均发挥作用。在衰老的面部皮肤中 miR-124 发生显著上调，UVB 辐照可剂量依赖性诱导 HaCaT 中 miR-124 表达，其表达可增强衰老标志物 SA-β- 半乳糖苷酶阳性细胞数量，促进光损伤。miR-23a 在

UVB 辐照的 HaCaT 细胞中显著上调，其通过调节拓扑异构酶 - 1/caspase7/STK4 调节 DNA 损伤修复和凋亡并保护 HaCaT 细胞免受 UVB 损伤。此外，miR-21-3p 是 UV 和 PPARβ/δ 激活的促炎 miRNA，抑制其表达可减轻 UV 诱导的皮肤炎症；miR-155 可通过转录后水平调控 c-Jun 表达在人真皮成纤维细胞中起到一定光保护的作用；miR-146a 能够通过靶向 Smad4 部分拮抗 UVA 诱导的成纤维细胞光老化。

UV 暴露可改变角质形成细胞和真皮成纤维细胞等皮肤细胞中 lncRNA 的表达，如在成纤维细胞光老化模型中，LncSPRY4-IT1 表达会明显增加，而该 lncRNA 可靶向皮肤成纤维细胞中调控 DNA 修复的不同基因。转移相关肺腺癌转录本 1（metastasis associated lung adenocarcinoma transcript 1，MALAT1）是一种高度保守的 lncRNA，其在 UVB 照射后，MALAT1 表达显著增加，而其调低可减轻 UVB 诱导的成纤维细胞衰老，MALAT1 还可通过激活 ERK/MAPK 信号通路促进成纤维细胞的皮肤老化进程。此外，研究发现 RP11-670E13.6 可通过吸附 miR-663a 来调节 CDK4/CDK6 的表达，还能增加共济失调毛细血管扩张激酶（ataxia telangiectasia mutated kinase，ATM）和 γH2AX 的表达水平，促进 UVB 照射的成纤维细胞中的 DNA 损伤修复。在 UV 引起的皮肤细胞凋亡和细胞周期阻滞中，lincRNA-p21 也起到了重要的调节作用，研究发现 UVB 暴露后，角质形成细胞中 lincRNA-p21 的表达呈剂量和时间依赖性上调，其表达在转录水平上通过 p53 依赖性通路对 UVB 作出响应。调低 lincRNA-p21 可抑制 UVB 处理的 HaCaT 的凋亡。

circRNAs 在包括光老化、皮肤癌在内的多种疾病状态中存在异常表达。研究发现，circCOL3A1-859267 在 UV 暴露后表现出显著下调，该 circRNA 可作为 miR-29c 的“海绵”，而 miR-29c 参与调控皮肤成纤维细胞中 I 型胶原的表达。circCOL3A1-859267 的下调会导致 miR-29c 上调，并抑制胶原生成。在 UVB 辐照的人成纤维细胞中，circRNA_100797 也会发生明显下调，该 circRNA 可通过靶向 miR-23a-5p 来减轻 UVB 诱导的光老化。

鉴于表观遗传变化具有可逆性和动态性，非编码 RNA 可作为表观遗传调控因子进行靶向干预。非编码 ncRNA 的表达可通过天然产物（如具有抗氧化和抗炎特性的植物化学物质）进行调节，如化妆品可用原料——猴面包树籽提取物可以通过上调 miR-146a，减轻 UV 所致真皮成纤维细胞的 DNA 损伤，促进细胞增殖与 COL1 合成，从而维持皮肤细胞的健康。

非编码 RNA 通过精密调控皮肤细胞的衰老、损伤修复及基质代谢，在光损伤进程中扮演关键角色。深入解析非编码 RNA 的作用网络，不仅为阐明皮肤光损伤机制提供新视角，也为开发基于非编码 RNA 调控的皮肤健康护理产品（如药妆）及临床干预策略奠定理论基础。

非编码 RNA 参与调控皮肤相关靶点 / 信号通路如表 4-1 所示，miRNA 对皮肤的调控示意图如图 4-2 所示。

表 4-1　非编码 RNA 参与调控皮肤相关靶点 / 信号通路

ncRNAs	ID	靶点 / 信号通路	机制
miRNAs	miR-23a miR-146a miR-15b miR-656-3p miR-1246	Smad4、PTEN、Ezh2、c-jun、E2F3、SIRT4、LMNB2、RTKN2	调节光老化相关靶基因的表达，诱导 DNA 损伤修复，调节衰老细胞功能（增殖、凋亡、胶原蛋白合成等）
LncRNAs	LncSPRY4-IT1 LncRNA-p21 LncRNA-MALAT1 LncRNA H19 LncRNA PVT1	miR-138、SIRT1、miR-551b-3p,AQP3、cAMP/PKA,ERK, 和 JNK 信号通路，P16-cyclinD/CDK4-pRB	调节与皮肤光老化相关的多信号通路，抑制 MMPs 的产生、DNA 损伤和 ROS 生成，同时促进 I 型胶原蛋白的合成，抑制细胞周期阻滞

续表

ncRNAs	ID	靶点 / 信号通路	机制
circRNAs	circ-0006766 circ-0011129 circ-859267 circRNA-406918 circRNA-100797	miR-484、miR-3619-5p、miR-29a、COL1A1, Elastin、CTSD	调节胶原代谢和分解过程，细胞外基质的组织和代谢

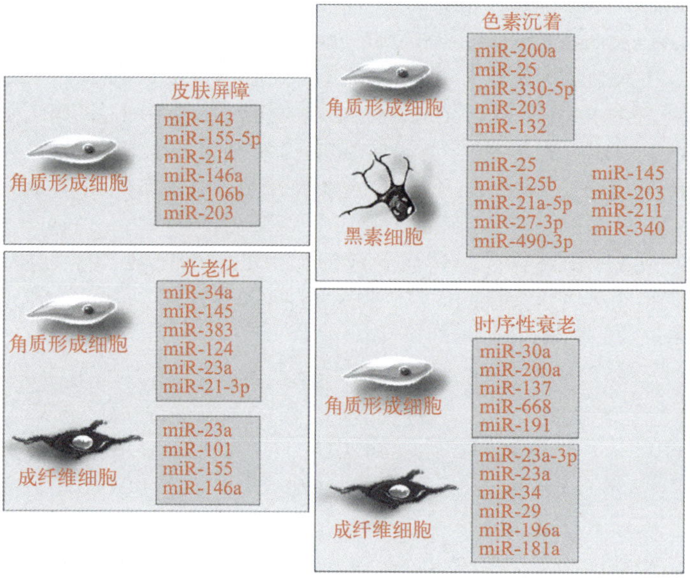

图 4-2　miRNA 对皮肤的调控

六、皮肤光损伤的临床评价

皮肤光损伤的临床评估需整合多维度技术手段，从宏观形态到微观结构，构建系统量化的评估体系。

（一）二维影像评估

1. 皮肤镜

可将皮肤表面放大 10 ～ 100 倍，能够清晰观测皮肤纹理、色素沉积、血管模式、皮损边界及形态等。

· 色素模式：日光性黑子表现为“网状色素沉着”或“均质色素斑”，边界清晰；色素减退斑为“淡色背景下的色素缺失区”；

· 血管模式：毛细血管扩张表现为“线状、点状或网状红色血管”，UV 损伤越重，血管分布越紊乱；

· 表皮结构：粗糙皮肤可见“鳞屑堆积”，“毛囊口角化过度”（如日光性角化病的“白色鳞屑 + 红色背景”）。

2. 采用多光源

如标准光、紫外光、绿光、黄光、交叉偏振光和平行偏振光等，拍摄面部的二维图像，对面部皮肤的色斑、纹理、皱纹、松弛等方面进行定量评估。参数值包括不同部位皮肤色斑等级和密度、皱纹长度、宽度、深度等数十个参数值。见表 4-2。

表 4-2　面部皮肤多光源数字化检测仪皮肤衰老相关参数

检测参数	参数特征及衰老变化（数值越高代表衰老程度越严重）
皮肤色斑	含数量、密度、等级
皮肤皱纹	含数量、长度、宽度
眼睑松弛	眼睑部位皮肤下垂程度

（二）三维影像评估

3D 皮肤检测仪（人体皮肤快速三维成像系统）是基于数字显微条纹光投影的原理，可用于皮肤皱纹、粗糙度的测量，测试参数主要有皱纹深度、皱纹长度、纹理的粗糙度等。

（三）皮肤高频超声评估

皮肤超声诊断仪应用 10 ～ 20 MHz 高频超声探头，可评估表皮 / 真皮、真皮胶原蛋白、皮下脂肪分布、肌肉层、血管和皮肤附属器。利用高频超声及剪切波弹性成像，通过测量皮肤厚度评估高原日光照射对皮肤光老化的影响。

· 正常皮肤：真皮呈均匀低回声，胶原纤维排列有序；

· 光老化皮肤：真皮厚度变薄（尤其暴露部位），回声不均匀，可见“高回声区”（弹性纤维聚积）或“低回声区”（胶原变性）。

（四）反射式共聚焦显微镜评估

反射式共聚焦显微镜具有超高分辨率，是目前皮肤科唯一可以与组织学分辨率相媲美的细胞水平成像仪器。光损伤皮肤最常见的特点是不规则的蜂窝状图案、点状色素沉着、胶原蛋白结构粗糙以及胶原蛋白堆积和卷曲纤维。该反射式共聚焦显微镜是一种接近传统组织病理学分辨率的细胞水平实时成像技术，可以动态探测光老化皮肤中色素沉着差异、乳头的数量和形态变化以及胶原蛋白的结构和形态变化等。

（五）光学相干断层扫描评估

光学相干断层扫描（optical coherence tomography，OCT）是一种基于光的干涉测量法的成像技术，分辨率和穿透深度介于共聚焦显微镜和超声检查之间，可以实时、无创观察皮肤结构。OCT 能测量皮肤的厚度和可视化皮肤胶原蛋白，而在光损伤中，皮肤厚度、皮肤胶原蛋白的数量和结构会发生变化，随着 OCT 技术的飞速发展，它可以产生超过微米级的高分辨率三维图像，可区分细胞外基质、细胞形状和脉管系统的变化，目前 OCT 的皮肤形态学测量包括皮肤表面粗糙度、表皮厚度、表皮 - 真皮连接、衰减系数和血流量。

（六）皮肤色素评估

$L^*a^*b^*$ 三维色度体系是国际照明委员会设定的标准色度体系。其中，L* 值表征皮肤黑 - 白色度轴，其值越大，颜色越偏向白色；a* 值代表绿 - 红色度轴，其值越大，颜色越偏红；b* 值代表蓝 - 黄色度轴，其值越大，颜色越偏黄。临床上常用的色素评估仪器包括色度仪和分光光度计。在衰老人群中，L* 值总体下降，b* 值增加，如面部伴有血管充血、扩张或增生，则 a* 值增加。由测得的 L* 值和 b* 值可以计算个体类型角（ITA°），在皮肤曝光部位，随年龄升高，ITA° 逐渐下降。

（七）皮肤衰老相关生理学参数

皮肤生理学参数主要通过皮肤无创仪器测量角质层含水量、经表皮失水率、表面皮肤pH值、皮肤弹性和皮脂含量等指标，从一定程度可以作为皮肤衰老程度的评价参数。

1. 角质层含水量（SCH）

维持皮肤角质层一定的含水量，可抵抗由内外因素加速皮肤水分蒸发所造成的干燥、脆裂等损害。中国人群在青少年时期（10～20岁）角质层含水量逐渐升高，约在25岁达到最高值，再随着年龄增长开始递减，全年龄段呈现先升高后降低的过程。

2. 经表皮失水率（TEWL）

经表皮失水率是水分通过真皮和表皮向皮肤表面扩散的通量密度，反映水分从皮肤表面蒸发的速率，是评估皮肤屏障功能的关键参数。经表皮失水量受角质层水分含量的影响，因此，TEWL与角质层水分含量的比值也用于皮肤衰老评价。

3. 表面皮肤pH值

皮肤表面的酸碱度在调节表皮屏障动态平衡、角质层完整性与连续性以及抗菌防御系统等方面有着至关重要的作用。正常情况下呈弱酸性，pH值为4.5～6.5。中国人群中皮肤表面pH值随年龄、性别和身体部位的不同而变化，年轻人群的皮肤pH值较低，50岁以后人群的皮肤pH值明显升高。

4. 皮肤弹性

皮肤弹性是指皮肤在发生形变后回到原来状态的能力，反映皮肤生物力学特征，随年龄增加逐渐降低，30岁以后弹性下降加快，面部等暴露部位的皮肤弹性低于非暴露部位，尤其是眼角、鼻唇沟、颈前区、前臂曲侧部位的皮肤随年龄增长弹性下降更为明显。

（八）医生主观评价

光老化整体评分（GSP）（表4-3和图4-3）是一种针对皮肤光老化程度进行量化评估的工具，通过对特定面部区域（面颊、前额、眼周）的粗糙程度、色素不均（含色素沉着/减退）、细皱纹等核心光老化表现进行观察与分级，实现对皮肤光老化状态的系统判定。

表4-3　光老化整体评分（GSP）标准

分级	内容
0分	整个面部触之光滑，在面颊、前额、眼周任一部位无明显的细皱纹，且无色素不均匀
1分	整个面部在面颊、前额、眼周3个部位中的1个部位存在明显粗糙、色素不均匀（色素沉着或色素减退）或细皱纹
2分	整个面部在面颊、前额、眼周3个部位中的2个部位存在明显粗糙、色素不均匀或细皱纹，或者在1个部位同时存在粗糙、色素不均匀和细皱纹
3分	整个面部在面颊、前额、眼周3个部位中均存在明显粗糙、色素不均匀或细皱纹，或者在2个部位同时存在粗糙、色素不均匀和细皱纹
4分	面部存在任何一种重于3分的情况

（九）受试者满意度评价

受试者在访视时间点进行自我问卷评估，5分制或7分制，满意度=（满意例数+很满意例数）/总例数×100%。

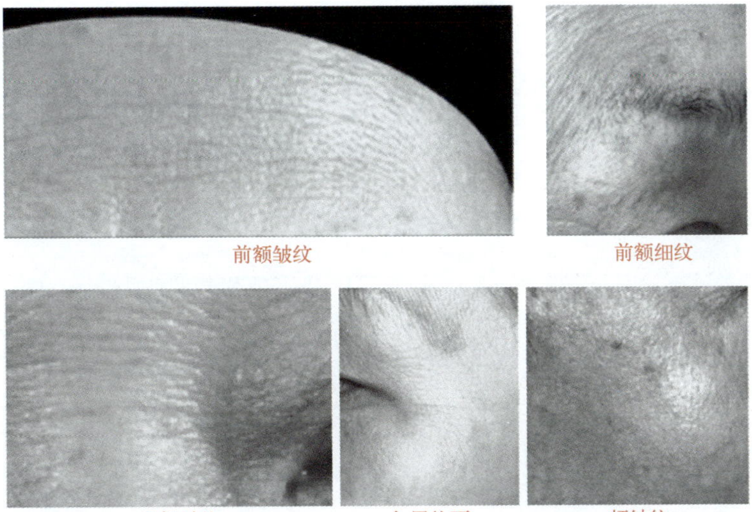

图 4-3 光老化整体评分（GSP）中主要部位（面颊、前额、眼周）皮肤老化例图

七、光损伤体外评价方法

光损伤的体外研究方法主要围绕构建模拟光损伤环境的模型，借助各类技术手段观察、分析皮肤相关细胞、组织在相关分子表型上的变化。

（一）造模方法的选择

对应光损伤通常采取紫外辐照的方式，光源的波长、强度、辐照剂量、辐照周期、辐照距离、辐照产热散热等因素均会对模型表型产生影响。

· UVB 主要以高能量形式被表皮完全吸收，会破坏皮肤细胞中的 DNA 和蛋白质结构，因此选择 UVB 作为造模辐射光源多用于在 DNA 损伤、色素沉着、炎性反应、皮肤含水量及皮肤屏障功能、氧化损伤等方面的研究。

· UVA 较 UVB 穿透力更强，作用于皮肤的真皮层，可以诱导氧化应激及 ECM 降解，因此 UVA 作为造模辐射光源多用于氧化应激反应、胶原表达、基质金属蛋白酶等 ECM 关联指标、炎性反应等方面的研究。

· UVA 与 UVB 共同辐照可以较好地模拟主要致损波段对皮肤光损伤的影响，日光模拟器则可最大限度地还原人体皮肤光损伤的致病环境因素。UVA、UVB 对诱发皮肤光损伤具备协同作用，可缩短造模周期，共同辐照或日光模拟器多用于 3D 皮肤模型或离体皮肤组织造模。

（二）二维细胞模型

（1）细胞获取与培养　常用真皮成纤维细胞和角质形成细胞，体外常规培养传代，建立细胞模型。

（2）辐照诱导　用紫外（UVA、UVB、UVR）辐照细胞，设置不同剂量、时长，诱导细胞光损伤。

（3）检测指标　UV 诱导的细胞损伤是皮肤光老化的细胞学基础，其表现涵盖形态学改变、功能代谢异常及分子信号紊乱。通过整合形态观察、生化分析及分子检测技术，可构建系统细胞光损伤、光老化相关体外检测体系，详细检测指标见表 4-4。

表 4-4 光损伤相关二维细胞研究模型

细胞类型	研究方向	紫外辐照	检测指标
角质形成细胞	细胞损伤	UVB：10 ～ 50 mJ/cm^2，UVA：5 ～ 20 J/cm^2，UVR（UVA+UVB）	①细胞形态观察、荧光染色观察 ②活性与增殖：CCK8、MMT 法 ③凋亡：Annexin V/PI、TUNEL 染色 ④ DNA 损伤：彗星实验、8-OHdG、γ2HAX ⑤细胞迁移：划痕、收缩力等 ⑥线粒体功能：膜电位 JC1、MitoTracker 等染色
	氧化损伤		ROS、SOD、MDA、GSH、GSHPX、T-AOC 等
	炎性损伤		炎症因子：IL6/8、TNF-α、COX-2 等
真皮成纤维细胞	ECM 合成与降解	UVA：5 ～ 20 J/cm^2，UVR（UVA+UVB）	COL1/3、ELN、MMP1/3、TIMP1/2 等
	氧化损伤		同上
	炎性损伤		同上
	细胞损伤		同上
角质形成细胞与真皮成纤维细胞共培养体系	ECM 合成与降解	UVR（UVA+UVB）	同上
	氧化损伤		同上
	炎性损伤		同上
	细胞损伤		同上

（三）皮肤模型

（1）皮肤模型种类　常用的有 3D 表皮皮肤模型、3D 全层皮肤模型以及离体皮肤组织等。其中，3D 皮肤模型是由人皮肤分离的原代角质形成细胞、真皮成纤维细胞等，按步骤构建体外全层皮肤模型或表皮皮肤模型，来模拟接近生理状态的皮肤结构。3D 皮肤模型现多由商业化模型提供。而离体皮肤组织多来源于临床手术废弃的皮肤（获伦理批准），如腹部、乳房等部位皮肤，进行体外培养。

（2）辐照诱导　通常用 UVA、UVB 或 UVR 辐照模型，模拟光损伤 / 老化环境。

（3）检测指标

· 3D 表皮皮肤模型主要是由角质形成细胞形成多层分化的表皮结构，因此在 UV 辐照下多用于屏障相关研究，相关检测指标包含屏障功能、组织结构变化（角质厚度、活表皮厚度）、屏障相关标志物蛋白变化、炎症及氧化损伤指标。

· 3D 全层皮肤模型主要由角质形成细胞和真皮成纤维细胞构成，含有表皮及真皮相关结构，因此除可以被用于屏障相关研究之外，还可用于研究真表皮多层结构的变化、真皮 ECM 相关指标、真表皮信号传导等。组织形态结构可用 HE 染色、胶原纤维 Masson 染色 / 维多利亚蓝染色 / 天狼星红染色、弹力纤维铁苏木素染色 / 间苯二酚品红染色观察病理结构变化。

· 离体皮肤模型相较于 3D 全层皮肤模型更加接近皮肤的真实结构与状态，因此可将其用于观察皮肤进一步的细微结构改变，如真表皮连接处（DEJ）、真皮乳头、汗腺等，除此之外，离体皮肤的优势还在于它可以用于研究光损伤与免疫相关调控的改变。

各皮肤模型相关研究指标见表 4-5。

表 4-5　光老化相关皮肤研究模型

细胞类型	结构特征	光老化应用	检测指标
3D 表皮皮肤模型	多层分化表皮	皮肤屏障相关研究	①屏障功能：屏障指数、TEWL、透明质酸合成等 ②组织形态：HE、Masson 等 ③屏障相关蛋白：FLG（丝聚蛋白）、TGM1（转谷氨酰胺酶 1）、LOR（兜甲蛋白）等 ④炎性反应：IL1/6/8/10、TNF-α、COX-2 等 ⑤氧化损伤：ROS、SOD、MDA、GSH、GSHPX、T-AOC 等 ⑥凋亡：Annexin V/PI、TUNEL 染色 ⑦ DNA 损伤：彗星实验、8-OHdG、γ2HAX
3D 全层皮肤模型	多层分化表皮＋真皮	皮肤屏障、ECM 合成降解、各层结构变化、真表皮信号传导等研究	①～⑦同上 ⑧ ECM 结构相关：COL1/3/4/7/17、ELN、整合素、层黏蛋白、纤连蛋白、MMPs 等
离体皮肤模型	含真表皮各层完整结构及皮肤附属器	皮肤屏障、ECM 合成降解、各层结构变化、真表皮信号传导等研究	①～⑧同上

（四）辅助技术与方法

（1）双光子显微成像　无须制备组织切片，可定量分析胶原降解水平，实现二维定量与三维重建，直观可视化光老化过程中胶原变化，辅助评估防护剂效果。

（2）原子力显微镜　观察胶原纤维结构，判断是否断裂、排列是否无序。

（3）透射电镜　可用于观察胶原纤维排布、直径大小，判断是否断裂、排列是否无序；观察线粒体的超微结构，判断是否存在病变，如线粒体肿胀、肥大、增生、嵴结构紊乱等；观察细胞自噬情况，辨认自噬体结构特征（表 4-6）。

表 4-6　自噬不同阶段形态特征

自噬阶段	自噬标志	形态学特征
初期	隔离膜形成与扩展	新月状或杯状，双层或多层膜，有包绕胞浆成分的趋势
中期	自噬体形成	双层或多层膜的液泡状结构，内含胞浆成分，如线粒体、内质网、核糖体等
后期	自噬溶酶体形成	单层膜，胞浆成分已降解

（4）多组学检测技术

· 转录组学以细胞或组织中所有转录本（包括 mRNA、非编码 RNA 如 miRNA、lncRNA 等）为研究对象，通过高通量测序技术解析 UV 照射后基因表达的动态变化，揭示光损伤相关的关键调控基因、非编码 RNA 及信号通路。

· 蛋白质组学通过高通量鉴定和定量分析细胞或组织中所有蛋白质（包括翻译后修饰产物），揭示光损伤中蛋白质的动态变化及其功能意义，弥补了转录组学与功能表型之间的“转录 - 翻译”差异。

· 代谢组学聚焦于生物样本中小分子代谢物（如脂质、氨基酸、有机酸等，分子量通常＜ 1000 Da）的整体变化，通过气相色谱 - 质谱（gas chromatograohy-mass spectrometry，GC-MS）、液相色谱 - 质谱（liquid chromatograohy-mass spectrometry，LC-MS）等技术，揭示皮肤细胞代谢重编程与光损伤表型的关联，是连接基因 / 蛋白质功能与生理表型的“功能终端”。近年来，基于质谱成像的空间代谢组学技术在医学研究，如疾病发生发展机制、疾病原位标志物发现、新药研发等领域得到了广泛的关注和应用。传统代谢组学仅能反映样本整体的代谢物平均水平，而空间代谢组学技术如基质辅助激光解吸电离质谱成像（matrix-assisted laser desorption/ionization mass spectrometry imaging，MALDI-MSI）和解吸电喷雾电离质谱成像（desorption electrospray ionization mass spectrometry imaging，DESI-MSI）通过保留组织切片的空间位置信息，实现代谢物在微米级分辨率下的分布可视化，为解析光损伤中皮肤不同层次（表皮、真皮）或不同区域（暴露部位、非暴露部位）的代谢异质性提供了关键工具。

这些体外研究方法各有优势，离体皮肤和重建皮肤模型更贴近人体皮肤生理结构，细胞模型便于深入机制研究，结合多种检测技术，能全面解析光损伤发生发展及防护干预效果，为抗光损伤研究提供支撑，更为筛选潜在干预靶点（如关键代谢酶、信号通路节点）和开发精准抗光损伤策略提供了系统生物学依据。

八、生物防晒成分

传统的防晒手段，如使用无机防晒剂和（或）有机防晒剂，虽能极大降低 UV 辐射对皮肤的损伤，但无法完全阻断紫外线的光损伤与光老化进程。相比之下，生物防晒成分可通过调控细胞内光损伤 / 光老化相关通路，实现皮肤的多维防护，尤其是在促进皮肤修复、改善细胞损伤方面具有显著优势。此外，无机 / 有机防晒剂的安全性问题，始终是行业内关注的焦点，争议主要围绕成分渗透性（可能影响皮肤屏障功能）、内分泌干扰（干扰体内激素平衡）、环境毒性（对生态环境产生不良影响）及长期使用潜在风险等方面。因此，研发高效且安全的天然生物防晒成分具有重要的应用价值。

适应原（adaptogens）是一类具有多靶点应激缓冲效应的生物活性物，能够提升人体对外部环境的适应能力，消除外界刺激给机体带来的负面影响。其作用机制在于强化皮肤自身的天然防御机制，帮助皮肤应对外界环境因素（如气候、污染以及紫外线等）产生的压力，进而维持皮肤健康状态。简单来说，适应原成分能够通过调节身体机能来改善皮肤。从功效机制来看，适应原与生物防晒剂的作用高度契合，均通过自身调节实现对 UV 损伤的防护与修复，因此在皮肤抗光损伤与光老化领域受到广泛关注。

我国拥有丰富的中药资源，且中医药应用于美容养颜的历史可追溯至千年之前，我国也是最早将中药用于化妆美容的国家。早在东汉时期，《神农本草经》就记载了 20 余种具有美容作用的中药，其中人参、黄芪以及五味子等被列为上品。中药蕴含各类天然活性成分，具有绿色高效、安全温和等优势，目前已被广泛用于各类化妆品配方中。基于此，从中药适应原成分挖掘新型天然生物防晒成分，成为极具潜力的研究方向。

（一）人参与稀有人参皂苷

1. 开发背景

人参（*Panax ginseng*）隶属于五加科（*Araliaceae*）人参属（*Panax*），作为经典的适应原，在传统医药和日化领域中应用历史悠久。人参已被广泛研究报道具有调节神经系统、改善心脑血管疾病、调节免疫、抗肿瘤、降血糖以及美容养颜等多种作用。其适应原特性主要体现在能够增强机体对各种应激源（包括 UV 辐射）的适应能力，通过调节神经系统、免疫系统以及代谢系统等维持内环境稳态，从而减轻皮肤光损伤与光老化程度。

人参作为一种传统药用植物，其根、茎、叶、花以及果实中富含多种活性成分，包括皂苷类、多糖类、挥发油、黄酮类、氨基酸、维生素以及微量元素等。在这些成分中，人参皂苷是人参发挥药理活性的核心物质。人参皂苷是由苷元与糖基通过糖苷键连接形成的糖苷类化合物，根据来源可分为原型人参皂苷（天然存在于人参植株中）和稀有人参皂苷（原型皂苷经转化形成的次级代谢产物）。目前，通过已从人参属植物中分离鉴定出 150 余种原型人参皂苷，其中较为常见的有 Rb1、Rb2、Rb3、Rc、Rd、Re、Rf、Rg1 以及 Ro 等。

原型人参皂苷分子结构中因含有较多糖基，致使分子极性偏大，这一结构特点导致其在体内的生物利用度较低，难以被人体直接吸收。而稀有人参皂苷经糖基水解后，糖基数量减少，不仅生物活性相较于原型人参皂苷显著增强，而且更易于被人体吸收，在调节新陈代谢、促进细胞增殖分化、抗肿瘤、提升机体免疫力以及降低血糖等生理活动调控方面，展现出更为突出的效果。目前，已鉴定且研究相对深入的稀有人参皂苷主要包括 CK、F1、F2、Rg3、Rg5、Rh1、Rh2、Rh3、PPD 以及 PPT 等。例如，稀有人参皂苷 CK 具有抗炎、抗过敏、抗衰、抗肿瘤等药理活性；Rg5 在抗炎、改善睡眠质量、抑制血栓形成方面效果显著；Rh2 则表现出抗肿瘤以及促进骨骼肌、心肌组织再生的作用。这些特性使稀有人参皂苷在医药、保健食品、化妆品等领域具有巨大的应用潜力。

然而，稀有人参皂苷的工业化量产仍面临显著挑战。稀有人参皂苷在天然人参植株中的本底含量极低，以 1 kg 人参为例，仅可提取获得 30 ～ 50 g 原型皂苷，提取率为 3% ～ 5%，而稀有人参皂苷的获取量更是稀少，1 kg 人参中仅能提取约 10 mg，获取率仅为 0.001% 左右。这种天然稀缺性，加之合成难度大、提纯工艺复杂等问题，极大地限制了稀有人参皂苷的推广与应用，使得其工业化量产成为一项全球性的技术挑战。

近年来，合成生物学技术推动的生物转化成为突破这一瓶颈的关键方向。传统的高温、酸碱等化学转化方法存在转化效率低下、工艺流程繁杂、设备要求高以及环境负荷大等弊端；而生物转化则具有条件绿色温和、可实现定向转化、成本相对可控以及转化周期短等优势。因此，如何利用合成生物学技术来实现稀有人参皂苷的生物转化量产，已成为当下相关领域的研究热点。

基于上述开发背景，广州环亚化妆品科技股份有限公司美肤宝研发团队联合华南理工大学及前端原料公司从中药适应原成分稀有人参皂苷出发，探究其在生物防晒领域的应用价值。

2. 稀有人参皂苷的开发应用

（1）稀有人参皂苷 C-Mx 的生物转化　人参皂苷主要由苷元和糖基通过糖苷键连接而成，天然的人参皂苷分子中大多含有 3 ～ 4 个糖基，而糖基越少，皂苷的生物活性及生物利用度也越高。因此通过水解原型人参皂苷的糖苷键减少糖基，是制备稀有人参皂苷的关键途径。传统化学转化法因难以实现位点特异性定向水解，产物多为混合物，导致单一产物的纯度受到较大限制；而生物转化法则依赖特定糖苷酶的高效催化，因此筛选适宜的人参皂苷糖苷酶并优化工艺，是实现稀有人参皂苷高效制备的核心。

稀有人参皂苷 C-Mx 属于二醇类人参皂苷，其分子结构中 20 位氧原子（20-O-）上连有两个糖基，外侧为木糖基，内侧为葡萄糖基（图 4-4）。

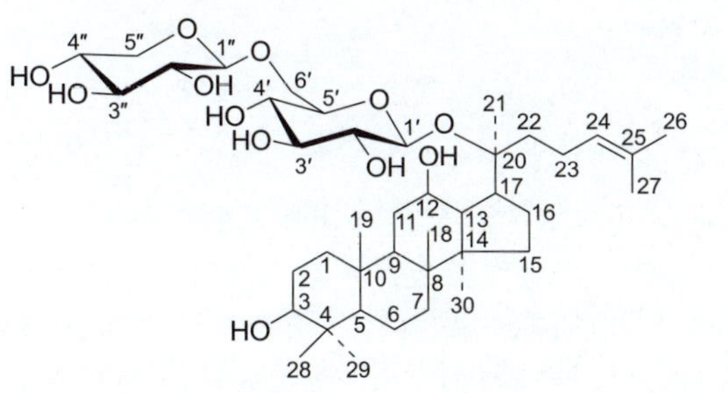

图 4-4　稀有人参皂苷 C-Mx 的分子结构

该成分难以直接富集制备，因此，其制备研究多聚焦于生物酶转化法，即利用人参皂苷糖苷酶水解相应糖基以获得单体成分。前期文献研究表明，三七茎叶中富含丰富的原人参二醇型皂苷，包括 Rb3、CMx1、Rc、Fc、Fa、CMc、Rb2、Rb1、Rd 等，其中 Rb3、CMx1 含量较高（图 4-5）。而 Rb3 和 CMx1 与 C-Mx 的区别仅在 3-O- 位上分别多了 1、2 个葡糖基，其可以作为合成 C-Mx 重要的前体物质，因此选择含有 Rb3 和 CMx1 含量高的三七茎叶人参皂苷可为 C-Mx 制备提供充足的前体物质。研究人员利用黑曲霉 g.848 菌株制备得到 I 型人参皂苷酶，加入底物 Rb3，通过探究酶促反应各成分的动态变化，发现由该菌种获得的 I 型人参皂苷酶可以优先水解 3-O- 外侧的葡萄糖基，将 Rb3 转化为中间产物 CMx1，再进一步脱去 3-O- 内侧的葡糖基生成 C-Mx，而该酶对 20-O 位木糖苷水解能力较弱，需要反应较久时间才可缓慢生成 CK（图 4-6）。

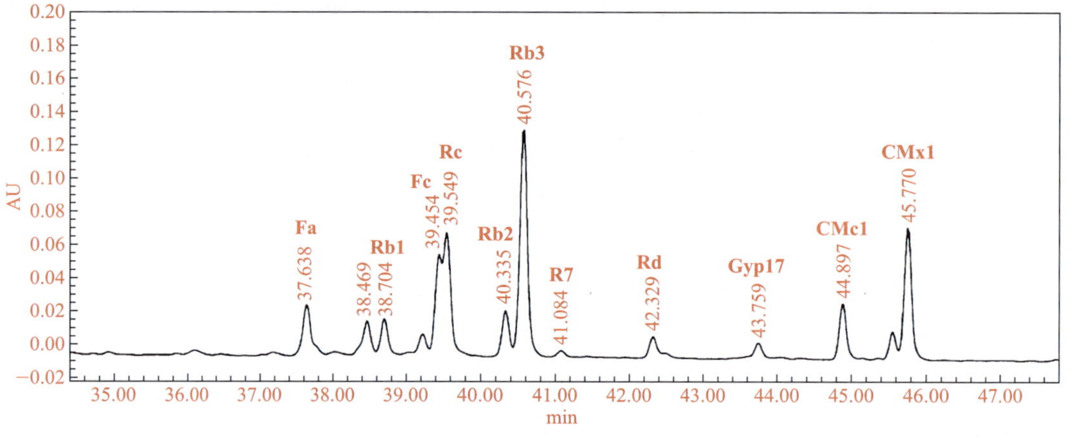

图 4-5　三七茎叶人参皂苷高效液相色谱图谱

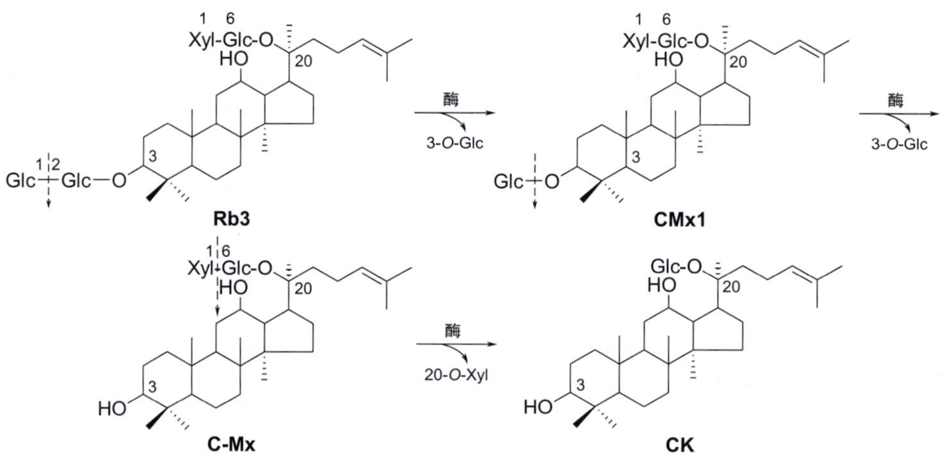

图 4-6　通过 Rb3/CMx1 制备 CK 示意图

（Glc 代表葡糖基，Xyl 代表木糖基，酶代表 I 型人参皂苷酶）

基于此，研究人员利用低成本的混合三七茎叶人参皂苷为底物，通过该酶催化，控制优化反应条件，包括温度、pH、时间等参数，发现在 45℃、pH 5.0、反应 24 h 的条件下，经层析纯化可获得 >40% 产物的 C-Mx（图 4-7）。该制备过程具备良好的经济性，无须复杂反应设备和高纯度的酶制剂，通过粗酶催化可获得较高纯度的 C-Mx，为其规模化制备提供了一定的参考方向。

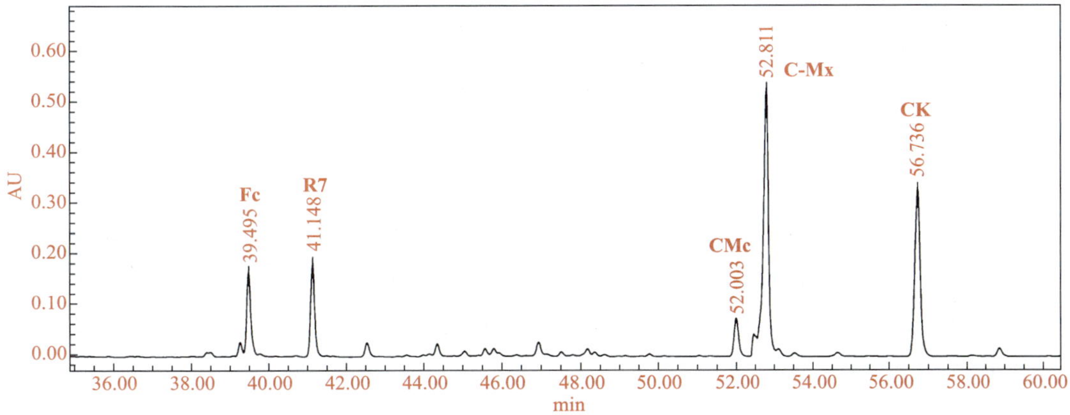

(a) 反应产物高效液相色谱图谱

人参皂苷	停留时间/min	含量/%
Fc	39.495	11.2
R7	41.148	11.8
CMc	52.003	4.20
C-Mx	52.811	43.2
CK	56.736	29.6

(b) 反应产物中各人参皂苷含量分析

图 4-7　三七茎叶人参皂苷经粗酶法制备产物分析

除报道的Ⅰ型人参皂苷酶之外，也存在有Ⅱ型、Ⅲ型和Ⅳ型人参皂苷酶，其中Ⅱ型人参皂苷酶可特异性水解原人参二醇型人参皂苷的20-O-位上的糖基，Ⅲ型人参皂苷酶则可特异性水解原人参二醇型人参皂苷的3-O-位上的糖基，Ⅳ型人参皂苷酶可特异性水解原人参三醇型人参皂苷的6-O-位和20-O-位上的糖基。因此相关研究指出，利用Ⅲ型人参皂苷酶水解位点的特异性，用其制备C-Mx可进一步避免副产物的生成，获得更高产率的C-Mx。此外，也有研究报道表明可利用结构相近的人参皂苷CMc来制备C-Mx，CMc在20-O-上连有两个葡萄糖基，理论上可将外侧的葡萄糖基转为木糖，则可实现C-Mx的生物转化，因此利用某些特定的微生物菌种产生的酶，如解木糖赖氨酸芽孢杆菌实现不同糖基的转化从而制备C-Mx。

（2）稀有人参皂苷C-Mx体外功效研究

1）稀有人参皂苷C-Mx改善UVA诱导ECM损伤。

UVA可穿透真皮层，诱导ECM相关结构蛋白发生损伤、降解，如Ⅰ/Ⅲ型胶原蛋白、弹性蛋白等表达减少，促进MMP1过度表达，导致真皮结构的破坏。因此我们利用UVA辐照真皮成纤维细胞构建光老化模型，评估C-Mx对UVA诱导的ECM损伤效果。

结果如图4-8（详见彩图）所示，UVA辐照后，成纤维细胞内ECM标志成分基因 *COL1A1*、*COL3A1*、*ELN* 表达均显著下调，同时ELISA检测Ⅰ型胶原蛋白分泌量同步降低，而在C-Mx作用后，上述指标均有显著改善。

MMP1可特异性降解Ⅰ/Ⅲ型胶原蛋白，从而破坏真皮结构支架，经UVA辐照后，成纤维细胞 *MMP1* 表达显著增高，而C-Mx处理后，*MMP1* 表达显著下调，且呈现一定浓度依赖性（图4-8）。在分子对接模拟中，C-Mx对MMP1显示出一定的亲和能力（$\Delta G = -8.26$ kcal/mol），能够结合到其催化活性位点（锌离子结合中心）附近，提示C-Mx可能抑制其催化活性（图4-9）。

综合上述结果，在UVA诱导的光老化模型中，C-Mx可促进ECM相关蛋白的表达，改善UVA所诱导的ECM损伤。

2）稀有人参皂苷C-Mx体外抗氧活性研究。

UV暴露会引起细胞内ROS的增加，过多的ROS损伤细胞内DNA、蛋白质、脂质等分

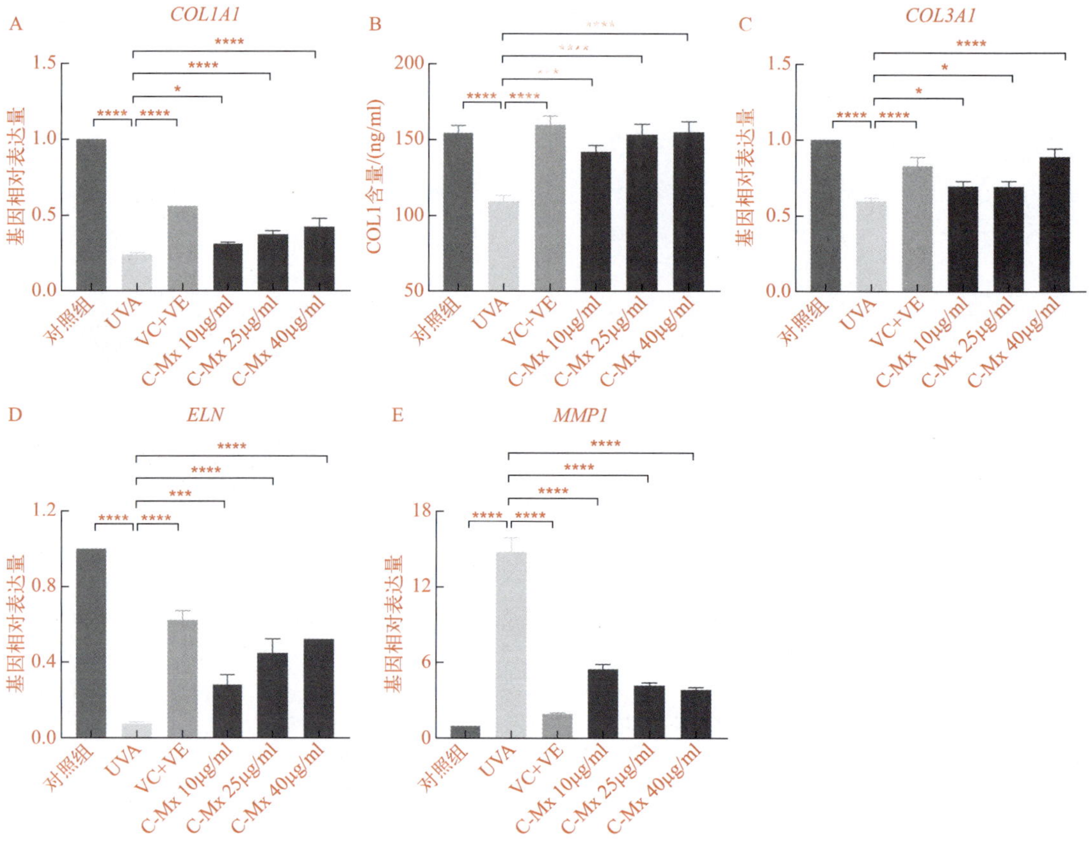

图 4-8　稀有人参皂苷 C-Mx 对 ECM 相关指标的影响

（A）C-Mx 对真皮成纤维细胞内 *COL1A1* 表达的影响；（B）C-Mx 对真皮成纤维细胞内 COL1 蛋白表达影响；（C—E）C-Mx 对真皮成纤维细胞内 *COL3A1*、*ELN*、*MMP1* 表达的影响（UVA：辐照组，9 J/cm^2；VC+VE：阳性对照组，100 μg/ml 维生素 C+7 μg/ml 维生素 E；数据以均值±标准差展示，采用单因素方差分析）

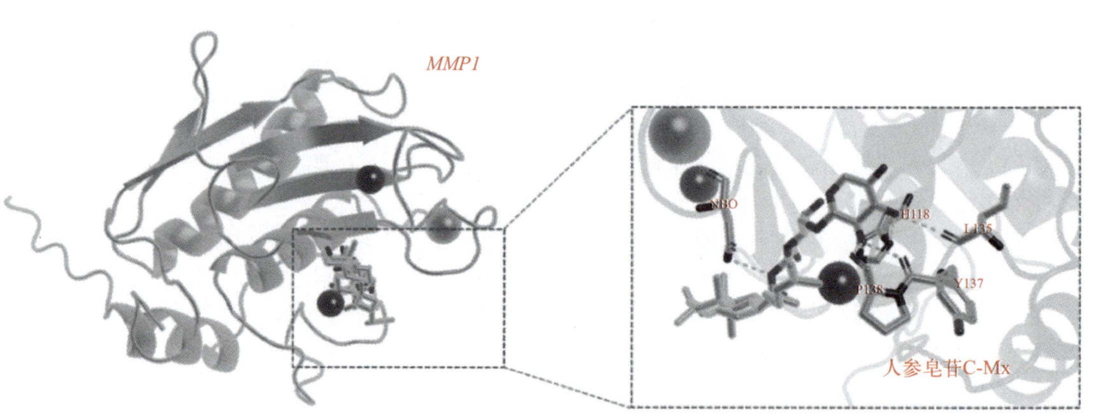

分子对接结合能：−8.26kcal/mol

图 4-9　稀有人参皂苷 C-Mx 对 MMP1 蛋白的分子对接模拟

子，从而导致氧化应激的发生。因此，可以通过 DCFH-DA 荧光探针来检测细胞内的 ROS 水平，评估 C-Mx 的抗氧化作用。如图 4-10（详见彩图）所示，在 UVA 辐照的真皮成纤维细胞模型中，细胞内 ROS 水平明显增加，而使用抗氧化剂 VC/VE 可有效减少 UVA 导致的 ROS 增加，而稀有人参皂苷 C-Mx 处理后，可显著降低细胞内 ROS 水平，并且呈现一定浓度依赖性，表明 C-Mx 具备较好的体外抗氧活性。

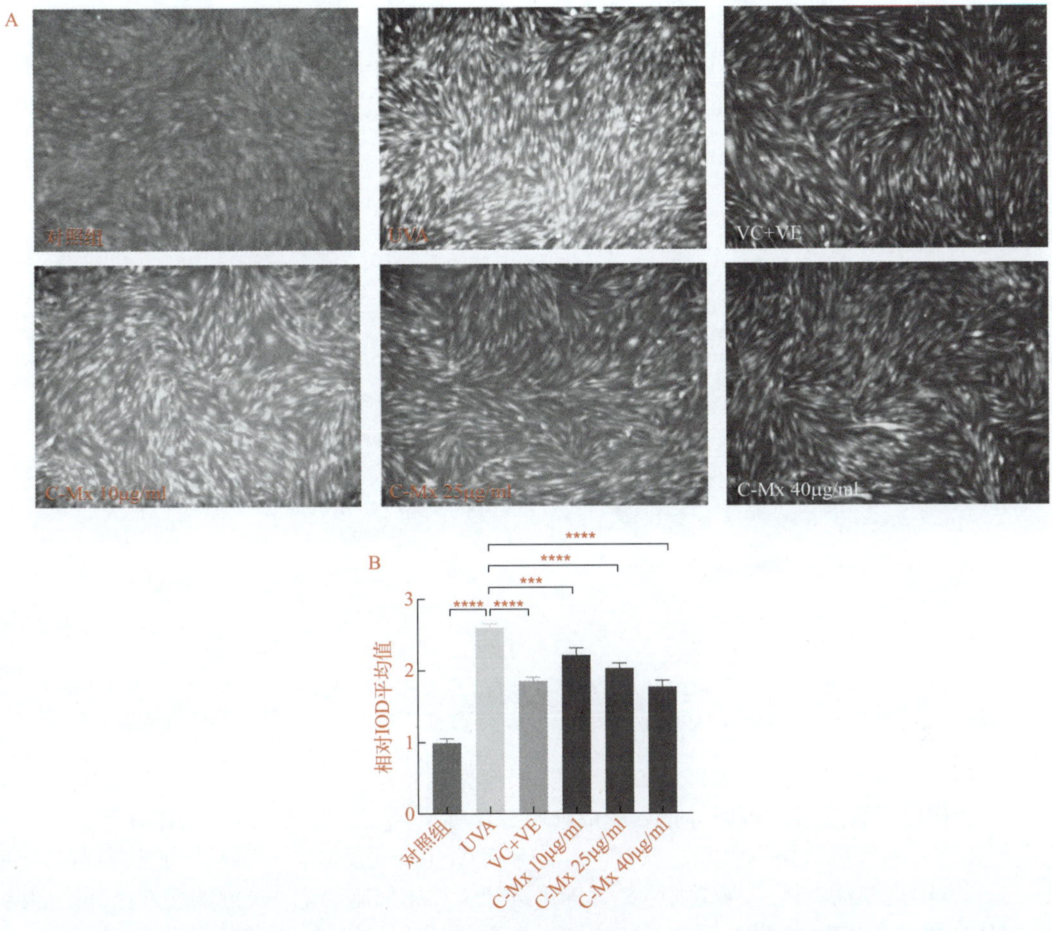

图 4-10　稀有人参皂苷 C-Mx 对细胞内 ROS 生成的影响

（A）细胞内ROS成像示意图（绿色荧光）；（B）各组别细胞内绿色荧光平均荧光强度统计（UVA：辐照组，9 J/cm^2；VC+VE：阳性对照组，100 μg/ml 维生素C+7 μg/ml 维生素E；数据以均值±标准差展示，采用单因素方差分析）

KEAP1/NRF2 信号通路是调控氧化应激的核心通路，NRF2 作为核转录因子其下游调控众多抗氧化酶、蛋白酶体的表达，如 HO-1、NQO-1 等，而 KEAP1 可与 NRF2 结合并抑制其活性。为了进一步探究 C-Mx 抗氧的具体作用机理，进一步考察了 C-Mx 对 KEAP1/NRF2 信号的调控影响，如图 4-11（详见彩图）所示，C-Mx 可显著上调 NRF2 下游靶基因 *HMOX-1*、*NQO-1* 的表达，表明其对于 NRF2 信号具有一定的调节作用。进一步通过分子对接模拟发现 C-Mx 对抗氧化的关键靶点 KEAP1 蛋白具有很好的亲和力（结合能 ΔG = −11.36 kcal/mol），能够结合到 β 螺旋桨结构的中心，可能阻碍 KEAP1 与 NRF2 的结合，促进 NRF2 的释放并激活下游抗氧化通路。

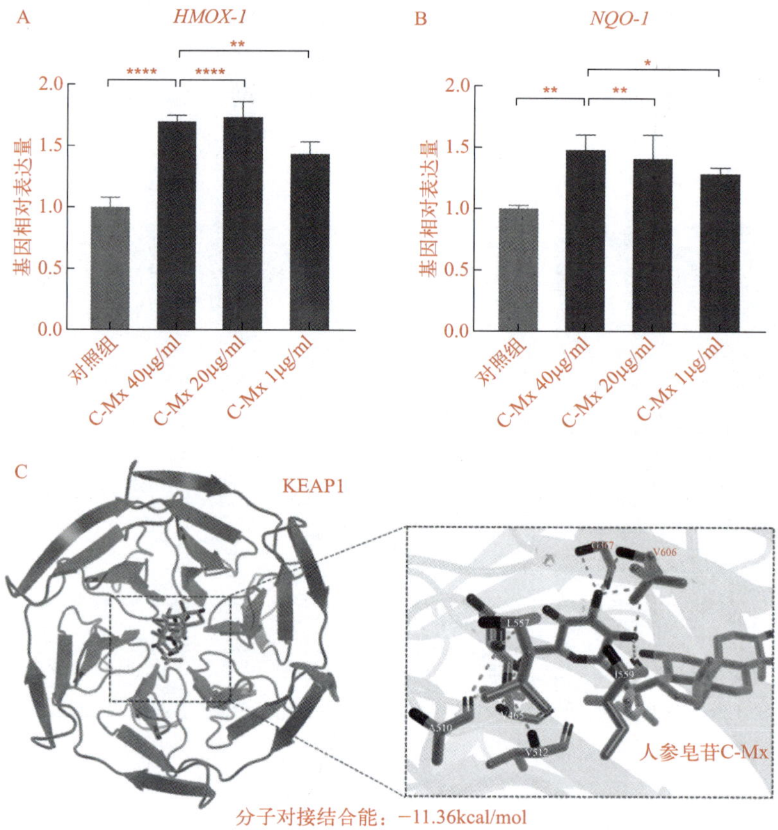

图 4-11　稀有人参皂苷 C-Mx 对 KEAP1/NRF2 信号通路影响

（A—B）C-Mx 作用于真皮成纤维细胞 12 h，对 NRF2 下游靶基因 *HMOX-1*、*NQO-1* 表达的影响；（C）C-Mx 对 KEAP1 蛋白分子对接模拟（*HMOX-1* 代表 HO-1 蛋白编码基因；数据以均值 ± 标准差展示，采用单因素方差分析）

3）稀有人参皂苷 C-Mx 改善 UVB 诱导光损伤炎性反应。

UVB 作用于表皮层，可诱导角质形成细胞分泌促炎因子，如 IL-6/8、TNF-α 等，一方面这类促炎因子的大量分泌可引起皮肤红肿、灼痛等急性炎症反应，与晒后的皮肤损伤密切相关，另一方面这些促炎因子构成细胞 SASPs，进一步加剧细胞衰老 - 炎性的恶性循环。因此，通过 UVB 辐照角质形成细胞 HaCaT 构建光损伤模型，评估 C-Mx 的抗炎活性。

结果如图 4-12 所示，UVB 辐照后，HaCaT 细胞内 *IL-6/8* 表达发生显著上调，而 C-Mx 处理后，*IL-6/8* 表达得到了明显的抑制，表明 C-Mx 可改善 UVB 诱导的 HaCaT 光损伤炎性反应。

（二）太子参

1. 开发背景

太子参（*Pseudostellaria heterophylla*）为石竹科（*Caryophyllaceae*）孩儿参属（*Pseudostellaria*），多年生草本植物，以干燥块根入药，具有益气健脾、生津润肺等功效。在传统中医药领域，太子参被广泛应用于治疗脾虚体倦、食欲不振、病后虚弱、气阴不足以及肺燥干咳等症状。其药性较人参平缓，生津养阴之力优于党参，更适用于老人、儿童及体质虚弱者，在中成药（如健胃消食片）及食疗保健中应用广泛。

太子参含有丰富的活性成分，包括多糖、氨基酸、环肽、苷类以及挥发油等，现代药理

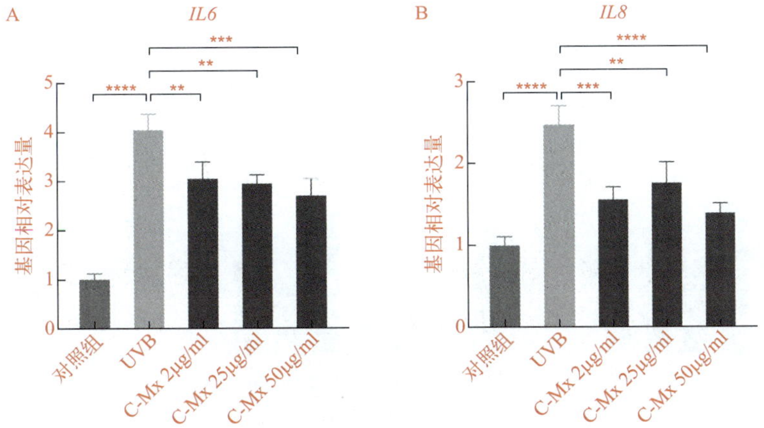

图 4-12　稀有人参皂苷 C-Mx 对炎症因子的影响

（A—B）C-Mx 作用于 HaCaT 细胞 48 h，对炎症因子 *IL-6/8* 表达的影响（UVB：辐照组，8 mJ/cm^2；数据以均值 ± 标准差展示，采用单因素方差分析）

学研究证实其具有降血糖、调血脂、心肌保护、免疫调节、抗氧化、抗应激、抗疲劳以及抗肿瘤等多种药理作用。在皮肤科学相关研究领域，太子参提取物及其环肽类成分已被证实可抑制酪氨酸酶活性，具有美白亮肤功效。其含有的葡聚糖、果胶多糖等成分可作为天然温和的聚合物，在化妆品配方中起到润肤保湿、稳定乳化体系的作用。此外，太子参因具备抗氧、抗炎等功效，且富含氨基酸、微量元素等营养功能成分，其提取物已被应用于护肤、护发多类产品中。然而，目前关于太子参在生物防晒领域相关研究报道尚少，且相关作用机理尚未研究透彻。

基于上述研究背景，广州环亚化妆品科技股份有限公司美肤宝研发团队从另一个中药适应原成分 - 太子参出发，探究其在生物防晒领域的应用价值。

2. 太子参提取物的开发应用

（1）筛选太子参提取物不同开发工艺

太子参作为传统中医药材，其有效成分的提取效率与活性，受原料来源及提取工艺影响显著。氧化应激为光损伤核心分子表型，且太子参提取物已被证实具备良好的抗氧活性。

因此，可采用过氧化氢（H_2O_2）诱导成纤维细胞构建氧化应激衰老模型，比较不同来源（供应商 A/B/C）及提取工艺（醇提 / 水提）的太子参提取物的生物活性。

结果如图 4-13 所示，在 H_2O_2 诱导的成纤维细胞中，ECM 标志成分基因 *COL1A1*、*COL3A1*、*ELN* 表达发生显著下调，供应商 A、供应商 B 及供应商 C 水提物（工艺 2）对上述 ECM 相关基因表达均有改善效果，而供应商 C 醇提物（工艺 1）对 *COL1A1*、*COL3A1* 无明显改善效果。值得注意的是，其中供应商 B 醇提物（工艺 1）在 *COL1A1* 上效果显著优于其他样品及自身水提工艺，因此选定该工艺的太子参提取物进行后续研究。

（2）太子参提取物体体外功效研究

1）太子参提取物改善氧化应激诱导的细胞衰老表型。

前期筛选基于单浓度条件下筛选，于是进一步对筛选所得太子参提取物（供应商 B- 工艺 1，下文同指）进行更为全面的功效验证，结果如图 4-14 所示，该提取物可呈浓度依赖性清除 DPPH 自由基，在 1 ～ 100 μg/ml 浓度范围内均可有效改善 H_2O_2 诱导的 ECM 成分（*COL1A1*、*COL3A1*、*ELN*）表达降低，这部分结果进一步表明了太子参提取物具有良好的抗氧化活性，可有效改善氧化应激引起的细胞衰老表型，且具有相对较宽的有效浓度窗口。

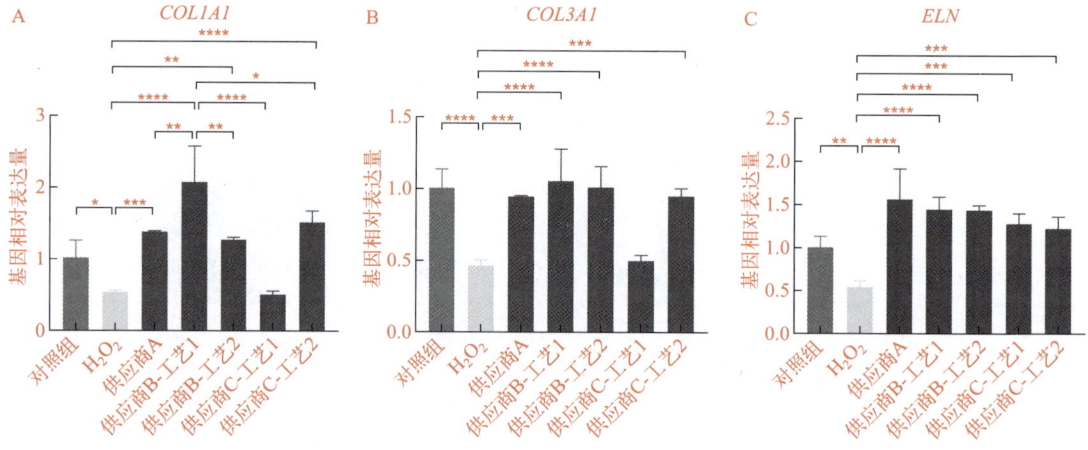

图 4-13　不同工艺太子参提取物对 ECM 相关指标的影响

（A—C）不同工艺太子参提取物（0.1 mg/ml）作用于H_2O_2诱导的成纤维细胞48 h，对ECM相关指标*COL1A1*、*COL3A1*、*ELN*表达的影响（H_2O_2：过氧化氢诱导组；工艺1代表溶剂乙醇提取，工艺2代表溶剂水提取；数据以均值±标准差展示，采用单因素方差分析）

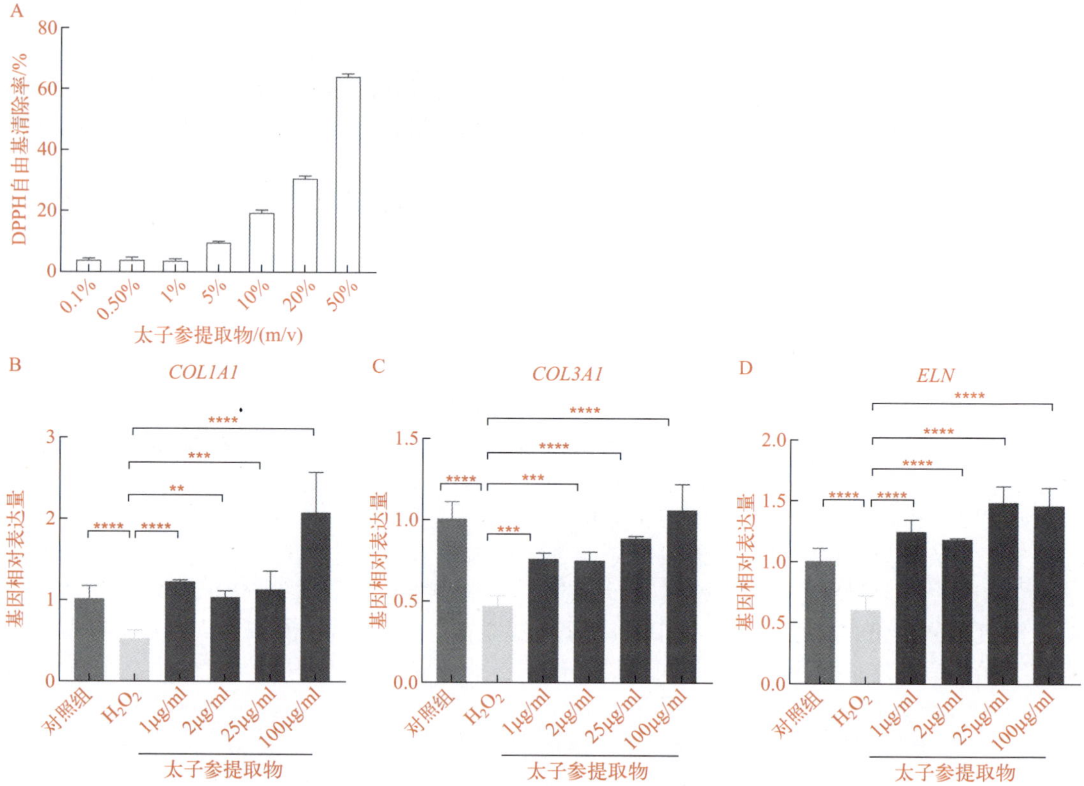

图 4-14　不同浓度太子参提取物对 DPPH 自由基清除率及 ECM 相关指标的影响

（A）不同浓度太子参提取物对DPPH自由基清除率统计；（B—D）不同浓度太子参提取物作用于H_2O_2诱导的成纤维细胞48 h，对ECM相关指标*COL1A1*、*COL3A1*、*ELN*表达的影响（Ctrl：对照组；H_2O_2：过氧化氢诱导组；数据以均值±标准差展示，采用单因素方差分析）

2）太子参提取物改善 UVA 诱导光损伤细胞表型。

UVA 穿透皮肤表层作用于真皮成纤维细胞，不仅会破坏细胞本身结构，而且会进一步损伤细胞功能，导致其合成分泌 ECM 能力减弱、细胞迁移修复能力受损等。因此为了探究太子参提取物是否能够改善 UVA 引起的皮肤细胞损伤，我们在 UVA 辐照成纤维细胞模型上进行了进一步的研究。

成纤维细胞的肌动蛋白骨架与细胞迁移、修复等功能密切相关。鬼笔环肽作为一种荧光染料，可特异性标记细胞内的 F- 肌动蛋白，从而在荧光显微镜下可视化细胞微丝骨架分布，Hoechst 染料可特异性标记细胞核，通过鬼笔环肽与 Hoechst 共标记可观察细胞肌动蛋白骨架形态结构上的变化。

结果如图 4-15（详见彩图）所示，正常成纤维细胞骨架肌动蛋白纤维着染清晰均匀，细胞骨架完整且整体排列紧密有序，无断裂、缺失或异常聚集的情况，表明细胞骨架功能状态良好。当受到 UVA 辐照后，细胞发生明显皱缩，细胞面积大幅减小，细胞骨架肌动蛋白纤维着染强度不均，骨架结构完整性被破坏，代之以短碎纤维或出现点状聚集，整体排列出现紊乱。而太子参提取物作用后，相较于 UVA 辐照组，细胞发生皱缩的程度有所减缓，细胞面积相对更大，细胞骨架形态有所改善，部分肌动蛋白纤维恢复清晰着染，结构排列有序整齐。该部分结果表明，太子参提取物对 UVA 辐照引起的成纤维细胞的细胞形态损伤有一定的改善效果。

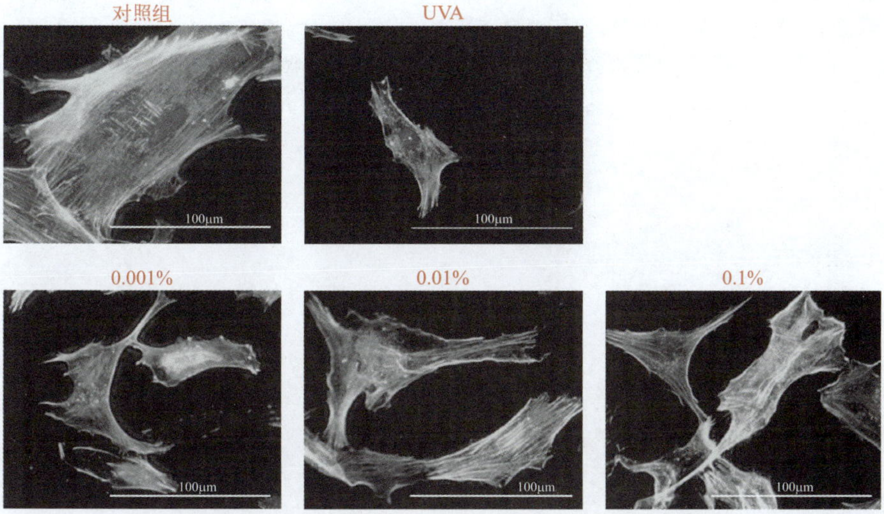

图 4-15　太子参提取物对成纤维细胞骨架形态结构的影响

UVA：辐照组，15 J/cm^2；绿色荧光代表鬼笔环肽着染细胞骨架结构，蓝色荧光代表 Hoechst 着染细胞核；比例尺 100 μm

UVA 辐照会导致真皮成纤维细胞合成胶原能力减弱，进一步检测太子参提取物在 UVA 辐照下成纤维细胞合成 I 型胶原的能力，发现太子参提取物可显著改善 UVA 所致的 *COL1A1* 表达下降，且呈现出一定的浓度依赖性（图 4-16）。

总之，在稀有人参皂苷 C-Mx 方面，针对其难以直接富集制备的问题，利用生物转化技术，以 CMc 为底物，通过筛选获得解木糖赖氨酸芽孢杆菌（CICC 24518）及优化工艺条件，实现了 C-Mx 的高效制备。体外功效研究表明，C-Mx 可促进 ECM 成分表达，同时下调 *MMP1*，改善 UVA 诱导的 ECM 损伤；其具备显著的抗氧化活性，可有效抑制 UVA 诱导的真皮成纤维细胞内 ROS 的生成，该作用可能与调控 KEAP1/NRF2 信号通路密切相关；此外，

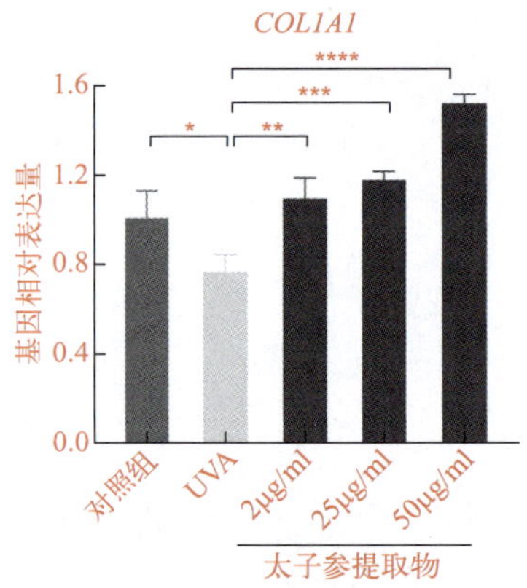

图 4-16　不同浓度太子参提取物对 *COL1A1* 表达的影响

UVA：辐照组，9 J/cm²；数据以均值 ± 标准差展示，采用单因素方差分析

C-Mx 可抑制 UVB 诱导的 HaCaT 中 *IL-6*、*IL-8* 等促炎因子的表达，改善光损伤相关炎性反应。

在太子参提取物方面，通过对比不同供应商原料及提取工艺，筛选出更优的原料，进一步研究表明，该太子参提取物可有良好的 DPPH 自由基清除能力，可改善氧化应激引起的 ECM 损伤，同时，该提取物能减轻 UVA 诱导的成纤维细胞形态损伤，并浓度依赖性地促进 *COL1A1* 表达，展现出改善 UVA 光损伤的潜力。

综上，本研究结果为稀有人参皂苷 C-Mx 及太子参提取物作为天然生物防晒成分的开发应用提供了实验依据，凸显了中药适应原在皮肤抗光损伤与光老化领域的研究价值。

第五章

防晒化妆品原料、配方与技术

一、防晒剂的选择与配伍

防晒剂按照类型和功能主要分为两类：有机（化学）防晒剂和无机（物理）防晒剂。根据我国现行版《技术规范》，目前共有26种防晒剂获准在化妆品中使用，其中有机防晒剂有24种，无机防晒剂仅有2种。下面将分别对有机防晒剂、无机防晒剂的选择和配伍以及“五性一率 BEESPA”防晒配方设计原则进行介绍。

（一）有机防晒剂的选择与配伍

1. 有机防晒剂的定义

（1）化学本质　有机防晒剂的核心结构通常由含共轭双键的芳香环（如苯环、萘环）与羰基（C=O）或杂原子（N、O）结合，形成离域π电子云，其能级差匹配紫外线（UVB/UVA）光子能量（280～400 nm），通过电子跃迁吸收光能。

（2）防晒机理　分子吸收紫外线后，电子从基态（S_0）跃迁至激发态（S_1/S_2），通过分子内氢键断裂、非辐射弛豫（释放热能）或荧光 / 磷光发射等方式退激回到基态，实现能量转化与循环防护。

2. 市面上常用有机防晒剂

《技术规范》列出的准用有机防晒剂是24种，但根据市面上防晒化妆品防晒剂使用情况调研，市面上常用的有机防晒剂有18种左右。

（1）2007—2015年广州市生产企业备案防晒化妆品中有机防晒剂使用情况　广州市药品检验所丁怡调研了2007—2015年间广州市生产企业“备案”有机防晒化妆品中防晒剂的使用频率情况，其中有机防晒剂的使用频率统计如图5-1所示。使用频率排前三的是甲氧基肉桂酸乙基己酯（63%）、丁基甲氧基二苯甲酰基甲烷（43.9%）和二苯酮-3（40.4%）。

（2）2015—2019年国家化妆品监督抽检防晒化妆品中有机防晒剂使用情况　广东省药品检验所刘小娟等人调研了2015—2019年国家化妆品监督抽检防晒化妆品中有机防晒剂的使用频率（2015—2019年）统计如图5-2所示。使用频率排前三的是甲氧基肉桂酸乙基己酯（82.3%）、水杨酸乙基己酯（38.9%）和丁基甲氧基二苯甲酰基甲烷（36%）。

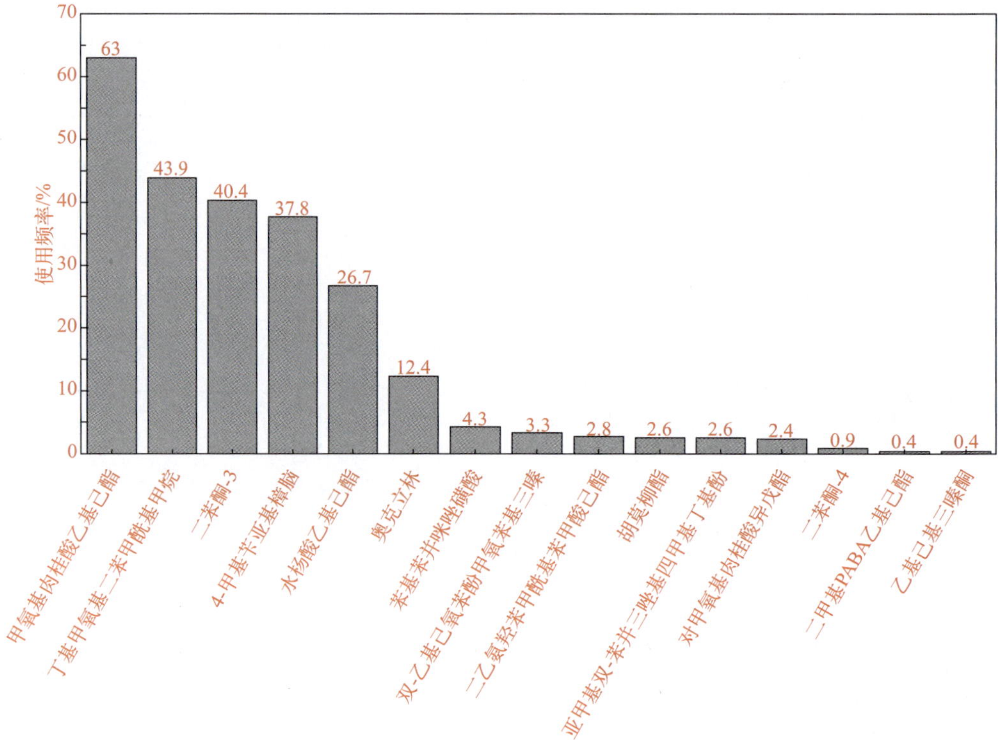

图 5-1　2007—2015 年广州市生产企业备案防晒化妆品中有机防晒剂的使用频率

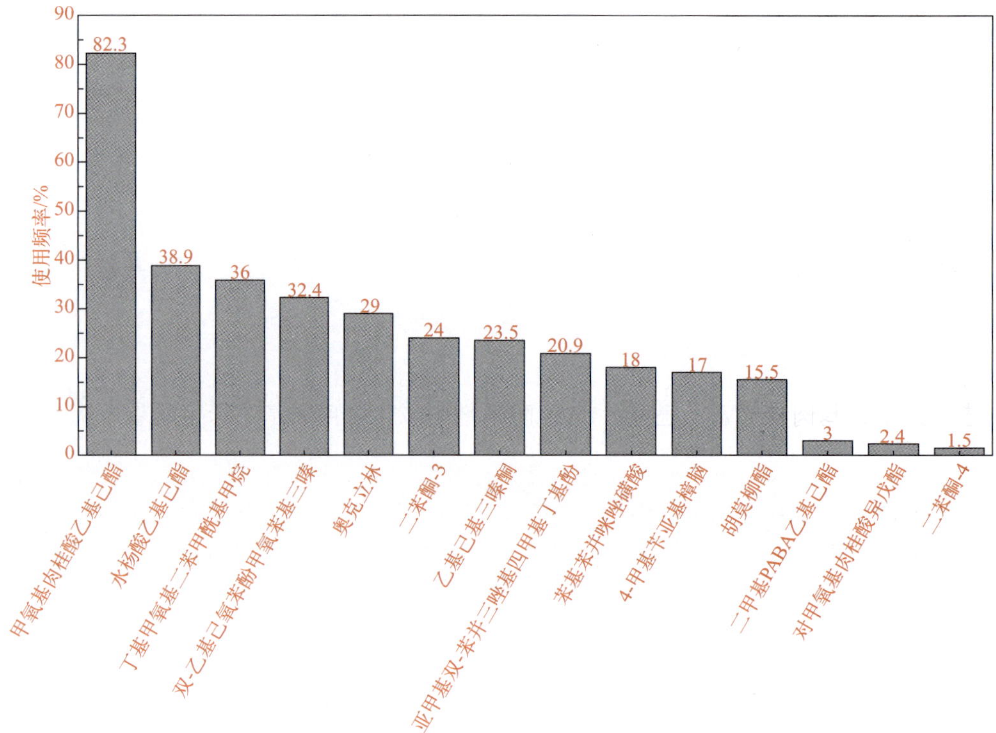

图 5-2　2015—2019 年国家化妆品监督抽检防晒化妆品中有机防晒剂的使用频率

（3）2020 年山东省药监局抽检 116 批防晒化妆品中 23 种有机防晒剂使用情况　山东省食品药品检验研究院蒋亚奇等人对 2020 年山东省药监局抽检的 116 批防晒化妆品中 23 种有机防晒剂进行测定，并对使用频率等情况进行了统计。抽检样品防晒剂的使用频率如图 5-3 所示。使用频率排前三的是甲氧基肉桂酸乙基己酯（86.2%）、奥克立林（46.6%）和丁基甲氧基二苯甲酰基甲烷（46.6%）。

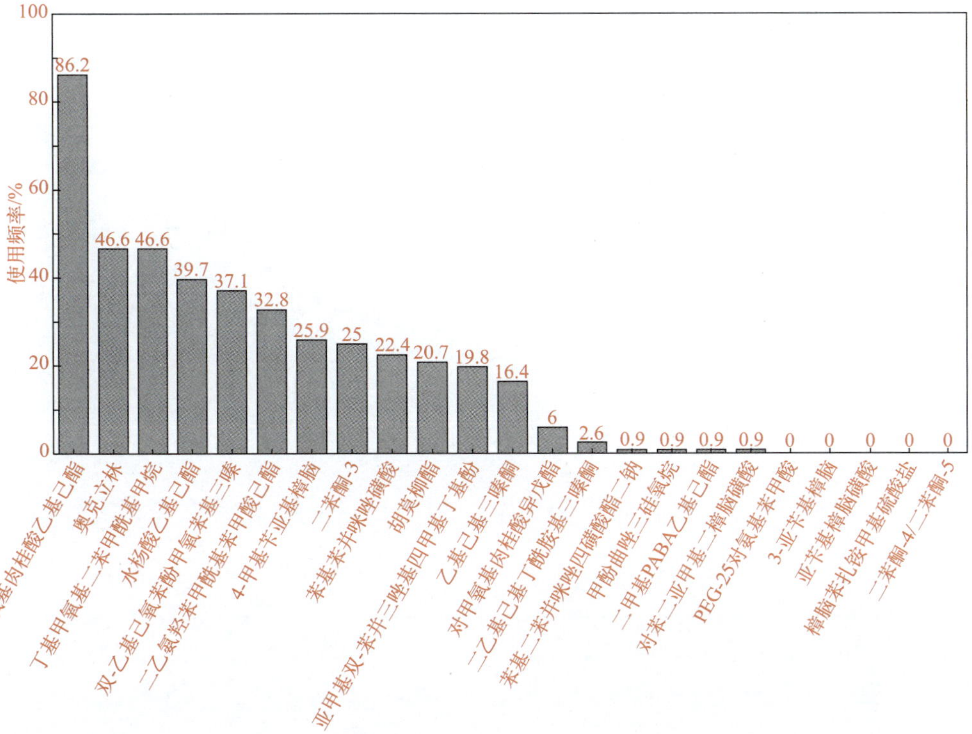

图 5-3　2020 年抽检 116 批防晒化妆品中有机防晒剂使用频率

（4）2022 年福建省市售 326 批次防晒化妆品防晒剂使用情况　福建省食品药品质量检验研究院简育莹等人调研了 2022 年福建省市售 326 批次防晒化妆品防晒剂的使用情况，如图 5-4 所示。使用频率排前三的是甲氧基肉桂酸乙基己酯（81.9%）、双-乙基己氧苯酚甲氧苯基三嗪（54.3%）和二乙氨羟苯甲酰基苯甲酸己酯（50%）。

由图 5-1 ～图 5-3 可见，2007—2020 年期间，抽检的国内防晒化妆品中 UVB 防晒剂的主流选择为甲氧基肉桂酸乙基己酯，UVA 防晒剂则以丁基甲氧基二苯甲酰基甲烷为主。由图 5-4 显示，近五年开始，随着技术升级，光稳定性更优的 UVA 及广谱防晒剂（如二乙氨羟苯甲酰基苯甲酸己酯、双 - 乙基己氧苯酚甲氧苯基三嗪）的使用频率显著提升，已经超过传统 UVA 防晒剂丁基甲氧基二苯甲酰基甲烷。

（5）2017—2021 年我国进口防晒化妆品使用情况　中国食品药品检定研究院塔娜等人专门对 2017—2021 年我国进口防晒化妆品的注册情况进行分析，并对 19 种防晒剂（包含二氧化钛和氧化锌）的使用频率情况进行了统计。17 种有机防晒剂的使用情况如图 5-5 所示。使用频率排前三的是甲氧基肉桂酸乙基己酯（66.7%）、水杨酸乙基己酯（32.4%）和双-乙基己氧苯酚甲氧苯基三嗪（23.8%）。

图 5-5 显示，进口防晒化妆品中使用频率最高的 UVB 防晒剂依然为甲氧基肉桂酸乙基

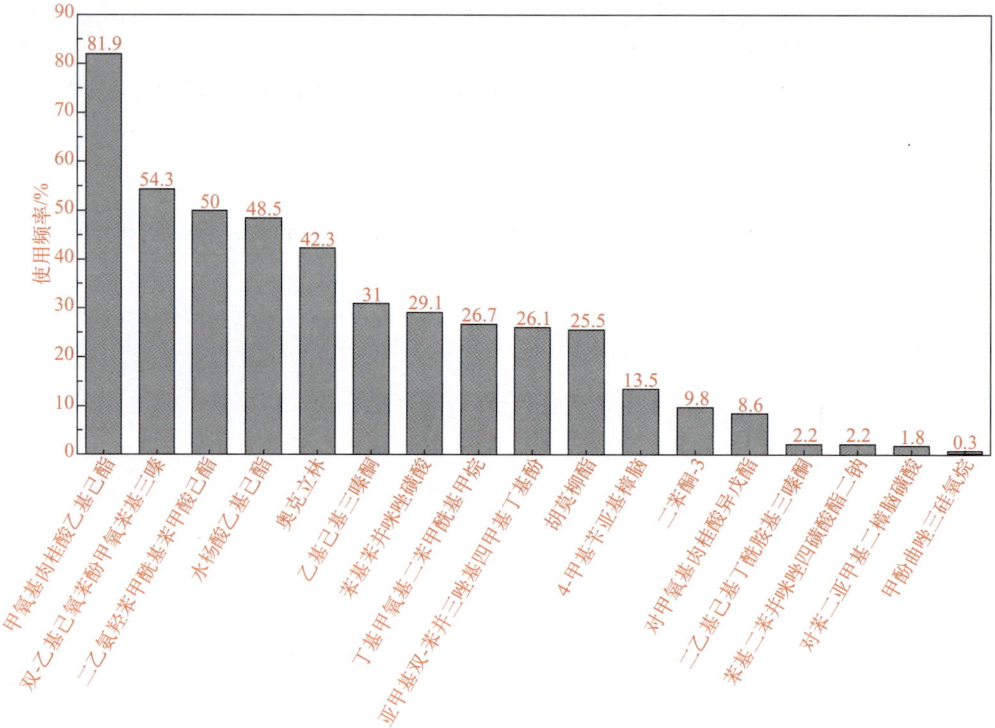

图 5-4　2022 年福建省市售 326 批次防晒化妆品防晒剂使用频率

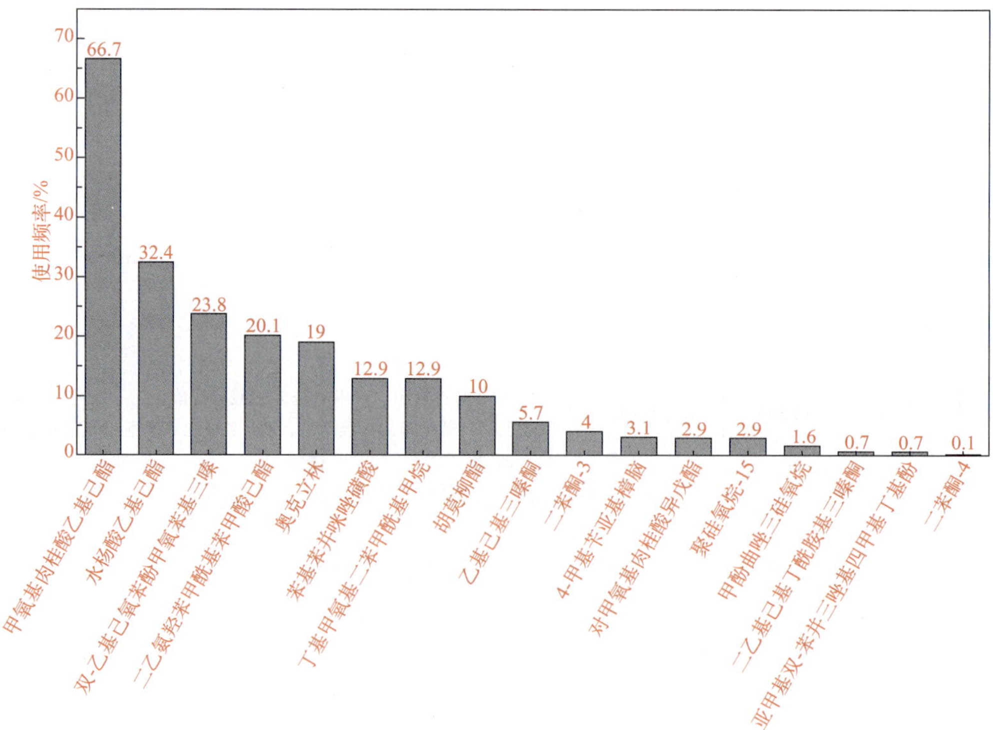

图 5-5　2017—2021 年我国进口防晒化妆品防晒剂使用情况

己酯，UVA &广谱防晒剂为二乙氨羟苯甲酰基苯甲酸己酯和双-乙基己氧苯酚甲氧苯基三嗪，跟近 5 年国内防晒化妆品对防晒剂的使用趋势类似。

另外，二甲基 PABA 乙基己酯、PEG-25 对氨基苯甲酸、3-亚苄基樟脑、亚苄基樟脑磺酸、樟脑苯扎铵甲基硫酸盐以及二苯酮-4/ 二苯酮-5 等由于存在各种各样的安全性和稳定性问题，市场对其使用越来越少，几近消失。

（6）市面主流防晒化妆品防晒剂使用情况　除对整体市场上的防晒化妆品的有机防晒剂使用情况调研外，我们也分析了市面上主流防晒化妆品的防晒剂使用情况，如表 5-1 所示。

表 5-1　市面上主流防晒化妆品防晒剂使用情况

序号	产品名称	注册证号	防晒剂使用情况
1	Mistine 小黄帽防晒霜（泰版）（蜜丝婷水感哑光轻盈防护面部防晒霜 SPF50+PA++++）	跨境 / 未进口注册	（1）有机防晒剂：奥克立林、胡莫柳酯、丁基甲氧基二苯甲酰基甲烷、水杨酸乙基己酯、苯基苯并咪唑磺酸、亚甲基双 - 苯并三唑基四甲基丁基酚、双 - 乙基己氧苯酚甲氧苯基三嗪 （2）无机防晒剂：二氧化钛
2	欧莱雅新多重防护隔离露（外御内护）SPF50+PA++++	国妆特字 G20190614	有机防晒剂：甲氧基肉桂酸乙基己酯、二乙氨羟苯甲酰基苯甲酸己酯、甲酚曲唑三硅氧烷、双 - 乙基己氧苯酚甲氧苯基三嗪、亚甲基双 - 苯并三唑基四甲基丁基酚、乙基己基三嗪酮
3	安热沙智感倍护防晒乳液 GB SPF50+PA++++	国妆特进字 J20240273	（1）有机防晒剂：奥克立林、水杨酸乙基己酯、二乙氨羟苯甲酰基苯甲酸己酯、胡莫柳酯、乙基己基三嗪酮、双 - 乙基己氧苯酚甲氧苯基三嗪 （2）无机防晒剂：氧化锌、二氧化钛
4	兰蔻轻透水漾防晒乳 SPF50PA++++	国妆特进字 J20190246	有机防晒剂：甲氧基肉桂酸乙基己酯，二乙氨羟苯甲酰基苯甲酸己酯，双 - 乙基己氧苯酚甲氧苯基三嗪，甲酚曲唑三硅氧烷，亚甲基双 - 苯并三唑基四甲基丁基酚，乙基己基三嗪酮
5	薇诺娜清透防晒乳 SPF48PA+++	国妆特字 G20151938	有机防晒剂：甲氧基肉桂酸乙基己酯、乙基己基三嗪酮、双 - 乙基己氧苯酚甲氧苯基三嗪、亚甲基双 - 苯并三唑基四甲基丁基酚
6	美肤宝多维光护养肤焕白防晒乳 SPF50+PA++++	国妆特字 G20235659	有机防晒剂：二乙氨羟苯甲酰基苯甲酸己酯、双 - 乙基己氧苯酚甲氧苯基三嗪、对甲氧基肉桂酸异戊酯、苯基苯并咪唑磺酸、亚甲基双 - 苯并三唑基四甲基丁基酚（纳米级）、乙基己基三嗪酮
7	珀莱雅轻享阳光盾护防晒液 SPF50+PA++++	国妆特字 G20223569	（1）有机防晒剂：甲氧基肉桂酸乙基己酯、水杨酸乙基己酯、双 - 乙基己氧苯酚甲氧苯基三嗪、对苯二亚甲基二樟脑磺酸、二乙氨羟苯甲酰基苯甲酸己酯、乙基己基三嗪酮、聚硅氧烷 -15、亚甲基双 - 苯并三唑基四甲基丁基酚 （2）无机防晒剂：氧化锌、二氧化钛
8	美肤宝柔光焕颜美白隔离防晒霜 SPF50+PA++++（清透绿 / 柔雾紫 / 轻纱裸）	国妆特字 G20247986/ G20247729/ G20249075	（1）有机防晒剂：对甲氧基肉桂酸异戊酯、二乙氨羟苯甲酰基苯甲酸己酯、苯基苯并咪唑磺酸、双 - 乙基己氧苯酚甲氧苯基三嗪 （2）无机防晒剂：二氧化钛
9	花西子玉容云纱防晒妆前霜 SPF50+PA+++（轻雾紫 / 肤若雪 / 面若桃）	国妆特字 G202413285/ G202412115/ G202413295	（1）有机防晒剂：甲氧基肉桂酸乙基己酯、水杨酸乙基己酯、双 - 乙基己氧苯酚甲氧苯基三嗪 （2）无机防晒剂：氧化锌、二氧化钛
10	柳丝木活力骄阳美白防晒乳 SPF50+PA++++	国妆特字 G202412609	（1）有机防晒剂：甲氧基肉桂酸乙基己酯、水杨酸乙基己酯、二乙氨羟苯甲酰基苯甲酸己酯、双 - 乙基己氧苯酚甲氧苯基三嗪、奥克立林、苯基苯并咪唑磺酸、乙基己基三嗪酮 （2）无机防晒剂：氧化锌、二氧化钛

续表

序号	产品名称	注册证号	防晒剂使用情况
11	韩束美白淡斑防晒乳 SPF50+PA+++	国妆特字 G20222901	（1）有机防晒剂：甲氧基肉桂酸乙基己酯、水杨酸乙基己酯、二乙氨羟苯甲酰基苯甲酸己酯、亚甲基双-苯并三唑基四甲基丁基酚、乙基己基三嗪酮、双-乙基己氧苯酚甲氧苯基三嗪 （2）无机防晒剂：二氧化钛
12	美康粉黛 MEIKING 美白水感防晒精华乳 SPF50+PA++++	国妆特字 G20241680	有机防晒剂：甲氧基肉桂酸乙基己酯、亚甲基双-苯并三唑基四甲基丁基酚、二乙氨羟苯甲酰基苯甲酸己酯、乙基己基三嗪酮、双-乙基己氧苯酚甲氧苯基三嗪

注：排名不分先后，不代表实际销售排名。

综上，18 种市面上常用的有机防晒剂统计如表 5-2 所示。

表 5-2　常用有机防晒剂清单

序号	中文名称	简写	防晒剂类别（防护波段）
1	4-甲基苄亚基樟脑	4MBC	UVB
2	二苯酮-3	BP3	UVB & UVA Ⅱ
3	双-乙基己氧苯酚甲氧苯基三嗪	BEMT	广谱
4	丁基甲氧基二苯甲酰基甲烷	BMDBM	UVA
5	二乙氨羟苯甲酰基苯甲酸己酯	DHHB	UVA
6	二乙基己基丁酰胺基三嗪酮	DHBT	UVB
7	苯基二苯并咪唑四磺酸酯二钠	DPDT	广谱
8	甲酚曲唑三硅氧烷	DTS	广谱
9	甲氧基肉桂酸乙基己酯	EHMC	UVB
10	水杨酸乙基己酯	EHS	UVB
11	乙基己基三嗪酮	EHT	UVB
12	胡莫柳酯	HMS	UVB
13	对甲氧基肉桂酸异戊酯	IMC	UVB
14	亚甲基双-苯并三唑基四甲基丁基酚	MBBT	广谱
15	奥克立林	OCR	UVB
16	苯基苯并咪唑磺酸及其钾、钠和三乙醇胺盐	PBSA	UVB
17	聚硅氧烷-15	PS15	UVB
18	对苯二亚甲基二樟脑磺酸及其盐类	TDSA	广谱

3. 有机防晒剂的选择

（1）有机防晒剂的防晒能力　防晒化妆品的核心功效在于紫外线防护能力，其防护效果主要通过 SPF 值（针对 UVB 防护）和 PFA 值（即 PA 等级，针对 UVA 防护）进行评估。为实现目标 SPF 与 PA 等级，需合理选择和配伍防晒剂，并首先明确各防晒剂在 UVB 和 UVA 波段的防护性能。在配方开发初期，采用体内试验（*in vivo*）进行初步筛选往往成本高昂且效率较低，而计算机模拟（*in silico*）与仪器体外测定（*in vitro*）方法则更适合用于快速、高效的初步评估与筛选。

1）计算机模拟（*in silico*） BASF Sunscreen Simulator 是 BASF（Ciba）公司开发的，用于评估防晒成分的 UVB 和 UVA 的防护效果（*in silico*）。其计算结果虽不能代替人体法（in vivo）的测试结果，但具有较高的参考价值，常常运用在防晒产品的前期开发中。类似的工具还有 DSM-firmenish 开发的 Sunscreen Optimizer。

基于表 5-2 的 18 种常用有机防晒剂，在中国法规限用范围内，其用量分别在 1%、2%、3%、4%、5%、6%、8%、10% 共 8 个用量水平下利用 BASF Sunscreen Simulator 计算单一防晒剂的 SPF 及 UVA-PF（ISO 24442）值，结果如表 5-3 所示。

表 5-3 不同用量水平下 18 种常用有机防晒剂的 SPF（UVA-PF）值（in silico）

防晒剂	SPF（UVA-PF）值							
	1%	2%	3%	4%	5%	6%	8%	10%
DHHB	1.5（3.3）	2.0（5.2）	2.5（6.8）	2.9（8.4）	3.4（9.9）	3.9（11.3）	4.9（14.3）	5.9（17.2）
BEMT	3.1（3.1）	5.1（4.7）	7.2（6.1）	9.5（7.4）	12.0（8.6）	14.5（9.9）	19.8（12.3）	25.3（14.8）
TDSA	2.2（3.1）	3.2（4.6）	4.3（5.9）	5.5（7.1）	6.6（8.3）	7.8（9.4）	10.3（11.5）	12.8（13.6）
MBBT	2.3（2.8）	3.5（4.2）	4.8（5.6）	6.1（6.9）	7.5（8.2）	8.9（9.4）	11.9（12）	15（14.5）
BMDBM	1.9（2.5）	2.7（3.2）	3.3（3.6）	3.9（3.9）	4.5（4.1）	/	/	/
DPDT	2.3（2.3）	3.6（3.2）	4.8（3.9）	6.2（4.5）	7.5（5.1）	8.9（5.7）	11.7（6.7）	14.6（7.7）
DTS	2.1（1.9）	3.1（2.7）	4.2（3.4）	5.3（4.0）	6.4（4.6）	7.6（5.2）	10.0（6.4）	12.4（7.6）
EHT	3.4（1.0）	5.2（1.0）	6.6（1.0）	7.8（1.0）	8.8（1.0）	/	/	/
DHBT	3.3（1.0）	5.0（1.0）	6.4（1.0）	7.5（1.0）	8.4（1.0）	9.2（1.0）	10.4（1.0）	11.3（1.0）
IMC	3.0（1.1）	4.6（1.2）	6.1（1.2）	7.4（1.3）	8.7（1.3）	9.8（1.3）	11.8（1.4）	13.5（1.5）
EHMC	2.8（1.1）	4.2（1.2）	5.5（1.2）	6.8（1.3）	7.9（1.3）	8.9（1.3）	10.8（1.4）	12.5（1.4）
PBSA	2.8（1.0）	4.2（1.1）	5.5（1.1）	6.6（1.1）	7.7（1.1）	8.7（1.2）	10.4（1.2）	/
4MBC	2.8（1.1）	4.2（1.1）	5.4（1.2）	6.6（1.2）	/	/	/	/
BP3	2.3（1.5）	3.5（1.9）	4.8（2.2）	6.0（2.5）	7.4（2.7）	8.7（3.0）	11.5（3.4）	14.3（3.9）
OCR	2.1（1.2）	3.0（1.4）	4.0（1.5）	5.0（1.6）	6.0（1.8）	7.0（1.9）	9.0（2.1）	11.0（2.3）
EHS	1.6（1.0）	2.1（1.0）	2.6（1.0）	3.1（1.0）	3.6（1.0）	/	/	/
PS15	1.6（1.0）	2.1（1.1）	2.6（1.1）	3.1（1.1）	3.6（1.1）	4.1（1.1）	5.0（1.2）	5.8（1.2）
HMS	1.5（1.0）	2.0（1.0）	2.4（1.0）	2.8（1.0）	3.2（1.1）	3.6（1.1）	4.3（1.1）	5.0（1.1）

2）仪器法（*in vitro*） 紫外分光光度计也可以用于评估防晒剂的防晒能力（基于紫外吸收曲线）。18 种常用有机防晒剂、包括 10 种常用 UVB 波段有机防晒剂和 8 种 UVA &广谱有机防晒剂紫外吸收曲线分别如图 5-6～图 5-8（详见彩图）所示。

① UVB 波段吸收能力评估 由表 5-3 模拟结果可知，在《技术规范》限用范围内，随着各自单一用量的增加，BEMT、EHT、DHBT、IMC、EHMC、PBSA 以及 4MBC 可带来较高的 SPF 值增长。图 5-7 的紫外吸收曲线也显示，这些防晒剂在 UVB 波段有着较强的吸收，是优势 UVB 防晒剂。虽然 OCR、EHS、PS15、HMS 等对 UVB 波段紫外线的吸收相对较弱，但 OCR、EHS 和 HMS 是优势 UVB 和 UVA &广谱固体化学防晒剂的良好溶剂；PS-15 具有成膜效果，也发挥着独特的防晒增效作用。

② 广谱紫外线& UVA 波段吸收能力评估 同样由表 5-3 的模拟结果可知，在《技术规范》限用范围内，随着有机防晒剂各自单一用量的增加，DHHB、BEMT、TDSA、MBBT、BMDBM、DPDT 以及 DTS 可带来较高的 PFA 值增长。图 5-8 的紫外吸收曲线也显示，这些防晒剂在 UVA 波段有着较强的吸收能力，是优势 UVA 防晒剂。BP3 和 OCR 虽然在 UVA Ⅱ

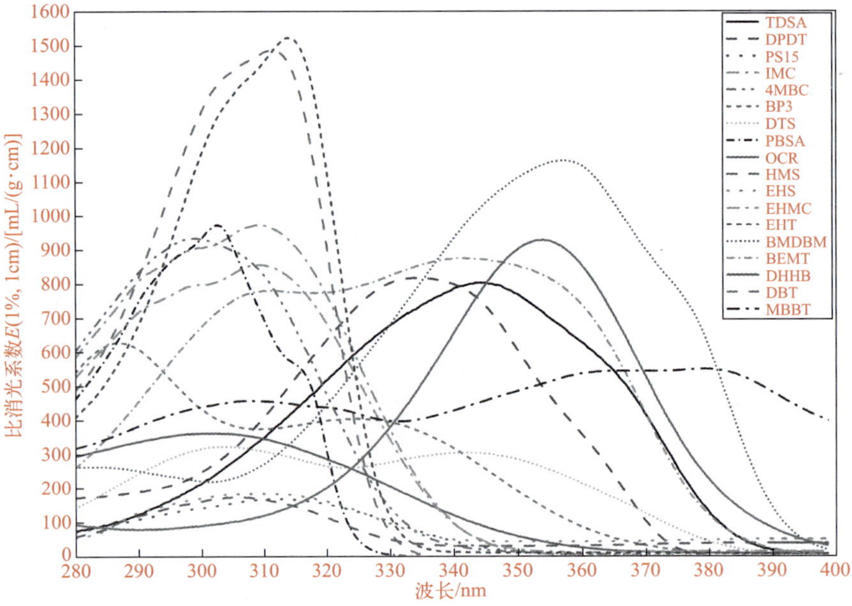

图 5-6　18 种常用有机防晒剂的紫外吸收曲线（280 ~ 400 nm）

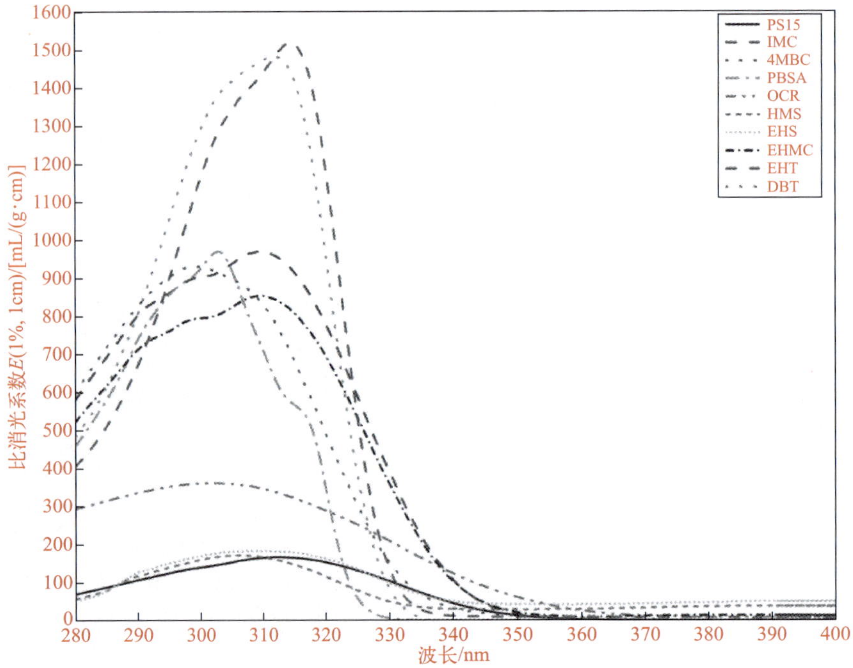

图 5-7　10 种常用 UVB 波段有机防晒剂的紫外吸收曲线（280 ~ 400 nm）

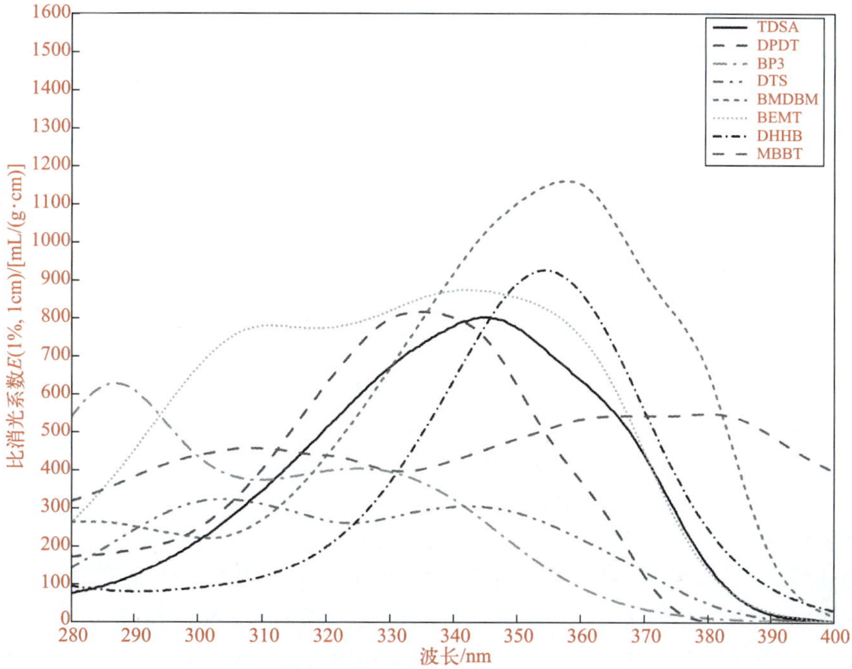

图 5-8 8 种常用 UVA &广谱有机防晒剂的紫外吸收曲线（280 ~ 400 nm）

波段有吸收，只能作为辅助 UVA 防晒剂。

需要说明的是，以上这些对 UVA 波段有较强的吸收能力的防晒剂中，有些在 UVB 波段上也有较强的吸收能力，属于具有一定广谱紫外线吸收能力的一类有机防晒剂，例如 BEMT、TDSA、MBBT、DPDT 和 DTS。

（2）有机防晒剂的光稳定性　相较于无机防晒剂，有机防晒剂的光稳定性更受关注。若有机防晒剂光稳定性不佳，经光照后不仅会导致防晒效力下降，还可能产生对皮肤有害的副产物，这不仅会影响产品的防护效果与有效防护时长，甚至可能直接伤害皮肤。

1）有机防晒剂分子中的光物理过程（激发态能量的无害耗散）　有机防晒剂分子的电子能级及主要分子间光物理过程（不引发化学变化的过程），通常可用 Jablonski 图（图 5-9）表示。垂直方向表示能量的相对分布，较粗的短黑线表示所有的电子态，相对电子能级细一些的线表示振动能级。带箭头的实线表示光吸收过程（absorption）和辐射过程，带箭头的虚线表示非辐射过程。

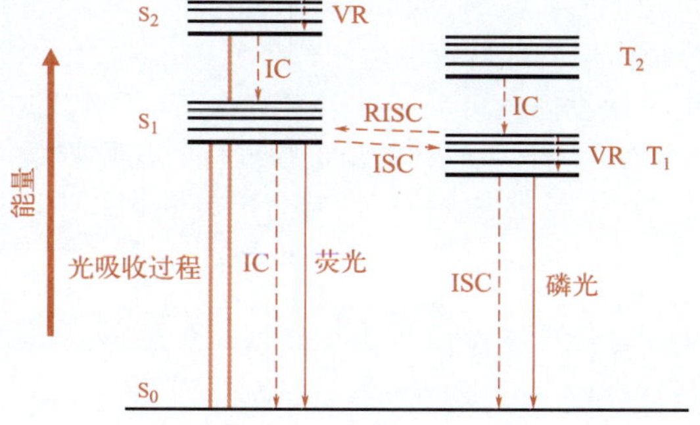

图 5-9　Jablonski 图

处于基态（S_0）的有机防晒剂分子吸收光子后，光子的能量会传递给分子（自身湮灭），使分子占据轨道中的一个电子跃迁至空轨道，分子由此从电子基态转变为电子激发态。激发态可分为单重激发态和三重激发态两种：

· 单重激发态　跃迁到空轨道中的电子自旋不发生翻转，两个未成对电子的自旋方向是反平行的，按能量由低到高可以分别用 S_1、S_2 等表示；

· 三重激发态　跃迁到空轨道中的电子自旋发生翻转，两个未成对电子的自旋方向是平行的，按能量由低到高可以分别用 T_1、T_2 等表示。

处于电子激发态的分子能量极高，无法像基态分子那样稳定存在，需在短时间内通过以下三种方式释放能量失活：

① 辐射过程　激发态分子通过释放辐射返回基态或更低能级激发态，包括荧光［fluorescence，激发态衰减到多重度相同的低能级时释放的辐射（$S_1 \rightarrow S_0$）］和磷光［phosphorescence，激发态衰减到多重度不同的低能级时释放的辐射（$T_1 \rightarrow S_0$）］；

② 非辐射过程　激发态分子不释放辐射，直接衰减回基态或更低能级激发态，非辐射过程是有机防晒剂最理想的能量耗散方式。包括：

· 振动弛豫（VR）　同一电子态内从高振动能级向低振动能级弛豫；

· 内部转换（IC）　激发态从多重度相同的高能电子态弛豫到低能电子态（$S_2 \rightarrow S_1$）；

· 系间窜越（ISC）　激发态在多重度不同的电子态间弛豫（$S_1 \rightarrow T_1$）。

③激发态的能量转移与电子转移：除分子内的辐射和非辐射过程外，激发态分子还可通过分子间作用失活——将能量转移给另一个基态分子（自身回到基态，对方跃迁至激发态），该过程包括辐射能量转移和非辐射能量转移。

一款理想的光稳定有机防晒剂，其设计目标是最大限度地通过快速、高效的非辐射过程（特别是振动弛豫和内部转换）将吸收的紫外光能转化为无害的热能。例如，BEMT、DHHB等优秀防晒剂，正是通过其分子内高效的非辐射弛豫通道，迅速将光能转化为分子热振动进而消耗掉，以避免因发生光化学反应或产生大量荧光/磷光而自身分解或对皮肤造成潜在影响。

2）有机防晒剂分子中的光化学过程　光化学过程是指有机防晒剂分子吸收光子进入电子激发态后，所引发的化学键断裂或形成的不可逆反应。这些反应是导致防晒剂光降解、失效甚至引发皮肤刺激的主要原因，主要包括：

· 光异构化（photoisomerization）　激发态分子键旋转或电子重排，生成异构体；

· 光裂解（photofragmentation）　激发态化学键断裂，产生自由基或小分子片段；

· 光氧化还原反应　激发态分子参与电子转移，与氧气反应生成活性氧（ROS），引发链式氧化降解。

其中，激发态同分异构化是分子在电子激发态下发生的同分异构体转换，其反应受溶剂效应、分子内电子结构等多种因素影响。

对于光不稳定的有机防晒剂来说，吸收光能后，处于电子激发态的分子，发生不可逆同分异构化作用，或者发生分裂作用，或者发生生物分子反应。例如，BMDBM是优良的UVA吸收剂，吸收光能后变为电子激发态，可以通过以下方式消耗吸收的光能：通过同分异构化作用，例如酮-烯醇互变异构作用将其吸收的能量进行消耗。在吸收紫外光能量后发生异构化反应后，异构化分子没有吸收对应波段紫外线的能力，在光照下，其UVA的吸收能力发生衰减。

此外，有些有机防晒剂复配在一起，会发生反应。EHMC和BMDBM在一起，会发生不可逆的环化加成反应，严重地降低了两者的光防护效力。所以，在防晒剂选择和复配时，要注意避免将两个防晒剂搭配在一起使用。

3）提升有机防晒剂的光稳定性方法

① 添加光稳定剂　比如Hallstar公司的光稳定剂-avobrite［丙烯酸（酯）类共聚物］。

通过激发态淬灭机制稳定有机防晒剂（如 BMDBM）：其丙烯酸酯共聚物结构能快速将处于激发态的防晒剂分子能量以非辐射形式耗散，防止其发生光异构化或光裂解。

② 添加单重态＆三重态猝灭剂　比如 Symrise 公司的 Corapan TQ（2,6-萘二甲酸二乙基己酯）。其光稳定的机理是：猝灭剂接受目标分子的单重态激发态能量或目标分子的三重态激发态能量，通过非辐射衰变过程（热）释放获得的能量，使目标分子回到基态。

③ 添加单态氧猝灭剂　比如维生素 E。其稳定机理是：添加抗氧化性和单态氧猝灭性的组分，可以减少或避免由于单态氧的形成，化妆品原料与其发生反应或皮肤上的油脂等与其发生反应生成的副产物。

④ 以物理阻隔的方式来保证光稳定性　比如将防晒剂进行包裹处理，将防晒剂活性成分保护起来，通过这种物理阻隔方式，既保护了防晒剂的活性，也保证了使用时的安全性。

⑤ 选择合适的介质组分　可以通过选择合适的润肤剂、溶剂等来稳定光不稳定的有机防晒剂。前文提到，激发态同分异构化作用是受到溶剂效应等多种因素的影响。选择合适的溶剂，可以提高防晒剂的光稳定性。有研究结果显示，不同极性的溶剂，会影响有机防晒剂的最大吸收峰，使有机防晒剂的最大吸收峰发生位移，另外，有研究发现，溶剂的极性还会影响有机防晒剂的最大消光系数 ε。

（3）有机防晒剂的安全性　一般来说，防晒剂不超过《准用防晒剂清单》规定的最大允许浓度、限用范围及限制条件，都是相对安全的。但随着科技的进步，对防晒剂的认知和了解在加深，一些早期广泛使用的防晒剂可能也不一定安全，比如“3-亚苄基樟脑”“4-甲基苄亚基樟脑”等。因此，我们可以基于最新的毒理和安全性评价数据来评估防晒剂的安全性。具体每种防晒剂的毒理和安全性评价数据可参考本书第三章内容。

理想的防晒剂是不希望其被透皮吸收，仅在皮肤表面发挥防护功效。因此，可以特别关注其跟透皮吸收相关的特性，如分子量等。常见接触的过敏原分子量，都低于 500 Da，分子量较大的组分，由于透皮吸收量极低，一般不能作为人体的过敏原。因此，分子量大于 500 Da 的防晒剂由于不易被皮肤吸收，相对来说对人体更加安全。这类大分子的防晒剂有：EHT、MBBT、BEMT、TDSA、DTS、DPDT、DBT。

（4）有机防晒剂的搭配　有机防晒剂根据理化性质可以分为油溶性防晒剂和水溶性 / 水分散防晒剂。其中，油溶性防晒剂又可分为固体（颗粒 / 粉末）防晒剂和液态防晒剂。如表 5-4 所示。由于相当部分的油溶性防晒剂为固体防晒剂，因此，有机防晒剂的选择，特别需要考虑其溶解性。

表 5-4　有机防晒剂类型

有机防晒剂类型	防晒剂名称（简写）
油溶性固体防晒剂	DHHB、BEMT、BMDBM、DTS、EHT、DHBT、4MBC、BP3
油溶性液态防晒剂	IMC、EHMC、OCR、EHS、PS15、HMS
水溶性防晒剂	TDSA、DPDT、PBSA
水分散防晒剂	MBBT

以下是一些使用及搭配要点：

1）油溶性固体有机防晒剂的使用要点　在使用油溶性固体有机防晒剂时，要注意搭配溶解固体防晒剂能力好的油溶性液态防晒剂（如 IMC、EHMC、OCR、EHS 和 HMS），或溶解固体防晒剂能力好的中、高极性油脂如碳酸二辛酯（CosSoft DCC/ 科思，Cetiol CC/ BASF）、癸二酸二异丙酯（CosSoft DIS/ 科思）、C12-15 醇苯甲酸酯（Cetiol AB/BASF）、丁基辛醇水杨酸酯（Sunobel BHB/ 科思，HALLBRITE BHB/Hallstar）等来进行溶解。在使用这类防晒剂时，需特别关注溶解的饱和度，避免固体防晒剂重结晶析出。

2）油溶性与水溶性有机防晒剂的搭配原则　配方体系中建议同时使用油溶性和水溶性防晒剂，使水、油相均含防晒成分，以避免“防晒漏洞”，提升防晒效果。

3）有机防晒剂的复配原则

· 复配必要性　单一防晒剂因吸收波段、最大吸收峰不同且受法规使用上限限制，难以达到理想效果，故需合理复配；

· 效果特点　防晒效果并非各成分 SPF 值或 PFA 值的简单相加，部分复配可协同增效（减少用量、实现广谱防晒），部分则可能降低效果；

· 核心考量　需关注成分间的兼容性及各成分的稳定性。

（二）无机防晒剂的选择与配伍

1. 无机防晒剂

（1）化学本质　无机防晒剂的主要成分是矿物质微粒，为不溶于水的具有晶体结构的无机化合物。以二氧化钛（TiO_2）和氧化锌（ZnO）为代表。

（2）防晒机理　无机防晒剂通过反射、散射和吸收紫外线实现防护，其作用机制与颗粒粒径及材料特性密切相关。

1）反射与散射作用　紫外线作为电磁波，当其作用于纳米级 TiO_2 或 ZnO 颗粒（粒径远小于紫外线波长）时，颗粒会向多方向散射紫外线，从而减弱照射方向的紫外线强度。根据米氏散射理论，散射强度与颗粒折射率呈正相关。TiO_2 折射率（2.4 ～ 2.7）高于 ZnO（约 2.0），因此在相同粒径下，TiO_2 的散射能力更强，但也更易导致皮肤“泛白”现象。

2）吸收作用　TiO_2 和 ZnO 属于宽禁带半导体。当紫外线光子能量超过其带隙时，价带电子被激发至导带，形成空穴-电子对，通过能量转化吸收紫外线，减少对皮肤的伤害。

2. 市面上常用的无机防晒剂

在我国的《技术规范》中，准用于防晒化妆品的无机防晒剂仅包括 TiO_2 和 ZnO 两种，如表 5-5 所示。目前两者已被广泛应用于各类防晒产品中。此外，虽有一些其他无机物（如氧化铈、氮化硼、滑石粉、氧化铁及云母等）也具备一定的紫外线防护性能，但由于不属于法规认可的防晒剂范畴，本书不予进一步探讨。

表 5-5　无机防晒剂清单

序号	中文名称	简写	防晒剂类别（防护波段）
1	二氧化钛	TiO_2	UVB & UVA Ⅱ
2	氧化锌	ZnO	广谱

3. 无机防晒剂的选择

（1）通用要求　无机防晒剂的防护效能与安全性并非仅由化学成分决定，更与其物理化学性质密切相关，包括晶体形态（晶型）、纯度、粒径大小分布及表面处理工艺（涂层）。因此，即使 INCI 名称相同，不同供应商的原料在性能上也可能存在显著差异。

选择无机防晒剂需要考虑的因素有：

1）晶体形态（晶型）

① TiO_2　主要有金红石型（Rutile）和锐钛型（Anatase）两种晶型。

· 金红石型　晶体结构致密（密度为 4.25 g/cm^3），八面体畸变小，原子排列紧密，折射率高达 2.71，对紫外线的散射能力比锐钛型更强。另外，带隙较窄（3.0 eV），电子-空穴复合率高，光催化活性弱，不易产生自由基，因此对皮肤氧化损伤风险更低，是防晒产品的首选晶型。

· 锐钛型　带隙较宽（3.2 eV），表面吸附氧能力强，电子-空穴分离效率高，光催化活性显著高于金红石型。在紫外光照下易产生活性氧（如 · OH），可能加速皮肤脂质过氧化，因此防晒产品中需限制其用量。折射率为 2.52，多用于需要光催化功能的场景（如抗菌、自清洁涂料）。

② ZnO　为六方纤锌矿结构（N 型半导体），晶格致密性高（密度为 5.6 g/cm^3），结构稳定性优于 TiO_2，不易发生光降解或晶型转变。带隙约为 3.2 ～ 3.3 eV。

2）纯度　原材料及工业制备工艺影响纯度。高品质的 TiO_2（纯度≥ 99%）和 ZnO（纯度≥ 99.9%）要求纯度高，杂质和风险物质如重金属需严格控制。

3）粒径大小分布　纳米 TiO_2 和纳米 ZnO 的粒径大小直接影响其紫外线屏蔽特性与视觉外观。一般而言，原始粒径越小，其有效衰减波长越向短波 UVB 方向移动，同时对可见光的透过性增强，因此泛白现象减轻；反之，粒径越大，则有效衰减波长向长波 UVA 甚至可见光区域移动，导致在皮肤上明显泛白。然而，并非粒径越小防晒效果越好。用于防晒的无机纳米颗粒存在一个适宜的粒径范围：TiO_2 的最佳紫外衰减粒径介于 20 ～ 100 nm 之间；而 ZnO 颗粒在 40 ～ 100 nm 范围内对 UVA 的衰减效率最高。

由于 TiO_2 的折射率（约 2.7）高于 ZnO（约 2.0），在相同粒度下，TiO_2 的透明性较低，泛白更为明显。而透明性恰恰是衡量无机防晒剂使用体验的重要指标之一，消费者通常排斥明显泛白的防晒产品。

从光学理论上看，纳米 TiO_2 的原始粒径若低于 100 nm（远小于可见光波长），且在理想分散状态下，应可透过可见光，实现透明防晒效果。然而，纳米 TiO_2 因粒径极小、比表面积大、表面能极高，颗粒极易发生团聚，形成较大聚集体，导致分散性下降，反而影响透明性。因此，在实际应用中需综合考虑分散稳定性与光学性能，一般认为用于紫外线防护的 TiO_2 最佳粒径范围约为 10 ～ 60 nm。

此外，除了平均粒径，粒径分布的宽度（均一性）也至关重要。一个分布很宽的产品，即使平均粒径在最佳范围，其中存在的大颗粒也会显著影响透明性。

4）表面处理工艺（涂层）　对无机防晒剂进行涂层包覆是提升其防晒性能、稳定性和使用体验的核心手段。

① 解决纳米颗粒团聚问题　纳米 TiO_2 和 ZnO 因高表面能易团聚，形成大颗粒后降低紫外线散射效率并增加泛白现象。涂层通过物理隔离或化学修饰减少颗粒间接触，维持纳米级分散状态。

② 抑制光催化活性　TiO_2（尤其是锐钛型）在紫外线下可能产生自由基，加速皮肤氧化损伤。涂层通过隔离紫外线与 TiO_2 表面，减少电子-空穴对的生成，降低光催化活性。

常见的涂层包括无机涂层如二氧化硅（SiO_2）和氧化铝（Al_2O_3）和有机涂层（如聚二甲基硅氧烷和三乙氧基辛基硅烷）等。

（2）无机防晒剂的防晒能力　基于以上的阐述，无机防晒剂用计算机模拟和仪器测试的意义远不及有机防晒剂。但为了理解，依然进行了评估。

1）计算机模拟（in silico）　基于这两种无机防晒剂，在中国法规限用范围内，其用量分别在 1%、2%、3%、5%、10%、15%、20%、25% 共 8 个用量水平下利用 BASF Sunscreen Simulator 计算单一防晒剂的 SPF 及 UVA-PF（ISO 24442）值，结果如表 5-6 所示。

表 5-6　不同用量水平下 2 种无机防晒剂的 SPF（UVA-PFA）值（in silico）

防晒剂	SPF（UVA-PF）值							
	1%	2%	3%	5%	10%	15%	20%	25%
TiO_2	3.2（2.1）	5.4（2.9）	7.7（3.8）	12.9（5.3）	27.5（9.1）	43.4（13.0）	60.2（17.2）	77.5（21.6）
ZnO	1.4（1.4）	1.7（1.8）	2.1（2.1）	2.8（2.8）	4.7（4.4）	6.7（6.0）	8.7（7.6）	10.7（9.3）

2）仪器法（in vitro） 2 种无机防晒剂 -TiO_2（SUNOBEL NT-15TV/ 科思）、ZnO（SUNOBEL NZ-25AS/ 科思）的紫外线吸收曲线如图 5-10 所示。

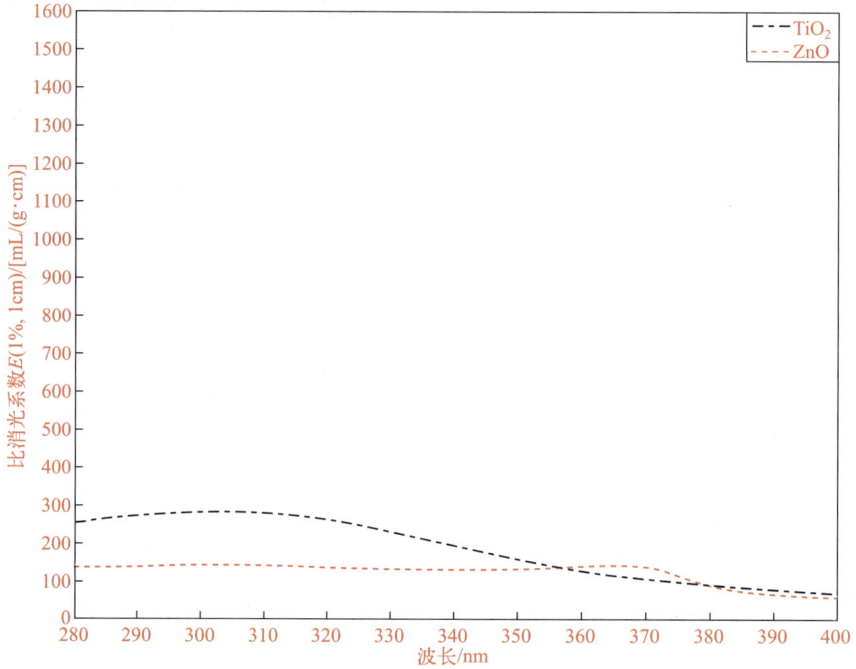

图 5-10 2 种无机防晒剂的紫外吸收曲线（280 ~ 400 nm）

由表 5-6 模拟结果可知，在《技术规范》限用范围内，随着各自单一用量的增加，TiO_2 相比 ZnO，可带来更高的 SPF 和 UVA-PF 值增长；ZnO 对 SPF 和 UVA-PF 值的影响更为均衡。图 5-10 的紫外吸收曲线也证实了该结果，TiO_2 对 UVB 及 UVAⅡ具有更好的防护，ZnO 为广谱防护，对 UVAⅠ的防护优于 TiO_2。

（3）无机防晒剂的安全性

相比于部分有机防晒剂，无机防晒剂的安全性相对更好。目前，人们对纳米无机防晒剂的安全性问题主要集中在两个方面：第一，纳米颗粒的粒径很小，是否会有渗透进入皮肤内部的风险。第二，纳米无机颗粒的光毒性。

1）关于纳米无机防晒剂的透皮吸收 大量评估纳米无机颗粒皮肤渗透性的体外、体内实验结果显示，纳米颗粒停留在皮肤的表面或者角质层外层，不会渗透进入活性皮肤中。欧盟相关安全性评估报告指出，目前尚没有证据证明，纳米 TiO_2、ZnO 会进入完整、无受损的皮肤。

2）关于纳米无机防晒剂的光毒性 TiO_2 和 ZnO 均属于宽禁带半导体，当 TiO_2、ZnO 颗粒受到大于或等于其禁带宽度的光能照射后，其价带上的电子就可以被激发跃迁到相应的导带，产生电子-空穴对。电子-空穴对具有很强的反应活性，可引起颗粒表面产生具有高活性的自由基。这种自由基具有很强的氧化能力，可以与化妆品中的一些成分发生氧化反应，导致产品不稳定并对皮肤产生不良影响。因此，对纳米 TiO_2 和 ZnO 而言，最好进行表面涂层包裹处理，以此抑制它们的光化学活性。表面包裹处理主要分为无机处理和有机处理两种类型。

① TiO_2 的表面处理。

· 表面无机处理 在 TiO_2 颗粒表面包覆一层或多层无机的壳层结构，使 TiO_2 与周围介质分离，以抑制 TiO_2 的光化学活性，并提高其在介质中的分散性。常用的无机表面处理剂有：SiO_2、Al_2O_3、Al（OH）$_3$ 等。

·表面有机处理　利用有机改性剂的极性基团或氢键，吸附在 TiO_2 表面；或者有机改性剂的亲水基团与 TiO_2 表面的羟基发生脱水缩合或发生取代反应形成化学键，有机改性剂的非极性基团朝向 TiO_2 颗粒的外侧，在 TiO_2 颗粒之间起到空间位阻的作用，从而消除或降低 TiO_2 颗粒之间的吸附作用，避免颗粒之间发生团聚，提高其在特定介质中的分散性。常用的有机表面处理剂有：有机硅氧烷、有机脂肪酸及其盐、偶联剂和多元醇等。

·单一的表面处理，具有某方面的优点，为了综合多个优点，扩大无机防晒颗粒的应用范围，可以使用两种或多种表面处理剂进行复合处理，常用的处理方法有无机-无机复合处理、无机-有机复合处理这两种。无机-有机复合处理一般先进行无机处理，再进行有机处理，这样，不仅可以提高无机防晒颗粒的耐候性，还能够增加其在特定介质中的分散性。采用这样的无机防晒剂制备的防晒产品，在皮肤表面也更容易形成一层均匀的防晒膜，从而提高防晒效力。

纳米 TiO_2 从外观来看，是固体粉末状的，根据纳米 TiO_2 的表面亲水、亲油性质可分为亲水性粉体和亲油性粉体。亲水性粉体一般通过无机表面处理得到，亲油性粉体则在无机表面处理以后还要经过有机表面处理。

② ZnO 表面处理　纳米 ZnO 也具有光催化作用，和 TiO_2 一样，受到紫外线照射时，会产生电子-空穴对，引起颗粒表面产生高活性的羟基自由基，该自由基具有很强的氧化能力。对其进行无机表面处理，可以抑制其光化学活性。纳米 ZnO 的颗粒粒径小，比表面积大，锌离子极易溶出，对产品的稳定性产生不良影响，对其进行无机表面处理，可以抑制锌离子的溶出。

ZnO 有机表面处理：未经处理的 ZnO 和无机表面处理的 ZnO，一般亲水性强，对于防晒产品，ZnO 适合添加在油相中，因此，ZnO 表面需要进行有机表面处理，以提高亲油性以及与有机防晒剂的兼容性。目前，比较常见的有机处理剂是三乙氧基辛基硅烷。

（4）无机防晒剂的配伍

1）TiO_2 的配伍　含 TiO_2 乳液体系包括水包油（O/W）、油包水（W/O）型的乳液，根据 TiO_2 在分相的位置（水相 / 油相），总共有四种类型：

① TiO_2 在 O/W 乳液的油相（内相）　将 TiO_2 加入油相（内相），在这种体系中，TiO_2 粉末或者 TiO_2 分散浆，需要和油相的其他组分兼容，由于是加在内相，大量 TiO_2 颗粒挤压内相，容易造成体系不稳定，添加量不能太高。

② TiO_2 在 O/W 乳液的水相（外相）　将 TiO_2 加入水相（外相），由于是 O/W 类型的产品，外相含量较高，因此，采用亲水型的 TiO_2，很容易添加到这种类型的产品中。但这种类型的产品，随着涂抹时间推移，水分会蒸发，肤感不佳，而且有较大的搓泥风险。

③ TiO_2 在 W/O 乳液的油相（外相）　TiO_2 加入油相（外相），由于外相是油相，涂抹在皮肤上容易形成一层连续的保护膜，TiO_2 的添加量，比起第一种类型，可以加到比较高的含量。这种类型，比较容易得到防晒指数高的产品。

④ TiO_2 在 W/O 乳液的水相（内相）　由于水相（内相）含有电解质，亲水性 TiO_2 和水分散浆和电解质不配伍，颗粒发生团聚，造成防晒功效和稳定性下降，一般，不采用这种类型制备产品。

2）ZnO 的配伍　当 TiO_2 换成 ZnO 时，情况也和上述类似。未表面处理或者处理不佳的 ZnO 分散在水中时，锌离子易于溶出，使得产品的 pH 值变高。因此，ZnO 通常更适合加入产品的油相中。但是，由于 ZnO 原粉是高度亲水性的，即使加入油相中，也倾向于由油相迁移至水相，如果水相的 pH 值低于 6，会促进迁移过程。所以，制备含 ZnO 的产品，特别要注意控制 ZnO 锌离子向水相的迁移。

3）无机防晒剂和有机防晒剂的配伍　将无机防晒剂和有机防晒剂进行科学配伍可以协同提升防晒效果。无机防晒剂通过反射和散射紫外线，能有效延长紫外线在防晒剂层中的传播路径（即光程），这为有机防晒剂创造了更多的吸收机会，从而协同提升整体的紫外线吸收效率与防护效果。不过，这种增效作用高度依赖于无机颗粒的表面处理技术，若处理不当，无机颗粒反而可能催化有机成分的光降解，影响配方的稳定性。因此，现代防晒产品通过先进的工艺实现了两者安全高效的复配。

（三）科学防晒体系的搭建——“五性一率 BEESPA”防晒配方设计原则

前面两节介绍了有机和无机防晒剂的选择及配伍。基于此，我们知道，26 种准用防晒剂有 20 种防晒剂在防晒化妆品里面是较为常用的。20 种常用防晒剂（整体）的紫外线吸收曲线如图 5-11（详见彩图）所示。

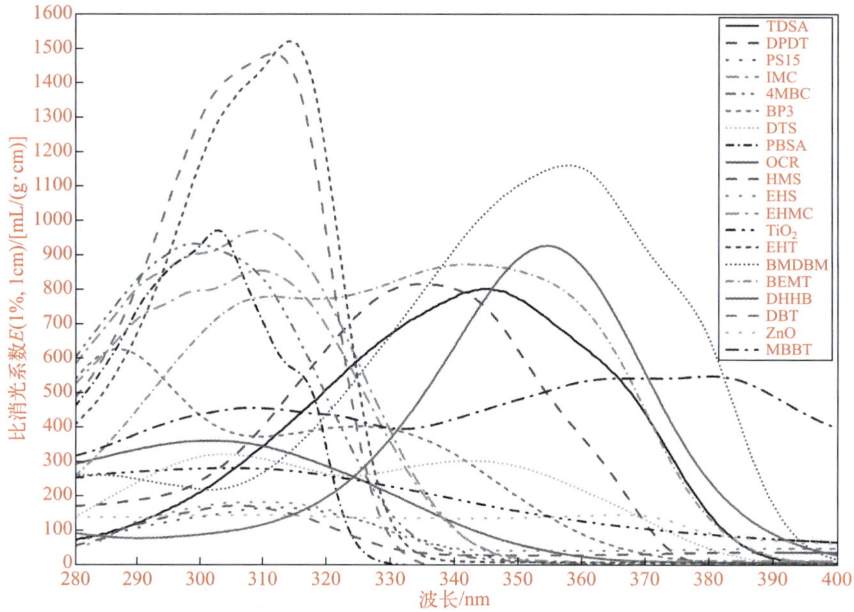

图 5-11　20 种常用防晒剂（整体）紫外吸收曲线

广州环亚化妆品科技股份有限公司旗下品牌美肤宝和地壳防晒化妆品在配方设计上首提科学防晒体系的“五性一率 BEESPA”原则，成为环亚公司旗下品牌防晒化妆品在未来产品开发上的指导原则。

“五性一率 BEESPA”原则即“防晒体系的广谱性，效率，生态友好性，安全性，光稳定性以及生物活性”。BEESPA 是“broad spectrum，efficiency，eco-friendliness，safety，photostability and actives”的首字母。

下面结合美肤宝多维光护养肤焕白防晒乳 SPF50+PA++++（昵称美肤宝“蔚蓝大伞防晒”，国妆特字 G20235659）产品实例对该原则进行详细介绍。

1. B：防晒体系的广谱性（broad spectrum）

防晒体系的广谱性是指其能够同时防护 UVA 和 UVB 两种紫外线波段的能力，并且在防护 UVA 和 UVB 紫外线方面具有同等重要性下的效力，而不会过于偏重某一方面。因为

UVB 防晒剂种类更多，一般来说不用担心对 UVB 的防护效力，更关注的是对 UVA 的防护效力。

我国用临界波长（critical wavelength，CW）指标来测试产品的广谱防晒性能。如果临界波长≥ 370 nm，那么这个防晒产品就可以宣称自己是广谱防晒。此外，欧盟和澳大利亚还要求 UVA-PF/SPF ≥ 1/3。

图 5-12 就显示了一个广谱防晒产品（λ=376 nm）和一个非广谱防晒产品（λ=363 nm）的紫外吸收曲线的差别。非广谱防晒产品对 UVA 的防护明显较弱。

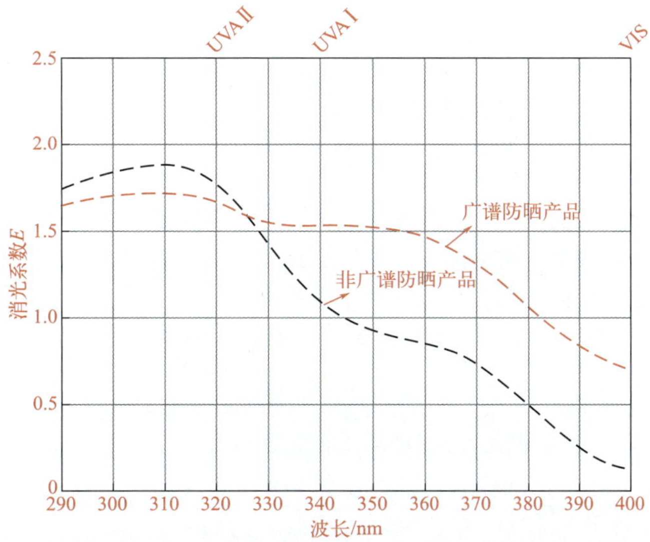

图 5-12　广谱防晒（λ=376 nm）和非广谱防晒（λ=363 nm）的紫外线吸收曲线（in silico/BASF sunscreen simulator）

美肤宝“蔚蓝大伞防晒”的实测（in vitro）临界波长达到 382 nm，具备优异的广谱防晒性能。

2. E：防晒体系的效率（efficiency）

高效的防晒体系通过科学配伍与创新技术，以更少的防晒剂种类和用量实现更高的防晒指数。这不仅确保了产品能强效阻隔紫外线，更大幅减轻了皮肤的负担与刺激风险，同时可降低传统防晒的厚重油腻感，缔造出更轻盈的肤感体验。

防晒体系效率公式如下：

$$防晒体系效率 = \frac{整体防晒配方SPF}{整体防晒配方防晒剂的使用量}$$

美肤宝“蔚蓝大伞防晒”人体测试 SPF 值为 126，整体防晒配方防晒剂的使用量不到 18%，基于公式计算防晒体系的效率为 7，即 1% 的防晒体系用量下可带来 7 个 SPF 数值。

3. E：防晒剂 / 体系的生态友好性（eco-friendliness）

目前为止，全球范围内已有 5 个国家和地区对此做了限制。分别是美国夏威夷、帕劳、美国佛罗里达州基韦斯特、美属维尔京群岛以及泰国国家公园。

① 2018 年 7 月 3 日，美国夏威夷。禁止销售含有 BP-3 和 EHMC 的防晒产品；2021 年，夏威夷通过了法案的修正案，从 2023 年 1 月 1 日起，将 OCR 和 BMDBM 也加入了禁用名单。

② 2018 年 11 月 2 日，帕劳。含有 BP-3、EHMC、OCR 和 4-MBC 的防晒产品被限制销售和进口，2020 年 1 月起实施。

③ 2021 年 3 月 19 日，美国佛罗里达州基韦斯特。禁止销售含 BP-3 和（或）EHMC 的防晒产品。

④ 2021 年 5 月 19 日，美属维尔京群岛。含有 BP-3 和（或）EHMC 的防晒产品被禁止销售和进口。

⑤ 2021 年 8 月 3 日，泰国。为减少对珊瑚礁和生态系统的伤害，进一步保护自然资源。禁止在泰国国家公园范围内携带和使用添加了含有 OMC、BP-3、4-MBC 等防晒剂的防晒产品。该禁令于 2021 年 8 月 4 日生效。

为保护珊瑚礁，全球多个旅游胜地已立法禁止对珊瑚有害的特定化学防晒剂。因此，选择生态友好的防晒剂是保护环境和维护人类健康的重要措施之一。不含 OMC、OCR、BP3、4MBC 等可能对海洋环境和生态系统如珊瑚礁造成危害的防晒剂。防晒剂的生态友好性具有以下意义：

① 保护生态系统　通过使用生态友好的防晒剂，可以减少对水生生态系统（如海洋、河流和湖泊）和陆地生态系统的负面影响。这有助于维护生物多样性和生态系统的健康。

② 促进可持续发展　生态友好的防晒剂符合可持续发展的原则，即在满足人类需求的同时，减少对环境的影响，确保未来世代的需求也能得到满足。

③ 提高公众意识　推广生态友好的防晒剂有助于提高公众对环境保护的认识和意识，鼓励人们在日常生活中采取更多环保行动。

图 5-13　BASF Ecosun Pass 图标

BASF 推出科学的防晒产品环境保护评价体系和标准 BASF Ecosun Pass（图 5-13）。

基于欧盟法规附录，每个防晒剂都基于其生物毒理性数据进行打分排序。该标准不仅仅是简单的不含以上被禁止的防晒剂就能符合要求。该标准从防晒剂效率（filter efficiency）和防晒剂的生物毒理性数据（biotoxicological data）两个主要方面进行权重评分，得到防晒配方的 ecoSun pass value。其中防晒剂的生物毒理性数据有八大指标，分别是：

① 急性水生毒性（acute aquatic toxicity）。

② 慢性水生毒性（chronic aquatic toxicity）。

③ 分配系数对数值（logpow）。

④ 生物降解性（biodegradation）。

⑤ 生物累积性（bioaccumulation）。

⑥ 内分泌干扰性（endocrine suspicion）。

⑦ 陆生毒性（terrestrial toxicity）。

⑧ 沉积物毒性（sediment toxicity）。

另外，EHS（水杨酸乙基己酯），虽然没有被任何国家和地区因为环保原因被禁止，但在 BASF Ecosun Pass 标准里，任何添加了 EHS 的防晒产品都无法通过该标准。原因在于最新的一些研究发现，EHS 具有慢性水生毒性。

美肤宝为国内首家推出符合 BASF Ecosun Pass 标准的防晒化妆品，除前面提到的“蔚蓝大伞防晒”外，“4.0 轻妆小粉管”（美肤宝柔光焕颜美白隔离防晒霜 SPF50+PA++++（清透绿），国妆特字 20247986）是美肤宝第二款符合该标准的防晒底妆产品。

4. S：防晒剂的安全性（safety）

对防晒体系的安全性主要考虑的是透皮吸收与系统性影响。关键议题在于防晒剂是否会大量穿透皮肤进入人体循环。目前的研究表明，在常规使用下，大多数防晒剂的系统吸收量极低，且远低于安全阈值。具体请参考本书第三章内容。

美肤宝“蔚蓝大伞防晒”优选稳定性好、分子量大、最高限用量高及安全性风险低的防晒剂。防晒体系如前表 5-1 所示。

5. P：防晒体系的光稳定性（photostability）

防晒体系的光稳定性是指防晒体系在日光的作用下保持其原有性质和功能的能力。光稳定性强的防晒体系能够在光照条件下保持其吸收 / 屏蔽紫外线的能力，从而更有效地保护皮肤不受阳光伤害。光稳定性取决于防晒体系的化学结构和光照条件，因此选择具有良好光稳定性的防晒体系是防晒的关键。

美肤宝“蔚蓝大伞防晒”的防晒体系在照射前后的紫外线吸收 / 透过曲线如图 5-14 所示。显示具有良好的光稳定性。

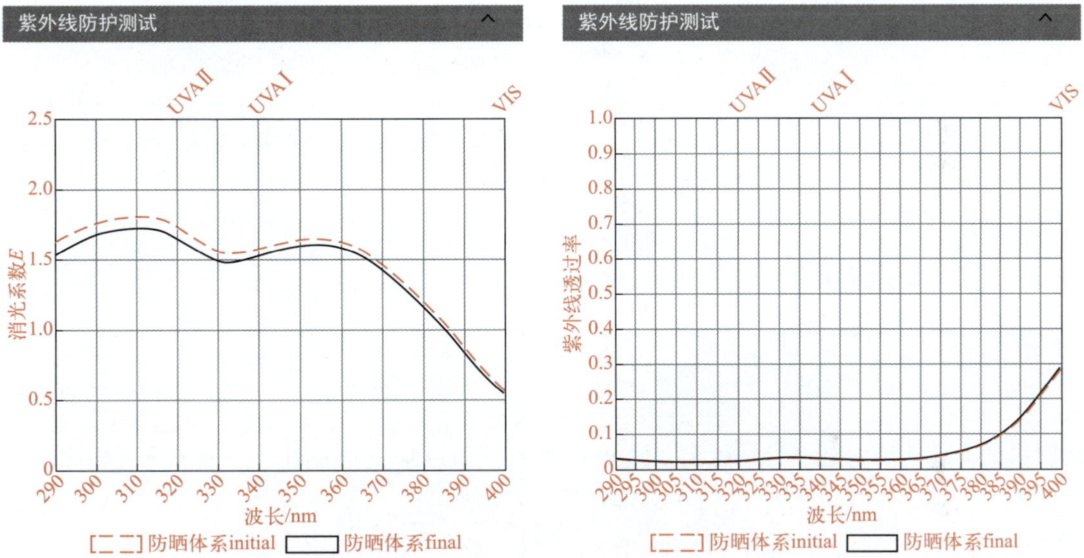

图 5-14　美肤宝蔚蓝大伞的防晒体系照射前后的紫外线吸收（左）/ 透过（右）曲线
(in silico/BASF sunscreen simulator)

6. A：其他活性成分（actives）

防晒体系并不能 100% 屏蔽掉紫外线带来的各种伤害，因此在防晒配方中添加的活性物成分（生物防晒）此时就发挥出“锦上添花”的功效。防晒体系“外防护”，活性物“内修护”。具体请参考本书第四章内容。

二、防晒化妆品常见剂型介绍

防晒化妆品常见剂型有乳霜型、油型、凝胶型、喷雾型、慕斯型、粉末型以及棒型等。

（一）乳霜型

为防晒化妆品最主要的剂型，分为 O/W 和 W/O 型。

1. O/W 型

O/W 型产品以水为外相，质地清爽易推开，适合日常使用。但耐水性较差，需配合成膜技术提升防水性；其优势在于肤感轻薄，适合油性皮肤或追求清爽体验的用户，但高 SPF 值需依赖复合防晒剂和特殊配方设计。常见于一些养肤类型防晒产品，如表 5-7 所示。

表 5-7 常见 O/W 养肤型防晒化妆品

序号	产品名称	注册证号	乳化体系
1	欧莱雅新多重防护隔离露（外御内护）SPF50+PA++++	国妆特字 G20190614	O/W 型，烷基糖苷 + 阴离子乳化剂，水油双相乳化体系
2	兰蔻轻透水漾防晒乳 SPF50PA++++	国妆特进字 J20190246	O/W 型，烷基糖苷 + 阴离子乳化剂，水油双相乳化体系
3	修丽可臻彩焕亮精华防晒乳 SPF50+PA++++	国妆特进字 J20210747	O/W 型，烷基糖苷 + 阴离子乳化剂，水油双相乳化体系
4	黛珂多重防晒乳（舒润型）SPF50+PA++++	国妆特进字 J20240008	O/W 型，PEG 改性乳化剂，油相乳化体系
5	韩束美白淡斑防晒乳 SPF50+PA+++	国妆特字 G20222901	O/W 型，PEG 改性乳化剂 + 聚醚乳化剂
6	珀莱雅轻享阳光沁柔防晒精华乳 SPF50+PA+++	国妆特字 G20247191	O/W 型，烷基糖苷 + 阴离子乳化剂等，水油双相乳化体系
7	薇诺娜清透防晒乳 SPF48PA+++	国妆特字 G20151938	O/W 型，烷基糖苷 + 聚醚乳化剂等，油相乳化体系
8	美肤宝多维光护养肤焕白防晒乳 SPF50+ PA++++	国妆特字 G20235659	O/W 型，烷基糖苷 + 阴离子乳化剂，水油双相乳化体系

注：排名不分先后，不代表实际销售排名。

2. W/O 型

（1）专业户外防晒产品　稳定型的 W/O 产品，和 O/W 产品相比，在肤感上显得油腻一些。为了解决 W/O 这种剂型肤感不佳的问题，目前比较流行摇珠剂型。即产品放置一段时间，会出现水、油分层，用前需要摇匀，使水油两相在钢珠的作用下，再次乳化均匀。由于产品本身不是稳定的剂型，所以乳化剂等的添加量偏低，同时使用乙醇、挥发性油脂等原料，肤感也能做得比较清爽。W/O 的产品抗水性好，容易制备得到高防晒指数的产品，在要求抗水性好的专业户外产品中使用比较多。常见的 W/O 专业户外防晒产品如表 5-8 所示。

表 5-8 常见 W/O 专业户外防晒产品

序号	产品名称	注册证号	乳化体系
1	安热沙智感倍护防晒乳液 GB SPF50+ PA++++	国妆特进字 J20240273	W/O 型，PEG 改性硅油乳化剂
2	新艳阳夏臻效水动力防晒乳 SPF50+PA++++	国妆特进字 J20192080	W/O 型，PEG 改性硅油乳化剂
3	珀莱雅轻享阳光盾护防晒液 SPF50+ PA++++	国妆特字 G20234479	W/O 型，PEG 改性硅油乳化剂
4	柳丝木活力骄阳美白防晒乳 SPF50+PA++++	国妆特字 G202412609	W/O 型，PEG 改性硅油乳化剂
5	HBN 特护高倍臻颜防晒乳 SPF50+ PA++++	国妆特字 G20241116	W/O 型，PEG 改性硅油乳化剂
6	TUCO 轻感优护防晒乳 SPF50+ PA++++	国妆特字 G20243809	W/O 型，聚甘油改性硅油乳化剂
7	地壳轻薄水漾物理防晒乳 SPF50+PA+++	国妆特字 G20245677	W/O 型，PEG 改性硅油乳化剂
8	美肤宝多维光护水感清透防晒乳 SPF50+ PA++++	国妆特字 G20231460	W/O 型，PEG 改性硅油乳化剂

注：排名不分先后，不代表实际销售排名。

（2）彩妆结合型防晒产品　W/O 彩妆结合型防晒化妆品是兼具修饰肤色与高效紫外线防护功能的产品，其核心特性源于油相外相的结构设计，结合了底妆的修饰性与防晒的防护性。因为底妆修饰的持妆性需求，配方设计为更抗水防汗的油包水体系。常见的 W/O 彩妆结合型防晒产品如表 5-9 所示。

表 5-9　常见 W/O 彩妆结合型防晒产品

序号	产品名称	注册证号	乳化体系
1	美肤宝美白隔离防晒霜 SPF50+ PA+++（淡斑型）	国妆特字 G20201548	W/O 型，PEG 改性 + 聚甘油改性乳化剂等
2	美肤宝柔光焕颜美白隔离防晒霜 SPF50+ PA++++（清透绿）	国妆特字 G20247729	W/O 型，PEG 改性硅油乳化剂
3	美肤宝柔光焕颜美白隔离防晒霜 SPF50+ PA++++（柔雾紫）	国妆特字 G20249075	W/O 型，PEG 改性硅油乳化剂
4	美肤宝柔光焕颜美白隔离防晒霜 SPF50+ PA++++（轻纱裸）	国妆特字 G20247986	W/O 型，PEG 改性硅油乳化剂
5	花西子玉容云纱防晒妆前霜 SPF50+PA+++（轻雾紫）	国妆特字 G202413285	W/O 型，PEG 改性硅油乳化剂
6	花西子玉容云纱防晒妆前霜 SPF50+PA+++（肤若雪）	国妆特字 G202412115	W/O 型，PEG 改性硅油乳化剂
7	花西子玉容云纱防晒妆前霜 SPF50+PA+++（面若桃）	国妆特字 G202413295	W/O 型，PEG 改性硅油乳化剂
8	珀莱雅轻享阳光赋妍防晒乳 SPF50+ PA+++	国妆特字 G20247186	W/O 型，PEG 改性硅油乳化剂

注：排名不分先后，不代表实际销售排名。

（二）油型

油型防晒化妆品作为最古老的防晒剂型，以油为基质（如矿物油、硅油或植物油）为核心，具有工艺简单、延展性好和耐水性优异的特点，尤其适合大面积涂抹或水上活动；但由于高油含量易造成肤感油腻、闷痘及成本较高，现代配方通过添加挥发性硅油、轻质酯类或吸油粉末优化清爽度，使其在专业户外或复古护肤线中仍占一席之地。

（三）凝胶型

凝胶型防晒化妆品分为水凝胶和油凝胶两类：水凝胶以水溶性聚合物（如卡波姆）为基质，质地清爽水润且易涂抹，但耐水性和防晒稳定性相对较差，适合日常通勤使用；油凝胶通过将液体油固定在三维网络中形成半固体，肤感比传统油型产品更轻盈，同时具备更好的防水性和防晒持久性，适合户外或高强度防晒需求。现代技术通过纳米颗粒包裹（如水凝胶微米胶囊）和复合成膜剂（如有机硅树脂）进一步优化了防晒均匀性与抗摩擦性能，部分产品已实现 SPF50+ 的高防护力。

（四）喷雾型

防晒喷雾根据配方体系可分为不含推进剂的泵式喷雾和含推进剂的气雾罐喷雾两类。前者通常以乙醇或水为基质，质地清爽但成膜性和防晒力较弱，适合日常补涂；后者依赖液化石油气（LPG）等推进剂实现细密喷雾，防水防汗性能强且使用便捷，但存在易燃风险及吸入隐患，需注意恰当存放，避免直接喷脸或者在密闭空间使用。

（五）慕斯型

慕斯型防晒化妆品是一种通过推进剂（如 LPG 或氮气）将防晒剂以泡沫形态挤出的剂型，兼具使用便捷性与安全性优势。

其泡沫质地触肤后快速化开，延展性优于传统乳液，短时间即可覆盖单臂或腿部，且无喷雾剂型的颗粒吸入风险；配方上多采用轻质硅油、吸油粉体等成分提升清爽度；由于它也是压力包装形式，需注意储存安全。

（六）棒型

棒型防晒化妆品通常呈现为固态膏体。该剂型因致密的成膜特性，易于实现优异的紫外线防护效果（高 SPF/PA 值）。在使用体验上，其固态质地导致延展性相对较差，因此不太适合进行大面积的全身涂抹。然而，这一特性恰恰使其成为局部精准防护的理想选择，特别适用于涂抹在鼻梁、颧骨、耳廓等面部突出且易被晒伤的部位。

其最大的优势在于使用便捷：独特的棒状设计让用户无须用手直接接触膏体，只需在皮肤上轻轻滑动即可完成涂抹或补涂，非常适合在户外活动、带妆状态下随时补涂防晒。

三、新型防晒技术与产品创新

（一）新型防晒技术

1. 专利防晒剂技术

（1）麦色滤（Mexoryl）防晒剂　它是由欧莱雅集团研发的专利防晒技术体系，包括麦色滤 SX、XL 和 400。麦色滤 SX（对苯二亚甲基二樟脑磺酸），是以防护 UVA 为主的水溶性有机防晒剂，对于 UVB 也有一定防护效果；麦色滤 XL（甲酚曲唑三硅氧烷），是同时防护 UVA 和短波 UVA 的油溶性有机防晒剂；麦色滤 400（甲氧基丙基氨基环己烯基亚乙基氧基乙基氰基乙酸酯）是 2022 年推出的有机防晒剂，能有效防护 370 ～ 400 nm 波段的超长波 UVA，最大吸收峰在 385 nm 处，填补了超长波 UVA 波段的防护空白。目前麦色滤防晒剂广泛用于欧莱雅集团旗下各品牌防晒产品中，麦色滤 400 目前没有在中国获得批准。

（2）TriAsorB（亚苯基双 - 二苯基三嗪）　由皮尔法伯集团开发的一种新型专利纳米颗粒防晒剂，可防护 UVB、UVA 和蓝光辐射，宣称为超广谱防晒剂，其分子量大于 500 Da，皮肤渗透风险很低。目前用于雅漾品牌下的防晒产品，但该成分目前没有在中国获得批准。

这两大技术体系代表了现代防晒剂研究的顶尖方向：麦色滤防晒剂体系凭借其系列成分的精准配伍，在全波段 UVA 防护，尤其是攻克超长波 UVA 方面树立了标杆；而 TriAsorB 则以其独特的颗粒形态与光学特性，开创了“紫外线 + 蓝光”协同防御的新维度，并兼具高安全性。未来防晒产品的发展趋势或将集中于此类高科技广谱防晒剂的复配应用，以实现对太阳辐射更全面、更安全的防护。

2. Aqua booster 水能防晒技术

资生堂的 Aqua booster 水能防晒技术（中国发明专利：ZL201780025535.6）是一项革命性的防晒创新，通过配方中的“二硬脂二甲铵锂蒙脱石”等核心矿物质成分，增强防晒膜的均匀性和防护效果。这项技术不仅显著提升了防晒产品的抗水性能（在水中浸泡后防护效果可进一步增强），还通过复合物理防晒剂和化学防晒剂实现了广谱防护，同时优化了肤感，适合游泳、运动等高水接触场景。

其核心优势在于“遇水愈强”的特性，填补了传统防晒产品遇水后防护力下降的短板，并已应用于资生堂新艳阳夏等高端防晒系列。

3. HeatForce 热力感应技术

资生堂的 HeatForce 热力感应技术（美国发明专利：US11638686 B 2）是一项突破性的智能防晒创新，通过温度响应型聚合物实现“遇热增强”的主动防护机制。

该技术利用特殊设计的“聚氨酯-丙烯酸酯共聚物”作为热能传感器，当皮肤表面温度升至 35℃以上时（如阳光照射），聚合物分子链发生构象变化，通过氢键和范德华力增强分子间交联密度，使防晒膜收缩率提升 40%，防晒剂分布更均匀紧密，从而动态提升防护效果。实验室数据显示，当皮肤温度从 32℃升至 38℃时，SPF 值可提升 15% ～ 20%，有效弥补高温导致的防晒剂光降解问题。该技术尤其适合高温户外场景，并与 WetForce 技术协同形成“水热双响应”系统，实现防护效果的叠加增强。

4. 紫外线转化技术

紫外线转化技术是一项通过将紫外线转换为有益光波以实现皮肤护养的创新科技，目前主要包括光能双效护养与远红外光养护两大方向。

（1）光能双效护养技术（sun dual care） 该技术由资生堂研发并获中国专利（CN113646000A），其核心成分包括藻胆蛋白（如别藻蓝蛋白、C- 藻蓝蛋白等）、无机荧光体（如氧化锌荧光体、钛酸镁荧光体）或维生素 B 族（如 B2、B12）。该技术宣称这些成分可协同将 200 ～ 400 nm 的紫外线转化为 500 ～ 700 nm 的可见光（涵盖绿、黄、橙、红光波段）。转化后的可见光能够激活细胞线粒体功能，促进 ATP 生成，增强皮肤自我修护能力，从而预防和改善皱纹、色斑、光老化及其他皮肤老化现象。

（2）远红外光养护技术 研究显示，远红外光（FIR）可促进伤口愈合、刺激胶原蛋白与弹性蛋白生成，已应用于瘢痕治疗及抗衰领域。基于这一原理，上海紫邦开发出可发射远红外的光养护材料 -BINSUNPRO FIR-S，以特定粒径的氧化锌与碧玺（电气石）复合形成的新型粉浆。碧玺作为一种天然热电与压电晶体，在阳光照射下可将热能转化为远红外光，并释放负离子，从而实现保湿、促进修护、抗衰老等多重美容功效。该类材料已开始应用于高端抗光老化和修护型护肤产品中。

该类技术突破了传统防晒仅停留在“阻挡或吸收紫外线”的局限，开创了“有害光转化 + 有益光养护”的双重护养模式，为功能性护肤与防晒产品的开发提供了新方向。然而，需要补充说明的是，该类技术的主要挑战在于：紫外线至可见光、红外线的转化效率极低，所产生的可见光和红外光强度是否足以引发有效的生物学效应（如显著促进 ATP 生成）尚存疑问，其实际护肤功效与安全性仍需大量严格的、独立的临床研究来验证。

5. 超声微流体乳化分散技术

以往产品与技术的创新大多集中于化妆品配方或原料成分的升级。而广州环亚化妆品科技股份有限公司在 2024 年底推出的专业户外防晒品牌——地壳（DAYHOK），则带来了一次系统性的突破。该品牌专注于纯物理防晒体系，仅选用光稳定性和安全性更高的物理防晒剂（TiO_2 和 ZnO），在实现高防晒指数的同时，具备良好的透明性和轻薄细腻的肤感。

地壳纯物理防晒产品不仅从晶型、纯度、粒径分布及涂层处理等多维度对防晒剂进行严格把控，更在行业内首次引入“超声微流体技术”，从根本上改善了物理防晒普遍存在的假白、厚重等问题。该技术通过 20000 Hz 超高频超声波激发空化效应，实现毫秒级爆破与亚微米级的混合、乳化及分散，极大缓解了物理防晒剂的团聚现象——乳化粒径相比传统工艺最高可降低为原来的十分之一，防晒效能提升 24.7%。如图 5-15 所示。

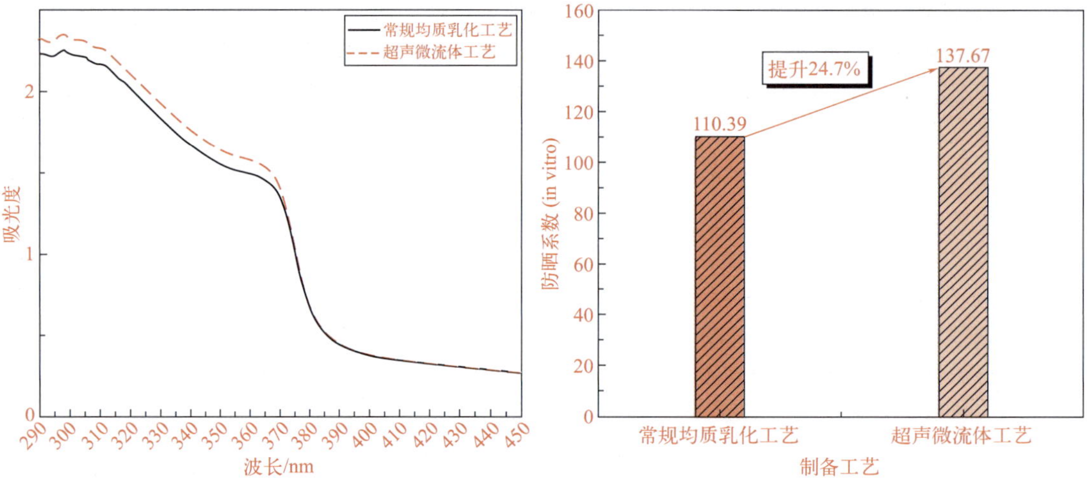

图 5-15　地壳物理防晒产品在两种不同工艺下的防晒性能及表现（in vitro）

在光稳定性方面，地壳纯物理防晒产品在经受 50 MED 的紫外线照射后，防晒力依然保持稳定，未见衰减；而对比的化学或物化结合型防晒产品则出现不同程度的防护力下降。这表明地壳产品具有极佳的光稳定性，可显著减少用户补涂频率；在安全性方面，通过人体在体经皮渗透测试（拉曼光谱法）显示，地壳产品在使用 8 h 后仍安全无渗透，防晒成分仅停留于表皮角质层，未进入活性真皮层。相比之下，其他对比化学或物化结合型防晒产品则表现出不同程度的渗透行为。

6. 光修复技术

光修复技术是一种针对紫外线引起的 DNA 损伤进行特异性修复的创新方法。紫外线（UV）可诱导皮肤细胞 DNA 形成两类主要光损伤产物：环丁烷嘧啶二聚体（CPD）和 6-4 嘧啶酮光产物（6-4PP），其中 CPD 是最常见且具有潜在致突变性的损伤类型。

尽管人类自身不具备光裂合酶——一种可被可见光激活并特异性解聚 CPD、直接逆转 DNA 损伤的修复酶——但可通过外源性补充实现光修复功能。目前的研究集中于从藻类或微生物中提取光裂合酶，并借助脂质体等递送系统将其输送至皮肤内部。多项研究表明，脂质体包裹的光裂合酶能够有效渗透皮肤，显著减少紫外线引发的 CPD 积累，从而改善日晒引起的细胞损伤。

在该领域中，一项重要进展来自专利技术——《一种嗜热栖热菌光裂解酶及其提取方法与应用》。该专利通过基因工程技术从嗜热栖热菌（thermus thermophilus）中成功分离并高效表达重组光裂合酶（rPHO），其制备的 rPHO 表现出显著的 CPD 光修复活性。基于该技术开发的化妆品原料 PholyReC 光裂合酶，已作为“光修复酶”类新原料通过国家药监局备案（备案号：国妆原备字 20220008），标志着光修复技术正式进入化妆品应用阶段，为开发具有“防护 + 修复”双重功能的智能防晒产品提供了重要支持。

7. 新型纳米运载体系包裹防晒剂技术

新型纳米运载体系包裹防晒剂技术是近年来防晒产品研发中的重要突破。该技术利用固体脂质纳米粒（SLN）、脂质体、纳米结构脂质载体（NLC）、聚合物纳米颗粒及环糊精包合物等载体，将防晒剂有效包裹于其内部，实现与皮肤的物理隔离。

这一设计不仅能显著降低化学防晒剂对皮肤的直接刺激和潜在致敏风险，还能有效保护防晒活性成分免受光、热等环境因素降解，从而提高其光稳定性和持久防护性能。得益于纳米载体带来的优异的皮肤表面分布性，配方中仅需添加较低浓度的防晒剂即可达到高防晒指数（如 SPF50+），并实现广谱紫外线防护，尤其适合敏感皮肤和儿童使用。

科莱恩（Clarient）公司推出的 Eclipsogen CAP 系列，采用膜结构固体脂质纳米颗粒作为包封系统，将油溶性防晒剂稳定包裹于颗粒内核。该技术不仅提升了防晒剂的溶解性和生物利用度，还增强了成膜性与抗水性能，使产品在具备高效防护力的同时兼具更佳的安全性及肤感。

8. 光感防晒技术

光感防晒技术是一种响应紫外线强度、智能释放活性成分的先进防晒机制。巴斯夫（BASF）公司开发的 Smartvector UVCE 技术是其中的代表性创新：该原料以海洋来源的 DNA 制成微包裹粒子作为载体，内部包裹自由基清除剂——抗坏血酸四异棕榈酸酯（VC-IP）和生育酚（维生素 E）。其外壁采用光响应材料，在受到紫外线（UVA/UVB）照射时，可智能感知光照强度并动态破裂，按需释放抗氧化活性物，高效中和因紫外线诱导产生的自由基，从而弥补传统防晒无法 100% 阻隔紫外线所带来的光损伤风险。

9. 防晒膜自动修复技术

防晒膜自动修复技术是近年来防晒领域的重要创新，其核心在于通过材料科学与制剂工艺的突破，使防晒膜具备“智能修复”能力。

该技术主要依托两大实现路径：一是物理改性，通过在无机防晒剂颗粒表面包裹三乙氧基辛基硅烷等助滑涂层，显著降低颗粒间粘连性，赋予粉末流动性。当膜层因摩擦或表情活动产生微裂纹时，这些可移动的片状粉末能迅速填充缺损处，实现微观自修复（如资生堂安热沙采用的“自动再生成膜技术”）；二是化学凝胶重组，利用聚甘油酯类或离子聚合物（如欧莱雅的阴阳离子复合凝胶）构建动态网状结构，通过电荷作用在破损后诱导膜结构重组恢复完整性。该项技术不仅解决了防晒膜易破损、防护不持续的痛点，还同步优化了产品性能。目前该技术已应用于安热沙“金瓶”、欧莱雅“野王防晒”等产品。

目前正向环境响应型智能修复方向发展（如温敏 / 光敏聚合物触发修复）。未来结合实时监测技术，将推动防晒产品向更智能的“动态防护”时代演进。

10. 防晒剂嫁接技术

防晒剂嫁接技术是一种旨在解决传统防晒剂安全性及使用体验问题的创新工艺。由于化学防晒剂可能存在皮肤渗透和致敏风险，而纳米无机防晒剂（如纳米 TiO_2、ZnO）又容易发生团聚、分散不均，影响防晒效果和肤感，该技术通过材料复合与表面修饰实现了多重优化。

具体而言，该技术选用特定粒径范围的合成云母、硅石等作为基材，并采用先进的粉体复合工艺，在基母表面“嫁接”纳米级的无机防晒剂（如 TiO_2、ZnO），从而显著提升紫外线阻隔效率，同时改善涂抹时的延展性与透明感，减轻物理防晒常见的厚重、泛白问题。另一方面，通过将化学防晒剂嵌入硅石等多孔材料内部，可有效阻止其与皮肤直接接触，大幅降低渗透可能性和刺激性，在保障高 SPF 和广谱防护的同时，增强产品的安全性与耐受性。

该项技术不仅提升了防晒产品的防护效能和肤感，也为解决化学与物理防晒剂的固有难题提供了新的材料学路径，尤其适合敏感皮肤及追求轻盈质感的使用场景。

（二）防晒产品创新

1. 生态友好 / 海洋友好 / 珊瑚友好型防晒化妆品

生态友好（eco-friendly）、海洋友好（ocean-friendly）及珊瑚友好（reef-safe/Coral-friendly）型防晒化妆品是一类旨在最大限度减少对自然环境，特别是水生生态系统负面影响的个人护理产品。这类产品的核心在于严格避免使用被科学研究证实对珊瑚等海洋生物具有毒性和致畸性的传统化学防晒剂。此外，其配方还往往注重生物降解性，并采用环保包装材料，以确保产品从内到外都践行保护海洋生态、维护珊瑚礁健康与生物多样性的承诺，让用户在保护皮肤的同时，也能为守护海洋尽一份力。

在此背景下，为科学评估防晒产品的环境影响，巴斯夫开发了一套全新的环保评估体系——BASF EcoSun Pass® 认证。该认证系统基于多项国际公认标准，覆盖八大环境参数，包括生物降解性、内分泌干扰性、急性与慢性水生毒性、生物积累性、陆生毒性及沉积物毒性等，全面评估紫外线过滤体系的环境相容性。该体系还引入“防晒效率”维度，倡导以更少种类和更低含量的防晒剂实现更高的防晒指数（SPF 及 PA 等级）。配方越高效、环境负荷越低，评分则越高。若配方综合评分超过 200 分，即可获得认证。

美肤宝蔚蓝大伞防晒（全称：美肤宝多维光护养肤焕白防晒乳 SPF50+PA++++，国妆特字 G20235659）成为中国首款通过该认证的生态 / 海洋友好型防晒产品。其配方不仅符合严格的生态安全标准，也展现了在环保理念与高效防晒之间取得平衡的先进研发方向。

2. 微生态友好防晒化妆品

微生态友好（microbiome-friendly）防晒化妆品是在提供有效紫外线防护的同时，注重维护皮肤表面微生物群的平衡。这类产品通常避免使用对皮肤微生态有害的传统有机防晒剂，转而采用无机防晒剂和一些新型有机防晒剂或某些新型生物防晒成分（如类菌孢素氨基酸 MAAs），并常添加益生元、后生元等成分来滋养皮肤有益菌群，以减轻对皮肤微生态的干扰。

3. 大分子防晒（剂）化妆品

大分子防晒剂是指分子量大于 500 Da 的防晒剂原料。根据国家药监局《化妆品安全评估技术导则》，原料的透皮吸收特性与其分子结构和性质密切相关；当分子量超过 500 Da 时，透皮吸收率显著降低。这类防晒剂能够稳定停留于皮肤表面，通过反射、散射或吸收紫外线实现高效防护，不易渗入皮肤内部，因此产品更为温和、安全性较高。近年来，越来越多品牌推出以大分子化学防晒剂为核心的产品，例如玉泽清爽特护防晒乳（国妆特字 G20248982），其所采用的 BEMT、MBBT 及 EHT 等防晒成分分子量均大于 500 Da，尤其适合敏感肌人群使用。

4. 养肤型防晒化妆品

养肤型防晒化妆品，即“养护合一”型产品，已成为当前防晒市场的重要趋势。这类产品不仅具备基础的紫外线防护功能，更融合了多种护肤功效，满足消费者对一站式护肤的需求。除基础的保湿功效之外，兼具祛斑美白、抗衰老、屏障修护等多重功能的防晒产品日益增多。前表 5-7 列举了一些市面上常见的养肤型防晒化妆品。

近年来，抗光老化与深层修护成为重要的消费诉求，推动品牌在配方中融入如烟酰胺、麦角硫因、抗氧化复合物等活性成分，以提升产品的综合护肤价值。在拉丁美洲，由于消费者对气候变迁和环境污染对皮肤影响的意识不断增强，具备抗污染、隔绝污染物功能的防晒产品也日益受到青睐，显示出区域市场对“环境防御型”护肤解决方案的高度关注。

5. 非纳米防晒（剂）化妆品

尽管多项研究证实纳米级 TiO_2 和 ZnO 难以渗透至皮肤深层（通常仅停留于角质层表面），欧盟委员会仍指出其吸入风险不容忽视。此外，研究表明除一些化学防晒剂外，纳米无机颗粒也可能对海洋生态系统（如珊瑚）造成负面影响。为消除消费者顾虑，欧洲市场逐渐涌现出更多标注“非纳米”宣称的防晒产品，其中部分产品已明确采用非纳米 ZnO 作为唯一防晒剂，以兼顾安全性与环保需求。

6. 创新剂型化妆品

近年来，防晒产品剂型持续创新，涌现出多类兼顾防护精准性、使用便捷性与功能附加值的细分产品，有效拓展了防晒场景与应用人群。

（1）防晒散粉　以物理防晒剂（如 TiO_2、ZnO）为主要成分，采用类似化妆散粉的形态，可通过配套刷头均匀涂抹于皮肤甚至头皮等特殊部位。该类产品尤其关注到头皮易受紫外线损伤却常被忽略的问题，例如部分品牌推出自带柔软刷头的头皮专用防晒粉，实现便捷补涂与隐形防护。

（2）防晒贴片　针对眼周、鼻梁、肩背等敏感或易晒区域开发的贴片式防晒产品，兼具高附着性与持久防护力。例如市面已有全覆盖型防晒贴，可贴于背部、大腿等大范围区域，宣称能在 6～8 h 内持续阻挡紫外线，并通过缓释技术向皮肤输送保湿或修护成分，实现“防护＋养肤”双效合一。

（3）次抛防晒　为精准控制用量、避免二次污染及提升便携性而设计的单次独立包装防晒产品。例如 MISTINE 推出的 1 ml/ 支次抛防晒，不仅确保每次使用可达标 SPF 值，也更适配敏感肌及医美术后人群的卫生需求。

（4）微囊精华防晒　通过微封装技术将防晒剂与活性精华（如抗氧化、保湿成分）包裹于数百万颗微囊中，涂抹时微囊破裂释放内容物，实现“爆珠化水”的轻薄肤感。该技术既维持了成分活性，又使产品在日照下可同步发挥光防护与护肤功效，尤其适合妆前及日间防护场景。

这些创新剂型体现了防晒市场正朝着场景化、精准化、护肤化方向迅速发展，更好地满足消费者对高效防护与体验升级的双重需求。

第六章

防晒化妆品检验与评价

一、防晒化妆品的检验与评价

防晒化妆品安全性检验 / 试验主要包括微生物检验、理化检验、毒理学试验以及人体安全性试验。除以上安全性检验 / 试验外，还需要对防晒化妆品进行功效评价。在选择试验项目时，应根据防晒化妆品的实际情况而定，具体项目可参照《国家药监局关于发布实施化妆品注册和备案检验工作规范的公告》（后简称《检验规范》）（2019 年第 72 号）要求。

（一）防晒化妆品相关检验评价项目

防晒化妆品的相关检验评价项目如表 6-1 所示。

表 6-1　防晒化妆品的相关检验评价项目

项目分类	试验项目	防晒类	备注
微生物检验项目	菌落总数	必做	/
	霉菌和酵母菌总数	必做	
	耐热大肠菌群	必做	
	金黄色葡萄球菌	必做	
	铜绿假单胞菌	必做	
理化检验项目	汞	必做	①乙醇、异丙醇含量之和≥ 10%（质量分数）的产品，需检测甲醇项目。 ②配方中含有乙氧基结构原料的产品，需检测二噁烷项目（含有乙氧基结构原料，如苯氧乙醇、乙氧基二甘醇、聚乙二醇（PEG）类及其衍生物、脂肪醇聚醚类及其衍生物、聚山梨醇酯类及其衍生物、泊洛沙姆等原料）。 ③配方中含有滑石粉原料的产品，需检测石棉项目。 ④配方中含有甲醛及甲醛缓释体类原料的产品，需检测游离甲醛项目［含有甲醛缓释体类的原料，如咪唑烷基脲、DMDM 乙内酰脲、双（羟甲基）咪唑烷基脲、羟甲基甘氨酸钠、2- 溴 -2- 硝基丙烷 -1,3 二醇、5- 溴 -5- 硝基 -1,3- 二噁烷、甲醛苄醇半缩醛、7- 乙基双环噁唑烷、二甲基噁唑烷］
	铅	必做	
	砷	必做	
	镉	必做	
	甲醇[①]		
	二噁烷[②]		
	石棉[③]		
	甲醛[④]		
	防晒剂[⑤]	必做	

续表

项目分类	试验项目	防晒类	备注
理化检验项目	pH 值⑥		⑤配方中含有化学防晒剂的非防晒类产品，需检测所含化学防晒剂。 ⑥宣称含 α- 羟基酸或虽不宣称含 α- 羟基酸、但其总量≥ 3%（质量分数）的产品，需要检测 α- 羟基酸项目，同时检测 pH 值。纯油性（含蜡基）的产品不需要检测 pH 值；多剂配合使用的产品如需检测 pH 值，除在单剂中检测外，还应当根据使用说明书检测混合后样品的 pH 值。 ⑦宣称 UVA 防护效果或宣称广谱防晒的产品，需要检测化妆品抗 UVA 能力参数-临界波长或 PFA 值。 注：终产品因包装原因无法取样或可能影响检验结果的（例如喷雾产品、气垫产品等），企业在提交完整检测样品的同时，可配合提供包装前的最后一道工序的半成品，检验检测机构应当在检验报告中予以说明
	α-羟基酸⑥		
	抗 UVA 能力参数-临界波长⑦		
毒理学试验项目	急性眼刺激性试验①		①易触及眼睛的防晒类产品应进行急性眼刺激性试验。 ②两剂或两剂以上混合使用的产品，应按说明书中使用方法进行试验。当存在不同浓度、不同配比等与安全性相关的不同使用方法时，需对每一种情况均进行相关的毒理学试验。 注：对于表中未涉及的产品，在选择试验项目时应根据实际情况确定，可按具体产品用途和类别增加或减少检验项目
	多次皮肤刺激性试验②	必做	
	皮肤变态反应试验	必做	
	皮肤光毒性试验	必做	
人体安全性检验	人体皮肤斑贴试验①	必做	①祛斑类和防晒类化妆品进行人体皮肤斑贴试验，出现刺激性结果或结果难以判断时，应当增加皮肤重复性开放型涂抹试验。 ②驻留类产品理化检验结果 pH ≤ 3.5 或企业标准中设定 pH ≤ 3.5 的产品，应当进行人体试用试验安全性评价。 ③两剂或两剂以上混合使用的产品，应按说明书中使用方法进行试验。当存在不同浓度、不同配比等与安全性相关的不同使用方法时，需对每一种情况均进行相关的人体安全性检验
	人体试用试验安全性评价②③		
功效评价	防晒指数（SPF 值）测定①	必做	①宣称防晒的产品需要检测 SPF 值。 ②标注 PFA 值或 PA+ ～ PA++++ 的产品，需要检测长波紫外线防护指数（PFA 值）；宣称 UVA 防护效果或宣称广谱防晒的产品，需要检测化妆品抗 UVA 能力参数——临界波长或 PFA 值。 ③防晒产品宣称“防水”“防汗”或“适合游泳等户外活动”等内容的，根据其所宣称抗水程度或时间按规定的方法检测防水性能。 注：1. 非防晒类化妆品中化学防晒剂含量之和≥ 0.5%（质量分数）的产品（淋洗类、香水类、指甲油类除外），需要检测 SPF 值。 2. 两剂或两剂以上混合使用的产品，应按说明书中使用方法进行试验。当存在不同浓度、不同配比等与安全性相关的不同使用方法时，需对每一种情况进行相关的人体功效评价检验
	长波紫外线防护指数（PFA 值）测定②		
	防水性能测定③		

（二）防晒化妆品微生物、理化和毒理要求

防晒化妆品微生物、理化检验和毒理学试验（区分成人和儿童）结果要求如表 6-2 所示。

表 6-2 防晒化妆品微生物、理化检验及毒理学试验结果要求

项目分类	检测项目	限值 / 要求		
		成人防晒化妆品		儿童防晒化妆品
		眼部及口唇部	其他	
微生物检验项目	菌落总数	≤ 500 CFU/g 或 CFU/ml①	≤ 1000 CFU/g 或 CFU/ml	≤ 500 CFU/g 或 CFU/ml①
	霉菌和酵母菌总数	≤ 100 CFU/g 或 CFU/ml		≤ 100 CFU/g 或 CFU/ml

续表

项目分类	检测项目	限值 / 要求		
		成人防晒化妆品		儿童防晒化妆品
		眼部及口唇部	其他	
微生物检验项目	耐热大肠菌群	不得检出		不得检出
	金黄色葡萄球菌	不得检出		不得检出
	铜绿假单胞菌	不得检出		不得检出
理化检验	汞	≤ 1 mg/kg		≤ 1 mg/kg
	铅	≤ 10 mg/kg		≤ 10 mg/kg
	砷	≤ 2 mg/kg		≤ 2 mg/kg
	镉	≤ 5 mg/kg		≤ 5 mg/kg
	甲醇	≤ 2000 mg/kg		≤ 2000 mg/kg
	二噁烷	≤ 30 mg/kg②		≤ 30 mg/kg②
	石棉	不得检出		不得检出
	甲醛	游离甲醛：总量≤ 0.2%（质量分数），禁用于喷雾产品		不建议使用
	防晒剂	应当在符合《技术规范》中“化妆品使用时的最大允许浓度”的基础上，根据配方填报量并结合产品质量控制情况（如检验结果、产品在保质期内的稳定性等）设置在配方填报量的合理范围内		除符合成人防晒化妆品的一般要求外，进一步地要求，原则上配方中化学防晒剂种类不得多于 5 种（含 5 种）且单一防晒剂使用量应当低于《技术规范》限量的 90%；同时使用二氧化钛、氧化锌时，其总使用量应当≤ 25%
	pH 值	无严格法规限制，但企业应遵循《技术规范》等相关法规，确保产品的安全性。同时，企业还应根据产品的具体特性和市场需求，制定合理的 pH 值控制范围		驻留类：4.5 ～ 7.5
	α- 羟基酸	总量 6%（以酸计）		不建议使用以及宣称
	抗 UVA 能力参数-临界波长	≥ 370 nm		
毒理学试验项目	急性眼刺激性试验	宣称无刺激，需为无刺激性； 眼刺激反应分级为轻刺激或轻刺激以下		儿童产品结果应当为无刺激性或者微刺激性； 仅当试验结果为无刺激性时，可以宣称无泪配方
	多次皮肤刺激性试验	皮肤刺激强度为轻刺激或者轻刺激以下（积分均值 <2.0）； 宣称无刺激的产品，皮肤刺激强度为无刺激（积分均值 <0.5）		儿童产品皮肤刺激强度为无刺激（积分均值 <0.5）
	皮肤变态反应试验	致敏强度为弱致敏性和弱致敏性以下（未见皮肤变态反应）		结论应当为无致敏性
	皮肤光毒性试验	结果应当为无光毒性		结果应当为无光毒性
备注	① 2025 年 9 月 15 日，中国食品药品检定研究院发布《眼部化妆品、口唇化妆品和儿童化妆品中菌落总数限值（征求意见稿）》。现修订眼部化妆品、口唇化妆品和儿童化妆品中菌落总数限值为不得超过 100 CFU/g（或 CFU/mL）。 ② 2025 年 9 月 15 日，中国食品药品检定研究院发布《二噁烷限值（征求意见稿）》。现修订化妆品中有害物质二噁烷限值为不得超过 10 mg/kg。			

（三）防晒化妆品人体安全性检验及功效评价检验要求

防晒化妆品人体安全性检验及功效评价检验（区分成人和儿童）结果要求如表 6-3 所示。

表 6-3　防晒化妆品人体安全性及功效评价检验参数要求

<table>
<tr><th rowspan="2">项目分类</th><th rowspan="2">试验项目</th><th colspan="2">要求</th></tr>
<tr><th>成人防晒化妆品</th><th>儿童防晒化妆品</th></tr>
<tr><td rowspan="2">人体安全性检验</td><td>人体皮肤斑贴试验</td><td>1. 人体皮肤斑贴试验结果解释：30 例受试者中出现 1 级皮肤不良反应的人数多于 5 例，或 2 级皮肤不良反应的人数多于 2 例，或出现 1 例 3 级或者 3 级以上皮肤不良反应时，判定受试物对人体有不良反应；
2. 皮肤开放型斑贴试验结果解释：在 30 例受试者中若有 1 级皮肤不良反应 5 例（含 5 例）以上，2 级皮肤不良反应 2 例（含 2 例），或出现任何 1 例 3 级或 3 级以上皮肤不良反应 1 例（含 1 例）以上，或出现任何 1 例 3 级或 3 级以上皮肤不良反应 1 例（含 1 例）以上，判定受试物对人体有明显不良反应；
3. 具体结果判定以实验情况来定</td><td>防晒类儿童化妆品应当按照《技术规范》要求开展人体皮肤封闭型斑贴试验，30 例受试者中出现 1 级皮肤不良反应的人数应当小于等于 1 例，且不得出现 2 级及 2 级以上皮肤不良反应</td></tr>
<tr><td>人体试用试验安全性评价</td><td>驻留类产品理化检验结果 pH ≤ 3.5 或企业标准中设定 pH ≤ 3.5 的产品，应当进行人体试用试验安全性评价。具体结果判定以实验情况来定</td><td>防晒类儿童化妆品的 SPF 值较高时，必要时，提交人体试用试验安全性评价数据作为证据支持。具体结果判定以实验情况来定</td></tr>
<tr><td rowspan="3">功效评价</td><td>防晒指数（SPF 值）测定</td><td colspan="2">当产品的实测 SPF 值小于 2 时，不得标识防晒效果</td></tr>
<tr><td>长波紫外线防护指数（PFA 值）测定</td><td colspan="2">当 PFA 值小于 2 时，不得标识 UVA 防护效果</td></tr>
<tr><td>防水性能测定</td><td colspan="2">应选用同一批受试人员测定浴前 SPF 值以及 40 min/80 min 浴后 SPF 值，浴后 SPF 值为洗浴前 50% 以上（含 50%）的，可以判定为具有相应的防水性能（40 min/80 min：一般 / 强）</td></tr>
</table>

除实施以上检验 / 评价项目和满足结果要求外，还需遵循人体安全性检验和功效评价基本原则，即：进行人体安全性检验及功效评价之前，应当先完成微生物及理化检验、毒理学试验并出具书面报告，上述检验 / 试验项目不合格的产品不得进行人体安全性检验及功效评价。

此外，在检测时存在以下产品类型或情况：

1. 不同包装类型、各部分配方不同且只有一个产品名称的样品检验评价规则

（1）微生物项目　若一个样品包装内各部分为独立包装，应当分别检验；若一个样品包装内各部分为非独立包装，应混合取样检验。

（2）理化项目　应当按各部分分别检验；若无法分别取样，且不涉及配方原料含量相关检验项目的，可以按说明书中使用方法检验；若涉及配方原料含量相关检验项目的，可由企业提供包装前的半成品进行检验，取样方式应当在检验报告中予以说明。

（3）毒理学试验、人体安全性检验与功效评价项目　可按照说明书中使用方法进行；当存在各部分单独使用的可能性时，应当分别进行试验、检验和评价。

2. 多色号系列防晒产品检验评价规则

多色号系列防晒化妆品是指产品配方除所含着色剂（色调调整部分）种类或含量不同外，基础配方成分含量（配合色调调整部分除外）、种类相同，且其系列名称相同的防晒化妆品。此类产品防晒功效（SPF 值、PFA 值、防水性能）评价可以采取抽样方式进行。抽样比例为 20%，总数不足 5 个以 5 个计；抽样时应当首选着色剂含量最低（或无着色剂基础配方的产品）进行功效评价。

总而言之，防晒产品安全性检验 / 试验和功效评价的检验评价机构、程序、项目、方法、结果以及报告及体例等均应符合《技术规范》《检验规范》《化妆品注册备案资料管理规定》等相关要求，其中检验项目应不少于《检验规范》中要求检验的项目，检验结果均应符合《技术规范》以及产品执行的标准的要求。

二、防晒化妆品检验与评价项目介绍

本节重点介绍防晒化妆品的功效检验与评价，其安全性检验 / 试验作为产品常规强制要求，按要求执行不作详述。

跟防晒化妆品功效相关的特定检验和评价有：《技术规范》第四章——理化检验方法规定了“防晒剂检验方法”和“化妆品抗 UVA 能力仪器测定法”；第八章——人体功效评价检验方法规定了跟防晒化妆品相关的三项人体功效测试，如“防晒化妆品防晒指数（SPF 值）测定方法”“防晒化妆品防水性能测定方法”“防晒化妆品长波紫外线防护指数（PFA 值）测定方法”。此外，ISO 组织也有 6 项与防晒化妆品功效相关的标准，共 11 项，如下：

① 防晒剂检验方法。
② 化妆品抗 UVA 能力仪器测定法。
③ 防晒化妆品防晒指数（SPF 值）测定方法。
④ 防晒化妆品防水性能测定方法。
⑤ 防晒化妆品长波紫外线防护指数（PFA 值）测定方法。
⑥ 化妆品—防晒试验方防晒指数（SPF 值）的体内测定方法。
⑦ 化妆品—防晒试验方法—测定抗水性的水浸法。
⑧ 化妆品—防晒试验方法—防晒产品 UVA 防护效果的体内测定方法。
⑨ 化妆品—防晒试验方法—防晒指数（SPF 值）的体外测定方法。
⑩ 化妆品—防晒产品 UVA 光防护的体外测定方法。
⑪ 化妆品—通过漫反射光谱法测量防晒功效方法。

SPF、UVA 防护以及防水性能测试方法分类如表 6-4 所示。

表 6-4　防晒化妆品体内外功效测试方法

SPF（防晒指数）测试方法	UVA 防护测试方法	防水性能测试方法
防晒化妆品防晒指数（SPF 值）测定方法	防晒化妆品长波紫外线防护指数（PFA 值）测定方法	防晒化妆品防水性能测定方法
ISO 24444：2019	化妆品抗 UVA 能力仪器测定法	ISO 16217：2020

续表

<table>
<tr><th>SPF（防晒指数）测试方法</th><th>UVA 防护测试方法</th><th>防水性能测试方法</th></tr>
<tr><td rowspan="2">ISO 23675：2024</td><td>ISO 24442：2022</td><td rowspan="3">ISO 16217：2020</td></tr>
<tr><td>ISO 24443：2021</td></tr>
<tr><td colspan="2">ISO 23698：2024</td></tr>
</table>

本节将对以上《技术规范》检验评价方法和 ISO 标准进行结构化的总结介绍。

（一）防晒剂检验方法

该部分详细描述了防晒化妆品中防晒剂（二苯酮 -2、二氧化钛、氧化锌以及 3- 亚苄基樟脑等 22 种原料）的检验方法，涵盖高效液相色谱法（HPLC）、分光光度法、火焰原子吸收光谱法等。各类防晒剂检验方法关键参数对比如表 6-5 所示。

表 6-5 《技术规范》防晒剂检测方法关键参数对比

项目	二苯酮 -2	二氧化钛	氧化锌	22 种防晒原料
方法类型	高效液相色谱法（HPLC）	分光光度法	火焰原子吸收光谱法	高效液相色谱法（HPLC）（可经液相色谱 - 质谱法确证）
适用范围	液态水基类、膏霜乳液类、指甲油等	膏霜、乳、液类等（不含其他钛及钛化合物）	膏霜、乳、液类等（不含其他锌及锌化合物）	水基类、凝胶类、膏霜乳液类、粉类、蜡基类等
检出限	1.5 μg	0.068 μg/mL	0.012 μg/mL	0.6 ～ 12 ng
检出浓度	0.03%（取样量 0.1 g）	0.0068%（取样量 0.1 g）	0.0012%（取样量 0.1 g）	0.01% ～ 0.12%（不同原料，取样量 0.25 g）
定量下限	5 μg	0.2 μg/mL	0.04 μg/mL	1.5 ～ 39 ng
最低定量浓度	0.1%（取样量 0.1 g）	0.02%（取样量 0.1 g）	0.004%（取样量 0.1 g）	0.03% ～ 0.39%（不同原料，取样量 0.25 g）

注：二苯酮 -2 和 3- 亚苄基樟脑不在《技术规范》准用防晒剂清单。

值得提出的是，《技术规范（2022 年版）》（征求意见稿，未正式发布）中二苯酮 -2 的检出限为 6 ng，定量下限为 20 ng，与《技术规范（2015 年版）》差异较大。

此外，《技术规范》目前少了“PEG-25 对氨基苯甲酸”“聚丙烯酰胺甲基亚苄基樟脑”“聚硅氧烷 -15”等三种准用防晒剂的检验方法。其中，“聚硅氧烷 -15”的检验方法正在规划立项中。

除《技术规范》防晒剂检测方法外，还存在一些国标和特定的行标如下：

（1）GB/T 30933 化妆品中防晒剂二乙氨基羟苯甲酰基苯甲酸己酯的测定　高效液相色谱法；

（2）GB/T 35916 化妆品中 16 种准用防晒剂和其他 8 种紫外线吸收物质的测定　高效液相色谱法；

（3）QB/T 2333 防晒化妆品中紫外线吸收剂定量测定　高效液相色谱法；

（4）SN/T 4578 进出口化妆品中 9 种防晒剂的测定　气相色谱 - 质谱法；

（5）SN/T 5151 防晒化妆品中 7 种二苯酮类物质的测定　高效液相色谱法。

（二）化妆品抗 UVA 能力仪器测定法

该方法规定了仪器法（*in vitro*）测定防晒化妆品抗 UVA（320 ～ 400 nm）能力。基于《技术规范（2015 年版）》的内容，并从范围及目的、核心定义、试验方法、结果判定以及报告格式等方面进行结构化的总结介绍，如表 6-6 所示。

表 6-6　化妆品抗 UVA 能力仪器测定法主要内容及要求

项目	内容及要求
1. 范围及目的	适用范围：防晒化妆品抗 UVA 能力的测定
	试验目的：基于仪器法测定化妆品抗 UVA（320 ～ 400 nm）能力，评估防晒化妆品的广谱防晒效果
2. 核心定义	临界波长（λ_c）：吸光度占 UVA+UVB（290 ～ 400 nm）总吸光度 90% 处之 UVA 端波长（nm）。 λ_c 公式：$90\%=\dfrac{\int_{290}^{\lambda_c} A(\lambda)\mathrm{d}\lambda}{\int_{290}^{400} A(\lambda)\mathrm{d}\lambda}$，$A$（$\lambda$）为波长 λ 处的吸光度值
	UVA/UVB 比值（R）：UVA（320 ～ 400 nm）与全波段（290 ～ 400 nm）吸光度积分比值。 R 公式：$R=\dfrac{\int_{320}^{400} A(\lambda)\mathrm{d}\lambda}{\int_{290}^{400} A(\lambda)\mathrm{d}\lambda}$，$A$（$\lambda$）为波长 λ 处的吸光度值
3. 试验方法	样品制备：1. 基材选择　3M 膜（阳性结果确认），单面磨毛 PMMA 板（仅阴性参考）；2. 涂布要求　涂布量 1.8 ～ 2.2 mg/cm^2，医用指套均匀涂抹，禁止气泡
	环境控制：温度 20 ～ 30℃；湿度 40% ～ 60%；静置时间为涂膜后 20 min
	仪器与校准：1. 设备　SPF 测定仪（需具 λ_c 测定和记录功能）；2. 校准　验证光源强度、波长准度及负载样膜玻璃板的紫外吸收
	测试要求：1. 测试点数量　每样片≥ 4 点；平行样数量　≥ 2 片；2. 数据一致性标准　同片 4 点 λ_c RSD ≤ 1%；平行样 λ_c 差值≤ 2 nm
	质控样品：SPF 标样（λ_c=366 nm），合格范围：365 ～ 367 nm
4. 结果判定	判定标准：λ_c ≥ 370 nm 可标识“广谱防晒”
5. 报告格式	仪器型号及编号、平行样 λ_c 值、质控样 λ_c 实测值、结论（是否满足 λ_c ≥ 370 nm）

《技术规范（2022 年版）》（征求意见稿）相比《技术规范（2015 年版）》，技术参数、操作流程和质量控制要求完全相同，仅存在排版和符号的细微差异，属于标准文本的格式性修订，无实质性技术变更。

（三）防晒化妆品防晒指数（SPF 值）测定方法

防晒化妆品防晒指数（SPF 值）人体测试方法（*in vivo*），参考 ISO 24444。它是产品防晒指数（SPF）测试的全球“金标准”。

基于《技术规范（2015 年版）》的内容，并参考对比《技术规范（2022 年版）》（征求意见稿），将一些较为明显的差异进行对比总结，如表 6-7 所示。

提醒读者注意的是，2015 年版本的内容为现行版，2022 年版仅为征求意见稿，但由于 2022 版本有参考最新 ISO24444：2019 的内容，特进行对比参考。

表 6-7　防晒化妆品防晒指数（SPF 值）测定方法主要内容及要求对比

项目	内容及要求	
	现行《技术规范（2015 年版）》	《技术规范（2022 年版）》（征求意见稿）
1. 标题	防晒化妆品防晒指数（SPF 值）测定方法	“测定”方法改为“测试”方法
		增加英文标题：In vivo Test Method for the Sun Protection Factor（SPF）of Sunscreen Cosmetics

续表

项目	内容及要求	
	现行《技术规范（2015 年版）》	《技术规范（2022 年版）》（征求意见稿）
2. 范围	规定了对防晒化妆品 SPF 值的测定方法	范围新增“目的”和“受试者要求”
3. 规范性引用文件	Cosmetics — Sun protection test methods — In vivo determination of the sun protection factor（SPF）（International standard ISO 24444 First edition, 2010-11-15）	未明确
4. 试验目的	无	新增：检测受试物防护人体皮肤受到太阳紫外线照射引起红斑的功效性
5. 核心定义	没有定义个体类型角	引入客观皮肤颜色参数 ITA°，提高受试者筛选科学性。 个体类型角（individual type angle，ITA°）：通过皮肤色度计或反射分光光度计测量皮肤 $L^*a^*b^*$ 颜色空间数据来表示人体皮肤颜色的参数量化皮肤颜色的参数，计算公式为：$ITA°=\{\arctan\frac{(L^*-50)}{b^*}\}\frac{180}{\pi}$
	最小红斑量（minimal erythema dose，MED）：引起皮肤清晰可见的红斑，其范围达到照射点大部分区域所需要的紫外线照射最低剂量（J/m^2）或最短时间（s）	细化红斑判定标准，增加红斑面积 50% 的量化要求，定义更精确：其范围达到照射区域边界，且红斑面积超过照射面积 50% 所需要的紫外线照射最低剂量（J/m^2）或最短时间（s）
6. 受试者选择标准	基本要求：18～60 岁健康志愿者，男女均可；光皮肤类型为Ⅰ、Ⅱ、Ⅲ型，无光感性疾病史	基本要求：新增受试者基本要求：ITA° ≥ 28°
	排除标准：近 1 个月内曾接受类似试验	排除标准：增加近 2 个月内参加过临床试验者，排除标准更严格
7. 试验方法	涂布面积≥ 30 cm^2	1. 设定涂布面积上限：30～60 cm^2; 2. 新增涂抹时间要求：（35±15）s 内
	环境温度要求：未明确	新增环境温度要求：（23±3）℃
	MED 预测：测试前 24 h 进行，选择 5 点不同剂量照射，观察红斑以确定未防护 MED	改为“至少 5 点”
	SPF ≤ 25 时递增 25%，SPF>25 时递增≤ 12%	1. 剂量递增比例变化：照射剂量增幅根据 SPF 值调整（SPF<25 时增幅≤ 25%，SPF ≥ 25 时增幅≤ 15%）; 2. 强调“递增幅度应一致”
8. 报告格式	1. 表格内容：包括受试者编号、姓名（首字母）、性别、年龄、光皮肤类型、标准品 SPF 值、测试样品 SPF 值 2. 统计指标：平均值（X）、标准差（SD）、95%CI	新增 ITA° 值信息
	无明确	依据规范：根据《化妆品注册和备案检验工作规范》出具，确保数据完整性和可追溯性
9. 附录标准品	1.P7 标准品（附录Ⅰ）：SPF（4.4±0.4），适用于 SPF 值 <20 的产品；防晒剂组合及含量：胡莫柳酯（8%）	删除 P7 标准品，在 P2（附录 A）和 P3（附录 B）标准品的基础上新增高 SPF 值 P5、P6、P8 标准品
		1.P5 标准品（附录 C）：SPF（30.6 ± 6.8）；适用于 SPF 值≥ 25 的产品；防晒剂组合及含量：奥克立林（10.00%）、水杨酸辛酯（5.00%）、二苯甲酮 -3（5.00%）、丁基甲氧基二苯甲酰甲烷（3.00%）

续表

项目	内容及要求	
	现行《技术规范（2015年版）》	《技术规范（2022年版）》（征求意见稿）
9. 附录标准品	2.P2 标准品（附录Ⅱ）：SPF（16.1 ± 2.4）；适用于 SPF 值 <25 的产品，对于 SPF 值 ≥ 20 的产品，推荐选择；防晒剂组合及含量：二甲基 PABA 乙基己酯（7.00%）、二苯酮 -3（3.00%）	2.P6 标准品（附录 D）：SPF（43.0 ± 11.9）；适用于 SPF 值 ≥ 25 的产品；防晒剂组合及含量：双 - 乙基己氧苯酚甲氧基苯基三嗪（2.00%）、亚甲基双 - 苯并三唑基四甲基丁基酚（6.00%）、甲氧基肉桂酸乙基己酯（5.00%）
	3.P3 标准品（附录Ⅲ）：SPF（15.7 ± 2.0）；适用于 SPF 值 <25 的产品，对于 SPF 值 ≥ 20 的产品，推荐选择；防晒剂组合及含量：甲氧基肉桂酸乙基己酯（3.00%）、丁基甲氧基二苯甲酰基甲烷（0.50%）、2- 苯基苯并咪唑 -5- 磺酸（2.78%）	3.P8 标准品（附录 E）：SPF（63.1 ± 19.2）；适用于 SPF 值 ≥ 25 的产品；防晒剂组合及含量：甲氧基肉桂酸乙基己酯（5.00%）、双 - 乙基己基苯酚甲氨基苯嗪（3.00%）、水杨酸辛酯（3.00%）、亚甲基双 - 苯并三唑基四甲基丁基酚（10.00%）

（四）防晒化妆品防水性能测定方法

防晒化妆品防水性能测试人体方法（*in vivo*），参考 ISO 16217。基于《技术规范（2015 年版）》的内容，并参考对比《技术规范（2022 年版）》（征求意见稿），将一些较为明显的差异进行对比总结，如表 6-8 所示。

表 6-8　防晒化妆品防水性能测定方法主要内容及要求对比

项目	内容及要求	
	现行《技术规范（2015年版）》	《技术规范（2022年版）》（征求意见稿）
1. 标题	防晒化妆品防水性能测定方法	“测定”方法改为“测试”方法
		增加英文标题：Test Method for Water Resistance of Sunscreen Cosmetics
2. 引言	引言提供背景：解释防晒产品抗水性的历史重要性，强调夏季使用场景（如游泳），并说明标签标识（如“防水防汗”）	删除
3. 范围	无	规定了对防晒化妆品防水性能测试的目的、设备及水质要求和方法。适用于测试防晒化妆品的防水性能
4. 试验目的	无	通过测试水浴后 SPF 值，并和水浴前 SPF 值的比较来测试防晒化妆品的防水性能
5. 设备与水质	水池要求：室内水池、旋转或水流浴缸	进一步明确并细化水池要求：流速为 0.02 ～ 0.05 m/s，水流不可直冲受试部位，需消毒措施
	水质：应新鲜	水质：符合当地的健康和安全要求
	环境参数：水温为 23 ～ 32℃；室温未明确	环境参数：水温为（30±2）℃；室温为（23±3）℃
	记录参数：水温、室温和相对湿度	记录参数：移除了相对湿度记录要求，仅保留水温和室温
6. 测试要求和结果判定	测试要求：无明确	测试要求：要求防晒化妆品防水性能测定水浴后和水浴前需选择相同的受试者，且必须在水浴后 SPF 值测定前完成水浴前 SPF 值的测试
	结果判定：无明确	结果判定：水浴后 SPF 值相比水浴前减少超过 50% 的，不得宣称具有防水效果

续表

项目	内容及要求	
	现行《技术规范（2015年版）》	《技术规范（2022年版）》（征求意见稿）
7. 报告格式	表格内容：包括受试者编号、姓名（首字母）、性别、年龄、皮肤类型、标准品SPF值、待检样品洗浴后SPF值； 统计指标：平均值（X）、标准差（SD）、95%CI	1. "皮肤类型"改为"光皮肤类型"； 2. 新增ITA°值信息； 3. "待检样品洗浴后SPF值"改为"测试样品浴后SPF值"
	依据规范：无明确	依据规范：根据《化妆品注册和备案检验工作规范》出具，确保数据完整性和可追溯性
8. 附录标准品	参考防晒化妆品防晒指数（SPF值）测定方法附录标准品P7/P2/P3	参考防晒化妆品防晒指数（SPF值）测试方法附录标准品P2/P3/P5/P6/P8
9. 参考文献/资料	美国食品和药品管理局（FDA）对防晒产品防晒指数的测定方法（Sunscreen Water Resistant Testing Procedure, Federal Register/Vol 64, No 98/1999）	Cosmetics — Sun protection test methods — Water immersion procedure for determining water resistance ISO 16217: 2020

（五）防晒化妆品长波紫外线防护指数（PFA值）测定方法

防晒化妆品长波紫外线防护指数（PFA值）人体测试方法（*in vivo*），参考ISO 24442。基于《技术规范（2015年版）》的内容，并参考对比《技术规范（2022年版）》（征求意见稿）将一些较为明显的差异进行对比总结，如表6-9所示。

表6-9 防晒化妆品长波紫外线防护指数（PFA值）测定方法主要内容及要求对比

项目	内容及要求	
	现行《技术规范（2015年版）》	《技术规范（2022年版）》（征求意见稿）
1. 标题	防晒化妆品长波紫外线防护指数（PFA值）测定方法	"测定"方法改为"测试"方法
		增加英文标题：In vivo Test Method for the UVA Protection of Sunscreen Cosmetics
2. 引言	引言提供背景，介绍UVA防护效果评价与宣称体系	无
3. 规范性引用文件	Cosmetics — Sun protection test method — In vivo determination of sunscreen UVA protection.（International standard ISO 24442 First edition, 2011-12-15）	无明确
4. 范围	无	规定了防晒化妆品PFA值测定的目的、受试者要求和方法。适用于测定防晒化妆品的PFA值
5. 试验目的	无	检测受试物防护人体皮肤受到来自UVA照射的功效性
6. 核心定义	最小持续性黑化量（minimal persistent pigment darkening dose, MPPD）：辐照后2～4 h在整个照射部位皮肤上产生轻微黑化所需要的最小紫外线辐照剂量或最短辐照时间	明确单位：最小紫外线辐照剂量（J/cm^2）或最短辐照时间（s）
7. 受试者选择标准	基本条件：要求18～60岁健康受试者，男女均可；皮肤类型Ⅲ、Ⅳ型；无光敏性皮肤病史	新增ITA°值要求：18°～43°

续表

项目	内容及要求	
	现行《技术规范（2015 年版）》	《技术规范（2022 年版）》（征求意见稿）
7. 受试者选择标准	排除标准：未曾服用药物如抗炎药、抗组胺药等；试验部位选后背。受试部位皮肤色泽均一，没有色素痣或其他色斑等	排除标准更加细化：有光敏史者；后背皮肤色泽不均、有色素痣或色斑；妊娠、哺乳，或使用皮质类固醇等药物者；近 2 个月内参加过临床试验者。标准更严格，新增时间限制（近 2 月内未参加试验）和药物使用细节
8. 试验方法	光源要求：在光束辐照平面上应保持相对均一	进一步细化光源要求：光源输出在整个光束截面上应稳定、均一，对光斑均匀性的要求更严格
	涂布面积：≤ 30 cm²； 涂抹时间：未明确	①设定了涂布面积上限：30 ～ 60 cm²； ②明确了涂抹时间：（35±15）s 内
	环境温度：未明确	明确了环境温度：（23±3）℃
	MPPD 测定方法：未详述 MPPD 预测	新增 MPPD 预测步骤：需在测试前完成，取至少 5 点不同剂量照射，或根据 ITA° 值预测
	排除标准：未明确	明确结果无效情况：如全部未黑化、全部黑化或随机黑化
9. 报告格式	表格内容：包括受试者编号、姓名（首字母）、性别、年龄、皮肤类型、标准品 PFA 值、待检样品 PFA 值； 统计指标：平均值（X）、标准差（SD）、95%CI	1.“皮肤类型”改为“光皮肤类型”； 2. 新增 ITA° 值信息； 3.“待检样品 PFA 值”改为“测试样品 PFA 值”
	无明确	依据规范：根据《化妆品注册和备案检验工作规范》出具，确保数据完整性和可追溯性
10. 附录标准品	仅一个标准品（附录Ⅳ）： PFA（4.4±0.6）；防晒剂组合及含量：甲氧基肉桂酸乙基己酯（3.00%）、丁基甲氧基二苯甲酰基甲烷（5.00%）	两个标准品：低 PFA 标准品 S1 和高 PFA 标准品 S2
		1.S1 标准品（附录 A）：PFA（4.4±0.6）；适用于 PFA<12 的产品；防晒剂组合及含量：甲氧基肉桂酸乙基己酯（3.00%）、丁基甲氧基二苯甲酰基甲烷（5.00%）
		2.S2 标准品（附录 B）：PFA（12.7±2.0）；适用于 PFA ≥ 12 的产品；防晒剂组合及含量：奥克立林（3.00%）、丁基甲氧基二苯甲酰甲烷（5.00%）、甲氧基肉桂酸乙基己酯（3.00%）、双 - 乙基己氧苯酚甲氧苯基三嗪（2.00%）

（六）化妆品—防晒试验方法—防晒指数（SPF 值）的体内测定方法

ISO 24444：2019［Cosmetics—Sun protection test methods—In vivo determination of the sun protection factor（SPF），化妆品—防晒试验方法—防晒指数（SPF 值）的体内测定］是防晒产品 SPF 值人体测试的标准方法，2019 年版为当前最新版本，是 2010 年版的更新版本。前面叙述的《技术规范》防晒化妆品防晒指数（SPF 值）测定方法是基于 ISO 24444 做的本土化调整，聚焦于防晒化妆品测试，内容更简化，操作更实用。

ISO 24444：2019 通过标准化受试者选择、设备要求、测试程序和统计方法，确保 SPF 测试的高重复性和可靠性。关键创新（相对于前一版本）包括 ITA° 皮肤分型、光束均匀性

≥ 90% 要求、高 SPF 参考配方（P5/P6/P8）新增，以及严格的 95% CI 验证。该标准适用于化妆品行业、测试实验室和监管机构，旨在提升全球防晒产品评估的一致性，目前仍是防晒指数（SPF）功效评价的“金标准”。

核心内容如表 6-10 所示。

表 6-10　ISO 24444：2019 核心内容

项目	内容及要求
1. 适用范围	含紫外线防护成分（吸收、反射、散射）的化妆品，评估对紫外线诱导红斑的防护能力（SPF 值）
2. 核心定义	防晒系数（sun protection factor，SPF），公式：$SPF_i=\frac{MED_{ip}}{MED_{iu}}$
	最小红斑量（minimal erythema dose，MED）
	个体类型角（individual typology angle，ITA°），公式：$ITA°=\{\arctan\frac{(L^*-50)}{b^*}\}\frac{180}{\pi}$
3. 受试者要求	年龄范围：（当地法定同意年龄）～ 70 岁
	ITA° 分布：ITA° ≥ 28°，平均 41° ～ 55°，至少 3 人分布在两个 ITA° 范围（28° ～ 40°、41° ～ 55°、>56°）
	排除标准：详细列出光敏感药物史、皮肤异常等 12 项排除条件
4. 光源要求	类型：氙弧灯模拟器，光谱 290 ～ 400 nm，无 <290 nm 波长
	光谱控制要求：明确 UVA/UVB 比例要求（UVA Ⅱ ≥ 20%，UVA Ⅰ ≥ 60%）和 %RCEE 光谱指标，总辐照度 ≤ 1600 W/m^2
	光束均匀性：必须 ≥ 90%；提供 UV 膜 / 传感器测试方法及图示：单输出设备 / 多输出设备
	设备校准要求：每年光谱辐射仪校准 + 元件更换后校准
5. 测试方法	样品应用规范：用量（2.00±0.05）mg/cm^2；等待时间为涂抹后 15 ～ 30 min 照射；针对乳液 / 霜、喷雾、粉状产品采取不同的涂抹方法
	MED 预估：通过 ITA° 计算预估 MED（公式 E.2），指导暴露剂量设计
	MED 评估：照射 16 ～ 24 h 后分级（0 ～ 2 级），盲法观察；个体 $SPF=\frac{MED_p}{MED_u}$（保留 1 位小数）；产品 SPF：有效个体值算术平均值（保留 1 位小数）
	剂量递增规则：SPF<25：几何级数 ≤ 1.25；SPF ≥ 25：几何级数 ≤ 1.15
	MED 评估视觉指南：提供 6 张皮肤响应图示例（Annex F），统一评估标准
6. 标准品	低 SPF：P2（16.1，13.7 ～ 18.5）、P3（15.7，13.7 ～ 17.7）
	高 SPF：P5（30.6，23.7 ～ 37.4）、P6（43.0，31.0 ～ 54.9）、P8（63.1，43.9 ～ 82.3）
7. 统计要求	有效样本：10 ～ 20 个，最多排除 5 个；95%CI 需在均值 ±17% 内，最多 25 人
8. 报告要求	含实验室信息、产品标识、参考配方合规性、SPF 结果及统计

（七）化妆品—防晒试验方法—测定抗水性的水浸法

ISO 16217：2020（Cosmetics — Sun protection test methods — Water immersion procedure for determining water resistance，化妆品—防晒试验方法—测定抗水性的水浸法）通过标准化水浸程序（时长、水温以及水流）、严格的水质控制以及动态监测参考配方的有效性，确保防晒产品防水宣称的科学性与可比性。ISO 16217：2020 需结合 ISO 24444：2019 的 SPF 值测试计算判定。核心内容如表 6-11 所示。

表 6-11 ISO 16217：2020 核心内容

项目	内容及要求
1. 适用范围	适用于设计为不易被水或在水中去除的防晒产品，评估其防水性能，需与 ISO 24444 配合使用，在 ISO 24444 基础步骤中，于产品涂抹后、紫外线照射前增加水浸泡程序，通过浸泡后 SPF 值评估防水性能
2. 核心定义	静态 SPF（static SPF）：未浸水 SPF（浴前 SPF）
	浸水后 SPF_{iwr}（抗水性 SPF），公式：$SPF_{iwr}=\frac{MED_{ipi}}{MED_{iui}}$
	WR%（water resistance percentage，抗水百分比），公式：$WR\%=\frac{SPF_{wr}}{SPF_{static}}$
3. 受试者要求	至少 10 人，需符合 ISO 24444 的选择标准；需签署书面知情同意（明确浸泡时间、水温等）；最多排除 5 个无效结果，出现第 6 个无效则测试无效；同一受试者需完成静态 SPF 和浸水后 SPF_{iwr} 两阶段测试，以减少个体差异
4. 水浸泡程序	1.40 min 防水：2 次“20 min 浸泡（水循环）+5 ～ 20 min 干燥”循环； 2.80 min 防水：4 次“20 min 浸泡（水循环）+5 ～ 20 min 干燥”循环； 3. 最终干燥至少 15 min，无可见水滴，禁止擦拭
5. 环境与水质	室温：20 ～ 26 ℃；水温：（30±2）℃；水质：标准化水（电导率≥ 500 μS/cm，pH 值为 6.5 ～ 7.5，可加氯化钠调节）；装置流速：0.02 ～ 0.05 m/s
6. 计算与判定	计算个体防水 SPF_{iwr} 及算术平均值防水 SPF_{wr}；参考配方 P2 的 40 min 浸水后 SPF 为 9.0 ～ 15.0，无明确 SPF 减少比例限制，产品能否宣称“防水”取决于其 WR% 是否达到目标值（如≥ 50%），该阈值由市场法规决定，非本标准直接规定
7. 标准品	仅规定 P2（高 SPF 参考配方），每 200 人或 2 个月验证一次，SPF 值验收范围为 9.0 ～ 15.0，平均 WR% 为 50% ～ 85%（40 min 浸泡后）
8. 报告要求	包含 ISO 24444 要求的所有信息，额外增加浸泡时间、水温、水质、SPF_{iwr}、SPF_{wr} 及 P2 的相关数据

（八）化妆品—防晒试验方法—防晒产品 UVA 防护效果的体内测定方法

ISO 24442：2022（Cosmetics — Sun protection test methods — In vivo determination of sunscreen UVA protection，化妆品—防晒试验方法—防晒产品 UVA 防护效果的体内测定）是国际通用的防晒化妆品 UVA 防护指数（UVAPF）人体测定标准，2022 年版是其最新版本，是 2011 年版的更新版本。核心内容如表 6-12 所示。

表 6-12 ISO 24442：2022 核心内容

项目	内容及要求
1. 适用范围	适用于含紫外线吸收、反射、散射成分的防晒化妆品，测定其 UVA 防护因子（UVAPF），评估对 UVA 诱导持续性黑化（PPD）的防护功效
2. 核心定义	MPPDD（minimal persistent pigment darkening dose，最小持续性黑化量）：2 ～ 24 h 内产生明确黑化（>50% 区域）的最低 UVA 剂量
	UVAPF（UVA protection factor）：防护皮肤 MPPDD 与未防护皮 MPPDD 的比值，公式：$UVAPF_i=\frac{MPPDD_{ip}}{MPPDD_{iu}}$
3. 受试者要求	年龄：（当地法定同意年龄）～ 70 岁
	肤色：ITA° 为 18° ～ 43°，皮肤均匀无色素异常
	排除标准：光敏病史、妊娠 / 哺乳、近 8 周背部日晒史等
	样本量：10 ～ 20 有效例，最多淘汰 5 例（总≤ 25）

续表

项目	内容及要求
4. 光源要求	光谱：UVA（320 ～ 400 nm），要求 UVB（<320 nm）<0.1%；UVA Ⅰ（340 ～ 400 nm）80% ～ 92%，UVA Ⅱ（320 ～ 340 nm）8% ～ 20%
	总辐照度：≤ 1600 W/m^2
	均匀性：≥ 90%，大光束每 6 个月测、小光束每月测
5. 测试方法	样品应用规范：用量（2.00±0.05）mg/cm^2，面积 30 ～ 60 cm^2；涂抹时间：（35±15）s；强制使用伍德灯进行均匀性检测；涂抹后 15 ～ 30 min 照射；
	剂量递增规则：推荐几何级数 1.25× ［允许（1.12 ～ 1.25）×］
	MPPDD 评估：照射后 2 ～ 24 h 分级：0（无）、0.5（模糊）、1（明确，MPPDD）、2（强烈）；方法：评估者与操作者分离
6. 标准品	低 UVAPF：S1（4.4，3.9 ～ 5.0）、P2（2.7，2.3 ～ 3.2）
	高 UVAPF：S2（12.7，10.7 ～ 14.0）、P5（13.4，11.3 ～ 15.3）、P8（27.5，23.4 ～ 31.7）
7. 统计要求	UVAPF：个体值保留 1 位小数，产品值为有效个体值算术均数（保留 1 位小数）
	统计：95% CI 需在均值 ±17% 内，最多 20 有效例
8. 报告要求	含实验室信息、产品标识、受试者 ITA° 及 MPPDD 值、UVAPF 结果及统计、标准品合规性

（九）化妆品—防晒试验方法—防晒指数（SPF 值）的体外测定方法

ISO 23675：2024［Cosmetics — Sun protection test methods — In vitro determination of sun protection factor（SPF），化妆品—防晒试验方法—防晒指数（SPF 值）的体外测定］规定了防晒化妆品防晒指数（SPF）体外测定方法，适用于乳液或单相醇基配方体系（不包括粉末和棒状产品），2024 年版为其最新版本。测试原理是通过 PMMA 板（压模和喷砂两种类型）上防晒产品薄膜的紫外吸光度测量，结合照射前后的光谱分析计算 SPF。其不适用于防水性能评估。

其核心优势在于避免人体测试的伦理问题，提高重复性和重现性，并降低成本与时间。ISO 23675：2024 通过标准化体外测试流程（基板处理—机器人涂抹—动态辐照—双板数据整合），为行业提供了高效、可重复的 SPF 评估方案，致力于替代传统体内测试（ISO 24444），推动体外替代方法合规化进程。核心内容及技术要点如表 6-13 所示。

表 6-13　ISO 23675：2024 核心内容

项目	内容及要求
1. 适用范围	仅适用于乳液或单相醇基防晒配方，排除散粉 / 压粉、棒状产品；用于测定静态 SPF，不评估防水性能
2. 核心定义	体外 SPF：基于 290 ～ 400 nm 光谱模拟，计算对红斑诱导辐射的防护因子，公式如下。 $SPF_{in\ vitro}=\dfrac{\int_{290}^{400}E(\lambda)I_{sol}(\lambda)d\lambda}{\int_{290}^{400}E(\lambda)I_{sol}(\lambda)\times 10^{-A(\lambda)}d\lambda}$
3. 试剂与材料	PMMA 板：压模（1.3 mg/cm^2）、喷砂（1.2 mg/cm^2），需符合表面粗糙度（如 Ra、Rv）和透光率（290 nm>60%、300 nm>69%、320 nm>81%）
	空白：甘油、改性甘油或白凡士林，用于校准和板预处理
4. 关键设备	分光光度计：290 ～ 400 nm，波长精度 ±1 nm，动态范围≥ 2.2，每月验证
	太阳模拟器：氙弧灯，%RCEE 符合限值，总辐照度≤ 200 W/m^2，均匀性≥ 90%，校准验证最大间隔为 6 个月
	涂板机器人：6 自由度，z 轴力（6.0±0.5）N，用于自动展平产品
	分析天平（10^{-4} g 精度）、自动移液枪

续表

项目	内容及要求
5. 测试流程	1. 板预处理：（27±2）℃暗处存放≥ 12 h； 2. 产品涂抹：16+ 均匀液滴，30 s 内称重； 3. 展平干燥：机器人 1 min 内展平，暗处干燥 30 ～ 60 min； 4. 吸光度测量：测初始（照射前）和照射后吸光度（290 ～ 400 nm）； 5.UV 照射：按预计算剂量照射，温度（27±2）℃； 6.SPF 计算：结合两组板数据，取均值
6. 标准品	P2（16.1，13.7 ～ 18.5）、P3（15.7，13.7 ～ 17.7）、P5（30.6，23.7 ～ 37.4）、P6（43.0，31.0 ～ 54.9）、P8（63.1，43.9 ～ 82.3）
7. 统计要求	初始 / 照射后吸光度：用校正因子加权模制和喷砂板数据
	最终 SPF：至少 3 组板对的算术均值（保留 1 位小数），95% 置信区间需在均值 ±17% 内，最多 10 组
	参考防晒剂结果合规方可验证有效性
8. 报告要求	含实验室信息、产品标识、仪器校准、PMMA 板详情、SPF 数据（均值、标准差、95%CI）、参考防晒剂合规性、偏差说明

（十）化妆品—防晒产品 UVA 光防护的体外测定方法

ISO 24443：2021（Cosmetics — Determination of sunscreen UVA photoprotection in vitro，化妆品—防晒产品 UVA 光防护的体外测定）规定了防晒化妆品 UVA 防护因子（UVA-PF）体外测定方法，适用于乳液或单相醇基配方体系（不包括粉末和棒状产品），2021 年版为当前最新版本，是 2012 年版的更新版本。测试原理为基于对压模 PMMA 板和喷砂表面 PMMA 板上涂有防晒霜薄膜的紫外线透射率的评估，在经过太阳模拟器的受控辐射剂量照射前后进行。

同样地，与 ISO 23675 一样，其核心优势在于避免人体测试的伦理问题，提高重复性和重现性，并降低成本与时间。推动体外替代方法合规化进程（如与 ISO 24444 协同和替代 ISO 24442）。核心内容及技术要求如表 6-14 所示。

表 6-14　ISO 24443：2021 核心内容

项目	内容及要求
1. 适用范围	适用于测定防晒产品的体外 UVA 防护性能（UVA-PF、临界波长 λ_c、UVA 比值）。主要针对乳液或单相醇基配方，排除含散粉、压粉、棒状产品。不评估防水性能
2. 核心定义	UVA 防护系数（UVA-PF），公式：$\text{UVA-PF}=\dfrac{\int_{320}^{400}P(\lambda)I(\lambda)\mathrm{d}\lambda}{\int_{320}^{400}P(\lambda)I(\lambda)\times10^{-A_e(\lambda)C}\mathrm{d}\lambda}$
	临界波长（λ_c），公式：$\int_{290}^{\lambda_c}A_e(\lambda)\mathrm{d}\lambda=0.9\int_{290}^{400}A_e(\lambda)\mathrm{d}\lambda$
	UVA 比值：UVA（320 ～ 400 nm）吸光度与 UVB（290 ～ 320 nm）吸光度的比值
3. 试剂与材料	PMMA 板：压模（1.3 mg/cm^2）、喷砂（1.2 mg/cm^2），需符合表面粗糙度（如 *Ra*、*Rv*）和透光率（290 nm>60%、300 nm>69%、320 nm>81%）
	空白物质：甘油、改性甘油或白凡士林，用于校准和板预处理
4. 关键设备	分光光度计：波长范围 290 ～ 400 nm，波长精度 ±1 nm，动态范围≥ 2.2 AU，需定期校准
	太阳模拟器：提供均匀（≥ 90%）且光谱符合要求（%RCEE 在限值内）的 UVA/UVB 辐射，总辐照度通常≤ 200 W/m^2

续表

项目	内容及要求
4. 关键设备	涂布设备：可自动或手动将产品均匀涂布于板上（如六自由度机器人或专用指套）
	分析天平、自动移液枪：用于精确称量和涂布
5. 测试流程	1. 板预处理：在受控环境［如（27±2）℃］中存放一定时间； 2. 产品涂抹与展平：将规定剂量的产品均匀涂布于板上，并按标准程序展平； 3. 干燥：在暗处干燥 30 ～ 60 min； 4. 紫外线照射：使用太阳模拟器以预定剂量照射涂有产品的基板，模拟光老化； 5. 吸光度测量：照射前后，在 290 ～ 400 nm 波长范围内测量基板的透光率，计算吸光度； 6. 参数计算：利用测得的吸光度数据，通过标准公式计算 UVA-PF、临界波长（λ_c）等参数
6. 标准品	S2：UVA-PF 为 12.7，10.7 ～ 14.7；P8：UVA-PF 为 21.1，19.1 ～ 23.1
7. 统计要求	使用至少 4 块有效基板的测试结果进行计算； 最终 UVA-PF 值为所有有效结果的算术平均值； 测试有效性需通过参考防晒标准品验证，且结果的 95% 置信区间应在均值的 ±17% 以内。若不符合，需增加测试板数量（最多 10 块）
8. 报告要求	报告需至少包含以下信息：实验室及产品信息，所用仪器设备及其校准状态，PMMA 板的详细信息（类型、批次），所有原始数据、计算结果（UVA-PF 均值、标准差、95% 置信区间、λ_c 等），参考防晒标准品的测试结果及是否符合验收范围，任何与标准的偏差说明

（十一）化妆品—通过漫反射光谱法测量防晒功效方法

ISO 23698：2024（Cosmetics—Measurement of the sunscreen efficacy by diffuse reflectance spectroscopy，化妆品—通过漫反射光谱法测量防晒功效）是一项针对防晒化妆品功效评估的国际标准，其核心创新在于引入混合漫反射光谱法（hybrid diffuse reflectance spectroscopy，HDRS），彻底革新了传统依赖人体晒伤实验的测试模式，即无须致人体晒伤，就能快速、安全地评估防晒效果。

该方法结合体外光谱测量（评估 UVB 波段透射率）与人体皮肤原位漫反射光谱（UVA 波段非侵入测量），生成混合吸收光谱以计算 SPF、UVA 防护因子（UVA-PF）及临界波长（CW）。其优势在于非侵入性（降低伦理争议）、准确性以及更低的测试成本和更短的测试周期。而不足之处有：目前仅支持乳液、膏霜等均匀质地产品，粉末、防晒棒暂不适用；无法直接测试防晒霜的防水性，需结合其他方法。目前欧盟已积极采纳，美国、亚洲等地需逐步推进法规更新。

其核心内容及技术参数如表 6-15 所示。

表 6-15　ISO 23698：2024 核心内容

项目	内容及要求
1. 适用范围	适用于乳霜或者乙醇单相制剂形式的防晒产品，排除含散粉、压粉、棒状产品。测定含紫外线吸收 / 反射 / 散射成分的皮肤接触产品 SPF、UVA-PF 和临界波长（CW），不评估防水性能
2. 核心定义	混合波长（λ_{HW}）：体内 DRS 数据与体外透射数据合并的临界波长（单色系统为 322 ～ 350 nm，多色系统为 345 nm）
	光降解光谱比［S_{RPD}（λ），spectral ratio of photo-degradation（λ）］：表示防晒产品光降解的体外吸光度谱（照射后与照射前）的比值，用于校正光稳定性
	混合 SPF 值（SPF_{HDRS}，sun protection factor by hybrid DRS）：防晒产品通过混合吸收光谱经 S_{RPD}（λ）调整后计算所得的防晒系数

续表

项目	内容及要求
2. 核心定义	混合 UVA-PF 值（UVA-PF_{HDRS}）：经 S_{RPD}（λ）调整的混合 UV 吸收光谱计算得到的防晒产品 UVA 防护因子
3. 试剂与材料	PMMA 板：具有特定表面粗糙度（符合附录 D）的基板，用于体外测试
4. 关键设备	1. 漫反射光谱（DRS）系统； 2. 体外光谱仪：双光束分光光度计，波长范围 290 ～ 400 nm，精度 ±0.1 nm； 3. 太阳能模拟器：用于体外样品预辐照，光谱符合 UV-SSR 标准（UVA Ⅱ 占比≥ 20%，UVA Ⅰ 占比≥ 60%）； 4. 校准设备：氧化钬滤光片、辐射计等，用于定期校准
5. 受试者要求	基本要求：个体≥ 28°，测试组平均 41° ～ 55°，三区间分布（28° ～ 40°、41° ～ 55°、≥ 56°）各≥ 3 人；背部无瑕疵 / 毛发，个体测试点 ITA° 差异≤ 5°
	排除标准：儿童或低于当地法定同意年龄者；测试区域存在全身性皮肤病；测试当天毛发过多；平均 ITA° 值 <28°；8 周内测试部位接受过紫外线相关试验或晒黑，且遗留色素沉着 / 红斑等
6. 测试流程	1. 未防护皮肤测量：在背部测试区域用 DRS 系统测量皮肤基线反射光谱 R_u（λ）； 2. 产品涂抹：严格按（2.00± 0.05）mg/cm^2 的用量涂抹产品，等待 15 min 使其成膜； 3. 防护皮肤测量：使用 DRS 系统测量涂抹产品后的反射光谱 R_p（λ），并计算其吸光度 A_{DR}（λ）； 4. 体外测量：将产品涂于 PMMA 板上，先用光谱仪测量初始吸光度 A_{vt0}（λ），然后用太阳能模拟器进行预辐照（剂量与 UVA-PF 相关），再测量辐照后吸光度 A_{vt1}（λ）； 5. 光谱混合与计算： （1）计算光降解比 S_{RPD}（λ）。 （2）在混合波长 λ_{HW} 处合并体外（UVB）和体内（UVA）吸光度数据，形成 290 ～ 400 nm 的完整吸光度谱 A_{HDRS}（λ）； （3）通过公式计算个体的 SPF、UVA-PF 和 CW 值
7. 标准品	P5（SPF30.6，23.7 ～ 37.4）；P6（SPF43.0，31.0 ～ 54.9）；P8（SPF63.1，43.9 ～ 82.3）
	P5（UVA-PF13.4，11.3 ～ 15.3）；P8（UVA-PF27.5，23.4 ～ 31.7）；S2（UVA-PF12.7，10.7 ～ 14.3）
	P8（CW378 ～ 381）；S2（CW378 ～ 382）；P5（CW373 ～ 379）
8. 结果计算及统计要求	个体 SPF_{HDRSi} 计算：$SPF_{HDRSi}=\left[\dfrac{\int_{290}^{400}E(\lambda)S(\lambda)\mathrm{d}\lambda}{\int_{290}^{400}E(\lambda)S(\lambda)\times10^{-A_{HDRSi}(\lambda)}\mathrm{d}\lambda}\right]\times C_{calSPF}$（单色：×0.78；多色：×1.35）；
	个体 UVA-PF_{HDRSi} 计算：$\text{UVA-PF}_{HDRSi}=\dfrac{\int_{320}^{400}P(\lambda)S(\lambda)\mathrm{d}\lambda}{\int_{320}^{400}P(\lambda)S(\lambda)\times10^{-A_{HDRSi}(\lambda)}\mathrm{d}\lambda}$
	SPF_{HDRS} 计算：产品 SPF 均值将采用在至少 10 名受试者中重复实验所获得的几何平均值，并计算标准差。$SPF_{HDRS}=\exp\left[\dfrac{\sum_{i=1}^{n}\ln(SPF_{HDRSi})}{n}\right]$
	UVA-PF_{HDRS} 计算：产品 UVA-PF 的均值将采用在至少 10 名受试者中重复实验所获得的几何平均值，并计算标准差。$\text{UVA-PF}_{HDRS}=\exp\left[\dfrac{\sum_{i=1}^{n}\ln(\text{UVA-PF}_{HDRSi})}{n}\right]$
	临界波长（λ_c）计算：$\lambda_c=\lambda_{c'}+C_{Wcal}$，$\int_{\lambda=290}^{\lambda_{c'}}A_{HDRS}(\lambda)\times\mathrm{d}\lambda=0.9\times\int_{\lambda=290}^{\lambda=400}A_{HDRS}(\lambda)\mathrm{d}\lambda$
	统计有效性：受试者数≥ 10，最大数量为 20（可剔除≤ 5 离群值）；变异系数 c ≤ 0.17
9. 报告格式	实验室及测试产品信息，所用仪器型号及校准状态，最终报告的 SPF、UVA-PF、CW 值及其几何标准差和 95% 置信区间，参考防晒剂的测试结果及是否符合接受标准，最终吸光度光谱图 A_{HDRS}（λ）。

第七章

中国防晒剂原料及防晒化妆品的安全性评价

一、防晒剂新原料的安全性评价程序及要求

（一）一般防晒剂新原料

具有防晒功能的化妆品新原料（26 种准用防晒剂之外），需经国家药品监督管理部门注册批准后才能在化妆品中使用，其安全性评价涉及对原料的理化性质、毒理学特性、使用条件以及潜在的健康风险等多个方面的综合评估。

原料的理化性质可以为毒理特性预测提供信息，比如原料分子量（molecular weight，MW）大于 1000 g/mol、脂水分配系数（logarithm of the partition coefficient between n-octanol and water，log Pow）＜ −1 或＞ 4、拓扑极性表面积＞ 120 Å^2，经皮吸收的程度通常比较低，原料的来源、纯度、杂质等会影响安全评估的结果，原料的使用历史和用量等也是安全评估的重要内容。防晒剂新原料的基本信息收集可参考表 7-1。

表 7-1　防晒剂新原料基本信息收集表

名称	标准中文名称、INCI 英文名称、化学名称、通用名或商品名、CAS 号 /EC 号、分子式 / 结构式、分子量、制备工艺、纯度、杂质
物理状态	状态、色泽、气味
理化性质	水溶性、脂水分配系数、密度、熔点 / 沸点、可燃性、解离常数、粒度分布、稳定性、紫外线吸收特性等
使用情况	使用目的 / 功效、使用量、其他行业使用情况
矿物来源	矿物来源、制备工艺、特征性成分含量、成分理化特性、微生物情况、添加剂（防腐剂等）
动物来源	物种来源及器官组织、原产地、制备工艺、特征性成分含量、特征性组成要素：特征性的氨基酸、总氮、多糖等、物理状态（粉末、溶液、悬浮液等）、理化特性、微生物情况、添加剂（防腐剂等）

植物来源	通用名称、拉丁文学名、种属名称、使用部位、物理状态（粉末、溶液、悬浮液等）、植物形态解剖学描述、自然生态和地理分布、来源（野生或栽培）、制备工艺、特征性成分含量、理化特性、微生物情况、添加剂（防腐剂等）、农药、重金属残留、提取溶剂和有效成分含量、储存条件
生物技术来源	制备工艺、来源生物描述（供体、受体等）、宿主致病性、毒性成分、理化特性、微生物情况、添加剂（防腐剂等）

根据《化妆品安全评估技术导则》，防晒剂新原料按风险评估程序“危害识别、剂量反应关系评估、暴露评估、风险特征描述”四个步骤进行。毒理学新技术方法例如毒理学关注阈值（threshold toxological concern，TTC）方法、分组 / 交叉参照等均不适用于防晒剂新原料的评估。

1. 危害识别

基于原料的毒理学试验、不良反应监测情况等结果，评估其可能存在的健康危害效应。防晒剂新原料如果符合《化妆品新原料注册备案资料管理规定》附件 2 中的新原料情形 1（国内外首次使用的具有防晒功能的化妆品新原料），安全性评价危害识别需提供①～⑫项毒理学试验资料，包括①急性毒性，②皮肤和眼刺激性 / 腐蚀性，③皮肤致敏性，④光毒性，⑤光变态反应，⑥遗传毒性，⑦亚慢性毒性，⑧生殖发育毒性，⑨慢性毒性 / 致癌性，⑩吸入毒性，⑪人体安全试验，⑫其他有助于表明原料毒性的毒理学试验资料，对原料的主要毒性特征和程度进行判定。如果符合情形 4（具有防晒功能，且能够提供充分的证据材料证明该原料在境外上市化妆品中已有三年以上安全使用历史），安全评价危害识别仅需提供上述①～⑦项毒理学试验资料。

2. 剂量反应关系评估

剂量反应关系反映暴露剂量与毒理学效应之间的定量关系，一般原料的毒理学效应会随着剂量的减少而减少或消失。从毒理学评价资料中研究剂量反应关系，可以定量评估原料的安全性，通常从亚慢性 / 慢性毒性 / 生殖发育毒性试验中获得“未观察到有害作用的剂量（no observed adverse effect level，NOAEL）”或“未观察到作用的剂量（no observed effect level，NOEL）”，若使用 28 天重复剂量毒性试验的 NOAEL，或无法得出 NOAEL 而采用试验中“观察到有害作用的最低剂量（lowest observed adverse effect level，LOAEL）”，计算安全边际值时使用 3 作为不确定因子。对于无阈值致癌效应的物质，可通过动物剂量描述参数（tumorigenic dose-rate for 25% incidence，T_{25}）或基准剂量（benchmark dose，BMD）来描述剂量反应关系。

3. 暴露评估

充分考虑原料在产品中的使用浓度、产品每次使用量、使用频率、暴露途径等因素，计算原料的系统暴露量（systemic exposure dose，SED），一般有两种方式:

① 暴露水平以 μg/cm² 表示时，

$$\mathrm{SED}=\frac{\mathrm{DA_a}\times\mathrm{SSA}\times F}{\mathrm{BW}}\times 10^{-3}$$

式中，$\mathrm{DA_a}$ 为皮肤吸收剂量（μg/cm²）；SSA 为使用化妆品的皮肤表面积（cm²）；F 为产品使用频率（day^{-1}）；BW 为默认体重（一般成人 60 kg，儿童 8 kg）。

防晒产品使用部位区域表面积参考值如表 7-2。

表 7-2　防晒产品使用部位区域表面积参考值（欧盟 SCCS）

区域	表面积 /cm^2
全身皮肤	17500
双手面积	860
头部表面积	男 1220/ 女 1130
面部（1/2 头部）表面积	565
（+ 施用于颈部）	320
（+ 施用于颈后）	80

② 暴露水平以 % 表示时，

$$SED=A\times C\times DA_p$$

式中，A 为日均使用量、使用频率估算的单位体重化妆品每日使用量［mg/（kg bw・d）］；C 为原料在产品中的使用浓度（%）；DA_p 为经皮吸收率（%），一般以 100% 计。用于系统暴露量计算时防晒产品的日均使用量参考值如表 7-3 所示。

表 7-3　用于系统暴露量计算时防晒产品的日均使用量参考值

产品类型	使用部位	日均使用量 /（g/d）	驻留因子	数据来源
防晒霜（每天使用）	面部	1.68	1	JCIA
防晒霜（一般休闲使用 / 穿有衣服的户外休闲）	面部、躯干、手、足	8.35	1	JCIA
防晒霜（全身休闲使用 / 海洋运动时全身）	全身皮肤	10.01	1	JCIA
保守风险评估时	全身皮肤	18	1	SCCS

4. 风险特征描述

有阈值的毒性效应，通过计算安全边际值（margin of safety，MoS）即 NOAEL 与 SED 的比值，来描述对人体健康造成损害的可能性，MoS 大于 100 时则表明原料可安全使用。这里的 100 为 10（种间差异因子）× 10（种内差异因子），是从试验动物外推到人的不确定系数（UF）的默认值，可根据动物或人体相关的毒代动力学数据，经具体情况分析后适当减少或增加。

无阈值的致癌效应，通过计算终生致癌风险（lifetime cancer risk，LCR）即 SED 与 $4\times HT_{25}$ 的比值，来描述整个生命周期患癌的可能性，LCR 小于 10^{-5} 时，则表示物质的致癌性风险较低。HT_{25}（人）由动物试验获得 T_{25} 按公式转换得到：

$$HT_{25}=\frac{T_{25}}{[BW（人）/BW（动物）]^{0.25}}$$

式中，T_{25} 为致癌试验中自发肿瘤发生率校正后，引起 25% 的动物发生肿瘤的剂量；BW（人）为默认体重 60 kg，BW（动物）为试验动物的体重。

（二）纳米防晒剂新原料

1. 纳米原料的定义与风险

纳米原料是指在三维空间结构中至少有一维处于 1 ～ 100 nm 尺寸或由它们作为基本单

元构成的不溶或生物不可降解的人工原料。随着纳米技术的不断发展，纳米原料因其独特的尺寸优势、优异的分散性优化能力以及抗氧化性能，在化妆品领域的应用日益广泛，例如纳米防晒剂。然而，与传统非纳米原料相比，纳米原料的表面性能、理化性质及生物学效应均有显著差异，这也使得其使用的安全性问题备受国际监管部门重点关注。

纳米防晒剂新原料属于高风险原料，除满足防晒剂新原料的特定监管要求外，还需考虑纳米原料的共性风险。纳米原料的潜在风险主要源于尺寸效应、表面效应，可能通过吸入、皮肤接触等途径进入人体，引发细胞损伤或炎症反应；较小粒径导致吸入暴露风险较高，需要重点关注纳米原料的应用形式、使用场景。

2. 纳米原料安全性评价要求

国际化妆品监管合作组织（ICCR）与欧盟 SCCS 对纳米原料安全性评价策略的思路基本一致，提出以暴露为导向的评估策略，用于传统原料的风险评估程序（危害识别、剂量反应关系、暴露评估、风险特征描述）同样适用于纳米原料。评估局部作用、系统暴露风险的同时，在安全性评价中明确纳米原料的特性非常关键。SCCS2023 年最新发布的《化妆品纳米原料安全性评估指南》（SCCS/1655/23）总结了纳米原料的关键参数（表 7-4）和测量方法，指南附录 2 中明确列出危害识别时要求的毒理学数据清单，在上述介绍防晒剂新原料危害识别需关注的毒理学终点基础上，增加可能存在的暴露途径分析、透皮吸收（应用于皮肤用品时）、生物动力学行为分析。

表 7-4　SCCS 总结化妆品纳米原料关键参数

关键参数	具体内容
化学特性	分子结构、化学名称和通用名、CAS 号等
化学组成	纯度、杂质、涂层材料、助剂等组成信息
生产工艺	纳米原料生产或改性工艺
颗粒尺寸	一次粒径、二次粒径，质量粒径分布和数量粒径分布
形态	物理状态、颗粒形状、凝聚 / 聚集状态、纵横比等
结构	一维、二维、三维空间分布，晶体形态描述
表面积	比表面积、体积比表面积
表面特性	表面化学、表面张力、表面电荷、反应位点等表面的详细信息
溶解性	溶解度、溶解速率、油水分配系数
分散性	不溶性悬浮分散能力
催化活性	纳米原料芯材与涂层化学反应性、光催化活性
稳定性	在介质中的物理化学稳定性 / 解离常数
氧化 / 还原能力	无机材料氧化还原能力信息
紫外线吸收	紫外吸收特性（消光系数）、光反射
其他	密度 / 孔隙度、pH 值、黏度等

对于纳米原料的毒理学试验方法，传统方法不完全适用于纳米防晒剂，需开发或验证针对纳米特性的测试方法。ICCR 总结传统试验方法一般可用于纳米原料，但需要考虑纳米原料特性（如理化性质、团聚效应等），适当调整测试方法例如样品前处理、剂量设计等。SCCS 指南附录 1 总结了传统原料的细胞毒性、局部毒性、系统毒性等体外替代新技术方法，虽然尚未验证是否适用于纳米原料，但 SCCS 指出在方法实施过程中充分考虑纳米原料的特

性，仍能为安全性评价提供有价值的信息。

我国化妆品法规目前尚未针对纳米原料建立单独的安全评估管理制度，在《化妆品安全评估技术导则》中虽然未提及，但是对纳米新原料的风险描述与传统原料基本相同。《化妆品新原料注册备案资料管理规定》中规定纳米新原料应当提供 12 项毒理学试验资料，并提出对现有毒理学试验方法用于纳米原料检测的适用性进行说明，纳米新原料经皮应用时需额外提供透皮吸收试验资料，有吸入暴露风险时应提供吸入毒性资料。随着我国法规的不断实践和逐步完善，化妆品中纳米原料安全评估和使用要求逐渐明确，《化妆品安全评估资料提交指南》附件 1 中指出，纳米原料需提供纯度、晶型、初始粒径、表面涂层物质等质量规格信息，基于质量规格、配方使用量下进行安全评估，并对现有毒理学试验方法用于纳米原料检测的适用性情况进行说明，不建议纳米原料用于气雾、喷雾、粉末等可能导致肺部吸入的产品中。纳米原料若非必要不允许用于儿童产品中。

二、纳米级二氧化钛和氧化锌原料安全性评价结论

（一）对纳米材料的安全性担忧

21 世纪初，纳米技术广泛应用于化妆品、食品、涂料等领域，纳米级二氧化钛（TiO_2）和纳米级氧化锌（ZnO）因其优异的紫外线屏蔽性能成为防晒产品的核心成分。然而，纳米材料的微小尺寸（1 ～ 100 nm）在提升化妆品性能的同时，也增加了其使用的不确定性和风险，监管部门和消费者对其安全性都格外关注，公众主要担忧两个方面：

① 纳米颗粒是否可能穿透皮肤或细胞屏障，进入人体循环？

② 与传统材料相比，纳米形态是否更具生物活性或毒性？

（二）纳米 TiO_2 和 ZnO 的特性

纳米原料的定义强调了不溶解性和生物持久性。纳米尺寸也意味着比表面积大，表面活性高，生物活性区别于传统材料，需基于纳米规格对原料进行严格评估。欧盟 SCCS 已对 5 种纳米防晒剂进行评估，包括氧化锌、二氧化钛、三联苯基三嗪、亚甲基双 - 苯并三唑基四甲基丁基酚、HAA299，当确认化妆品中使用的纳米防晒剂原料质量规格符合欧盟 SCCS 评估的纳米原料质量规格时，可采用 SCCS 的安全评估结论。

纳米 TiO_2 和 ZnO 的优势在于通过散射 / 反射紫外线（UVA/UVB）达到物理防晒，避免使用化学防晒剂的潜在刺激。纳米 TiO_2 和 ZnO 都具有良好的光稳定性，能够在阳光下长时间保持防晒效果。另外，使用传统较大颗粒的 TiO_2 和 ZnO 会使产品呈现不透明的白色，而纳米颗粒能够减少这种白色 / 不透明外观，解决了传统材料的“厚重泛白”问题，防晒霜中的纳米材料使用化学涂层处理，还能有效改善防晒产品的外观，提升产品的美学特性。

（三）安全问题焦点与科学评估

1. 纳米材料的皮肤渗透性

2019 年，美国食品药品监督管理局（FDA）修订非处方（OTC）人用防晒品专论，确认防晒成分纳米 ZnO 和 TiO_2 为第一类“GRASE”状态（generally recognized as safe and effective，一般认为安全有效）。FDA 指出，ZnO 和 TiO_2 无论颗粒大小，不溶于水和生物液体的性质决定了其在防晒产品皮肤局部应用中的吸收可能性非常低，有关的皮肤渗透研究也证实了无论颗粒大小，其渗透大多数只发生在角质层的上层褶皱和毛囊处，即使产生微量的经皮渗透也不会导致不良健康影响。

在过去20年间，欧盟SCCS及其前身机构针对不同TiO_2、ZnO纳米材料通过皮肤接触、口服、吸入途径进行了多项评估，总体确认在化妆品中的使用是安全的，基本不会经皮肤渗透被吸收进入体内循环，但吸入可导致肺部组织损伤和炎症反应，因此对特定化妆品类型和规格存在限制。SCCS总结浓度不超过25%的特定质量规格的纳米TiO_2和ZnO在防晒霜中是安全的，禁止用于可吸入产品。

2. 遗传毒性/致癌性

2010年，国际癌症研究中心（IARC）发布报告，二氧化钛对动物可能有潜在致癌性。2017年，ECHA风险评估委员会（RAC）将二氧化钛归类为第2类吸入致癌物。2020年，依据RAC的建议，欧盟委员会通过了授权法规（EU）2020/217，正式确认将二氧化钛归类为通过吸入途径可能引起癌症的第2类致癌物。2021年，欧洲食品安全局（EFSA）得出结论，无法排除遗传毒性风险，二氧化钛（E171）用作为食品添加剂不再被认为是安全的。2022年1月，欧盟委员会依据EFSA评估意见发布（EU）2022/63，禁止在食品中使用E171，2022年8月开始生效。

2023年，联合国粮农组织（FAO）/世界卫生组织（WHO）食品添加剂联合专家委员会（JECFA）重点评估了二氧化钛（INS 171）用作食品添加剂时的安全性。基于可用的实验动物和人类研究中，二氧化钛口服吸收率非常低，且饮食中没有任何与之相关的可识别危害，委员会指出，目前尚无流行病学研究可以得出关于膳食摄入二氧化钛与人类健康影响之间关联的结论，因此，添加到食品中的TiO_2是安全的，“未指定”二氧化钛的ADI（Acceptable Daily Intake，每日允许摄入量）。

其他国际监管机构，包括英国食品安全局（FSA）、加拿大卫生部（Health Canada）及澳大利亚新西兰食物标准局（FSANZ）等也都不认同EFSA的评估结论。美国FDA指出，EFSA评估中考虑的一些遗传毒性测试包括不代表着色剂的测试材料，一些测试采用与人类饮食暴露无关的给药途径。FDA根据现有数据并没有发现与潜在遗传毒性相关的问题，在国家毒理学计划（NTP）致癌性研究中，没有二氧化钛致癌的证据。

3. 光催化活性

纳米TiO_2、ZnO的光催化活性（紫外线激发产生自由基），可能会导致皮肤细胞损伤。一些体外研究显示，当高浓度纳米TiO_2、ZnO暴露于紫外线辐射时，可能对细胞产生氧化应激（如生成活性氧ROS自由基）。过量产生ROS可损伤细胞中的组分和大分子物质（如脂质、蛋白质和核酸），最终导致细胞死亡，表现出细胞毒性。

减少或阻断ROS的产生可以通过纳米材料的表面涂层技术或向防晒制剂中添加抗氧化剂化合物。2017年澳大利亚治疗用品管理局（TGA）对纳米材料在防晒品中的安全性审查报告中，强调了在纳米材料表面涂覆二氧化硅、氧化铝、聚合物等惰性氧化物，可以有效降低ROS的产生，还可以添加抗氧化剂（例如维生素A、C、E）以中和纳米颗粒产生的ROS，从而降低纳米颗粒光催化活性。

二氧化钛颗粒的晶体结构在光催化活性中也起作用，与金红石多晶型相比，锐钛矿多晶型具有更高的光催化活性，欧盟委员会限制防晒化妆品中金红石型二氧化钛中含锐钛矿型不得超过5%，以减小光催化活性。欧盟SCCS已评估特定涂层规格的纳米TiO_2、ZnO的光安全性，其体外、动物和人体皮肤安全性研究数据表明含有高达25%纳米TiO_2、ZnO的试验材料不会引起光刺激性、光过敏反应或光致突变性。

4. 安全性问题总结

① 纳米颗粒的潜在风险与剂量、暴露途径密切相关。多个权威机构经过长期安全性研究

基本达成共识，纳米 TiO_2 和 ZnO 在皮肤局部应用的化妆品中使用浓度不超过 25% 是安全的。

② 健康皮肤屏障可有效阻挡纳米颗粒渗透，纳米颗粒通过经皮途径接触时，不会或仅有微量能进入体内，不会对人体健康产生不良影响。但通过吸入途径暴露时，在肺部容易引起炎症反应和组织损伤，应尽量避免吸入，因此在可能导致吸入的产品类型中建议不使用纳米材料。此外，通过表面涂层修饰可以进一步降低纳米颗粒的毒性风险。

随着对纳米材料的研究越来越深入，对纳米材料的安全性监管措施也在不断完善。在当前化妆品监管制度下，合规使用的纳米 TiO_2、ZnO 是安全的，选择正规产品并遵循产品使用说明，消费者无须过度担忧。

三、防晒化妆品的安全性评价要求

（一）一般防晒化妆品安全性评价要求

防晒化妆品的安全性评价是基于产品配方中各个原料成分、原料和生产过程可能带入的风险物质的安全性评价，以暴露为导向，根据产品的使用方法、使用部位、使用量等，同时考虑产品的质量安全，对微生物和有害物质检测结果、配方防腐性能、稳定性及包材相容性等进行综合评价，确认在正常、可预见的使用条件下不会对人体健康造成危害。

防晒化妆品还要求终产品需进行毒理学和人体安全性检验，试验项目为：多次皮肤刺激性试验、皮肤变态反应试验，皮肤光毒性试验，人体皮肤封闭型斑贴试验，容易与眼睛接触的产品还需增加眼刺激性试验。对特殊剂型防晒化妆品安全性评价提出更多要求，比如防晒喷雾、儿童防晒产品。

（二）防晒喷雾安全性评价要求

防晒喷雾不同于传统涂抹形式的防晒乳液、膏霜等，是以喷洒的形式用于皮肤，因其形式新颖、使用方便，在市场上越来越受消费者喜爱。但是，在给消费者带来新鲜体验感和便捷的同时，也带来新的安全风险：吸入风险和易燃易爆风险。防晒喷雾一般分为两种：一种为泵喷式，不含推进剂，产生的颗粒 / 液滴一般比较大，99% 以上颗粒的空气动力学直径大于 10 μm，不容易被吸入，在防晒产品中使用较少；另一种是含推进剂的气雾剂，产生的颗粒 / 液滴比泵喷式小，消费者在狭小或密闭的空间内使用时容易造成肺部吸入。气雾剂常用的推进剂为丙烷、丁烷、异丁烷等易燃物质，在产品中为高压液化状态，遇火源、热源容易发生燃爆事故。因此，防晒气雾剂产品在安全性评估时还需注意以下问题：

① 配方原料的评估含量应为除去推进剂外的含量，有限量要求的防晒剂、限用组分等，在除推进剂外的配方中的使用量需符合其限值要求。

② 配方中的推进剂与其他原料分开评估。

③ 除经皮暴露外，需对吸入暴露风险进行安全评估，可通过在产品标签标识上增加正确的使用指导，例如“不直接喷脸”“先喷在手上，再涂抹于面部”“避免吸入”等，尽量减少消费者使用过程中的吸入。

④ 在产品上标注“在阴凉处存放”“注意防火防爆”等安全警示用语，提醒消费者安全使用和存放产品。

（三）儿童防晒化妆品安全性评价要求

儿童防晒化妆品遵循成人化妆品的安全评估程序和原则，结合儿童的生理发育特征进行安全性评估。

儿童的皮肤结构及生理特征与成人明显不同（表 7-5），儿童的皮脂分泌较少，皮肤容易干燥，表皮厚度、角质层比较薄，导致皮肤的渗透性较高，经皮失水和吸收率较高；体表面积与体重的比值通常比成人高，增加了有害物质的经皮吸收风险，导致日常使用化妆品时系统暴露水平比成人高，暴露评估时优先引用针对儿童化妆品的调查研究数据。

儿童皮肤屏障功能较差，抵御外界刺激的能力较弱，黑素细胞含量低，皮肤对阳光敏感，抵挡紫外线能力就比较差，儿童较成人更容易发生皮肤红肿、瘙痒等接触性皮炎不良反应。儿童的一些行为特点例如吮吸、抓挠、揉眼等举止动作可能导致在护肤过程中产品进入口腔、鼻腔、眼睛等，安全评估时需要额外考虑产品成分的经口、吸入、眼刺激性等毒性风险。因此，儿童化妆品中使用的原料安全性要求更高。

表 7-5　不同年龄段儿童与成人皮肤结构特点

项目	新生儿期（0 ~ 28 天）		婴儿期	幼儿期	学龄前期	学龄期、青春期早期	成人
	早产儿	足月儿	（0 ~ 1 岁）	（1 ~ 3 岁）	（3 ~ 6 岁）	（6 ~ 12 岁）	
外观	透明凝胶状，颜色红润	皮脂样	柔软，富有弹性	柔软，富有弹性	柔软，富有弹性	柔软，富有弹性	正常或干燥
皮肤厚度（均值）/mm	0.9	1.2	0.84	0.87	1	1.1	0.5 ～ 4
表皮厚度 / mm	0.02 ～ 0.025	0.04 ～ 0.05	/	0.10 ～ 0.21	0.10 ～ 0.21	0.10 ～ 0.22	0.05 ～ 1.5
角质层厚度	5 ～ 6 层细胞组成，约 4 ～ 5 μm	10 ～ 20 层细胞组成，约 9 ～ 15 μm	/	/	与成人相似	与成人相似	10 ～ 20 层细胞，掌趾处 40 ～ 50 层
黑素细胞	数量较足月儿多，功能低下，黑素含量低	数量与成人相似，黑素含量低	功能逐渐完善，6 个月接近成人水平	面部黑素值 59.84	面部黑素值 61.40	/	不同部位数量不同，表皮中黑素细胞占总细胞 5%
pH 值	/	出生时 pH>6.0，一周内降至 5.0	额部 5.27，面颊部 6.12，前臂 5.48	额部 4.68，面颊部 6.80，前臂 5.07	额部 4.58，面颊部 5.70，前臂 5.09	额部 4.87，面颊部 5.72，前臂 5.09	5.0 ～ 5.5

儿童化妆品安全评估需明确产品配方设计原则（表 7-6），以安全优先，功效必须为前提，尽量使用相对简单的配方，尽可能不使用含易致敏成分或较强刺激性的原料。香精、防晒剂、防腐剂、着色剂等具有特殊功效的原料，安全风险较其他原料高，可能对儿童皮肤产生红肿、瘙痒等刺激和过敏反应，在产品配方设计时需充分考虑原料的使用安全性，说明配方设计的科学性和原料使用的必要性。儿童防晒化妆品若非必要不得使用纳米防晒剂，如无替代原料必须使用纳米防晒剂时，需要在开展安全评估中明确原因，包括产品配方必须使用该原料且其他原料无法替代的必要性分析，该原料仅有纳米技术制备来源的说明，以及对儿童使用的安全性进行充分评价，必要时，还应提供安全性评价试验结果作为证据支持。建议在儿童化妆品中使用物理防晒剂代替化学防晒剂。防晒系数 SPF 值越大，所添加的防晒剂种类和含量相对越多，引发刺激、过敏的风险越高。2 岁以下儿童建议以衣物遮盖防晒为主，少用防晒产品。不建议儿童使用喷雾型防晒产品，如必须使用时，应避免在狭小密闭的空间中密集使用，并由成人将产品喷于手掌后，再涂于儿童皮肤表面。

儿童防晒化妆品的毒理学试验结果要求为：无眼刺激性或微刺激性，无皮肤刺激性，无皮肤致敏性，无光毒性。人体安全性试验要求皮肤封闭型斑贴试验的 30 例受试者中≤ 1 例出现 1 级皮肤不良反应，不能出现 2 级及以上的皮肤不良反应。

表 7-6　儿童化妆品产品配方设计原则

配方设计原则	具体要求
安全优先	不允许使用：尚在安全监测期的新原料，基因技术、纳米技术来源的原料，对儿童安全性尚不明确的原料，国家明确仅用于儿童化妆品的原料；不建议使用甲醛释放体等具有特定风险的原料
功效必需	功效宣称仅限于清洁、卸妆、保湿、美容修饰、芳香、护发、防晒、修护、舒缓、爽身，不允许使用以祛斑美白、祛痘、脱毛、除臭、去屑、防脱发、染发、烫发等为主要目的的原料
配方极简	合理使用着色剂（不超过 3 种）、防腐剂（不超过 4 种或用量不超过限量的 90%）、表面活性剂（不建议使用季铵盐阳离子）、防晒剂（不超过 4 种，且氧化锌与二氧化钛总量不超过 25%）。超过以上规定范围的原料需提供科学性、必要性、安全性说明

第八章

防晒化妆品法规与监管要点

一、中国（包含香港、台湾地区）防晒化妆品法规与监管要点概述

（一）中国内地

在中国内地，防晒化妆品的监管有着明确且系统的法规体系，其生产、进口、销售等全流程均需遵循相关规定。以下从监管属性、法规依据、注册要求、安全规范以及标识规定等方面进行介绍。

1. 防晒化妆品的监管属性与核心定义

（1）《化妆品监督管理条例》规定防晒化妆品属于“特殊化妆品”，由国家药监局主管，需经注册后方可生产和进口。

（2）《化妆品分类规则和分类目录》对“防晒”的定义为：用于保护皮肤、口唇免受特定紫外线损伤（注：婴幼儿和儿童防晒化妆品作用部位仅限皮肤）。

（3）《化妆品标签管理办法》明确规定，防晒化妆品标签不得通过医疗术语、药品名等明示或暗示医疗作用，因此禁止宣称“预防皮肤癌”等医疗效果。

2. 防晒化妆品安全要求

《技术规范》是防晒化妆品安全的基础标准，涵盖以下关键内容。

（1）防晒剂使用限制　配方中使用的防晒剂必须是《技术规范》所列“准用防晒剂”，且符合使用要求，如表 8-1 所示；若使用列表外防晒剂，需先向国家药监局申请防晒剂新原料注册，获批后方可使用。

表 8-1　中国化妆品准用防晒剂清单及使用规范[1]

序号	物质名称			化妆品使用时的最大允许浓度	其他限制和要求	标签上必须标印的使用条件和注意事项
	中文名称	英文名称	INCI 名称			
1	4- 甲基苄亚基樟脑[2]	3-（4′-Methylbenzylidene）-*dl*- camphor	4-Methylbenzylidene camphor	4%	/	/
2	二苯酮 -3[3]	Oxybenzone（INN）	Benzophenone-3	10%	/	含二苯酮 -3

续表

序号	物质名称			化妆品使用时的最大允许浓度	其他限制和要求	标签上必须标印的使用条件和注意事项
	中文名称	英文名称	INCI 名称			
3	二苯酮-4，二苯酮-5	2-Hydroxy-4-methoxybenzophenone-5-sulfonic acid and its sodium salt	Benzophenone-4, Benzophenone-5	总量 5%（以酸计）	/	/
4	亚苄基樟脑磺酸及其盐类	Alpha-（2-oxoborn-3-ylidene）-toluene-4-sulfonic acid and its salts	/	总量 6%（以酸计）	/	/
5	双-乙基己氧苯酚甲氧苯基三嗪	2，2′-（6-（4-Methoxyphenyl）-1，3，5-triazine-2，4-diyl）bis（5-（（2-ethylhexyl）oxy）phenol）	Bis-ethylhexyloxyphenolmethoxyphenyl triazine	10%	/	/
6	丁基甲氧基二苯甲酰基甲烷	1-（4-*Tert*-butylphenyl）-3-（4-methoxyphenyl）propane-1，3-dione	Butyl methoxydibenzoylmethane	5%	/	/
7	樟脑苯扎铵甲基硫酸盐	*N*，*N*，*N*-trimethyl-4-（2-oxoborn-3-ylidenemethyl）anilinium methyl sulfate	Camphor benzalkonium methosulfate	6%	/	/
8	二乙氨羟苯甲酰基苯甲酸己酯	Benzoic acid，2-（4-（diethylamino）-2-hydroxybenzoyl）-，hexyl ester	Diethylamino hydroxybenzoyl hexyl benzoate	10%	/	/
9	二乙基己基丁酰胺基三嗪酮	Benzoic acid，4，4′-（（6-（（（（1，1-dimethylethyl）amino）carbonyl）phenyl）amino）1，3，5-triazine-2，4-diyl）diimino）bis-，bis-（2-ethylhexyl）ester	Diethylhexyl butamido triazone	10%	/	/
10	苯基二苯并咪唑四磺酸酯二钠	Disodium salt of 2，2′-bis-（1，4-phenylene）1*H*-benzimidazole-4，6-disulfonic acid	Disodium phenyl dibenzimidazole tetrasulfonate	10%（以酸计）	/	/
11	甲酚曲唑三硅氧烷	Phenol，2-（2*H*-benzotriazol-2-yl）-4-methyl-6-（2-methyl-3-（1，3，3，3-tetramethyl-1-（trimethylsily l）oxy）-disiloxanyl）propyl	Drometrizole trisiloxane	15%	/	/
12	二甲基 PABA 乙基己酯	4-Dimethyl amino benzoate of ethyl-2-hexyl	Ethylhexyl dimethyl PABA	8%	/	/
13	甲氧基肉桂酸乙基己酯	2-Ethylhexyl 4-methoxycinnamate	Ethylhexyl methoxycinnamate	10%	/	/
14	水杨酸乙基己酯	2-Ethylhexyl salicylate	Ethylhexyl salicylate	5%	/	/

续表

序号	物质名称			化妆品使用时的最大允许浓度	其他限制和要求	标签上必须标印的使用条件和注意事项
	中文名称	英文名称	INCI 名称			
15	乙基己基三嗪酮	2，4，6-Trianilino-（*p*-carbo-2′-ethylhex-yl-l′-oxy）-1，3，5-triazine	Ethylhexyl triazone	5%	/	/
16	胡莫柳酯④	Homosalate（INN）	Homosalate	10%	/	/
17	对甲氧基肉桂酸异戊酯	Isopentyl-4-methoxycin-namate	Isoamyl *p*-methoxy-cinnamate	10%	/	/
18	亚甲基双-苯并三唑基四甲基丁基酚	2，2′-Methylene-bis（6-（2*H*-benzotriazol-2-yl）-4-（1，1，3，3-tetrameth-yl-butyl）phenol）	Methylene bis-ben-zotriazolyl tetrameth-ylbutylphenol	10%	/	/
19	奥克立林⑤	2-Cyano-3，3-diphenyl acrylic acid，2-ethylhexyl ester	Octocrylene	10%（以酸计）	/	/
20	PEG-25 对氨基苯甲酸	Ethoxylated ethyl-4-ami-nobenzoate	PEG-25 PABA	10%	/	/
21	苯基苯并咪唑磺酸及其钾、钠和三乙醇胺盐	2-Phenylbenzimidaz-ole-5-sulfonic acid and its potassium，sodium，and triethanolamine salts	/	总量 8%（以酸计）	/	/
22	聚丙烯酰胺甲基亚苄基樟脑	Polymer of *N*-{（2 and 4）-[（2-oxoborn-3-ylidene）methyl]benzyl} acrylamide	Polyacrylamidomethyl benzylidene camphor	6%	/	/
23	聚硅氧烷-15	Dimethicodiethylbenzal-malonate	Polysilicone-15	10%	/	/
24	对苯二亚甲基二樟脑磺酸及其盐类	3，3’-（1，4-Phenylenedi-methylene）bis（7，7-dimethy l-2-oxobicyclo-[2.2.1] hept-1-yl-methanesulfonic acid）and its salts	/	总量 10%（以酸计）	/	/
25	二氧化钛⑥	Titanium dioxide	Titanium dioxide	25%	/	/
26	氧化锌⑥	Zinc oxide	Zinc oxide	25%	/	/

备注①在本规范中，防晒剂是利用光的吸收、反射或散射作用，以保护皮肤免受特定紫外线所带来的伤害或保护产品本身而在化妆品中加入的物质。这些防晒剂可在本规范规定的限量和使用条件下加入到其他化妆品产品中。仅仅为了保护产品免受紫外线损害而加入到非防晒类化妆品中的其他防晒剂可不受此表限制，但其使用量须经安全性评估证明是安全的。

② 2025 年 9 月 15 日，中检院发布《4- 甲基苄亚基樟脑（征求意见稿）》，拟将 4- 甲基苄亚基樟脑列入《化妆品禁用原料目录》。

③ 2025 年 9 月 15 日，中检院发布《二苯酮 -3（征求意见稿）》，拟将化妆品使用时的最大允许浓度 10% 调整为面部、手部和口唇产品（不包括喷雾和气雾产品）6%，体用产品（包括喷雾和气雾产品）2.2%。

④ 2025 年 9 月 15 日，中检院发布《胡莫柳酯（征求意见稿）》，拟将化妆品使用时的最大允许浓度调整为面部产品（非气雾产品）7.34%。

⑤ 2025 年 9 月 15 日，中检院发布《奥克立林（征求意见稿）》，拟将化妆品使用时的最大允许浓度 10% 调整为气雾产品 9%，其他产品 10%。

⑥二氧化钛、氧化锌作为着色剂时，具体要求见《技术规范》着色剂表 6。防晒类化妆品中该物质的总使用量不应超过 25%。

（2）检验方法规定　明确了注册过程中需开展的检验项目及方法，包括微生物、重金属以及防晒剂等成分检验，毒理学试验、人体安全性检验，以及 SPF 值、防水性能以及 PFA 值等防晒效果的测定方法。

3. 防晒化妆品注册的法规依据

防晒化妆品的注册需遵循多项法规，各法规侧重点不同。

（1）《化妆品监督管理条例》　明确特殊化妆品（含防晒类）需经注册方可生产 / 进口，规定了注册申请人的资质要求。

（2）《化妆品注册备案管理办法》　规范注册的程序、时限、职责等。

（3）《化妆品注册备案资料管理规定》　明确注册所需资料的具体形式、格式等。

（4）《化妆品注册和备案检验工作规范》　规定注册中需开展的实验项目，以及检验机构、流程、报告等要求。

4. 注册申请人的资质要求

防晒化妆品的注册申请人需满足以下条件：

（1）必须是依法设立的企业或其他组织，具备与产品相适应的质量管理体系，以及化妆品不良反应监测与评价能力。

（2）若注册申请人在境外，需指定中国境内企业法人作为"境内责任人"，由其以注册申请人名义办理注册，并协助开展不良反应监测、产品召回、配合监管检查等工作。

5. 防晒化妆品的注册流程

（1）注册前准备　申请企业需先提交基本信息（如名称、地址）、质量管理体系概述、不良反应监测体系概述等，证明自身符合特殊化妆品注册的基本条件。

（2）申请资料提交　向国家药监局行政事项受理服务机构提交以下资料：

①《化妆品注册备案信息表》及相关资料。

② 产品名称信息、配方、产品执行的标准、标签样稿。

③ 产品检验报告（需由企业自主选择具备资质的检验机构出具，检验项目需符合《化妆品注册和备案检验工作规范》）。

④ 产品安全评估资料。

⑤ 委托关系文件（仅进口注册需要）。

⑥ 已上市销售证明文件（仅进口注册需要，另外境内注册人、备案人委托境外生产企业生产的和产品配方专为中国市场设计的无须提供）。

（3）受理与审评审批。

① 受理阶段　受理机构在收到申请后 5 个工作日内完成形式审查，资料齐全且符合要求的予以受理，并在 3 个工作日内转交技术审评机构。

② 技术审评　技术审评机构自收到资料后 90 个工作日内开展审评，符合要求（资料真实、原料安全可控、符合法规及标准）的作出"通过"结论；需补充资料的，申请人需在 90 个工作日内一次性补充，逾期或不符合要求的则"不通过"。

③ 审批决定　国家药监局自收到技术审评结论后 20 个工作日内审查合法性、规范性，作出是否准予注册的决定；受理机构在 10 个工作日内将注册证或不予注册决定书送达申请人。

（4）注册后的管理。

① 注册证有效期为 5 年，到期需延续的，申请人应当在有效期届满 30 个工作日前提出延续注册的申请并自查产品在上一注册周期内生产（进口）销售、监督抽检、查处、召回情况、该产品不良反应统计分析情况，并根据现行法规、标准调整情况，应当提交相应的检验

报告和产品执行的标准并承诺符合标准，获批后换发新证。

② 已注册事项发生变化的，需向国家药监局申请变更，药监局将根据变化对产品安全、功效的影响程度实施分类管理。

6. 防晒效果的标识规定

防晒化妆品的防晒效果标识需严格遵循以下标准：

（1）SPF 值（防晒指数）标识。

① SPF 值＜ 2：不得标识。

② SPF 值为 2 ～ 5：直接标识实测值。

③ SPF 值为 6 ～ 50：标识上限为实测值，下限为“实测值 95% 可信区间下限值”与“小于实测值的最大 5 的整数倍”中的较小值。

④ SPF 值＞ 50：若实测值 95% 可信区间下限＞ 50，标注“50+”；若下限≤ 50，上限标“50+”、下限标实测可信区间下限值。

⑤ 防水性能：未经测定或洗浴后 SPF 值减少超 50% 的，不得宣称防水；宣称防水的，可同时标注洗浴前后 SPF 值或仅标洗浴后值，不得只标洗浴前值。

（2）PFA 值（长波紫外线防护指数）标识。

① PFA 值＜ 2：不得标识 UVA 防护效果。

② PFA 值为 2 ～ 3：标“PA+”。

③ PFA 值为 4 ～ 7：标“PA++”。

④ PFA 值为 8 ～ 15：标“PA+++”。

⑤ PFA 值≥ 16：标“PA++++”。

（3）广谱防晒标识　若产品临界波长（CW）≥ 370 nm，可标识“广谱防晒”效果。

综上，中国内地对防晒化妆品的监管贯穿“注册准入—生产控制—上市后监测”全链条，既确保产品安全有效，也通过明确的标识规则保障消费者知情权。

（二）中国香港地区

中国香港地区对防晒化妆品未实施专门监管制度，主要依据《消费品安全条例》及其附属规例进行原则性管理。以下从监管属性及核心定义、安全要求、申报制度以及标识规定等方面进行介绍。

1. 防晒化妆品的监管属性与核心定义

中国香港目前未制定专门针对化妆品的法规。包括防晒化妆品在内的所有化妆品，通常归类为“消费品”，受香港法例第 456 章《消费品安全条例》及第 456A 章《消费品安全规例》监管。

（1）核心定义　《消费品安全条例》对“消费品”的定义为“指一般供应予私人使用或耗用而非附表所列的货品，并包括供应该等货品时所用的包装”。该条例未对“化妆品”或“防晒化妆品”作出具体定义。

（2）监管属性例外　若产品含有一般被视为药用物质且标示为医疗用途的成分，则可能被视为“药剂制品”，转而受《药剂业及毒药条例》（第 138 章）等法规监管。

2. 防晒化妆品安全要求

中国香港没有针对包括防晒化妆品在内的化妆品制定专门的法规，防晒化妆品的安全要求也是遵循《消费品安全条例》中关于消费品的“一般安全规定”，具体是指消费品必须满足合乎合理的安全程度，并且须考虑到包括下列情形的所有情况。

（1）该消费品的介绍、推广或推销方式及其所宣称的用途。比如：产品宣传与实际功能不符（例如夸大防晒效果但未提供相应防护），可能被认定为不安全。

（2）该消费品所附的任何标记以及关于其存放、使用或耗用的指示或警告。比如：防晒产品若未标注成分表、使用禁忌（如避免接触眼睛）或未提示需补涂，可能因信息缺失导致安全隐患。

（3）由标准检定机构或类似机构就该类消费品所公布的合理安全标准。比如：若防晒剂浓度超出欧盟限值，即使香港无明文禁止，也可能因不符合“合理安全”原则被查处。

（4）在考虑改善成本、可能性及程度后，是否有合理方法使该消费品更为安全。比如：若某防晒产品含致敏香料，技术上可通过替换成分提升安全性且成本可控，则企业有责任改进；反之，若技术限制无法完全消除风险，需通过警示标识降低风险。

鉴于中国香港市场的化妆品主要依赖进口，香港海关就承担起对化妆品的执法工作。由于中国香港尚未制定对化妆品的安全技术标准，在实际工作中，香港海关会按照《消费品安全条例》考虑相关的合理安全标准，当中包括由欧盟、美国及中国内地发布的法规或标准。

此外，香港消费者委员会也依据欧盟、美国及中国内地发布的法规或标准对市场流通的化妆品开展抽检，并向消费者发出消费提醒。

3. 防晒化妆品的申报

中国香港地区目前对防晒化妆品没有设立专门的注册、备案或事前申报制度。

4. 防晒效果的标识规定

（1）中国香港地区未制定本地化的防晒效果标识（如 SPF 值、PA 等级、广谱防晒等）的强制性法规或标准。

（2）市场上销售的进口防晒化妆品，其标签上的防晒效果标识主要遵循原产国（地区）的法规要求。

（3）香港消费者委员会在对市售产品进行抽检时，会依据欧盟、美国及中国内地等通行的防晒指数测试方法进行评估，并将结果及消费建议通过消费提醒等形式向公众发布。

（三）中国台湾地区

中国台湾地区历年来对化妆品的管理进行了多次较大程度的变革，以下是最新的管理思路及要求的介绍。

1. 防晒化妆品的监管属性与核心定义

中国台湾地区于 2024 年 7 月 1 日实施化妆品法规修订，废除《化妆品卫生安全管理法》中“特定用途化妆品”类别，并通过《化妆品范围及种类表》明确规定防晒乳、防晒霜、防晒凝胶、防晒油等产品均按化妆品管理。

《化妆品卫生安全管理法》将化妆品定义为“指施于人体外部、牙齿或口腔黏膜，用以润泽发肤、刺激嗅觉、改善体味、修饰容貌或清洁身体之制剂”。防晒化妆品受中国台湾卫生福利部主管。

2. 防晒化妆品安全要求

防晒化妆品须符合《化妆品卫生安全管理法》及相关配套规定。

（1）禁用成分　化妆品不得含有汞、铅或其他经卫生福利部公告禁止使用的成分。

（2）成分限制　卫生福利部发布了一系列成分规范表，包括：

①《化妆品禁止使用成分表》。

②《化妆品成分使用限制表》。

③《化妆品色素成分名称及使用限制表》。

④《化妆品防腐剂成分名称及使用限制表》。

⑤《化妆品防晒剂成分使用限制表》。

防晒剂使用限制：防晒剂使用成分限制表收录了 27 个成分，如表 8-2 所示。同时规定，化妆品防晒剂成分仅可使用此表所列成分，或经欧盟、美国和日本等国家（地区）公告有防晒剂成分使用规定，且依其规定使用的成分。

表 8-2　中国台湾地区防晒剂使用成分限制表

序号	中文 INCI 名称	英文 INCI 名称	英文名称	CAS 号	最大允许使用浓度（w/%）	警示语要求
1	二甲基 PABA 乙基己酯	Ethylhexyl dimethyl PABA	2-Ethylhexyl4-（dimethylamino）benzo-ate/ Padimate O	21245-02-3	8%	/
2	二苯酮 -3	Benzophenone-3	2-Hydroxy-4-methoxybenzophenone/ Oxybenzone	131-57-7	6%（作为保护剂用途，限量≤ 0.5%）	本产品含二苯酮 -3。（添加≤ 0.5% 或作为保护剂用途，得免刊载该注意事项）
3	二苯酮 -4/ 二苯酮 -5	Benzophenone-4/ Benzophenone-5	2-Hydroxy-4-methoxybenzophenone-5-sulfonic acid and its sodium salt/ Sulisobenzone	4065-45-6/6628-37-1	5%（以酸计）	/
4	胡莫柳酯	Homosalate	Benzoic acid, 2-hydroxy-, 3, 3, 5-trimeth ylcyclohexyl ester/ Homosalate	118-56-9	10%	/
5	甲氧基肉桂酸乙基己酯	Ethylhexyl methoxycinnamate	2-Ethylhexyl4-methoxycinnamate/Octinoxate	5466-77-3	10%	/
6	水杨酸乙基己酯	Ethylhexyl salicylate	2-Ethylhexylsalicylate/Octisalate	118-60-5	5%	/
7	苯基苯并咪唑磺酸及其钾、钠和三乙醇胺盐	Phenylbenzimidazole sulfonic acid and its potassium, sodium and tri-ethanolamine salts	2-Phenylbenzimidazole-5-sulfonic acid and its potassium, sodium and tri-ethanolamine salts/Ensulizole	27503-81-7	8%（以酸计）	/
8	丁基甲氧基二苯甲酰基甲烷	Butyl methoxydibenzoylmethane	1-（4-tert-Butylphenyl）-3-（4-methoxyphenyl）pro-pane-1, 3-dione/Avobenzone	70356-09-1	5%	/
9	对苯二亚甲基二樟脑磺酸及其盐类	Terephthalylidene dicamphor sulfonic acid and its salts	3, 3′-（1, 4-Phenylenedimethylene）bis（7, 7-dimethyl-2-oxo-bicyclo-[2.2.1] hept-1-ylmethane-sulfonic acid）and its salts/Ecamsule	92761-26-7/90457-82-2	10%（以酸计）	/

续表

序号	中文 INCI 名称	英文 INCI 名称	英文名称	CAS 号	最大允许使用浓度（w/%）	警示语要求
10	奥克立林	Octocrylene	2-Cyano-3, 3-diphenylacrylic acid, 2-ethylhexylester/ Octocrylene	6197-30-4	10%	/
11	氧化锌	Zinc oxide	Zinc oxide	1314-13-2	25%（倘作为收敛剂用途，限量，限量≤ 10%）	/
12	甲酚曲唑三硅氧烷	Drometrizole trisiloxane	Phenol, 2-（2H-benzotriazol-2-yl）-4-methyl-6-（2-methyl-3-（1, 3, 3, 3-tetramethyl-1-（trimethylsilyl）oxy）disiloxanyl）propyl	155633-54-8	15%	/
13	亚甲基双 - 苯并三唑基四甲基丁基酚	Methylene bis-benzotriazolyl tetramethylbutylphenol	2, 2′-Methylene-bis（6-（2H-benzotriazol-2-yl）-4-（1, 1, 3, 3-tetramethylbutyl）phenol）/Bisoctrizole	103597-45-1	10%	/
14	双 - 乙基己氧苯酚甲氧苯基三嗪	Bis-ethylhexyloxyphenol methoxyphenyl triazine	2, 2′-（6-（4-Methoxyphenyl）-1, 3, 5-triazine-2, 4-diyl）bis（5-（（2-ethylhexyl）oxy）phenol）/ Bemotrizinol	187393-00-6	10%	/
15	聚硅氧烷 -15	Polysilicone-15	Dimethicodiethylbenzalmalonate	207574-74-1	10%	/
16	乙基己基三嗪酮	Ethylhexyl triazone	2, 4, 6-Trianilino-（pcarbo-2′-ethylhexyl-1’-oxy）-1, 3, 5-triazine	88122-99-0	5%	/
17	二乙氨羟苯甲酰基苯甲酸己酯	Diethylamino hydroxybenzoyl hexyl benzoate	Benzoic acid, 2-[-4-（diethylamino）-2-hydroxybenzoyl]-, hexylester	302776-68-7	10%	/
18	亚苄基樟脑磺酸及其盐类	Benzylidene camphor sulfonic acid	al-pha-（2-Oxoborn-3-yliden e）-toluene-4-sulphonic acid and its salts	56039-58-8	6%（以酸计）	/
19	樟脑苯扎铵甲基硫酸盐	Camphor benzalkonium methosulfate	*N*, *N*, *N*-Trimethyl-4-（2-ox oborn-3-ylidenemethyl）anilinium-methyl sulfate	52793-97-2	6%	/

续表

序号	中文 INCI 名称	英文 INCI 名称	英文名称	CAS 号	最大允许使用浓度（w/%）	警示语要求
20	二乙基己基丁酰胺基三嗪酮	Diethylhexyl butamido triazone	Benzoic acid，4，4-（（6-（（4-（（（1，1-dimethylethyl）amino）carbonyl）phe-nyl）amino）-1，3，5-triazine-2，4-diyl）diimino）bis-，bis（2-ethylhexyl）ester/Iscotrizinol	154702-15-5	10%	/
21	苯基二苯并咪唑四磺酸酯二钠	Disodium phenyl dibenzimidazole tetrasulfonate	Sodium salt of 2，2′-bis（1，4-phenylene）-1Hbenzimidazole-4，6-disulfonic acid）/Bisdisulizole disodium	180898-37-7	10%（以酸计）	/
22	对甲氧基肉桂酸异戊酯	Isoamyl P-methoxy-cinnamate	Isopentyl-4-methoxy-cinnamate/Amiloxate	71617-10-2	10%	/
23	4-甲基苄亚基樟脑	4-Methylbenzylidene camphor	3-（4-Methylbenzylidene）- dl camphor/Enzacamene	38102-62-4/36861-47-9	4%	/
24	PEG-25 对氨基苯甲酸	PEG-25 PABA	Ethoxylated ethyl-4-aminobenzoate	116242-27-4	10%	/
25	聚丙烯酰胺甲基亚苄基樟脑	Polyacrylamidomethyl benzylidene camphor	Polymer of N-{（2 and 4）-[（2-oxoborn-3-ylidene）methyl] benzyl}acrylamide	113783-61-2	6%	/
26	三联苯基三嗪	Tris-biphenyl triazine	1，3，5-Triazine，2，4，6-tris[1，1′-biphenyl]-4-yl-	31274-51-8	10%（不得使用于喷雾制剂）	/
27	二氧化钛	Titanium dioxide	Titanium dioxide	13463-67-7/1317-70-0/1317-80-2	25%	/

3. 防晒化妆品申报的流程及要求

《化妆品卫生安全管理法》规定，经主管部门公告的化妆品种类及一定规模的化妆品制造或进口商应在化妆品供应、销售、赠送、公开陈列或提供消费者试用前，完成产品的登录及建立产品资讯档案。

卫生福利部发布的《应完成产品登录的化妆品种类》规定：制造或进口商应完成产品登录的化妆品种类：除免于办理工厂登记的化妆品制造场所生产的固态手工香皂外的化妆品。即防晒化妆品均需在产品供应、销售、赠送、公开陈列或提供消费者试用前完成产品登录。

按照《化妆品产品登录办法》，办理化妆品产品登录应在主管部门建立的化妆品网络系统办理。

（1）用于办理登录的资料，包括：

① 产品登录号码。

② 产品中、英文名称，但中国台湾本地生产的化妆品，可免于登录英文名称。

③ 产品种类及用途。

④ 产品类型。其为系列产品者，应填列型号或色号。

⑤ 产品剂型。

⑥ 产品使用注意事项。

⑦ 产品制造或进口名称、地址及电话号码。

⑧ 产品制造场所的名称、地址、国家（地区）及其符合化妆品良好制造规范情形。

⑨ 产品全成分名称。主管部门定有使用限量要求的成分，应同时填报其含量。

⑩ 产品其他有关说明。

（2）办理产品登录的流程。

① 开通账号：以工商凭证 IC 卡登录化妆品产品登录系统，即可注册账号密码。若无工商凭证 IC 卡，则需来函至卫生福利部食品药物管理署注册账号，并附公司、工厂登记或商业登记证明文件复印件。

② 登录系统化妆品产品登录系统，按要求填写登录所需资料。

③ 卫生福利部食品药物管理署会对所填写的资料进行审查，审查内容包括工厂是否完成登记或符合相应标准、化妆品的生产、销售或进口公司是否按规定进行不良反应通报、登录资料是否齐全和真实、产品成分中是否含有法规禁止使用的成分等。对符合条件的登录予以核准。

（3）产品登录管理　产品登录有效期为三年，后续需要继续供应、销售、赠送、公开陈列或提供消费者试用的，应于有效期届满前三个月内办理展延登录。

《化妆品产品资讯档案管理办法》规定企业应建立以下资料，并以书面或电子储存方式保存，自产品最后上市的次日起，至少保存五年：

① 产品基本数据：产品名称、产品类别、剂型、用途、制造厂名称与地址及产品制造或输入业者信息。

② 完成产品登录的证明文件。

③ 全成分名称及其个别含量。

④ 产品卷标、仿单、外包装或容器。

⑤ 制造场所符合化妆品优良制造准则的证明文件或声明书。

⑥ 制造方法、流程。

⑦ 使用方法、部位、用量、频率及族群。

⑧ 产品使用不良反应数据。

⑨ 产品及个别成分的物理及化学特性。

⑩ 成分的毒理资料。

⑪ 产品安定性试验报告。

⑫ 微生物检测报告。

⑬ 防腐效能试验报告。

⑭ 功能评估佐证数据。

⑮ 与产品接触的包装材质数据。

⑯ 产品安全数据：经安全资料签署人员签名并载明日期的安全性评估结论及建议；安全资料签署人员符合第④～⑥条规定的资格证明文件。

其中，对于产品安全数据需要符合以下情形之一的人员签署：

① 中国台湾内、外大学医学系、药学系或化妆品学、毒理学及其相关系、所毕业；

② 于 2019 年 6 月 30 日前，自中国台湾内、外大学化学或化工系、所毕业，具五年以上化妆品安全评估相关工作经验。

签署人员每年应接受至少 8 h 由中国台湾内、外大学或主管机关所开设的产品登录相关课程的训练。规定如下：

① 化妆品管理法规　包括中国台湾化妆品卫生管理规范、国际化妆品管理规范及中国台湾化妆品产品信息档案制度，至少 4 h；

② 化妆品成分的应用及风险　包括美白、防晒、止汗、止臭、染发、烫发与其他成分的作用原理与安全性，及化妆品常见不良反应或违规案例，至少 8 h；

③ 化妆品安全评估方式　包括皮肤生理解剖学，化妆品经皮吸收能力，化妆品皮肤刺激、光毒性与光变态的机理与临床症状，纳米安全性评估，天然物化妆品安全性评估，化妆品风险评估，毒理评估方法（皮肤刺激性、皮肤敏感性、皮肤腐蚀性、眼睛刺激性及基因毒性与致突变性测试），系统性毒性与安全临界值及动物试验替代性方法，至少 36 h；

④ 产品安全性评估结论制作，至少 6 h。

4. 产品申报申请人的资质要求

《化妆品产品登录办法》和《化妆品产品资讯档案管理办法》对于需要进行产品登录和产品资讯档案的主体要求一致，均要求是经营化妆品制造或者进口的下列对象：

（1）依公司法、商业登记法，应办理设立登记的公司或商号；

（2）依《化妆品卫生安全管理法》，应完成登记的工厂；

（3）除免于工厂登记的手工香皂业者外，不属于前两款的其他业制造或进口的化妆品团体或法人。

5. 防晒效果的标识规定

中国台湾对防晒化妆品指数的标识要求沿用了 2007 年颁布的《制造或进口防晒化妆品的防晒系数标示规定》：

（1）中国台湾本地制造或进口防晒化妆品标识的防晒系数（SPF）不得大于实测值，最大上限为 50（包括 50）；

（2）凡所测得的防晒系数高于 50 的，如需标识防晒系数，则标识为“SPF 50+”或“SPF 50 Plus”；

（3）为保障消费者的健康与权益，如果防晒化妆品中只含有 UVB 成分的，则其标签、说明书或包装应明确标识，仅能宣称具有抗 UVB 防晒效果，不得有虚假夸大或引入错误、保证其效用或性能的词句。

二、全球主要国家和地区、组织防晒化妆品法规与监管要点概述

（一）美国

美国的防晒产品完全是按照非处方药（over the counter，OTC）进行管理的，但是在监管的具体要求上又以防晒品专论区分风险进行管理。

1. 防晒化妆品的监管属性与核心定义

美国的《联邦食品、药品和化妆品法案》（Federal Food，Drug and Cosmetic Act，简称 FD&C Act）对化妆品的定义为：用于涂擦、倾倒、撒或者喷于、引入或者施用于人体的物品，用于清洁、美化、促进吸引力或者改变外观。《2022 年的化妆品现代化法》（Modernization of Cosmetics Regulation act of 2022，简称 MoCRA）对 FD&C Act 进行了修订，将化妆品定义为：由化妆品成分制备而成，其成分在定性和定量上均已确定，用于制成成品。

而 FD&C Act 同时也对药品进行了定义："诊断、治愈、缓解、治疗或预防疾病的物品"和"用于影响人体或其他动物身体结构或任何功能的物品（食品除外）"。

可见，防晒霜是同时满足美国化妆品和药品的定义。而事实上，声称具有防晒功能的化妆品，既属于化妆品也属于药品，此类产品必须同时符合化妆品和药品的要求。

2. 防晒化妆品安全要求

2021 年 9 月 24 日，FDA 发布了防晒产品的最终行政命令（deemed final order，简称 DFO）和拟定命令（proposed order，简称 PO）。

DFO 规定了防晒产品非处方药专论（over-the-counter monograph）。防晒产品非处方药专论实际上是对普遍认为安全有效的防晒产品的一种规定和标准，不仅对可以添加的防晒剂进行了限定，也规定标签、测试方法等方面。如果符合此专论的防晒产品，可以未经 FDA 的批准即可上市销售；如果不符合专论的要求，则按照新药注册流程获得 FDA 批准后才能上市。

FDA 防晒产品专论规定的活性成分仅包含 16 种防晒剂，如表 8-3 所示。

表 8-3　FDA 批准防晒剂清单

序号	中文名	英文名称 /INCI 名称	限量 /%
1	对氨基苯甲酸	Aminobenzoic acid（PABA）	15
2	丁基甲氧基二苯甲酰基甲烷	Avobenzone（Butylmethoxydibenzoylmethane）	3
3	西诺沙酯	Cinoxate	3
4	二苯酮 -8	Dioxybenzone（Benzophenone-8）	3
5	苯基苯并咪唑磺酸	Ensulizole（Phenylbenzimidazole sulfonic acid）	4
6	胡莫柳酯	Homosalate	15
7	薄荷醇邻氨基苯甲酸酯	Meradimate（Menthyl anthranilate）	5
8	甲氧基肉桂酸乙基己酯	Octinoxate（Octyl methoxycinnamate）	7.5
9	水杨酸乙基己酯	Octisalate（Ethylhexyl salicylate）	5
10	奥克立林	Octocrylene	10
11	二苯酮 -3	Oxybenzone（Benzophenone-3）	6
12	二甲基 PABA 乙基己酯	Padimate O	8
13	二苯酮 -4/ 二苯酮 -5	Sulisobenzone（Benzophenone-4/Benzophenone-5）	10
14	二氧化钛	Titanium dioxide	25
15	水杨酸 TEA 盐	Trolamine salicylate（Tea-salicylate）	12
16	氧化锌	Zinc oxide	25

而拟定命令（PO）并不是最终的生效的规定，但代表了 FDA 在未来法规修订的思考和方向。在 PO 中，FDA 讨论了包括防晒剂安全性、产品形态、防晒指数的标识及限值等问题。

（1）防晒指数　鉴于缺乏数据显示 SPF 值高于 60 的防晒霜能提供额外的有意义的临床益处，PO 建议设置最高 SPF 标识值为 60+，并禁止实际 SPF 值高于 80 的产品上市销售。

（2）广谱要求　越来越多的证据证明 UVA 暴露与皮肤癌及其他皮肤损伤之间的关联性，引发了人们关于市面上的防晒霜对于 UVA 防护不足的担忧，尤其是对 UVA 缺乏足够防护能力的高倍防晒霜。消费者在使用这些防晒霜的时候，虽然能成功防止晒伤，但可能会因为积累大量 UVA 辐射而造成皮肤癌风险增加及皮肤早期衰老等问题。鉴于此，PO 建议 SPF 值 15 以上的防晒霜均需通过广谱防晒测试，并在广谱防晒测试中增加一项要求，即 UVA I/UV 必须达到 0.7 以上。

（3）防晒剂　PO 仅保留氧化锌和二氧化钛为一般认为安全有效的物质（generally recognized as safe and effective，简称 GRASE），对氨基苯甲酸和水杨酸 TEA 盐因为安全问题不作为 GRASE，其他成分因暂无足够数据也不作为 GRASE。

此外，美国允许各州及地区在各自权限范围内立法，目前夏威夷州和佛罗里达州基维斯特市已经全面禁止了二苯酮 -3 和甲氧基肉桂酸乙基己酯的使用，以保护脆弱的海洋生态系统。

3. 防晒化妆品申报

如上所述，如果一款防晒霜完全符合 FDA 防晒产品非处方药专论，则无须 FDA 的批准即可上市销售。但药品公司必须向 FDA 注册其机构并列明药品。

防晒产品制造商、包装商（包括加贴标签）或分销商必须向 FDA 注册其机构，注册时需提供：

（1）机构所有者或经营者的姓名。

（2）机构的名称（所有名称，包括机构开展业务所使用的名称及为人所知的名称）、地址和电话号码、电子邮件地址等联系方式。

如果机构是在美国以外的，则还必须指定美国境内的代理人，并提供药品的出口商及美国进口商。完成注册后，FDA 会分配企业注册号，之后所有参与制造、包装、加贴标签及分销的企业必须向 FDA 申请国家药品代码（national drug code，简称 NDC），同时提供以下资料：

（1）申请者的姓名、实际地址、电子邮件地址和其他联系信息。

（2）所从事的药品相关活动类型，如制造、包装等。

（3）药品类型（如人类药品、动物药品或处方药、非处方药）。

最后，药品的制造商必须提供相关的药品信息，以获得列明。需要提供的信息根据药品的性质而有比较大的差异，可能包括：

（1）NDC 及对应的包装类型及体积。

（2）药品的既定名称和专用名称。

（3）药物活性成分和含量。

（4）药品剂型。

（5）药品类型、给药途径等。

（6）药品标签。

（7）药品广告。

上述注册活动均可通过 FDA 的药品注册和登记电子系统，以电子格式提交给 FDA。FDA 也会提供关于注册和列明信息的指南（例如，具体说明传输方式、介质、文件格式、文件的准备和组织方式）。

不符合 FDA 防晒产品非处方药专论的防晒产品，则需要按照新药的注册流程和资料要求，向 FDA 申请获得批准。

4. 防晒效果的标识规定

（1）对于通过了广谱测试的产品，可以写明 “广谱 SPF XX”（XX 为实际测得的 SPF 值）；对于未通过广谱测试的产品，应直接标识 “SPF XX”（XX 为实际测得的 SPF 值）。

（2）如通过了 40 min 耐水性测试，则可以标识 “防水（40 min）”；如通过了 80 min 耐水性测试，则可以标识 “防水（80 min）”。

（3）所有的防晒产品必须在“用途”下标识“有助于预防晒伤”。

（4）如果广谱 SPF 值为 15 或更高，可以增加宣称“如果与其他防晒措施一起使用［见说明书（加粗斜体）］，可降低皮肤癌和由阳光引起的早期皮肤老化的风险”。

（5）若未通过广谱测试或者 SPF 值大于 2 但小于 15 的广谱防晒产品，则警示用语首条声明为“皮肤癌 / 皮肤老化警告（加粗字体）：长时间暴晒会增加患皮肤癌和皮肤早期衰老的风险。这种产品被证明只有助于防止晒伤，不能（加粗字体）预防皮肤癌或早期皮肤老化”。

值得注意的是，目前的 FDA 并未限制 SPF 值的标识上限。

（二）加拿大

加拿大的防晒产品分别按照所添加的防晒剂分为两类产品管理，各有其申报要求。

1. 防晒化妆品的监管属性与核心定义

加拿大的防晒产品根据所添加的防晒剂不同，按照天然健康产品（natural health products，简称 NHPs）或者药品，受加拿大卫生部管理。NHPs 是加拿大特殊的法规概念，是一类使用相对安全的药用成分进行制造销售的产品，用于诊断、治疗、缓解或预防人类的疾病、紊乱或异常身体状态或其症状，恢复或纠正人类的器官功能，或改变人类的器官功能。

加拿大的主管部门针对防晒产品出台了专论，包括《晒伤保护剂专论（2006 年）》［Sunburn Protectants Monograph（2006）］及《防晒专论 -2.0 版（2013 年）》［Sunscreen Monograph - Version 2.0（2013）］。其中《防晒专论 -2.0 版（2013 年）》中引入了“二级防晒产品”的概念，指用于面部或皮肤的化妆品或护肤产品，带有防晒声明，以区别于内外包装标签或品牌名称上没有明确的主要化妆品功能的“初级防晒产品”。对于二级防晒产品，使用说明和风险信息以外的其他信息必须证明符合《防晒专论 -2.0 版（2013）》，并满足所有 2013 年专论要求；使用说明和风险信息则必须符合《晒伤保护剂（2006）》专论要求。

2. 防晒化妆品安全要求

根据加拿大卫生部保健产品和食品部门 2013 年发布的《防晒产品专论》（Sunscreen Monograph），仅添加下列成分（表 8-4）的防晒产品按 NHPs 管理。

表 8-4　加拿大按照天然健康产品管理的药用防晒成分、来源成分和浓度限制

序号	推荐的名称	俗名	中文名称	英文 INCI 名称	UV 防护	限量
1	Titanium dioxide（TiO_2）	Titanium dioxide	二氧化钛	Titanium dioxide	UVA/UVB	≤ 25%
2	Zinc oxide（ZnO）	Zinc oxide	氧化锌	Zinc oxide	UVA/UVB	≤ 25%
3	4-Aminobenzoic acid	p-Aminobenzoic acid（PABA）	对氨基苯甲酸	PABA	UVB	≤ 15%

而作为药品管理的防晒霜可以添加以下成分（表 8-5）。

表 8-5　加拿大作为药品管理的药用防晒成分和浓度限制

序号	推荐的药用成分名称	同物异名	中文名称	英文 INCI 名称	UV 防护	限量
1	Avobenzone	Butyl methoxydibenzoylmethane	丁基甲氧基二苯甲酰基甲烷	Butyl Methoxydibenzoylmethane	UVA I	≤ 3%
2	Ensulizole	2-Phenylbenzimidazole-5-sulfonic acid	苯基苯并咪唑磺酸	Phenylbenzimidazole Sulfonic Acid	UVB	≤ 4%

续表

序号	推荐的药用成分名称	同物异名	中文名称	英文 INCI 名称	UV 防护	限量
3	Homosalate	Homomenthyl salicylate	胡莫柳酯	Homosalate	UVB	≤ 15%
4	Meradimate	Menthyl 2-aminobenzoate Menthyl anthranilate	薄荷醇邻氨基苯甲酸酯	Menthyl Anthranilate	UVA II	≤ 5%
5	Octinoxate	2-Ethylhexyl methoxycinnamate Octyl methoxycinnamate	甲氧基肉桂酸乙基己酯	Ethylhexyl Methoxycinnamate	UVB	≤ 7.5%
6	Octisalate	2-Ethylhexyl salicylate Octyl salicylate	水杨酸乙基己酯	Ethylhexyl Salicylate	UVB	≤ 5%
7	Octocrylene	2-Ethylhexyl-2-cyano-3,3 diphenylacrylate	奥克立林	Octocrylene	UVA II UVB	≤ 10%
8	Oxybenzone	Benzophenone-3 2-Hydroxy-4-methoxybenzophenone	二苯酮 -3	BenzophenonE-3	UVA II UVB	≤ 6%
9	Sulisobenzone	Benzophenone-4	二苯酮 -4	BenzophenonE-4	UVA II UVB	≤ 10%
10	Drometrizole trisiloxane	Meroxyl XL	甲酚曲唑三硅氧烷	Drometrizole Trisiloxane	UVA UVB	≤ 15%
11	Enzacamene	4-Methylbenzylidene camphor	4- 甲基苄亚基樟脑	4-methylbenzylidene Camphor	UVB	≤ 4%
12	Padimate O	Octyl dimethyl PABA	二甲基 PABA 乙基己酯	Ethylhexyl Dimethyl PABA	UVB	≤ 8%
13	Ecamsule	Mexoryl SX Terephthalylidene dicamphor sulfonic acid 3,3′-（1,4Phenylenedimethylidene）bis[7,7-dimethyl-2-oxobicyclo[2.2.1] heptane-1-methanesulfonic acid	对苯二亚甲基二樟脑磺酸	Terephthalylidene Dicamphor Sulfonic Acid	UVA UVB	≤ 10%
14	Cinoxate	2-Ethoxyethyl-p-methoxycinnamate	西诺沙酯	Cinoxate	UVB	≤ 3%
15	Diethanolamine methoxycinnamate	DEA-methoxycinnamate	甲氧基肉桂酸 DEA 盐	DEA-Methoxycinnamate	UVB	≤ 10%
16	Dioxybenzone	Benzophenone-8 （2-Hydroxy-4-methoxyphenyl）（2-hydroxyphenyl）methanone	二苯酮 -8	Benzophenone-8	UVA II UVB	≤ 3%
17	TEA-salicylate	Triethanolamine salicylate	水杨酸 TEA 盐	Trolamine Salicylate	UVB	≤ 12%

3. 防晒产品申请注册流程

对于按照 NHPs 管理的产品，申请人必须首先在天然健康产品理事会（Natural Health

Products Directorate，NHPD）注册成为贸易伙伴（trading partner，TP），然后通过 NHPD 的安全电子邮件服务 epost Connect、CD 或 DVD 的邮递或快递或以纸质形式提交三种方式提交电子产品许可证申请（ePLA）。

按照天然健康产品法规（Natural Health Products Regulations），提交的资料包括：

（1）申请人的姓名、地址和电话以及传真、电子邮箱等联系方式。

（2）如果申请人不在加拿大境内，则需提供在加拿大境内代表的上述联系方式。

（3）添加入产品中的药用成分，包括其专有名称和通用名称、含量、效力（如果标签上具有相关宣称）、来源描述、是否为合成制造的声明。

（4）非药用成分的清单，以及每种成分的用途说明。

（5）品牌名称。

（6）推荐使用条件。

（7）证明在推荐使用条件下的安全性和有效性证明。

（8）标签上的所有文字内容。

（9）产品所符合的标准。

（10）按照良好生产规范（good manufacturing practice，GMP）要求或者相当于 GMP 要求进行生产、包装、贴标签、进口、分销和储存的证明。

此外，如果申请中包括符合专论要求的成分，则必须提交符合专论的证明（monograph attestation）。卫生部长应该在 60 天内处理申请，作出批准、不批准的决定。如果不批准，必须说明理由，并且企业可以在收到不批准通知之日起 30 内请求卫生部长重新考虑该申请。

对于按照药品管理的防晒产品，则需要按药品的要求开展申报。药品的申报需符合《食品和药品法规》（food and drug regulations），加拿大卫生部也发布了药品申请与提交的指南文件（guidance documents on applications and submissions for drug products），指导企业开展申报。

对于完全符合专论要求的防晒产品，由于加拿大卫生部已预先审核了相关信息，因此获得批准的流程会更快。在药品申请的系统中也允许申请人参考专论的要求来支持产品的安全性和有效性，从而加快药品的审查。

4. 防晒效果的标识规定

对于所有产品，可标识：

（1）有助于防止晒伤。

（2）防晒系数“X”或者 SPF“X”。

（3）对于临界波长≥ 370 nm 的产品，可以标识：广谱防晒 SPF“X”；对于临界波长≥ 370 nm 并且 SPF ≥ 15 的产品，可以标识：如果按照使用说明并且与其他防晒措施一起使用（见使用说明），可以降低因阳光引起的皮肤癌和早期皮肤老化的风险；

（4）对于防水产品，可以标识：防水 / 防汗（40 min），防水 / 防汗（80 min）。

（三）欧盟

欧盟（European Union，EU）即欧洲联盟，有统一的化妆品监管体系，在管理上主要依据法规（EC）No 1223/2009，其核心理念是通过一体化降低法规壁垒，促进产品在欧盟范围内公平自由地流通，防晒产品被明确归类为化妆品，且需符合 SPF 值标注规则和标签要求。

1. 防晒化妆品的监管属性与核心定义

欧盟将防晒产品按照化妆品进行管理。欧盟委员会发布欧盟化妆品法规（EC）No 1223/2009 以及配套的相关法规，并持续进行修订，统领欧盟化妆品整体的监管政策。欧盟各成员国主管部门在欧盟化妆品法规（EC）No 1223/2009 及其修改单的基础上，建立本国相应的实施体系，负责日常的监管工作。

欧盟化妆品法规（EC)No 1223/2009 所定义的“化妆品”是指旨在与人体外部部位（表皮、毛发系统、指甲、嘴唇和外部生殖器官）或牙齿和口腔黏膜接触的任何物质或混合物，其专门或主要目的是清洁、芳香、改变外观、保护、保持良好状态或纠正体臭。

而欧盟委员会于 2006 年发布的《关于防晒产品的功效以及相关声明》（on the efficacy of sunscreen products and the claims made relating thereto）(2006/647/EC）明确了防晒产品的定义：任何旨在与人体皮肤接触的制剂（如乳霜、油、凝胶、喷雾剂)，其唯一目的或主要目的是通过吸收、散射或反射辐射来保护皮肤免受紫外线辐射。同时这份文件也明确了，防晒产品可以有效预防晒伤，并且有研究表明，防晒产品可以预防与光老化相关的损伤，能防止光诱导的免疫抑制，并可以预防某些类型的皮肤癌，但尚无确凿的科学证据表明可以预防黑色素瘤。

值得一提的是，SCCS（Scientific Committee on Consumer Safety，消费者安全科学委员会）是欧盟委员会卫生和消费者保护总司管理的独立科学委员会之一，负责就非食品消费品（如化妆品及其成分）和服务（如文身、人工晒黑）的健康和安全风险向委员会提供意见。SCCS 就化妆品中防晒剂及其他成分的安全性保持关注并在必要的时候发布安全评估报告，这些报告是欧盟委员会对（EC）No 1223/2009 及其他法规修订的重要科学依据。

2. 防晒化妆品安全要求

欧盟化妆品法规（EC）No 1223/2009 的附表 6（ANNEX VI）规定了在化妆品中允许使用的 33 种防晒剂（截至 2025 年 7 月，包含 5 种纳米级防晒剂)，化妆品中的防晒剂必须按照表格中规定的种类、限量、使用范围、质量规格等条件使用（表 8-6)。

表 8-6　欧盟准用防晒剂

序号	化学名称 /INN/XAN	常用成分术语表名称	中文 INCI 名称	CAS 号	EC 号	产品类型、身体部位	最大使用限量	其他限制要求	警示用语
1	N，N，N-Trimethyl-4-（2-oxoborn-3-ylidenemethyl）anilinium methyl sulfate	Camphor Benzalkonium Methosulfate	樟脑苯扎铵甲基硫酸盐	52793-97-2	258-190-8	/	6 %	/	/
2	Benzoic acid，2-hydroxy-，3，3，5- trimethylcyclohexyl ester/Homosalate	Homosalate	胡莫柳酯	118-56-9	204-260-8	除推进剂喷雾产品外的面部产品	7.34 %	/	/
3	2-Hydroxy-4-methoxy-benzophenone/Oxybenzone	Benzophenone-3	二苯酮 -3	131-57-7	205-031-5	a）面部产品、手部产品和唇部产品，不包括推进剂和泵喷产品 b）本体产品，包括推进剂和泵喷产品 c）其他产品	a）6 % b)2.2 % c)0.5 %	对于 a）和 b）不超过 0.5% 以保护产品配方 a）如果在 0.5% 的浓度下使用以保护产品配方，作为防晒剂使用的浓度不得超过 5.5%。 b）如果以 0.5% 的浓度使用以保护产品配方，则用作防晒剂的浓度不得超过 1.7%。	对于 a）和 b)：含二苯酮 -3

续表

序号	化学名称 /INN/XAN	常用成分术语表名称	中文 INCI 名称	CAS 号	EC 号	产品类型、身体部位	最大使用限量	其他限制要求	警示用语
4	2-Phenylbenzimidazole-5-sulfonic acid and its potassium, sodium and triethanolamine salts/Ensulizole	Phenylbenzimidazole Sulfonic Acid and its potassium ,sodium and triethanolamine salts	苯基苯并咪唑磺酸及其钾、钠和三乙醇胺盐	27503-81-7	248-502-0	/	8 %（以酸计）	/	/
5	3,3′-（1,4-Phenylenedimethylene）bis（7,7-dimethyl-2-oxo-bicyclo-[2.2.1] hept-1-yl-methane-sulfonic acid）and its salts/Ecamsule	Terephthalylidene Dicamphor Sulfonic Acid and its salts	对苯二亚甲基二樟脑磺酸及其盐类	92761-26-7，90457-82-2	410-960-6	/	10 %（以酸计）	/	/
6	1-（4-tert-Butylphenyl）-3-（4-methoxyphenyl）propane-1,3-dione/Avobenzone	Butyl Methoxydibenzoylmethane	丁基甲氧基二苯甲酰基甲烷	70356-09-1	274-581-6	/	5 %	/	/
7	alpha-（2-Oxoborn-3-ylidene）-toluene-4-sulphonic acid and its salts	Benzylidene Camphor Sulfonic Acid	亚苄基樟脑磺酸及其盐类	56039-58-8	/	/	6 %（以酸计）	/	/
8	2-Cyano-3,3-diphenyl acrylic acid, 2- ethylhexyl ester/Octocrylene	Octocrylene	奥克立林	6197-30-4	228-250-8	a）推进剂喷雾产品 b）其他产品	a）9 % b）10 %	/	/
9	Polymer of N-{（2 and 4）-[（2-oxoborn-3-ylidene）methyl]benzyl} acrylamide	Polyacrylamidomethyl Benzylidene Camphor	聚丙烯酰胺甲基亚苄基樟脑	113783-61-2	/	/	6 %	/	/
10	2-Ethylhexyl 4-methoxycinnamate/Octinoxate	Ethylhexyl Methoxycinnamate	甲氧基肉桂酸乙基己酯	5466-77-3	226-775-7	/	10 %	/	/
11	Ethoxylated ethyl-4-aminobenzoate	PEG-25 PABA	PEG-25 对氨基苯甲酸	116242-27-4	/	/	10 %	/	/
12	Isopentyl-4-methoxycinnamate/Amiloxate	Isoamyl p-Methoxycinnamate	对甲氧基肉桂酸异戊酯	71617-10-2	275-702-5	/	10 %	/	/
13	2,4,6-Trianilino-（p-carbo-2′-ethylhexyl-1′-oxy）-1,3,5-triazine	Ethylhexyl Triazone	乙基己基三嗪酮	88122-99-0	402-070-1	/	5 %	/	/

序号	化学名称 /INN/XAN	常用成分术语表名称	中文 INCI 名称	CAS 号	EC 号	产品类型、身体部位	最大使用限量	其他限制要求	警示用语
14	Phenol，2-（2H-benzotriazol-2-yl）-4-methyl-6-（2-methyl-3-（1,3,3,3-tetramethyl-1-（trimethylsilyl）oxy）-disiloxanyl）propyl	Drometrizole Trisiloxane	甲酚曲唑三硅氧烷	155633-54-8	/	/	15 %	/	/
15	Benzoic acid，4,4-（（6-（（4-（（（1,1-dimethylethyl）amino）carbonyl）phenyl）amino）-1,3,5-triazine-2,4-diyl）diimino）bis-，bis（2-ethylhexyl）ester/Iscotrizinol（USAN）	Diethylhexyl Butamido Triazone	二乙基己基丁酰胺基三嗪酮	154702-15-5	/	/	10 %	/	/
16	2-Ethylhexyl salicylate/Octisalate	Ethylhexyl Salicylate	水杨酸乙基己酯	118-60-5	204-263-4	/	5 %	/	/
17	2-Ethylhexyl 4-（dimethylamino）benzoate/Padimate O（USAN：BAN）	Ethylhexyl Dimethyl PABA	二甲基 PABA 乙基己酯	21245-02-3	244-289-3	/	8 %	/	/
18	2-Hydroxy-4-methoxybenzophenone-5-sulfonic acid and its sodium salt/Sulisobenzone	Benzophenone-4，Benzophenone-5	二苯酮 -4/二苯酮 -5	4065-45-6/6628-37-1	223-772-2 / -	/	5 %（以酸计）	/	/
19	2，2′-Methylene-bis（6-（2H-benzotriazol-2-yl）-4-（1,1,3,3-tetramethylbutyl）phenol）/Bisoctrizole	Methylene Bis-Benzotriazolyl Tetramethylbutylphenol	亚甲基双 - 苯并三唑基四甲基丁基酚	103597-45-1	403-800-1	/	合计 10 %	/	/
20	2，2′-Methylene-bis（6-（2H-benzotriazol-2-yl）-4-（1,1,3,3-tetramethylbutyl）phenol）/Bisoctrizole	Methylene Bis-Benzotriazolyl Tetramethylbutylphenol（nano）	亚甲基双 - 苯并三唑基四甲基丁基酚（纳米）	103597-45-1	403-800-1	/		不可用于可能导致最终用户吸入肺部暴露的应用中。只允许使用具有以下特性的纳米材料:	/

续表

序号	化学名称 /INN/ XAN	常用成分术语表名称	中文 INCI 名称	CAS 号	EC 号	产品类型、身体部位	最大使用限量	其他限制要求	警示用语
20	2,2′-Methylene-bis（6-（2H-benzotriazol-2-yl)-4-(1,1,3,3-tetramethylbutyl）phenol）/ Bisoctrizole	Methylene Bis-Benzotriazolyl Tetramethylbutylphenol（nano）	亚甲基双 - 苯并三唑基四甲基丁基酚（纳米）	103597-45-1	403-800-1	/	合计 10 %	— 纯度≥ 98.5%，其中 2，2′-methylene-bis-（6（2H-benzotriazol-2-yl）-4-（isooctyl）phenol）异构体分数不超过 1.5%；— 在 25℃的水中溶解度 < 5 ng/L；— 油水分配系数（Log Pow）：25℃时为 12.7；— 无涂层的；— 中位粒径 D50（小于此直径的粒子数的 50%）：质量分布≥ 120 nm 和 / 或粒子数尺寸分布≥ 60 nm。	/
21	Sodium salt of 2,2′-bis（1,4-phenylene）-1H-benzimidazole-4,6-disulfonic acid）/ Bisdisulizole disodium（USAN）	Disodium Phenyl Dibenzimidazole Tetrasulfonate	苯基二苯并咪唑四磺酸酯二钠	180898-37-7	429-750-0	/	10 %（以酸计）	/	/
22	2,2′-（6-（4-Methoxyphenyl）-1,3,5-triazine-2,4-diyl）bis（5-（(2-ethylhexyl）oxy）phenol）/ Bemotrizinol	Bis-Ethylhexyloxyphenol Methoxyphenyl Triazine	双 - 乙基己氧苯酚甲氧苯基三嗪	187393-00-6	/	/	10 %	/	/
23	Dimethicodiethylbenzalmalonate	Polysilicone-15	聚硅氧烷 -15	207574-74-1	426-000-4	/	10 %	/	/
24	Titanium dioxide	Titanium Dioxide	二氧化钛	13463-67-7/1317-70-0/1317-80-2	236-675-5/215-280-1/215-282-2	/	合计 25%	粉末形式的二氧化钛，含有 1% 或更多的空气动力学直径≤ 10 μm 的颗粒，符合附录 III，No . 321 的要求。附件 III 第 321 号（f）列（c）字母所列的产品类型，适用本条目（g）列所列的可使用制剂的最高浓度	/

续表

序号	化学名称 /INN/XAN	常用成分术语表名称	中文 INCI 名称	CAS 号	EC 号	产品类型、身体部位	最大使用限量	其他限制要求	警示用语
25	Titanium dioxide	Titanium Dioxide（nano）	二氧化钛（纳米）	13463-67-7/1317-70-0/1317-80-2	236-675-5/215-280-1/215-282-2	/	合计 25%	不得用于可能导致最终用户吸入肺部暴露的应用。 只允许使用具有以下特性的纳米材料: - 纯度≥ 99%； - 金红石型，或含有高达 5% 锐钛矿的金红石，其晶体结构和物理外观为球形,针状或披针形簇; - 基于数粒度分布的中位数粒径≥ 30 nm； - 纵横比为 1 ～ 4,5，体积比表面积≤ 460 m^2/cm^3; - 包覆二氧化硅、水合二氧化硅、氧化铝、氢氧化铝、硬脂酸铝、硬脂酸、三甲氧基丙基硅烷、甘油、二甲基硅氧烷、氢二甲基硅氧烷、西甲硅氧烷、或涂以下列组合之一: - 最大浓度为 16% 的二氧化硅和最大浓度为 6% 的十六烷基磷酸；氧化铝的最大浓度为 7%,二氧化锰的最大浓度为 0.7%（不用于唇部产品）; - 氧化铝的最大浓度为 3%，三乙氧基丙基硅烷的最大浓度为 9%；- 与相应的未涂覆或未掺杂对照相比，光催化活性≤ 10%； - 纳米颗粒在最终配方中具有光稳定性	含有二氧化钛（纳米）涂层氧化铝和二氧化锰混合物的面部产品:不能在嘴唇上使用

续表

序号	化学名称 /INN/ XAN	常用成分术语表名称	中文 INCI 名称	CAS 号	EC 号	产品类型、身体部位	最大使用限量	其他限制要求	警示用语
26	Benzoic acid, 2-[-4-（diethylamino）-2-hydroxybenzoyl]-. Hexylester	Diethylamino Hydroxy benzoyl Hexyl Benzoate	二乙氨羟苯甲酰基苯甲酸己酯	302776-68-7	443-860-6	/	10%	/	/
27	1, 3, 5-Triazine, 2, 4, 6-tris[1, 1′-biphenyl]-4-yl-, including as nanomaterial	Tris-biphenyl triazine Tris-biphenyl triazine（nano）	三联苯基三嗪	31274-51-8	/	/	10 %	不能用于喷雾剂。 只允许使用具有以下特性的纳米材料： - 初始粒径中值 > 80 nm； - 纯度≥ 98%； - 无涂层的	/
28	Zinc oxide	Zinc Oxide	氧化锌	1314-13-2	215-222-5	/	合计 25 %	不得用于吸入可能导致最终用户肺部暴露的产品中	/
29	Zinc oxide	Zinc Oxide（nano）	氧化锌（纳米）	1314-13-2	215-222-5	/		不得用于可能导致最终用户吸入肺部暴露的应用。 只允许使用具有以下特性的纳米材料： - 纯度≥ 96%，纤锌矿晶体结构和物理外观为棒状，星形或等距形状的簇状，杂质仅由二氧化碳和水组成，而任何其他杂质的总量小于 1%。 - 颗粒数大小分布的中值直径 D50（小于此直径的 50%）> 30 nm，D1（小于此尺寸的 1%）> 20 nm， - 水溶性 < 50 mg /L - 未涂覆或涂覆三乙基氧基辛基硅烷、二甲基硅氧烷、二甲氧基二苯基硅烷交叉聚合物或辛基三乙基氧基硅烷	/

序号	化学名称 /INN/ XAN	常用成分术语表名称	中文 INCI 名称	CAS 号	EC 号	产品类型、身体部位	最大使用限量	其他限制要求	警示用语
30	3,3′-（1,4-Phenylene）bis（5,6-diphenyl-1,2,4-triazine）	Phenylene Bis-Diphenyl-triazine	亚苯基双 - 二苯基三嗪	55514-22-2	700-823-1	/	5 %	不得用于吸入可能导致最终用户肺部暴露的产品中	/
31	2-ethoxyethyl（2Z）-2-cyano-2-[3-（3-methoxypropylamino）cyclohex-2-en-1-ylidene]acetate	Methoxy-propylamino Cyclohex-enylidene Ethoxyethyl-cyanoacetate	甲氧基丙基氨基环己烯基亚乙基氧基乙基氰基乙酸酯	1419401-88-9	700-860-3	/	3%	- 不能用于吸入可能导致最终用户肺部暴露的产品中 - 请勿与亚硝化剂一起使用—亚硝胺的最大含量：50 μg/kg - 存放在不含亚硝酸盐的容器中	/
32	1,1′-（1,4-piperazinediyl）bis[1-[2-[4-（diethylamino）-2-hydroxybenzoyl]phenyl]-methanone	Bis-（Diethylaminohydroxybenzoyl Benzoyl）Piperazine	双 -（二乙氨羟苯甲酰基）哌嗪	919803-06-8	485-100-6	/	合计 10 %	/	/
33	1,1′-（1,4-piperazinediyl）bis[1-[2-[4-（diethylamino）-2-hydroxybenzoyl]phenyl]-methanone	Bis-（Diethylaminohydroxybenzoyl Benzoyl）Piperazine（nano）	双 -（二乙氨羟苯甲酰基）哌嗪（纳米级）	919803-06-8	485-100-6	/		只允许使用具有以下特性的纳米材料： - 纯度≥ 97% - 中位数粒径 D50（小于该粒径的粒子数的 50%）：≥ 50 nm 的粒子数粒径分布。 不得用于可能导致最终用户吸入肺部暴露的应用场合	/

3. 防晒化妆品的申报

根据欧盟化妆品法规（EC）No 1223/2009，在化妆品（包括防晒化妆品）投放市场前，负责人应通过电子方式向欧盟委员会通报以下产品信息：

（1）化妆品的类别及其名称。

（2）产品信息文件易于查阅的负责人的姓名和地址。

（3）进口时的原产国。

（4）该化妆品将投放市场的成员国。

（5）必要时可联系的自然人的联系方式。

（6）以纳米材料形式存在的物质，并且满足以下两个条件：

① 物质确认，包括使用化学名称（IUPAC）和欧盟化妆品法规（EC）No 1223/2009 中规定的其他物质描述方式。

② 合理可预见的暴露条件。

（7）法规（EC）No 1272/2008 附件 VI 第 3 部分中分类为 1A 或 1B 类致癌物、致突变物或生殖毒性物质的名称和化学品摘要服务处（CAS）或 EC 编号。

（8）框架配方，以便在遇到困难时可予迅速和适当治疗。框架指列出化妆品成分的类别或功能及其最大浓度的配方，或者化妆品未被这样的配方覆盖或者仅部分覆盖时提供相关的定量和定性信息，具体可参照欧盟委员会制定的相关指示。

其中，责任人是指:

对于在欧洲共同体内生产，但随后未出口或进口回欧洲共同体内的化妆品，在欧洲共同体内设立的制造商为责任人。制造商也可以通过书面授权指定一个在欧洲共同体内设立的人作为负责人，该负责人应书面接受。

对于在欧洲共同体内生产的化妆品，如果制造商位于欧洲共同体内以外，则该制造商应通过书面授权指定一名在欧洲共同体内设立的人作为负责人，该负责人应书面接受。

进口的化妆品，进口单位应当对其投放市场的具体化妆品负责。进口商可以通过书面授权指定一个在欧洲共同体内设立的人作为负责人，该负责人应书面接受。

通报是在“化妆品通报门户”（Cosmetic Products Notification Portal，简称 CPNP）上以电子方式完成，流程包括:

（1）创建欧洲委员会认证服务账户（European Commission Authentication Service，简称 ECAS）。

（2）使用 ECAS 账户访问 SAAS 应用程序，申请 CPNP 的访问权限。

（3）进入 CPNP，输入需通报的产品信息。

4. 防晒效果的标识规定

欧盟设置了防晒产品提供的最低防护程度:

（1）对 UVB 的防护系数最低为 6。

（2）UVA 防护系数（UVA-PF）至少为防晒指数（SPF 值）的 1/3。

（3）最小临界波长为 370 nm。

防晒产品的功效应在标签上以“低”“中”“高”“极高”等类别标示，并且至少应与防晒指数（SPF 值）一样显著地标注在标签上，如表 8-7 所示。

表 8-7　欧盟对防晒宣称类别的规定

<table>
<tr><th>标记类别</th><th>标示的防晒指数（SPF 值）</th><th>测得的防晒指数（SPF 值）</th><th>建议的最低 UVA 防护系数（UVA-PF）</th><th>建议的最小临界波长</th></tr>
<tr><td rowspan="2">低保护</td><td>6</td><td>6 ～ 9.9</td><td rowspan="9">标示防晒指数（SPA 值）的 1/3</td><td rowspan="9">370 nm</td></tr>
<tr><td>10</td><td>10 ～ 14.9</td></tr>
<tr><td rowspan="3">中等保护</td><td>15</td><td>15 ～ 19.9</td></tr>
<tr><td>20</td><td>20 ～ 24.9</td></tr>
<tr><td>25</td><td>25 ～ 29.9</td></tr>
<tr><td rowspan="2">高度保护</td><td>30</td><td>30 ～ 49.9</td></tr>
<tr><td>50</td><td>50 ～ 59.9</td></tr>
<tr><td>极高保护</td><td>50 以上</td><td>≥ 60</td></tr>
</table>

为了表明防晒产品提供法规所建议的最低 UVA 防护，欧洲化妆品协会发布了标准化的 UVA 防护标志，即所谓的“UVA 标志”，如图 8-1 所示。目前，业界已开始在包装上印制简

单的圆形 UVA 标识，为了便于标识，标识的直径不应超过 SPF 值的高度。

图 8-1 欧洲化妆品协会发布的标准化的 UVA 防护标志

（四）英国

欧盟的化妆品法规（EC）1223/2009 及截至脱欧前的修正案中大多数内容被英国所吸纳，这意味欧盟和英国在化妆品的相关规定上是极为类似的，包括对于化妆品的定义、监管及安全要求和防晒化妆品的监管等。但随着欧盟与英国各自对法规内容的不断修订，两者间的差异可能越来越大。

截至目前，英国关于在防晒化妆品的管理上与欧盟存在最明显的差异是，目前仍然允许 4- 甲基苄亚基樟脑（4-methylbenzylidene camphor）作为防晒剂在产品中使用，限量 4%，而欧盟已经在 2024 年 4 月 4 日颁布的修正案中禁用。

英国对于化妆品（包括防晒化妆品）的申报管理在流程、所需资料方面与欧盟也极为类似，主要的区别在于申报是通过化妆品通报系统（submit cosmetic product notification，简称 SCPN）向国务卿在线提交电子资料。

值得注意的是，北爱尔兰是大不列颠及北爱尔兰联合王国的四个政治实体之一，但目前仍然执行欧盟法规。并且由于英国脱欧遗留的一系列问题亟待解决，造成未来政策的不确定性。英国政府的产品安全和标准办公室（Office for Product Safety & Standards，OPSS）作为英国化妆品的主管部门，已经针对英国（英格兰、苏格兰和威尔士）和北爱尔兰市场发布了化妆品合规指南。英国的化妆品、盥洗用品和香水协会有限公司（The Cosmetic，Toiletry and Perfumery Association Limited，简称 CTPA）作为英国化妆品的行业协会，发布了化妆品在英国以及欧盟（包括北爱尔兰）市场供应的详细指南。

（五）澳大利亚 / 新西兰

防晒产品对澳大利亚人民来说是非常重要的紫外线防护用品，在监管上按照治疗型产品进行管理，对于功效成分以及防护效果都有着非常严格的管理要求。新西兰虽然与澳大利亚有同样的产品标准，但是在监管要求上差异较大。

1. 防晒化妆品的监管属性与核心定义

在澳大利亚，皮肤癌是一个主要的健康问题，澳大利亚是世界上皮肤癌发病率最高的国家之一，主要是由过量的紫外线辐射引起的。澳大利亚的公共卫生运动鼓励使用防晒霜作为预防紫外线辐射伤害的措施之一。澳大利亚防晒霜监管的主要目标是确保其质量、安全性和有效性，以保护消费者免受太阳有害的紫外线辐射，减少皮肤癌的发病率以及不良后果。

澳大利亚对防晒产品的立法是建立在 AS/NZS 2604: 2021 标准上（2024 年 7 月 1 日开始实施，此前申报的产品有 5 年的过渡期以符合最新的标准）。此标准是对防晒产品的分类、防晒效果标识及防晒效果测试方法等做出规定。其中，将防晒产品分为初级防晒产品和次级防晒产品：

初级防晒产品：主要用于保护皮肤免受紫外线辐射的产品；

次级防晒产品：在提供一些皮肤免受紫外线辐射保护的同时，有其他主要的功能，例如：

（1）皮肤护理。

① 用于面部、手部和身体的保湿产品，是用于皮肤的次级防晒产品，包括抗皱、抗衰老和美白产品。

② 属于次级防晒产品的日光浴产品（如油、面霜或凝胶），包括免晒美黑产品和晒后护肤产品。

（2）彩妆均属于次级防晒，无论是底妆、粉底，或者是用于唇部的产品（有色或者无色的）。

根据澳大利亚相关法规，绝大多数的防晒产品被定义为治疗型产品，受到澳大利亚治疗用品管理局（Therapeutic Goods Administration，简称 TGA）监管，需要按治疗型产品申报才能在澳大利亚合法地销售，称为“澳大利亚资料新产品注册”（Australian Register of Therapeutic Goods，简称 ARTG）。而部分特定具有防晒功能的产品（包括以特定方式使用、宣传或展示的特定具有防晒功能的产品）则排除和豁免于 ARTG 的监管（见表 8-8）。

表 8-8　澳大利亚对各种防晒产品管理的概述

管理模式	是否需要 ARTG	产品类别
“排除”的防晒产品	无须 根据《排除商品决定》（excluded goods determination）被排除在治疗品立法之外	被排除在外的防晒产品是指以以下方式使用、宣传或提供的二级防晒产品： •SPF4 及以上的用于唇部的产品； •SPF4 及以上的彩色粉底（液体、膏状或粉状）； • 皮肤保湿护肤品（包括抗皱、抗衰老和皮肤美白产品），包装尺寸不超过 300 mL 或 300 g，SPF 在 4 至 15 之间，且未注明防水； • 防晒护肤品（油、面霜、凝胶，不含晒黑产品和晒后护理产品），包装尺寸不超过 300 mL 或 300 g，SPF 在 4 至 15 之间，且未注明防水。 这些排除在外的防晒产品必须： • 符合澳大利亚防晒霜标准的要求，包括广谱产品的性能要求； • 不含有《药品和毒物统一标准》附表 2、3、4 或 8 所列的任何物质
“豁免”的防晒产品	无须 豁免 ARTG	在下列情况下，治疗性防晒霜可被视为“豁免”无须列入 ARTG： • 根据澳大利亚防晒标准，SPF 值小于 4； • 标签声明符合澳大利亚防晒霜标准； • 产品没有最新《广告法》中规定的治疗严重疾病、病症、疾病或缺陷的指示； • 产品不包含法规附表 5 第 8（g）项所列的成分，例如来自人类的成分，或来自牛、绵羊、山羊或骡鹿的特定器官的成分。注意：如果防晒霜含有这些成分中的一种，它也不能免除列入 ARTG 的要求
治疗型的防晒产品	需要列明（list）或者需要注册（register）	不能豁免的治疗性防晒产品须纳入管理 ARTG，包括： •SPF 超过 4 的初级防晒霜； • 一些次级防晒产品（即那些按照《排除商品决定》未被排除在治疗型产品监管之外的次级防晒产品），例如 SPF 超过 15 的日光浴和保湿护肤品。 按 ARTG 列明的治疗性防晒产品： • 仅允许在列出的治疗性防晒霜中使用的治疗适应证（见列出的治疗性防晒霜允许使用的适应证）； • 仅包括所列药物中允许使用的成分（见所列治疗性防晒霜中允许使用的成分）。 按 ARTG 注册治疗性防晒产品： • 含有未被列入所列药物中使用的成分； • 除所列治疗性防晒霜中允许使用的适应证外，还带有其他治疗适应证

新西兰与澳大利亚的防晒产品标准相同，均为 AS/NZS 2604（澳大利亚已经开始执行 2021 年版，新西兰目前仍然执行 2012 年版），但管理方式上存在较大差别。

新西兰《防晒霜（产品安全标准）法案 2022》[Sunscreen（Product Safety Standard）Act 2022] 明确将防晒产品按照《公平交易法案》（Fair Trading Act 1986）管理，实际上防晒产品按照一般的消费产品进行管理，无申报的要求，并将 AS/NZS 2604: 2012 列为防晒产品的强制性标准。

2. 防晒化妆品安全要求

澳大利亚监管部门发布了《治疗用品（允许成分）决定》[Therapeutic Goods (Permissible Ingredients) Determination (No. 2) 2025]，列出了已评估或被认为可安全用于 ARTG 列明药品（包括已评估的上市药品）的成分清单，以及在这些药品中使用特定成分时需遵循的相关要求。新西兰《2022 年化妆品组别标准》(Cosmetic Products Group Standard 2022) 列举了化妆品允许使用的防晒剂清单，与澳大利亚相比，新西兰允许使用的防晒剂种类多了 4 种，部分防晒剂用量也有区别。防晒剂及使用要求如表 8-9 所示。

表 8-9 澳大利亚治疗用品与新西兰化妆品允许添加的防晒剂

序号	成分名称	中文名称	澳大利亚限量	新西兰限量
1	4-Methylbenzylidene Camphor	4-甲基苄亚基樟脑	4%	4%
2	Bemotrizinol	双-乙基己氧苯酚甲氧苯基三嗪	10%	10%
3	Benzylidene Camphor Sulfonic Acid	亚苄基樟脑磺酸	6%（以酸计）	6%（以酸计）
4	Butyl Methoxydibenzoylmethane	丁基甲氧基二苯甲酰基甲烷	5%	5%
5	Camphor Benzalkonium Methosulfate	樟脑苯扎铵甲基硫酸盐	6%	6%
6	Cinoxate	西诺沙酯	6%	3%
7	Diethylamino Hydroxybenzoyl Hexyl Benzoate	二乙氨羟苯甲酰基苯甲酸己酯	10%	10%
8	Dioxybenzone	二苯酮-8	3%	3%
9	Disodium Phenyl Dibenzimidazole Tetrasulfonate	苯基二苯并咪唑四磺酸酯二钠	10%	10%（以酸计）
10	Drometrizole Trisiloxane	甲酚曲唑三硅氧烷	10%	15%
11	Ecamsule	对苯二亚甲基二樟脑磺酸及其盐类	10%	10%（以酸计）
12	Ethylhexyl Triazone	乙基己基三嗪酮	5%	5%
13	Homosalate	胡莫柳酯	15%	10%
14	Isoamyl Methoxycinnamate	对甲氧基肉桂酸异戊酯	10%	10%
15	Menthyl Anthranilate	薄荷醇邻氨基苯甲酸酯	5%	5%
16	Methylene Bis-Benzotriazolyl Tetramethylbutylphenol	亚甲基双 - 苯并三唑基四甲基丁基酚	10%	10%
17	Octocrylene	奥克立林	10%	推进剂喷雾 9%，其他产品 10%
18	Octyl Methoxycinnamate	甲氧基肉桂酸乙基己酯	10%	6%
19	Octyl Salicylate	水杨酸乙基己酯	5%	5%
20	Oxybenzone	二苯酮-3	10%	a）面部产品、手部产品和唇部产品，不包括推进剂和泵喷产品 6% b）本体产品，包括推进剂和泵喷产品 2.2% c）其他产品 0.5%

续表

序号	成分名称	中文名称	澳大利亚限量	新西兰限量
21	Padimate O	二甲基 PABA 乙基己酯	8%	8%
22	PEG-25 PABA	PEG-25 对氨基苯甲酸	10%	10%
23	Phenylbenzimidazole Sulfonic Acid	苯基苯并咪唑磺酸	4%	8%（以酸计）
24	Polysilicone-15	聚硅氧烷-15	10%	10%
25	Sulisobenzone	二苯酮-4	10%	10%
26	Sulisobenzone Sodium	二苯酮-5	10%	10%
27	Titanium Dioxide	二氧化钛	25%	25%
28	Tris-Biphenyl Triazine	三联苯基三嗪	10%	10%
29	Trolamine Salicylate	水杨酸 TEA 盐	12%	12%
30	Zinc Oxide	氧化锌	无限值	25%
31	Methoxypropylamino Cyclohexenylidene Ethoxyethylcyanoacetate	甲氧基丙基氨基环己烯基亚乙基氧基乙基氰基乙酸酯	3%	3%
32	Polyacrylamidomethyl Benzylidene Camphor	聚丙烯酰胺甲基亚苄基樟脑	未批准	6%
33	Diethylhexyl Butamido Triazone	二乙基己基丁酰胺基三嗪酮	未批准	10%
34	Phenylene Bis-Diphenyltriazine	亚苯基双-二苯基三嗪	未批准	5%
35	Bis-(Diethylaminohydroxybenzoyl Benzoyl) Piperazine（HAA299）	双 -（二乙氨羟苯甲酰基）哌嗪	未批准	10%

3. 防晒产品申报

对于须列明的防晒产品，药物在上市前不需要上市前的效果评估，有责任和义务自行确保自己所生产的防晒产品满足法规的要求以及其质量和安全性要求，并按要求开展 SPF、广谱防晒性能、耐水性及稳定性等的测试。在产品列明后，TGA 随时会要求企业提供上述测试结果，企业应能在规定的时间内提供。

如果企业想在列明的防晒产品中使用《治疗用品（允许成分）决定》以外的成分，企业需要该成分的安全和质量的相关数据，TGA 会开展评估并纳入到《治疗用品（允许成分）决定》中去，然后企业才能在列明的防晒产品中使用。

TGA 提供了《申请和提交使用指南：列明和评估列明的药物》（application and submission user guide：listed and assessed listed medicines.）指导企业开展申报。TGA 使用 TGA 业务服务系统（TGA business services，简称 TBS）提供电子化的药物列明和注册服务。对于 TBS 系统的使用，TGA 也提供了《TGA 业务服务系统：与 TGA 一起开始》（e TGA business services : getting started with the TGA）和《TGA 业务服务系统——如何使用网站》（TGA business services - how to use the site）等指南，指导企业开展使用。

对于在列明中所要提交的信息和数据，TBS 系统中以格式化的形式给出，大致包括：

（1）申请表　包含与申请相关的信息，如申请人联系方式、申请类型。

（2）注册　与产品相关的一般信息，如产品名称、代码和出口名称。

（3）制造商　包含与制造商有关的详细信息和指定的制造步骤。

（4）产品　包括给药途径、剂型、容器规格、成分、适应证和警告等。

而对于需要注册的防晒产品，TGA 需要在上市前开展对其安全性、质量和功效的全面评估。TGA 也提供了《澳大利亚 OTC 药品合规指南》（Australian Regulatory Guidelines for OTC Medicines，简称 ARGOM）对企业进行详细指导。

4. 防晒效果的标识规定

澳大利亚和新西兰对于防晒效果标识的方式都遵循 AS/NZS 2604 的要求，如表 8-10 所示。

表 8-10　AS/NZS 2604 对于 SPF 的标识要求

SPF	标签上的 SPF 宣称	保护效力的描述
0 ～ 4	禁止宣称	禁止宣称
4 ～ 14	4，6，8，10	低防护
15 ～ 29	15，20，25	中防护或普通防护
30 ～ 59	30，40，50	高防护
60 或更高	50+	极高防护

由于防晒霜是澳大利亚人预防皮肤癌的主要措施之一，为了公共健康的利益，TGA 允许上市的治疗性防晒霜对晒伤和皮肤癌作出治疗性的宣称，尽管可能这些宣称是与澳大利亚广告法的相关规定相冲突。包括：

（1）SPF 大于 30 的广谱防晒霜允许宣称　可能有助于预防某些皮肤癌；可能降低患某些皮肤癌的风险；有助于预防日光性角化病；可以帮助预防晒斑。

（2）SPF 大于 4 的广谱防晒霜允许宣称　可以帮助防止皮肤过早老化。

（六）巴西

巴西已经将南方共同市场关于化妆品的监管决议纳入法规体系，在管理上与南方共同市场是一致的。

1. 防晒化妆品的监管属性与核心定义

巴西是南方共同市场的成员国，南方共同市场将个人卫生用品、化妆品和香水作为一个整体，以南方共同市场的执行机构 Grupo Mercado Común（GMC）提出的各项决议为基础提出管理要求，各成员国将这些决议纳入成员国立法。

巴西防晒化妆品的主管部门为国家卫生监督局（Agência Nacional de Vigilância Sanitária，Anvisa）。Anvisa 发布了多项法规，将南方共同市场关于个人卫生用品、化妆品和香水以及防晒霜的多项决议内化为巴西的法规。

在巴西，个人卫生用品、化妆品和香水的定义：是由天然或合成物质制成的制剂，用于人体各个部位、皮肤、毛发系统、指甲、嘴唇、外生殖器、牙齿和口腔黏膜的外部，其唯一或主要目的是清洁、芳香、改变外观、纠正体味、保护或保持它们处于良好状态。

根据管理要求，分为两类：一级产品和二级产品。其中，一级产品是指符合个人卫生用品、化妆品和香水的定义，并且由于其应用领域、目标受众、特定配方条件或声明用途的健康影响，最初需要较低程度的健康监测。二级产品是指符合个人卫生用品、化妆品和香水的定义，并且由于其应用领域、目标受众、特定配方条件或声明用途的健康影响，最初需要较高程度的健康监测。

防晒霜（含儿童防晒霜）是纳入个人卫生用品、化妆品和香水进行管理的，属于需要较高程度的健康监测，并且纳入了注册管理的产品类别。

Anvisa 颁布了关于防晒霜管理的法规 RESOLUÇÃO - RDC Nº 629，DE 10 DE MARÇO

DE 2022。在此法规中，防晒霜是指任何旨在与皮肤和嘴唇接触的化妆品，其唯一或主要目的是保护皮肤和嘴唇免受 UVB 和 UVA 辐射，能够吸收、分散或反射辐射。

同时，法规中也定义了“多功能产品”：任何旨在与皮肤和嘴唇接触的化妆品，其防紫外线辐射的好处不是主要目的，而是产品的附加好处。对于多功能产品，标签必须包含警告“本产品不是防晒霜”。

这项法规同时也规定了适用的检测方法、标签标识要求等。

2. 防晒化妆品安全要求

Anvisa 发布的法规 RESOLUÇÃO RDC Nº 907, DE 19 DE SETEMBRO DE 2024 规定了化妆品中禁用物质、准用物质的相关要求，通用标签要求，微生物要求等以及申报要求等。

对于防晒化妆品所能添加的防晒剂，目前具体则由 RESOLUÇÃO - RDC Nº 600, DE 9 DE FEVEREIRO DE 2022 所规定，如表 8-11 所示。

表 8-11　巴西允许添加的防晒剂清单

序号	化学名称（巴西葡萄牙语）	INCI 名称	中文名	限量	其他限制和要求
1	Sulfato de Metila de N, N, N-trimetil-4-（2, oxoborn-3-ilidenometil）anilínio	Camphor Benzalkonium Methosulfate	樟脑苯扎铵甲基硫酸盐	6%	
2	3, 3′-（1, 4 - fenilenodimetileno）bis（ácido 7, 7-dimetil-2-oxo-biciclo-（2.2.1）1-heptilmetanosulfônico e seus sais	Terephthalylidene Dicamphor Sulfonic Acid & (Salts)	对苯二亚甲基二樟脑磺酸及其盐类	10%（以酸计）	
3	1-（4-terc-butilfenil）-3-（4-metoxifenil）propano-1, 3-diona	Butyl Methoxydibenzoylmethane	丁基甲氧基二苯甲酰基甲烷	5%	
4	Ácido alfa-（2-oxoborn-3-ilideno）tolueno-4-sulfônico e seus sais de potássio, sódio e trietanolamina	Benzylidene Camphor Sulfonic Acid & (Salts)	亚苄基樟脑磺酸及其盐类	10%（以酸计）	
5	2-Ciano-3, 3′-difenilacrilato de 2-etilexila	Octocrylene	奥克立林	10%（以酸计）	
6	4 - Metoxicinamato de 2-etoxietila	Cinoxate	西诺沙酯	3%	
7	2, 2′ - dihidroxi-4-metoxi-benzofenona	Benzophenone-8	二苯酮 -8	3%	
8	Antranilato de mentila	Menthyl Anthranilate	薄荷醇邻氨基苯甲酸酯	5%	
9	Salicilato de trietanolamina	TEA-Salicylate	水杨酸 TEA 盐	12%	
10	Ácido 2-fenilbenzimidazol-5-sulfônico e seus sais de potássio, sódio e trietanolamina	Phenylbenzimidazole Sulfonic Acid (& Sodium, Potassium, TEA Salts)	苯基苯并咪唑磺酸及其钾、钠和三乙醇胺盐	8%（以酸计）	

续表

序号	化学名称（巴西葡萄牙语）	INCI 名称	中文名	限量	其他限制和要求
11	4-Metoxicinamato de 2-etilhexila	Ethylhexyl Methoxycinnamate	甲氧基肉桂酸乙基己酯	10%	
12	2-Hidroxi-4-metoxiben-zofenona	Benzophenone-3	二苯酮 -3	10%	浓度大于 0.5% 时，应在标签上注明“含二苯酮 -3”
13	Ácido 2-hidroxi-4-metoxibenzofenona-5-sulfônico	Benzophenone-4 (Acid)	二苯酮 -4	10%（以酸计）	
14	Sal sódico do ácido 2 -hidroxi-4-metoxibenzofenona -5-sulfônico	Benzophenone-5	二苯酮 -5	5%（以酸计）	
15	Ácido 4-aminobenzóico	PABA	对氨基苯甲酸	15%	
16	Salicilato de homomentila	Homosalate	胡莫柳酯	15%	
17	Polímero de N-{（2 e 4）[（2-oxoborn-3-ilideno）metil] benzil} acrilamida	Polyacrylamidomethyl Ben-zylidene Camphor	聚丙烯酰胺甲基亚苄基樟脑	6%	
18	Dióxido de titânio	Titanium Dioxide	二氧化钛	25%	
19	N-Etoxi-4-aminobenzoato de etila	PEG-25 PABA	PEG-25 对氨基苯甲酸	10%	
20	4-Dimetil-aminobenzoato de 2-etilhexila	Ethylhexyl Dimethyl PABA	二甲基 PABA 乙基己酯	8%	
21	Salicilato de 2-etilhexila	Ethylhexyl Salicylate	水杨酸乙基己酯	5%	
22	4-Metoxicinamato de iso-pentila	Isoamyl p-Methoxycinnamate	对甲氧基肉桂酸异戊酯	10%	
23	3-(4′-metilbenzilideno)-d-l-cânfora	4-Methylbenzylidene Cam-phor	4- 甲基苄亚基樟脑	4%	
24	3-Benzilideno cânfora	3-Benzylidene Camphor	3- 亚苄基樟脑	2%	
25	2,4,6 - Trianilin - (p - carbo - 2′- etil -hexil - 1′ - oxi)-1,3,5-triazina	Ethylhexyl Triazone	乙基己基三嗪酮	5%	
26	Óxido de zinco	Zinc Oxide	氧化锌	25%	
27	2-(2H-benzotriazol-2-il)-4-metil-6-{2 -metil-3-（1,3,3,3,-tetrametil-1-（(trimet ilsilil）oxi)- disiloxanil）propil}fenol	Drometrizole Trisiloxane	甲酚曲唑三硅氧烷	15%	

续表

序号	化学名称（巴西葡萄牙语）	INCI 名称	中文名	限量	其他限制和要求
28	Ácido benzóico, 4,4′-[[6-[[4-[[（1,1-dimetil-etil）amino]carbonil]fenil]amino]-1,3,5-t riazina-2,4-diil]diimino]bis-, bis（2-etil hexil）éster	Diethylhexyl Butamido Triazone	二乙基己基丁酰胺基三嗪酮	10%	
29	2,2′-metileno-bis-6-（2H-benzotriazol2-il）-4-（tetrametil-butil）-1,1,3,3-fenol	Methylene Bis-Benzotriazolyl Tetramethylbutylphenol	亚甲基双 - 苯并三唑基四甲基丁基酚	10%	
30	Sal monosódico do ácido 2,2′-bis-（1,4-fenileno）-1H-benzimidazol-4, 6-dis-sulfônico	Disodium Phenyl Dibenzimidazole Tetrasulfonate	苯基二苯并咪唑四磺酸酯二钠	10%（以酸计）	
31	（1,3,5）-triazina-2,4-bis{[4-（2-etil-hexi loxi）-2-hidróxi]-fenil}-6-（4-metoxifen il）	Bis-Ethylhexyloxyphenol Methoxyphenyl Triazine	双 - 乙基己氧苯酚甲氧苯基三嗪	10%	
32	Dimeticodietilbenzal-malonato	Polysilicone-15	聚硅氧烷 -15	10%	
33	Éster hexílico do ácido 2-[4-（dietilamino）-2-hidroxibenzoil]-, benzóico	Diethylamino Hydroxybenzoyl Hexyl Benzoate	二乙氨羟苯甲酰基苯甲酸己酯	10%	
34	1,3,5-Triazina,2,4,6-Tris（[1,1′-Bifenil]-4-il）	Tris-Biphenyl Triazine	三联苯基三嗪	10%	a）禁止在喷雾系统中使用（在空气中分散颗粒）。 b）纳米材料应具有以下特点： - 平均初级粒径 >80 nm； - 纯度 ≥ 98%，无涂层
35	Fenileno Bis-Difeniltriazina	Phenylene Bis-Diphenyltriazine	亚苯基双 - 二苯基三嗪	5%	a）禁止使用可能导致吸入接触的产品。 b）杂质 N- 甲基吡咯烷酮和肼的浓度应保持在微量水平
36	Metoxipropilamino Ciclo-exenilideno Etoxietilciano-cetato	Methoxypropylamino Cyclohexenylidene Ethoxyethylcyanoacetate	甲氧基丙基氨基环己烯基亚乙基氧基乙基氰基乙酸酯	3%	a）禁止使用可能导致吸入接触的产品。 b）不要与硝化剂一起使用。 c）亚硝胺最大含量：50 μg/kg。 d）包装 / 储存在无亚硝酸盐的容器中

Anvisa 对适用于儿童（0 ～ 12 岁之间的儿童）的个人卫生用品、化妆品和香水出台法规 RESOLUÇÃO - RDC Nº 639，DE 24 DE MARÇO DE 2022，对这些产品提出额外的配方、标签标识等要求，但是所能使用的防晒剂也是执行普通防晒霜的要求。

3. 防晒化妆品申报

如上所述，防晒产品在巴西需要完成注册才能销售，但外国公司无法直接向 Anvisa 提交注册申请，需要指定巴西境内合法成立的公司代为注册，并对进口到巴西的产品负责。值得注意的是，在巴西，无论生产、经营进口化妆品，都需要向 Anvisa 申请经营许可。

Anvisa 发布了关于防晒产品注册的手册，以指导企业开展申报。防晒产品在 SGAS 系统上完成注册，负责注册的企业需要先开通账号，然后以获得账号和密码开启注册流程，按照系统提示逐步输入公司、产品信息以及需要注册的产品类别，然后输入注册所需的产品技术资料，完成提交过程。普通防晒霜与儿童防晒霜分属两个不同的注册类别，需要按实际情况选择。

注册所需提交的资料包括：

（1）配方。

（2）感官、理化及微生物指标。

（3）标签信息。

（4）稳定性测试数据。

（5）防晒性能测试数据。

（6）安全性测试数据。

（7）包装材料的技术信息。

（8）经营授权或者资质。

（9）生产过程及批次编码系统。

4. 防晒效果的标识规定

防晒效果的标识在 RESOLUÇÃO - RDC Nº 629，DE 10 DE MARÇO DE 2022 有详细的规定：

（1）SPF 值不得低于 6，UVA 的防护效果至少相当于标签标识的 SPF 的 1/3，且最小临界波长为 370 nm。

（2）如充分的测试数据证明，可标明“防水”“超防水”“防水 / 防汗”。

（3）不得暗示：100% 防护紫外线或防晒效果、在任何情况下都无须重复涂抹、可以完全保护或阻挡太阳辐射。

（4）必须包含的警示用语或使用说明：“需要重复涂抹才能保持其有效性”“有助于防止晒伤”“对于 6 个月以下的儿童，请咨询医生”“本产品不提供任何防中暑保护”“避免儿童长时间暴露在阳光下”“日晒前大量涂抹”“大量出汗、游泳或沐浴后，用毛巾擦干以及在阳光下暴晒后，务必重新涂抹”“如果使用的量不够，保护水平将大大降低”。

还可以按如下要求（表 8-12）进行防晒效果宣称。

表 8-12 巴西防晒产品标签中关于防晒产品对 UVB 和 UVA 辐射防护的防护类别标识

非强制性标识	标签上标明的类别	测量防晒系数	最低 UVA 防护系数（UVAPF）	最小临界波长
皮肤对晒伤不太敏感	低保护	6.0 ～ 14.9	标签上标明的防晒系数的 1/3	370 nm
皮肤对晒伤中度敏感	中等防护	15.0 ～ 29.9		
皮肤对晒伤非常敏感	高防护	30.0 ～ 50.0		
皮肤极易被晒伤	极高防护	大于 50.0 且小于 100		

（七）日本

日本对于防晒产品的管理较为复杂，一部分按照化妆品进行管理，一部分按照医疗部外品进行管理，需要企业按照产品所添加的成分、宣称用语分别对照以确保合规。

1. 防晒化妆品的监管属性与核心定义

日本《关于确保医药品、医疗器械等的质量、有效性和安全性的法律》（医薬品、医療機器等の品質、有効性及び安全性の確保等に関する法律）将所管辖的产品分为药品、医药部外品、化妆品、医疗器械四类，其管理部门均为厚生劳动省（厚生労働省）。

其中化妆品是指对人体有温和的作用，用于皮肤、头发和指甲的护理、保护、着色和芳香。而医药部外品（医薬部外品）是日本独特的概念，是指对人体有轻微影响，不属于医疗器械的产品。其类别由厚生劳动省所指定，包含药用化妆品（薬用化粧品）以及染发剂、烫发剂、入浴剂、口气清新剂、抗菌剂、痱子粉、生发剂和脱毛剂等。

药用化妆品与化妆品的区别是，化妆品作为产品整体，应该发挥保湿、清洁等较为温和的功效，而药用化妆品则含有“有效成分”，除发挥化妆品的预期功效外，还具有可以防止皮肤粗糙和粉刺、美白、除臭等功效。

而根据化妆品可以宣称的功效，包含了“防止晒伤”以及“防止日晒引起的色斑、雀斑”；同时，药用化妆品中也有防晒产品，可以宣称“防止日晒、雪晒引起的皮肤皲裂”“防止日晒、雪晒”“防止日晒引起的斑点和雀斑”（根据作用机理，也可以使用“抑制黑色素生成，防止色素、色斑”）“保护皮肤”。因此，日本将防晒产品分为化妆品和医药部外品（药用化妆品进行管理）。

2. 防晒化妆品安全要求

厚生劳动省发布了《化妆品标准》（化粧品基準），规定了化妆品禁止添加以及准许添加的防腐剂、防晒剂、着色剂等，并适时更新。其中，允许添加的防晒剂如表 8-13 所示。

表 8-13 日本允许在化妆品中添加的防晒剂

序号	日语成分名称	INCI 名称	中文名称	100 g 中最大添加量 /g		
				不用于黏膜的淋洗类	不用于黏膜的驻留类	可用于黏膜的类
1	サリチル酸ホモメンチル	Homosalate	胡莫柳酯	10	10	10
2	2- シアノ -3,3- ジフェニルプロパ -2- エン酸 2- エチルヘキシルエステル（別名オクトクリレン）	Octocrylene	奥克立林	10	10	10
3	ジパラメトキシケイ皮酸モノ -2- エチルヘキサン酸グリセリル	Glyceryl Ethylhexanoate Dimethoxycinnamate	甘油乙基己酸酯二甲氧基肉桂酸酯	10	10	10
4	トリスビフェニルトリアジン	Tris-Biphenyl Triazine	三联苯基三嗪	10	10	10

续表

序号	日语成分名称	INCI 名称	中文名称	100 g 中最大添加量 /g		
				不用于黏膜的淋洗类	不用于黏膜的驻留类	可用于黏膜的类
5	パラアミノ安息香酸及びそのエステル	PABA and Glyceryl PABA	对氨基苯甲酸及甘油对氨基苯甲酸酯	合计 4.0	合计 4.0	合计 4.0
6	4-tert- ブチル -4'- メトキシジベンゾイルメタン	Butyl Methoxydibenzoylmethane	丁基甲氧基二苯甲酰基甲烷	10	10	10
7	4-(2-β- グルコピラノシロキシ) プロポキシ -2- ヒドロキシベンゾフェノン	4-（2-Beta-Glucopyranosiloxy）Propoxy-2-Hydroxybenzophenone	4-（2-*β*- 吡喃葡糖甲硅氧基）丙氧基 -2- 羟基二苯甲酮	5	5	禁止添加
8	サリチル酸オクチル	Ethylhexyl Salicylate	水杨酸乙基己酯	10	10	5
9	2,5- ジイソプロピルケイ皮酸メチル	Diisopropyl Methyl Cinnamate	二异丙基肉桂酸甲酯	10	10	禁止添加
10	2-[4-(ジエチルアミノ)-2- ヒドロキシベンゾイル] 安息香酸ヘキシルエステル	Diethylamino Hydroxybenzoyl Hexyl Benzoate	二乙氨羟苯甲酰基苯甲酸己酯	10	10	禁止添加
11	シノキサート	Cinoxate	西诺沙酯	无添加限制	5	5
12	ジヒドロキシジメトキシベンゾフェノン	Benzophenone-6	二苯酮-6	10	10	禁止添加
13	ジヒドロキシジメトキシベンゾフェノンジスルホン酸ナトリウム	Benzophenone-9	二苯酮 -9	10	10	禁止添加
14	ジヒドロキシベンゾフェノン	Benzophenone-1	二苯酮 -1	10	10	禁止添加
15	ジメチコジエチルベンザルマロネート	Polysilicone-15	聚硅氧烷 -15	10	10	10
16	1-(3,4- ジメトキシフェニル)-4,4- ジメチル -1,3- ペンタンジオン	1-（3,4-Dimethoxyphenyl）-4,4-Dimethyl-1,3-Pentanedione	1-（3,4- 二甲氧基苯基）-4,4- 二甲基 -1,3- 戊二酮	7	7	禁止添加

续表

序号	日语成分名称	INCI 名称	中文名称	100 g 中最大添加量 /g		
				不用于黏膜的淋洗类	不用于黏膜的驻留类	可用于黏膜的类
17	ジメトキシベンジリデンジオキソイミダゾリジンプロピオン酸 2- エチルヘキシル	Ethylhexyl Dimethoxybenzylidene Dioxoimidazolidine Propionate	二甲氧亚苄基二氧代咪唑烷基丙酸乙基己酯	3	3	禁止添加
18	テトラヒドロキシベンゾフェノン	Benzophenone-2	二苯酮 -2	10	10	0.05
19	テレフタリリデンジカンフルスルホン酸	Terephthalylidene Dicamphor Sulfonic Acid	对苯二亚甲基二樟脑磺酸	10	10	禁止添加
20	2,4,6- トリス [4-（2-エチルヘキシルオキシカルボニル）アニリノ]-1,3,5- トリアジン	Ethylhexyl Triazone	乙基己基三嗪酮	5	5	禁止添加
21	トリメトキシケイ皮酸メチルビス（トリメチルシロキシ）シリルイソペンチル	Isopentyl Trimethoxycinnamate Trisiloxane	异戊醇三甲氧基肉桂酸酯三硅氧烷	7.5	7.5	2.5
22	ドロメトリゾールトリシロキサン	Drometrizole Trisiloxane	甲酚曲唑三硅氧烷	15	15	禁止添加
23	パラジメチルアミノ安息香酸アミル	Pentyl Dimethyl PABA	4-（二甲基氨基）苯甲酸戊酯	10	10	禁止添加
24	パラジメチルアミノ安息香酸 2 －エチルヘキシル	Ethylhexyl Dimethyl PABA	二甲基 PABA 乙基己酯	10	10	7
25	パラメトキシケイ皮酸イソプロピル・ジイソプロピルケイ皮酸エステル混合物（注 2）	Isopropyl Methoxycinnamate（72.0 ～ 79.0%）and Diisopropyl Ethyl Cinnamate（15.0 ～ 21.0%）and Diisopropyl Methyl Cinnamate（3.0 ～ 9.0%）	甲氧基肉桂酸异丙酯（72.0% ～ 79.0%）、二异丙基肉桂酸乙酯（15.0% ～ 21.0%）和二异丙基肉桂酸甲酯（3.0% ～ 9.0%）的混合物	10	10	禁止添加
26	パラメトキシケイ皮酸 2- エチルヘキシル	Ethylhexyl Methoxycinnamate	甲氧基肉桂酸乙基己酯	20	20	8
27	2,4- ビス－ [{4-(2-エチルヘキシルオキシ)-2- ヒドロキシ }-フェニル]-6-（4- メトキシフェニル)-1,3,5- トリアジン	Bis-Ethylhexyloxyphenol Methoxyphenyl Triazine	双 - 乙基己氧苯酚甲氧苯基三嗪	3	3	禁止添加

续表

序号	日语成分名称	INCI 名称	中文名称	100 g 中最大添加量 /g		
				不用于黏膜的淋洗类	不用于黏膜的驻留类	可用于黏膜的类
28	2-ヒドロキシ-4-メトキシベンゾフェノン	Benzophenone-3	二苯酮 -3	无添加限制	5	5
29	ヒドロキシメトキシベンゾフェノンスルホン酸及びその三水塩	Benzophenone-4	二苯酮 -4	10（以酸计）	10（以酸计）	10（以酸计）
30	ヒドロキシメトキシベンゾフェノンスルホン酸ナトリウム	Benzophenone-5	二苯酮 -5	10	10	1
31	フェニルベンズイミダゾールスルホン酸	Phenylbenzimidazole Sulfonic Acid	苯基苯并咪唑磺酸	3	3	禁止添加
32	フェルラ酸	Ferulic Acid	阿魏酸	10	10	禁止添加
33	2,2'-メチレンビス（6-（2H ベンゾトリアゾール -2-イル）-4-(1,1,3,3-テトラメチルブチル）フェノール	Methylene Bis-Benzotriazolyl Tetramethylbutylphenol	亚甲基双 - 苯并三唑基四甲基丁基酚	10	10	禁止添加
34	4-メトキシケイ皮酸 2-メチルフェニル	4-Methoxycinnamic acid 2-methylphenyl ester	对甲氧基肉桂酸邻甲苯酯	10	10	禁止添加

作为医药部外品管理的防晒产品则较为复杂，对禁用物质、功效成分、添加剂分别有相关要求，并且所有的原料规格应符合《日本药典》《日本药典外药品规格》《食品添加剂公定书》《规定药品可用焦油色素的省令》《医药部外品原料规格（2021 年版)》《医药部外品添加剂规格集》等的要求。

3. 防晒化妆品注册

作为化妆品管理的防晒产品无须获得上市前的审核批准，而是采取备案管理。备案的信息包括制造销售业许可证信息、产品名称、制造方法、生产厂家、地址及生产许可证信息。备案信息提交给都道府县，完成受理即视为完成备案。

作为医药部外品管理的防晒产品则由隶属于日本厚生劳动省的日本药品医疗器械管理局（Pharmaceuticals and Medical Devices Agency，PMDA）负责。PMDA 职责包括审核所注册产品的安全性、质量控制体系和稳定性等，必要时可能提出问题或要求注册申请人额外提供信息，并对审查通过的产品批准注册申请。

向 PMDA 申请注册的所需资料一般包括：

（1）产品基本信息　包括产品的名称、规格、用途等。

（2）质量控制文件　包括质量控制标准、检测方法、生产工艺等。

（3）成分和配方信息。
（4）安全评估报告。
（5）微生物质量控制标准。
（6）稳定性测试结果。
（7）防晒测试报告。
（8）安全性检测计划　包括上市后监测和报告不良反应事件的计划。
（9）生产工艺　包括详细的生产工艺，以及生产工厂的相关信息。
（10）产品标签和包装。
（11）提前咨询意见　如果向 PMDA 提前进行了咨询，则需提供反馈建议，并同时回应相关问题。

4. 防晒效果的标识规定

日本化妆品工业联合会（Japan Cosmetic Industry Association，JCIA）发布有关防晒效果（包括防水效果）的测试方法以及防晒效果的标识规范。

JCIA 所倡导的 SPF 值应按照受试者测得的 SPF 值经算术平均后的整数位标识。如果其值在 50 以上并且 95% 置信区间的下限在 51.0 以上，则可标识为 50+。下限值应在 2 以上。

（八）韩国

韩国的防晒化妆品按照“功能性化妆品”进行管理，对于定义、技术要求、生产、申报以及经营均有法规要求。

1. 防晒化妆品的监管属性与核心定义

韩国防晒产品的主管部门是食品医药品安全部（Ministry of Food and Drug Safety，MFDS），其主要法规为《化妆品法》（화장품법）。对化妆品的定义为“以涂抹、揉搓、喷洒或类似方式涂抹于人体，用于清洁、美化人体、增添魅力、亮丽容貌、维持或改善皮肤及毛发健康，并对人体产生温和作用的产品”。

相对于“普通”化妆品，符合以下类别 / 特性的为“功能性化妆品”:
（1）防止黑色素在皮肤上沉积，抑制斑点和雀斑的形成，从而使皮肤变白的化妆品。
（2）具有淡化皮肤上黑色素、美白皮肤功能的化妆品。
（3）赋予皮肤弹性，具有缓解或改善皮肤皱纹功能的化妆品。
（4）具有保护皮肤免受强烈阳光照射，并温和晒黑功能的化妆品。
（5）具有阻断或散射紫外线，保护皮肤免受紫外线伤害功能的化妆品。
（6）具有改变发色（包括脱色、漂白）功能的化妆品。但暂时改变发色的产品除外。
（7）具有去除体毛功能的化妆品。但物理去除体毛的产品除外。
（8）有助于缓解脱发症状的化妆品。但不包括那些使头发看起来更浓密的产品，例如涂料。
（9）有助于缓解痤疮皮肤的化妆品。但仅限于人体清洁产品。
（10）通过恢复皮肤屏障（表皮，皮肤的最外层）的功能，帮助改善瘙痒等症状的化妆品。
（11）淡化妊娠纹的化妆品。

因此在韩国，防晒产品属于化妆品，按照功能性化妆品进行管理。

2. 防晒化妆品安全要求

《化妆品安全标准规定》（화장품 안전기준 등에 관한 규정），对化妆品的安全标准（包括重金属、二噁烷等有害物质、微生物等）及禁用成分、限用成分、安全管理检测方法等作

出规定。其中给出了化妆品允许使用的紫外线过滤剂（防晒剂）清单，最大允许浓度及其他限制条件。防晒类功能性化妆品必须使用该清单内的成分，如表 8-14 所示。

表 8-14　韩国准用的防晒剂清单

序号	韩文名称	INCI 名称	中文名	限量	警示用语	CAS 号
1	드로메트리졸트리실록산	Drometrizole Trisiloxane	甲酚曲唑三硅氧烷	15%	/	155633-54-8
2	드로메트리졸	Drometrizole	甲酚曲唑	1.0%	/	2440-22-4
3	디갈로일트리올리에이트	Digalloyl Trioleate	二没食子酰基三油酸酯	5%	/	17048-39-4
4	디소듐페닐디벤즈이미다졸 테트라설포네이트	Disodium Phenyl Dibenzimidazole Tetrasulfonate	苯基二苯并咪唑四磺酸酯二钠	10%（以酸计）	/	180898-37-7
5	디에칠헥실부타미도트리아존	Diethylhexyl Butamido Triazone	二乙基己基丁酰胺基三嗪酮	10%	/	154702-15-5
6	디에칠아미노하이드록시벤 조일헥실벤조에이트	Diethylamino Hydroxybenzoyl Hexyl Benzoate	二乙氨羟苯甲酰基苯甲酸己酯	10%	/	302776-68-7
7	메칠렌비스 – 벤조트리아졸릴 테트라메칠부틸페놀	Methylene Bis-Benzotriazolyl Tetramethylbutylphenol	亚甲基双 - 苯并三唑基四甲基丁基酚	10%	/	103597-45-1
8	4– 메칠벤질리덴캠퍼	4-Methylbenzylidene Camphor	4- 甲基苄亚基樟脑	4%	/	38102-62-4/36861-47-9
9	메톡시프로필아미노사이클로헥세닐리덴에톡시에틸사이아노아세테이트（신설）	Methoxypropylamino Cyclohexenylidene Ethoxyethylcyanoacetate	甲氧基丙基氨基环己烯基亚乙基氧基乙基氰基乙酸酯	3%	禁止使用可能导致吸入接触的产品。 不要与硝化剂一起使用	1419401-88-9
10	멘틸안트라닐레이트	Menthyl Anthranilate	薄荷醇邻氨基苯甲酸酯	5%	/	134-09-8
11	벤조페논 -3（옥시벤존）	Benzophenone-3	二苯酮 -3	2.4%（但用于脸部、手部及嘴唇的产品为 5%）	/	131-57-7
12	벤조페논 -4	Benzophenone-4	二苯酮 -4	5%	/	4065-45-6
13	벤조페논 -8（디옥시벤존）	Benzophenone-8	二苯酮 -8	3%	/	131-53-3
14	부틸메톡시디벤조일메탄	Butyl Methoxydibenzoylmethane	丁基甲氧基二苯甲酰基甲烷	5%	/	70356-09-1
15	비스에칠헥실옥시페놀메톡 시페닐트리아진	Bis-Ethylhexyloxyphenol Methoxyphenyl Triazine	双 - 乙基己氧苯酚甲氧苯基三嗪	10%	/	187393-00-6
16	시녹세이트	Cinoxate	西诺沙酯	5%	/	104-28-9
17	에칠디하이드록시프로필파바	Ethyl Dihydroxypropyl PABA	乙基二羟丙基 PABA	5%	/	58882-17-0

续表

序号	韩文名称	INCI 名称	中文名	限量	警示用语	CAS 号
18	옥토크릴렌	Octocrylene	奥克立林	10%	/	6197-30-4
19	에칠헥실디메칠파바	Ethylhexyl Dimethyl PABA	二甲基 PABA 乙基己酯	8%	/	21245-02-3
20	에칠헥실메톡시신나메이트	Ethylhexyl Methoxycinnamate	甲氧基肉桂酸乙基己酯	7.50%	/	5466-77-3
21	에칠헥실살리실레이트	Ethylhexyl Salicylate	水杨酸乙基己酯	5%	/	118-60-5
22	에칠헥실트리아존	Ethylhexyl Triazone	乙基己基三嗪酮	5%	/	88122-99-0
23	이소아밀 -p- 메톡시신나메이트	Isoamyl *p*-Methoxycinnamate	对甲氧基肉桂酸异戊酯	10%	/	71617-10-2
24	폴리실리콘 -15（디메치코디 에칠벤잘말로네이트）	Polysilicone-15	聚硅氧烷 -15	10%	/	207574-74-1
25	징크옥사이드	Zinc Oxide	氧化锌	25%	/	1314-13-2
26	테레프탈릴리덴디캠퍼설포닉애씨드 및 그 염류	Terephthalylidene Dicamphor Sulfonic Acid and its Salts	对苯二亚甲基二樟脑磺酸及其盐类	10%（以酸计）	/	92761-26-7/90457-82-2
27	트리스 – 바이페닐 트라이아진	Tris-biphenyl triazine（nano）	三联苯基三嗪	10%	·气溶胶（含泵喷雾）产品禁止使用 ·无涂层，初始粒径中值 > 80 nm，纯度在 98% 以上	31274-51-8
28	티이에이 - 살리실레이트	TEA-Salicylate	水杨酸 TEA 盐	12%	/	2174-16-5
29	티타늄디옥사이드	Titanium Dioxide	二氧化钛	25%	/	13463-67-7
30	페닐벤즈이미다졸설포닉애씨드	Phenylbenzimidazole Sulfonic Acid	苯基苯并咪唑磺酸	4%	/	27503-81-7
31	호모살레이트	Homosalate	胡莫柳酯	10%	/	118-56-9

3. 防晒化妆品注册的法规依据

韩国《化妆品法实施条例》（화장품법 시행규칙）规定，凡拟从事化妆品制造业或化妆品销售责任企业，需向食品医药品安全处处长进行登记。其中，化妆品销售责任企业是指对所经营的化妆品进行质量和安全管理，并进行流通销售或以进口代理交易为目的进行中介提供的企业，必须有符合法规要求具备一定资质的人员担任责任人，并且有相应的质量管理体系。

化妆品制造商、化妆品销售责任企业或者大学、研究机构等，销售功能性化妆品时，必须接受有关部门对产品安全性和有效性的审查。所提交的资料包括：

（1）起源和发展历史资料。

（2）安全信息。

① 急性毒性试验数据。

② 原发性皮肤刺激试验数据。

③ 眼黏膜刺激或其他黏膜刺激试验数据。

④ 皮肤致敏性测试数据。

⑤ 光毒性及光敏感性试验数据。

⑥ 人体斑贴试验数据。

（3）有效性或功能信息。

① 药效试验数据。

② 人体应用试验数据。

（4）设定紫外线防护系数和 UVA 防护等级的基础数据（仅适用于具有通过阻隔或散射紫外线来保护皮肤免受紫外线伤害功能的化妆品）。

（5）标准和试验方法资料（含试样）。

申请审查的企业，需要将上述文件（包含电子文档），连同《化妆品法实施条例》附件所规定的功能性化妆品审查申请书（包含电子文档）一起提交给食品医药品安全评价研究院，接受审查。

韩国食品医药品安全部发布《关于功能性化妆品审查的决定》（기능성화장품 심사에 관한 규정），其中规定了申报功能化妆品所要提交的具体资料要求、防晒功效测试方法以及可以豁免提交部分安全性资料的相关要求。

4. 防晒效果的标识规定

《功能性化妆品审查相关规定》规定了防晒效果的标注：

在保护皮肤免受紫外线伤害的商品上标示防晒系数（SPF）、防水性 / 长效防水性、UVA 防护等级（PA）时，应按照以下标准进行标示：

（1）防晒系数（SPF）以测量结果平均值（四舍五入至小数点后一位）为基数，以 −20% 或更小范围内的整数表示（例如，如果平均 SPF 值为“23”，则以 19 至 23 范围内的整数表示）。但 SPF50 或更高则表示为“SPF50+”。

（2）防水性及长效防水性，根据本规定（附录 3）中的紫外线防护效果测定方法及标准，以测定结果为基础，当“防水率置信区间”达到 50% 以上时，标记为“防水性”或“长效防水性”。

（3）UVA 防护等级（PA）是依据《关于功能性化妆品审查的决定》中的紫外线防护效果测定方法和标准，根据测定结果表示。

（九）东盟

东盟虽然有统一的化妆品监管协定，但是各个成员国均有自己的管理要求，在管理要求和方式上并未做到完全一致，需要针对每个国家开展监管法规研究。

1. 防晒化妆品的监管属性与核心定义

东盟，即东南亚国家联盟（Association of Southeast Asian Nations，ASEAN），目前包含 10 个成员国，分别是马来西亚、泰国、越南、缅甸、柬埔寨、老挝、新加坡、印度尼西亚、菲律宾和文莱。这些国家同意统一化妆品的要求，以促进货物流动并减少该地区的贸易壁垒，为此签订了《东盟统一化妆品监管协定》（Agreement on the ASEAN Harmonized Cosmetic Regulatory Scheme，AHCRS），明确了化妆品的定义、分类、申报、标签、成分清单、宣称、进出口以及 GMP 等方面的一体化方针。

《东盟统一化妆品监管协定》包含两个附件，分别为《东盟化妆品注册批准相互承认协定》（ASEAN Mutual Recognition Arrangement，MRA）和《东盟化妆品协定》（ASEAN Cosmetic Directive，ACD）。其中《东盟化妆品指令》作为主要的技术文件，对化妆品进行了定义：旨在与人体的各种外部部位（表皮、毛发系统、指甲、嘴唇和外部生殖器官）或牙齿和口腔黏膜接触的任何物质或制剂，其专门或主要目的是清洁、芳香、改变其外观、纠正体味、保护或保持良好状态，并且所附了符合这个定义并按照化妆品管理的产品清单。虽然清单并未明确写明包含防晒产品，但实际上防晒产品是纳入化妆品来管理的。

2. 防晒化妆品安全要求

《东盟化妆品指令》给出了化妆品的标签、宣称、GMP 以及禁限用成分的相关要求，其中包含了东盟允许使用在化妆品中的成分清单（见表 8-15）。需要注意的是，部分成分仅在个别成员国允许使用，使用时需要额外关注。

表 8-15　东盟化妆品允许添加的防晒剂

序号	英文名称	中文 INCI 名称	CAS 号	EC 号	最大允许使用浓度	其他限用要求	标签标识
1	Menthyl anthranilate	薄荷醇邻氨基苯甲酸酯	134-09-8	205-129-8	5%	/	/
2	Zinc Oxide/Zinc Oxide (nano)	氧化锌 / 氧化锌（纳米级）	1314-13-2	215-222-5	25%（合计）	禁用于吸入可能导致肺部暴露的产品中： 对于纳米形式： • 纯度≥ 96%，纤锌矿晶体结构和物理外观为棒状，星形和（或）等距形状的团簇，杂质仅含二氧化碳和水，而其他杂质总量小于 1%。 • D50>30 nm，D1>20 nm。 • 水溶性 <50 mg/l。涂层材料可以被证明是安全的，并且不会影响与行为和（或）效果相关的纳米颗粒特性	/
3	N，N，N-Trimethyl-4-（2-oxoborn-3-ylidene methyl）anilinium methyl sulphate	樟脑苯扎铵甲基硫酸盐	52793-97-2	258-190-8	6%	/	/
4	Homosalate	胡莫柳酯	118-56-9	204-260-8	7.34%	除推进剂喷雾产品外的面部产品	/
5	Benzophenone-3	二苯酮 -3	131-57-7	205-031-5	a) 6% b) 2.2% c) 0.5%	对于 a) 和 b) 用于保护产品配方不超过 0.5%。 a) 面部产品、手部产品和唇部产品，不包括推进剂和泵喷产品如果使用 0.5% 以保护产品配方，则用作防晒剂的水平不得超过 5.5%； b) 本体产品，包括推进剂和泵喷产品； 如果使用 0.5% 以保护产品配方，则用作防晒剂的水平不得超过 1.7%。 c) 其他产品	对于 a) 和 b)：不含二苯酮 -3
6	2-Phenylbenzimidazole-5-sulphonic acid and its potassium, sodium and triethanolamine salts	苯基苯并咪唑磺酸及其钾、钠和三乙醇胺盐	27503-81-7	248-502-0	8%（以酸计）	/	/

续表

序号	英文名称	中文 INCI 名称	CAS 号	EC 号	最大允许使用浓度	其他限用要求	标签标识
7	3，3′-（1,4-Phenylenedimethylene）bis（7,7-dimethyl-2-oxo-bicyclo-[2,2,1]hept-1-yl methanesulfonic acid）and its salts	对苯二亚甲基二樟脑磺酸及其盐类	92761-26-7 /90457-82-2	410-960-6/-	10%（以酸计）	/	/
8	1-（4-Tert-butylphenyl）-3-（4-methoxyphenyl）propane-1，3-dione	丁基甲氧基二苯甲酰基甲烷	70356-09-1	274-581-6	5%	/	/
9	alpha-（2-Oxoborn-3-ylidene）toluene-4- sulphonic acid and its salt	亚苄基樟脑磺酸及其盐类	56039-58-8	/	6%（以酸计）	/	/
10	2-Cyano-3,3-diphenyl acrylic acid, 2-ethylhexyl ester）（Octocrylene）	奥克立林	6197-30-4	228-250-8	a) 9% b) 10%	a) 含推进剂的喷雾制品 b) 其他产品	/
11	Polymer of N-{（2 and 4）-[2-oxoborn-3-ylidene）methyl] benzyl} acrylamide	聚丙烯酰胺甲基亚苄基樟脑	113783-61-2	/	6%	/	/
12	Octyl methoxycinnamate	甲氧基肉桂酸乙基己酯	5466-77-3	226-775-7	10%	/	/
13	Ethoxylated ethyl-4-aminobenzoate（PEG-25 PABA）	PEG-25 对氨基苯甲酸	116242-27-4	/	10%	/	/
14	Isopentyl-4-methoxycinnamate（Isoamyl p-methoxycinnamate）	对甲氧基肉桂酸异戊酯	71617-10-2	275-702-5	10%	/	/
15	2,4,6-Trianilino-（p-carbo-2′-ethylhexyl-1′-oxy）-1,3,5-triazine（Octyl triazone）	乙基己基三嗪酮	88122-99-0	402-070-1	5%	/	/
16	Drometrizole trisiloxane	甲酚曲唑三硅氧烷	155633-54-8	/	15%	/	/
17	Benzoic acid，4,4-（（6-（（（1,1-dimethylethyl）amino）carbonyl）phenyl）amino）-1,3,5-triazine-2,4-diyl）diimino）bis-,bis-（2-ethylhexyl）ester）	二乙基己基丁酰胺基三嗪酮	154702-15-5	/	10%	/	/

续表

序号	英文名称	中文 INCI 名称	CAS 号	EC 号	最大允许使用浓度	其他限用要求	标签标识
18	3-（4′-Methylbenzylidene）-dlcamphor（4-Methylbenzylidene camphor）	4- 甲基苄亚基樟脑	36861-47-9/38102-62-4	253-242-6/-	4%	/	/
19	2-Ethylhexyl salicylate（Octyl salicylate）	水杨酸乙基己酯	118-60-5	204-263-4	5%	/	/
20	4-Dimethylaminobenzoate of ethyl-2-hexyl（Octyl dimethyl PABA）	二甲基 PABA 乙基己酯	21245-02-3	244-289-3	8%	/	/
21	2-Hydroxy-4-methoxybenzophenone-5-sulfonic acid（Benzophenone-5）and its sodium salt	二苯酮 -4 二苯酮 -5	6628-37-1	613-918-7	5%（以酸计）	/	/
22	2,2′-Methylene-bis(6-(2H-benzotriazol-2-yl)-4-(tetramethyl-butyl)-1,1,3,3-phenol);2,2′-Methylenebis(6-(2H-benzotriazol-2-yl)-4-(1,1,3,3-tetramethylbutyl) phenol) (Methylene Bis-Benzotriazolyl Tetramethylbutylphenol/MBBT) 2,2′-Methylene-bis(6-(2H-benzotriazol-2-yl)-4-(tetramethyl-butyl)-1,1,3,3-phenol);2,2′-Methylenebis(6-(2H-benzotriazol-2-yl)-4-(1,1,3,3-tetramethylbutyl) phenol) (Methylene Bis-Benzotriazolyl Tetramethylbutylphenol (nano)/MBBT (nano))	亚甲基双 - 苯并三唑基四甲基丁基酚	103597-45-1	403-800-1	10%（合计）	对于纳米形式： 禁用于吸入可能导致肺部暴露的产品中。 - 纯度≥ 98.5%，其中异构体分数不超过 1.5%； - 溶解度＜ 5 ng/L，在 25℃的水中； - 分配系数（Log Pow）：12.7（25℃时）； - 无涂层； - 中位粒径 D50（小于此直径的数的 50%）：质量分布≥ 120 nm 和（或）数尺寸分布≥ 60 nm	/
23	Monosodium salt of 2,2′-（1,4-phenylene）bis）-1Hbenzimidazole-4,6-disulphonic acid	苯基二苯并咪唑四磺酸酯二钠	180898-37-7	429-750-0	10%（以酸计）	/	/

续表

序号	英文名称	中文 INCI 名称	CAS 号	EC 号	最大允许使用浓度	其他限用要求	标签标识
24	（1,3,5）-Triazine-2,4-bis-{[4-（2-ethyl-hexyloxy）-2-hydrox-y]-phenyl}-6-（4-methoxyphenyl）	双 - 乙基己氧苯酚甲氧苯基三嗪	187393-00-6	/	10%	/	/
25	Polysilicone-15	聚硅氧烷 -15	207574-74-1	426-000-4	10%	/	/
26	Titanium Dioxide/ Titanium Dioxide (nano)	二氧化钛 / 二氧化钛（纳米级）	13463-67-7	236-675-5	25%（合计）	粉末形式的二氧化钛，含有 1% 或更多的空气动力学直径 ≤ 10 μm 的颗粒，按照附件 III, No .[338] 使用。 对于纳米形式： 禁用于吸入可能导致肺部暴露的产品中 - 纯度≥ 99% - 金红石形态，或含有高达 5% 锐钛矿的金红石，具有晶体结构和球状、针状或披针形簇状的物理外观； - 基于数粒度分布的中位数粒径≥ 30 nm； - 纵横比为 1 ~ 4.5，体积比表面积≤ 460 m^2/cm^3； - 涂层材料可以被证明是安全的，不会影响与行为和（或）效果相关的纳米颗粒特性； - 与相应的未包被或未掺杂对照物相比，光催化活性≤ 10%； - 纳米颗粒在最终配方中具有光稳定性	/
27	Diethylamino hy-droxybenzoyl hexyl benzoate	二乙氨羟苯甲酰基苯甲酸己酯	302776-68-7	443-860-6	10%	/	/
28	Tris-Biphenyl Tri-azine/Tris-Biphenyl Triazine (nano)	三联苯基三嗪 / 三联苯基三嗪（纳米级）	31274-51-8	/	10%（合计）	禁用于喷雾 - 初始粒径中值 > 80 nm； - 纯度≥ 98%； - 无涂层	/
29	3,3-(1,4-Phenylene) bis (5,6-diphenyl-1,2,4-triazine)	亚苯基双 - 二苯基三嗪	55514-22-2	700-823-1	5%	禁用于吸入可能导致肺部暴露的产品中	/
30	Methoxypropylamino Cyclohexenylidene Ethoxyethylcyanoac-etate	甲氧基丙基氨基环己烯基亚乙基氧基乙基氰基乙酸酯	1419401-88-9	700-860-3	3%	- 禁用于吸入可能导致肺部暴露的产品中 - 禁止与亚硝化剂一起使用—亚硝胺的最大含量：50 μg/kg - 保存在无亚硝酸盐的容器中	/

续表

序号	英文名称	中文 INCI 名称	CAS 号	EC 号	最大允许使用浓度	其他限用要求	标签标识
31	Bis-(Diethylaminohydroxybenzoyl Benzoyl) Piperazine/ Bis-(Diethylaminohydroxybenzoyl Benzoyl) Piperazine (nano)	双 -（二乙氨羟苯甲酰基苯甲酰基）哌嗪 / 双 -（二乙氨羟苯甲酰基苯甲酰基）哌嗪（纳米级）	919803-06-8	485-100-6	10%（合计）	/	/

3. 防晒化妆品注册的法规依据

虽然东盟的各个成员国已经签署了《东盟统一化妆品监管协定》，并同意了其附件《东盟化妆品注册批准相互承认协定》，但至今为止注册互认协定并未真正落实，出口东盟的化妆品仍然需要在每个成员国单独开展申报。以下列举了东盟三个国家的申报要求。

（1）新加坡　新加坡的化妆品由卫生科学管理局（Health Sciences Authority）负责。申报主体应为位于新加坡的制造商或进口商，在申报前应申请客户注册和识别服务（client registration and identification service，CRIS）的账户，然后登录通过 PRISM（pharmaceutical regulatory and information system）电子系统提交申请。申请的信息仅包括：品牌及产品名、产品类型及规格、生产商名称、地址和联系电话。

（2）越南　越南化妆品申报依据越南卫生部颁布的《化妆品管理规定》（QUY ĐỊNH VỀ QUẢN LÝ MỸ PHẨM）进行规范管理。在越南，负责将化妆品投放市场的组织和个人负责申报，只有在获得国家主管管理机构授予的化妆品申报编号后，才能将化妆品投入流通，并且对产品的安全性、有效性和质量负全部责任。

申报的资料包括：

① 申报表（包含产品成分表及成分含量）。

② 负责将化妆品投放市场的组织和个人的营业执照（须具备经营化妆品的资格），或生产商的营业执照（越南本地生产的）。

③ 制造商或产品所有者授权负责将产品推向市场的组织或个人在越南销售化妆品的授权书。

④ 自由销售证明书（进口产品）。

这些档案直接提交或邮寄至卫生部药品监督管理局（进口）或生产工厂所在地卫生部门（越南本地生产），相关部门收到档案及申报费用后 3 日内，发放申报编号。该申报编号 5 年有效，5 年期满后，如机构或个人欲继续将化妆品投入市场流通，则必须在化妆品声明收据编号到期前重新申报，并缴纳规定的费用。

（3）印度尼西亚　印度尼西亚的化妆品申报受印度尼西亚卫生部下的食品药品监督管理局（Badan Pengawas Obatdan Makanan，BPOM）负责。申报使用电子系统完成，有效期 3 年。申报的主体必须是印度尼西亚本地的化妆品生产企业、进口企业或者获得授权的企业，申报所需资料包括：

① 行政文件，包括申请人或代理机构的营业执照、GMP 证书、自由销售证明，许可协议、企业负责人签署的未参与化妆品领域犯罪行为的声明等。

② 关于产品成分质量和安全的数据，包括成分的规格、来源和制造过程、安全评估数据。

③ 产品质量数据，包括产品配方及成分含量、成分的使用目的，生产制造过程及企业

名称、地址，产品中的安全风险物质的控制，稳定性测试数据及结论。

④ 安全性和功效数据，包括由安全评估人员签署的安全评估报告及安全评估人员的简历，不良反应的监测结果，基于成分或功效测试的功效评估，产品标签标识和信息。

特殊情况下，可能会被要求补充额外数据，例如产品的历史、微生物挑战试验、额外的检测报告和生产记录等。

4. 防晒效果的标识规定

在防晒产品的管理上，东盟要求如下：

（1）不得宣称：100% 抵御 UVA 和 UVB；全天防护；隔绝阳光（sunblock）（马来西亚禁止）；防水（waterproof）和防汗（sweatproof）（马来西亚和泰国禁止）。

（2）强制标注的警示语“即使使用了防晒产品，也不要在阳光下待太久”（Do not stay too long in the sun，even while using a sunscreen product）。

（3）建议标注：出汗，游泳或擦拭后建议重复涂抹；使用防晒霜是降低太阳暴露危害的一种方式；确保使用量足够的说明，可以以文字，图形等方式体现；过度暴露于阳光下对身体是有害的。

（4）SPF ＜ 6 不能宣称 UV 防护。

（5）防晒等级：6 ≤ SPF< 15 等级为“低”；15 ≤ SPF ＜ 30 等级为“中等”；30 ≤ SPF ＜ 50 等级为“高”，SPF ≥ 50 等级为“非常高”，且可以标注为 SPF 50+。

三、中国准用防晒剂在全球的批准使用情况概览

综上介绍，可以清晰地了解防晒化妆品的全球市场准入，核心挑战之一在于各国监管法规的差异。表 8-16 详细对比了中国准用防晒剂清单中的成分在全球主要市场的批准使用情况（包括欧盟、美国等）。通过对比最大允许使用浓度等关键指标，可清晰洞察不同市场的监管尺度，为产品研发与全球布局提供关键合规依据。

表 8-16　中国准用防晒剂在全球主要市场的合规性对比

序号	中文 INCI 名称	最大允许使用浓度									
		中国	欧盟	美国	加拿大	日本	韩国	澳大利亚	新西兰	巴西	东盟
1	4- 甲基苄亚基樟脑	4%	禁用	禁用	4%	禁用	4%	4%	4%	4%	4%
2	二苯酮 -3	10%。需标注“含二苯酮 -3”	a）面部产品、手部产品和唇部产品，不包括推进剂和泵喷产品：6 % b）本体产品，包括推进剂和泵喷产品：2.2 % c）其他产品：0.5 %	6%	6%	不用于黏膜的淋洗类：无添加限制； 不用于黏膜的驻留类：5 g/100 g； 可用于黏膜的：5 g/100 g	5%	10%	a）面部产品、手部产品和唇部产品，不包括推进剂和泵喷产品 6% b）本体产品，包括推进剂和泵喷产品 2.2% c）其他产品 0.5%	10%（浓度大于 0.5% 时，应在标签上注明“含二苯酮 -3”）	10%

续表

序号	中文INCI名称	最大允许使用浓度									
		中国	欧盟	美国	加拿大	日本	韩国	澳大利亚	新西兰	巴西	东盟
3	二苯酮 -4 二苯酮 -5	5%（以酸计）	5 %（以酸计）	10%	10%（以酸计）；未批准BP-5	二苯酮 -4：不用于黏膜的淋洗类：10 g/100 g（以酸计）； 不用于黏膜的驻留类：10 g/100 g（以酸计）； 可用于黏膜的：10 g/100 g（以酸计） 二苯酮 -5：不用于黏膜的淋洗类：10 g/100 g； 不用于黏膜的驻留类：10 g/100 g； 可用于黏膜的：1 g/100 g	5%，未批准二苯酮 -5	10%	10%	二苯酮 -4：10%（以酸计） 二苯酮 -5：5%（以酸计）	未批准二苯酮 -4；二苯酮 -5:5%（以酸计）
4	亚苄基樟脑磺酸及其盐类	6%（以酸计）	6 %（以酸计）	禁用	禁用	禁用	禁用	6 %（以酸计）	6 %（以酸计）	10%（以酸计）	6 %（以酸计）
5	双 - 乙基己氧苯酚甲氧苯基三嗪	10%	10%	禁用	禁用	不用于黏膜的淋洗类：3 g/100 g； 不用于黏膜的驻留类：3 g/100 g； 可用于黏膜的：禁止添加	10%	10%	10%	10%	10%
6	丁基甲氧基二苯甲酰基甲烷	5%	5%	3%	3%	不用于黏膜的淋洗类：10 g/100 g； 不用于黏膜的驻留类：10 g/100 g； 可用于黏膜的：10 g/100 g	5%	5%	5%	5%	5%
7	樟脑苯扎铵甲基硫酸盐	6%	6%	禁用	禁用	禁用	禁用	6 %	6 %	6 %	6 %
8	二乙氨羟苯甲酰基苯甲酸己酯	10%	10%	禁用	禁用	不用于黏膜的淋洗类：10 g/100 g； 不用于黏膜的驻留类：10 g/100 g； 可用于黏膜的：禁止添加	10%	10%	10%	10%	10%
9	二乙基己基丁酰胺基三嗪酮	10%	10%	禁用	禁用	禁用	10%	未批准	10%	10%	10%

续表

序号	中文INCI名称	最大允许使用浓度									
		中国	欧盟	美国	加拿大	日本	韩国	澳大利亚	新西兰	巴西	东盟
10	苯基二苯并咪唑四磺酸酯二钠	10%（以酸计）	10 %（以酸计）	禁用	禁用	禁用	10%（以酸计）	10%	10%（以酸计）	10%（以酸计）	10%（以酸计）
11	甲酚曲唑三硅氧烷	15%	15 %	禁用	15%	不用于黏膜的淋洗类：15 g/100 g；不用于黏膜的驻留类：15 g/100 g；可用于黏膜的：禁止添加	15%	10%	15%	15%	15 %
12	二甲基PABA乙基己酯	8%	8%	8%	8%	不用于黏膜的淋洗类：10 g/100 g；不用于黏膜的驻留类：10 g/100 g；可用于黏膜的：7 g/100 g	8%	8%	8%	8%	8%
13	甲氧基肉桂酸乙基己酯	10%	10%	7.5%	7.5%	不用于黏膜的淋洗类：20 g/100 g；不用于黏膜的驻留类：20 g/100 g；可用于黏膜的：8 g/100 g	7.5%	10%	6%	10%	10%
14	水杨酸乙基己酯	5%	5%	5%	5%	不用于黏膜的淋洗类：10 g/100 g；不用于黏膜的驻留类：10 g/100 g；可用于黏膜的：5 g/100 g	5%	5%	5%	5%	5%
15	乙基己基三嗪酮	5%	5%	禁用	禁用	不用于黏膜的淋洗类：5 g/100 g；不用于黏膜的驻留类：5 g/100 g；可用于黏膜的：禁止添加	5%	5%	5%	5%	5%
16	胡莫柳酯	10%	仅适用于面部产品，限值7.34%	15%	15%	不用于黏膜的淋洗类：10 g/100 g；不用于黏膜的驻留类：10 g/100 g；可用于黏膜的：10 g/100 g	10%	15%	10%	15%	7.34%（除喷雾类产品外的所有面部护理产品）
17	对甲氧基肉桂酸异戊酯	10%	10%	禁用	禁用	禁用	10%	10%	10%	10%	10%

续表

序号	中文INCI名称	最大允许使用浓度									
		中国	欧盟	美国	加拿大	日本	韩国	澳大利亚	新西兰	巴西	东盟
18	亚甲基双-苯并三唑基四甲基丁基酚	10%	10%（纳米级不可用于可能导致最终用户吸入肺部暴露的应用中）	禁用	禁用	不用于黏膜的淋洗类：10 g/100 g； 不用于黏膜的驻留类：10 g/100 g； 可用于黏膜的：禁止添加	10%	10%	10%	10%	10%
19	奥克立林	10%（以酸计）	10%；气雾剂喷雾：9%	10%	10%	不用于黏膜的淋洗类：10 g/100 g； 不用于黏膜的驻留类：10 g/100 g； 可用于黏膜的：10 g/100 g	10%	10%	推进剂喷雾9%，其他产品10%	10%（以酸计）	10（以酸计）
20	PEG-25对氨基苯甲酸	10%	10%	禁用	禁用	禁用	禁用	10%	10%	10%	10%
21	苯基苯并咪唑磺酸及其钾、钠和三乙醇胺盐	8%（以酸计）	8%（以酸计）	4%（以酸计）	4%（以酸计）	不用于黏膜的淋洗类：3 g/100 g（以酸计）； 不用于黏膜的驻留类：3 g/100 g（以酸计）； 可用于黏膜的：禁止添加	4%（以酸计）	4%（以酸计）	8%（以酸计）	总量8%（以酸计）	总量8%（以酸计）
22	聚丙烯酰胺甲基亚苄基樟脑	6%	6%	禁用	禁用	禁用	禁用	禁用	6%	6%	6%
23	聚硅氧烷-15	10%	10%	禁用	禁用	不用于黏膜的淋洗类：10 g/100 g； 不用于黏膜的驻留类：10 g/100 g； 可用于黏膜的：10 g/100 g	10%	10%	10%	10%	10%
24	对苯二亚甲基二樟脑磺酸及其盐类	10%（以酸计）	10 %(以酸计)	禁用	10 %（以酸计）	不用于黏膜的淋洗类：10 g/100 g（以酸计）； 不用于黏膜的驻留类：10 g/100 g（以酸计）； 可用于黏膜的：禁止添加	10%(以酸计)	10%(以酸计)	10%（以酸计）	10 %（以酸计）	10 %（以酸计）
25	二氧化钛	25%	25%	25%	25%	无限值	25%	25%	25%	25%	25%
26	氧化锌	25%	25%	25%	25%	无限值	25%	无限值	25%	25%	25%

注：本表格数据基于出版前已公开的法规信息整理。各国化妆品法规更新频繁，此信息仅供参考，不构成法律建议。产品合规性判定请以各国家/地区监管机构的最新官方文件为准。

参考文献

[1] LIU W, WANG X M, LAI W, et al. Sunburn protection as a function of sunscreen application thickness differs between high and low SPFs[J]. Photodermatology, Photoimmunology & Photomedicine, 2012, 28(3): 120-126.

[2] MA Y, YOO J. History of sunscreen: An updated view[J]. Journal of Cosmetic Dermatology, 2021, 20(4): 1044-1049.

[3] HAAKE A, SCOTT G A, HOLBROOK K A. Structure and function of the skin：overview of the epidermis and dermis[M]. New York：The Parthenon Publishing Group, 2001：19-45.

[4] RHEIN L D, PEOPLES C, WOLF B. Skin, hair and nail structure and function[M]. In：Schlossman M L, ed. The Chemistry and Manufacture of Cosmetics. 3rd ed. Carol Stream：Allured Publishing Corporation, 2000：87-136.

[5] ZAHN H. Hair and skin-research update[M]. Cosmetology-theory and practice. 2005：1-62.

[6] LABIE H, BLANZAT M. Hydrogels for dermal and transdermal drug delivery[J]. Biomaterials Science, 2023, 11 (12): 4073-4093.

[7] KLIPPER W A. Biotransformation Capacity of Reconstructed Human Skin versus Human Skin ex vivo-analysing Prednicarbate and Testosterone as Example [D]. Berlin：Deutsche Nationalbibliothek, 2013.

[8] JASS H E, ELIAS P M. The living stratum corneum：implications for cosmetic formulation[J]. Cosmetics & Toiletries, 1991, 106(10)：47-53.

[9] PATTAMA W, SATOMI M, SHUSHI N. Membrane transport proteins in melanosomes：Regulation of ions for pigmentation[J]. Biochimica et Biophysica Acta (BBA). 2020, 1862(12): 183318.

[10] CRESPO J G, ORDIALES Á, FENOLLAR C T. New Textile Technologies for the Prevention and Care of Skin Lesions Due to Radiodermatitis[J]. Modern Sciences Journal, 2023, 12(1): 48-55.

[11] PATHAK M A. Intrinsic Photoprotection in human skin[M]. New York：Marcel Dekker, 1990：73-83.

[12] 陆洪光 . 黄种人与白种人正常皮肤痣和黑素瘤组织中优黑素和褐黑素含量比较 [J]. 中国皮肤性病学杂志 , 2000, 14(3)：2.

[13] POSKITT E M, COLE T J, LAWSON D E. Diet, sunlight, and 25- hydroxy vitamin D in healthy children and adults[J]. British Medical Journal, 1979, 1(6158): 221-223.

[14] LAWSON D E, PAUL A A, BLACK A E, et al. Relative contributions of diet and sunlight to vitamin D state in the elderly[J]. British Medical Journal, 1979, 2(6185): 303-305.

[15] HEANEY R P, DOWELL M S, HALE C A, et al. Calcium absorption varies within the reference range for serum 25-hydroxyvitamin D[J]. Journal of the American College of Nutrition, 2003, 22(2): 142-146.

[16] BISCHOFF-FERRARI H A, DIETRICH T, ORAV E J, et al. Higher 25-hydroxyvitamn D concentrations are associated with better lower-extremity function in both active and inactive persons aged ≥ 60 y[J]. American Journal of Clinical Nutrition, 2004, 80(3): 752-758.

[17] BISCHOFF-FERRARI H A, DIETRICH T, ORAV E J, et al. Positive association between 25-hydroxy vitamin D levels and bone mineral density：a population-based study of younger and older adults[J]. American Journal of Medicine, 2004, 116(9): 634-639.

[18] VIETH R, CHAN P C, MACFARLANE G D. Efficacy and safety of vitamin D_3 intake exceeding the lowest observed adverse effect level[J]. American Journal of Clinical Nutrition, 2001, 73(2): 288-294.

[19] LO C W, PAIRS P W, HOLICK M F. Indian and pakistani immigrants have the same capacity as caucasians to produce vitamin D in response to ultraviolet irradiation[J]. American Journal of Clinical Nutrition, 1986, 44(5):

683-685.

[20] HOLICK M F. McCollum Award Lecture, 1994: vitamin D-new horizons for the 21st century[J].American Journal of Clinical Nutrition, 1994, 60(4): 619-630.

[21] MARKS R, FOLEY P A, JOLLEY D, et al. The effect of regular sunscreen use on vitamin D levels in a Australian population. Results of a randomized controlled trial[J]. Archives of Dermatology, 1995(131): 415-421.

[22] FARRERONS J, BARNADAS M, RODRIGUEZ J. Clinically prescribed sunscreen (sun protection factor 15) does not decrease serum vitamin D concentration sufficiently either to induce changes in parathyroid function or in metabolic markers[J].British Journal of Dermatology, 1998, 139(3): 422-427.

[23] YOUNG A R, NARBUTT J, HARRISON G I, et al. Optimal sunscreen use, during a sun holiday with a very high ultraviolet index, allows vitamin D synthesis without sunburn[J].British Journal of Dermatology, 2019, 181(5): 1052-1062.

[24] GORDON J R S, BRIEVA J C. Unilateral Dermatoheliosis[J]. The New England Journal of Medicine, 2012, 366(16): e25.

[25] PETERSEN MJ. Aging of the skin[M]. New York：Parthenon Publishing Group, 2001: 209-217.

[26] LAVKER R M, GERBERICK G F, VERES D, et al. Cumulative effects from repeated exposures to sub-erythemal doses of UVB and UVA in human skin[J].Journal of the American Academy of Dermatology, 1995(32): 53-62.

[27] 何黎，郑捷，马慧群，等. 中国敏感性皮肤诊治专家共识 [J]. 中国皮肤性病学杂志，2017, 31(1): 1-4.

[28] BERNSTEIN E T. Cleansing of sensitive skin：with determination of the pH of the skin following use of soap and a soap substitute[J]. Journal of Investigative Dermatology, 1947, 9(1): 5-9.

[29] INAMADAR A C, PALIT A. Sensitive skin：an overview[J]. Indian Journal of Dermatology, Venereology and Leprology, 2013, 79(1): 9-16.

[30] MISERY L, WEISSHAAR E, BRENAUT E, et al. Pathophysiology and management of sensitive skin：position paper from the special interest group on sensitive skin of the International forum for the study of itch(IFSI)[J]. Journal of the European Academy of Dermatology and Venereology, 2020, 34(2): 222-229.

[31] MIRANDA A F, MAIBACH H I. A dermatological view：sensitive skin syndrome：sensory response and classification[J]. Cosmetics & Toiletries, 2008, 123(7): 26-30.

[32] MISERY L, DECOSTER J C, Mery S, et al. A new ten-item questionnaire for assessing sensitive skin：the sensitive scale-10[J] . Acta DermatoVenereologica, 2014, 94(6): 635-639.

[33] 何黎，刘玮. 美容皮肤科学 [M]. 北京：人民卫生出版社，2010: 64.

[34] YANG L, LYU L, WU W, et al. Genome-wide identification of long non-coding RNA and mRNA profiling using RNA sequencing in subjects with sensitive skin[J]. Oncotarget, 2017, 8(70): 114894-114910.

[35] YOKOTA T, et al., Classification of sensitive skin and development of a treatment system appropriate for each group[J]. International Federation of Societies of Cosmetic Chemists, 2003, 6(4): 303-307.

[36] PRIMAVERA G, BERARDESCA E. Sensitive skin：mechanisms and diagnosis[J]. International Journal of Cosmetic Science, 2005(27): 1-11.

[37] DRAELOS Z D. Cosmetic selection in the sensitive-skin patient[J]. Dermatologic Therapy, 2001, 14(3)：194-199.

[38] STÄNDER S, SCHNEIDER S W, WEISHAUPT C, et al. Putative neuronal mechanisms of sensitive skin[J]. Experimental Dermatology, 2009, 18(5): 417-423.

[39] MILS O H, BERGER R S. Defining the susceptibility of acne-prone and sensitive skin population extrinsic factors [J]. Dermatologic Clinics, 1991, 9: 93-98.

[40] RICHTERS R, FALCONE D, UZUNBAJAKAVA N, et al. What is sensitive skin? A systematic literature review

of objective measurements[J]. Skin Pharmacology and Physiology, 2015, 28(2): 75-83.

[41] 何黎 . 临床敏感性皮肤处理策略 [J]. 国际皮肤性病学杂志 , 2015, 41(3): 141-142.

[42] 李芸 , 孙秋宁 , 杨蓉娅 , 等 . 舒缓特护面霜辅助治疗 862 例面部敏感性皮肤患者疗效观察 [J] . 实用皮肤病学杂志 , 2015, 8(2): 85-88.

[43] 李利 , 何黎 , 刘玮 , 等 . 护肤品皮肤科应用指南 [J]. 中国皮肤性学杂志 , 2015, 29(1): 6-8.

[44] VERHOEVEN E W, DE KLERK S, KRAAIMAAT F W, et al. Biopsychosocial mechanisms of chronic itch in patients with skin diseases：a review[J]. Acta Dermato-Venereologica, 2008, 88(3): 211-218.

[45] STAMATAS G N, NIKOLOVSKI J, LUEDTKE M A, et al. Infant skin microstructure assessed in vivo differs from adult skin in organization and at the cellular level [J].Pediatric Dermatology, 2010,27(2): 125-131.

[46] 马琳 . 儿童皮肤病学 [M]. 北京： 人民卫生出版社 , 2014: 2-8.

[47] 李丽 , 徐子刚 , 马琳 . 116 例健康儿童部分皮肤屏障参数检测 [J]. 中华皮肤科杂志 , 2013, 46(6): 419-421.

[48] 刘向慧 , 何聪芬 . 儿童化妆品及其未来发展趋势 [J]. 中国化妆品 , 2014(1): 72-77.

[49] 毕天宇 , 岳娟 , 蒋丽刚 , 等 . 浅析儿童纯物理防晒产品配方设计 [J], 日用化学品科学 , 2018, 41(5): 60-63.

[50] 程灏 , 陈泳怡 . 婴幼儿防晒产品开发： 安全性与有效性的综合考虑 [J]. 生物化工 , 2023, 9(5)：218-222.

[51] TYLER K H. Physiological skin changes during pregnancy[J]. Clinical Obstetrics and Gynecology, 2015, 58(1): 119-124.

[52] MUALLEM M M, RUBEIZ N G. Physiological and biological skin changes in pregnancy[J]. Clinical Dermatology, 2006, 24(2): 80-83.

[53] VERSCHOORE M, 刘玮 , 甄雅贤 . 现代美容皮肤科学基础 [M]. 北京： 人民卫生出版社 , 2011: 45-46.

[54] 张洁 . 防晒护理对皮肤激光美容患者术后并发症的影响 [J]. 皮肤病与性病 , 2021, 43(4): 576-577.

[55] 塔娜 , 冯孟鑫 , 高家敏 , 等 . 潜在内分泌干扰风险防晒剂的监管及其使用情况分析 [J]. 日用化学工业 , 2024, 54(3): 337-343.

[56] 张妮 , 顾宇翔 , 林毅侃 , 等 . 化妆品准用防晒剂的国内外监管与国内检测现状 [J]. 香料香精化妆品 ,2022(2): 93-103.

[57] KILLEEN S. UV-filters in cosmetics-prioritisation for environmental assessment[J]. Environment Agency Handbook, 2008.

[58] 陈郁璇 , 杨允芸 . 防晒剂 BEMT 和 MBBT 的协同增效作用及机理研究 [J]. 日用化学品科学 , 2021, 44(9): 25-30, 54.

[59] GaSPAR L R, THARMANN J, MAIA CAMPOS P M B G, et al. Skin phototoxicity of cosmetic formulations containing photounstable and photostable UV-filters and vitamin A palmitate[J]. TOXICOLOGY IN VITRO, 2013, 27(1): 418.

[60] SCHLUMPF M, COTTON B, CONSCIENCE M, et al. In vitro and in vivo estrogenicity of UV screens[J]. Environ Health Perspect,2001,109(3): 239-244.

[61] MARIONNET C, DE DORMAEL R, MARAT X, et al. Sunscreens with the New MCE Filter Cover the Whole UV Spectrum：Improved UVA1 Photoprotection In Vitro and in a Randomized Controlled Trial [J]. JID Innovations, 2022(2): 100070.

[62] FLAMENT F, MERCURIO D G, MULLER B, et al. The impact of methoxypropylamino cyclohexenylidene ethoxyethylcyanoacetate（MCE）UVA1 filter on pigmentary and ageing signs：an outdoor prospective 8 - week randomized, intra - individual comparative study in two populations of different genetic background[J]. Journal of the European Academy of Dermatology and Venereology, 2024, 38(1): 214-222.

[63] BAZIN R, FLAMENT F. Skin Aging Atlas: Asian Skin (Vol. 2)[M]. Paris: Editions Med'Com, 2010.

[64] FLAMENT F, BAZIN R, QIU H, et al. Solar exposure（s）and facial clinical signs of aging in Chinese women：impacts upon age perception [J]. Clinical, cosmetic and investigational dermatology, 2015(8): 75-84.

[65] KALTCHENKO M V, CHIEN A L. Photoaging：Current Concepts on Molecular Mechanisms, Prevention, and Treatment [J]. American journal of clinical dermatology, 2025, 26(3): 321-344.

[66] 周宏飞，黄炯，寿露，等．防晒剂的研究进展 [J]. 浙江师范大学学报（自然科学版），2017, 40(2): 206-213.

[67] 尧阿敏，欧阳梦婷，温磊，等．皮肤光老化发生机制研究进展 [J]. 皮肤科学通报，2024,41(5): 562-568.

[68] MAHMOUD B H, RUVOLO E, HEXSEL C L, et al. Impact of long-wavelength UVA and visible light on melanocompetent skin [J]. The Journal of investigative dermatology, 2010, 130(8): 2092-2097.

[69] GOLLOGLY J M, NGUYEN J K, LAU D, et al. Updates on the Molecular Basis of Photoaging in All Skin Types [J]. Journal of drugs in dermatology：JDD, 2024, 23(7): 504-509.

[70] TSAI S R, HAMBLIN M R. Biological effects and medical applications of infrared radiation [J]. Journal of photochemistry and photobiology B, Biology, 2017, 170: 197-207.

[71] 杨斌，郝飞．皮肤光老化、活性氧簇与抗氧化剂 [J]. 中国美容医学，2005(5): 637-639.

[72] POON F, KANG S, CHIEN A L. Mechanisms and treatments of photoaging [J]. Photodermatology, photoimmunology & photomedicine, 2015, 31(2): 65-74.

[73] LIU T, ZHU S, YANG Y, et al. Oroxylin A ameliorates ultraviolet radiation-induced premature skin aging by regulating oxidative stress via the Sirt1 pathway [J]. Biomedicine & pharmacotherapy, 2024, 171: 116110.

[74] 徐旭，李志伟，郭雅琼，等．肿瘤坏死因子 -α、内毒素、白细胞介素 -6 与重症颅脑损伤急性肝损伤的相关性研究 [J]. 医学研究杂志，2014, 43(5): 115-118.

[75] 许国根，陈雯，张万光，等．全身炎症反应综合征患者致炎因子与抗炎因子的变化及相关性研究 [J]. 中国急救医学，2002, (06): 13-14.

[76] DING C, PENG X, YANG J, et al. Rg3-loaded P407/CS/HA hydrogel inhibits UVB-induced oxidative stress, inflammation and apoptosis in HaCaT cells [J]. Biomedicine & pharmacotherapy, 2023, 165: 115177.

[77] SOHEILIFAR M H, MASOUDI-KHORAM N, SHIRKAVAND A, et al. Non-coding RNAs in photoaging-related mechanisms：a new paradigm in skin health [J]. Biogerontology, 2022, 23(3): 289-306.

[78] 刘玮，蔡瑞康．皮肤衰老与皮肤光老化 [C]. 2002 年中国化妆品学术研讨会论文集，2002: 62-68.

[79] 陈珩，王珏，周栩．紫外线辐射致皮肤老化机制的研究进展 [J]. 组织工程与重建外科，2024, 20(3): 382-387.

[80] AMANO S. Characterization and mechanisms of photoageing-related changes in skin. Damages of basement membrane and dermal structures [J]. Experimental dermatology, 2016, 25 Suppl 3: 14-9.

[81] HE H, XIONG L, JIAN L, et al. Role of mitochondria on UV-induced skin damage and molecular mechanisms of active chemical compounds targeting mitochondria [J]. Journal of photochemistry and photobiology B, Biology, 2022, 232: 112464.

[82] NAIDOO K, HANNA R, BIRCH-MACHIN M A. What is the role of mitochondrial dysfunction in skin photoaging? [J]. Experimental dermatology, 2018, 27(2): 124-128.

[83] YAKES F M, VAN HOUTEN B. Mitochondrial DNA damage is more extensive and persists longer than nuclear DNA damage in human cells following oxidative stress [J]. Proceedings of the National Academy of Sciences of the United States of America, 1997, 94(2): 514-519.

[84] BIRCH-MACHIN M A. Mitochondria and skin disease [J]. Clinical and experimental dermatology, 2000, 25(2): 141-146.

[85] HEGEDŰS C, BOROS G, FIDRUS E, et al. PARP1 Inhibition Augments UVB-Mediated Mitochondrial Changes-Implications for UV-Induced DNA Repair and Photocarcinogenesis [J]. Cancers, 2019, 12(1).

[86] ZHANG Z, TAN R, XIONG Z, et al. Dysregulation of autophagy during photoaging reduce oxidative stress and inflammatory damage caused by UV [J]. Frontiers in pharmacology, 2025, 16: 1562845.

[87] PAQUETTE M, EL-HOUJEIRI L, L C Z, et al. AMPK-dependent phosphorylation is required for transcriptional activation of TFEB and TFE3 [J]. Autophagy, 2021, 17(12): 3957-3975.

[88] DING W X, YIN X M. Mitophagy : mechanisms, pathophysiological roles, and analysis [J]. Biological chemistry, 2012, 393(7): 547-564.

[89] RAMBOLD A S, LIPPINCOTT-SCHWARTZ J. Mechanisms of mitochondria and autophagy crosstalk [J]. Cell cycle（Georgetown, Tex）, 2011, 10(23): 4032-4038.

[90] MESTRE CITRINOVITZ A C, STROWITZKI T, GERMEYER A. Decreased Autophagy Impairs Decidualization of Human Endometrial Stromal Cells : A Role for ATG Proteins in Endometrial Physiology [J]. International journal of molecular sciences, 2019, 20(12).

[91] LO H L, NAKAJIMA S, MA L, et al. Differential biologic effects of CPD and 6-4PP UV-induced DNA damage on the induction of apoptosis and cell-cycle arrest [J]. BMC cancer, 2005(5): 135.

[92] WU X, SHELL S M, LIU Y, et al. ATR-dependent checkpoint modulates XPA nuclear import in response to UV irradiation [J]. Oncogene, 2007, 26(5): 757-764.

[93] LIU E, XUE Z, LI Y, et al. Photoaging Decoded : Extracellular Matrix Alterations and Mechanisms via Mitogen-Activated Protein Kinase/Matrix Metalloproteinase, Transforming Growth Factor-β Pathways, and Glycosaminoglycan Metabolism [J]. Tissue engineering Part B, Reviews, 2024.

[94] 邓映，钟建桥 . 皮肤光损伤与氧化应激研究进展 [J]. 临床皮肤科杂志，2017, 46(9): 671-673.

[95] LI K J, ZHOU P J, GUO Y N, et al. Recent advances in exosomal non-coding RNA-based therapeutic approaches for photoaging [J]. Skin research and technology : official journal of International Society for Bioengineering and the Skin（ISBS）and International Society for Digital Imaging of Skin（ISDIS）and International Society for Skin Imaging（ISSI）, 2023, 29(9): 13463.

[96] MITCHELL S, VARGAS J, HOFFMANN A. Signaling via the NFκB system [J]. Wiley interdisciplinary reviews Systems biology and medicine, 2016, 8(3): 227-241.

[97] ZHANG H, DAVIES K J A, FORMAN H J. Oxidative stress response and Nrf2 signaling in aging [J]. Free radical biology & medicine, 2015, 88(Pt B): 314-336.

[98] 陈劲奕，秦琴，孙珂岱，等 .Nrf2/ARE 在抗光老化中的作用及机制研究进展 [J]. 实用皮肤病学杂志，2016, 9(05): 319-321.

[99] XU S, SUN X, ZHU Z, et al. The extract of buds of Chrysanthemum morifolium ramat alleviated UVB-induced skin photoaging by regulating MAPK and Nrf2/ARE pathways [J]. Journal of ethnopharmacology, 2024, 332: 118352.

[100] CUI B, WANG Y, JIN J, et al. Resveratrol Treats UVB-Induced Photoaging by Anti-MMP Expression, through Anti-Inflammatory, Antioxidant, and Antiapoptotic Properties, and Treats Photoaging by Upregulating VEGF-B Expression [J]. Oxidative medicine and cellular longevity, 2022: 6037303.

[101] KIMURA S, WARABI E, YANAGAWA T, et al. Essential role of Nrf2 in keratinocyte protection from UVA by quercetin [J]. Biochemical and biophysical research communications, 2009, 387(1): 109-114.

[102] LIU X Y, HWANG E, PARK B, et al. Ginsenoside C-Mx Isolated from Notoginseng Stem-leaf Ginsenosides Attenuates Ultraviolet B-mediated Photoaging in Human Dermal Fibroblasts [J]. Photochemistry and photobiology, 2018, 94(5): 1040-1048.

[103] LI X, PONANDAI-SRINIVASAN S, NANDAKUMAR K S, et al. Targeting microRNA for improved skin health [J]. Health science reports, 2021, 4(4): 374.

[104] SRIVASTAVA A, KARLSSON M, MARIONNET C, et al. Identification of chronological and photoageing-associated microRNAs in human skin [J]. Scientific reports, 2018, 8(1): 12990.

[105] SYED D N, KHAN M I, SHABBIR M, et al. MicroRNAs in skin response to UV radiation [J]. Current drug targets, 2013, 14(10): 1128-1134.

[106] GUO Z, ZHOU B, LIU W, et al. MiR-23a regulates DNA damage repair and apoptosis in UVB-irradiated

HaCaT cells [J]. Journal of dermatological science, 2013, 69(1): 68-76.
[107] DEGUEURCE G, D'ERRICO I, PICH C, et al. Identification of a novel PPARβ/δ/miR-21-3p axis in UV-induced skin inflammation [J]. EMBO molecular medicine, 2016, 8(8): 919-936.
[108] SONG J, LIU P, YANG Z, et al. MiR-155 negatively regulates c-Jun expression at the post-transcriptional level in human dermal fibroblasts in vitro : implications in UVA irradiation-induced photoaging [J]. Cellular physiology and biochemistry : international journal of experimental cellular physiology, biochemistry and pharmacology, 2012, 29(3-4): 331-340.
[109] LI W, ZHOU B R, HUA L J, et al. Differential miRNA profile on photoaged primary human fibroblasts irradiated with ultraviolet A [J]. Tumour biology : the journal of the International Society for Oncodevelopmental Biology and Medicine, 2013, 34(6): 3491-3500.
[110] LI M, LI L, ZHANG X, et al. LncRNA RP11-670E13.6 Regulates Cell Cycle Progression in UVB Damaged Human Dermal Fibroblasts [J]. Photochemistry and photobiology, 2018, 94(3): 589-597.
[111] HALL J R, MESSENGER Z J, TAM H W, et al. Long noncoding RNA lincRNA-p21 is the major mediator of UVB-induced and p53-dependent apoptosis in keratinocytes [J]. Cell death & disease, 2015, 6(3): 1700.
[112] PENG Y, SONG X, ZHENG Y, et al. circCOL3A1-859267 regulates type I collagen expression by sponging miR-29c in human dermal fibroblasts [J]. European journal of dermatology : EJD, 2018, 28(5): 613-620.
[113] SI C, WANG J, MA W, et al. Circular RNA expression profile in human fibroblast premature senescence after repeated ultraviolet B irradiations revealed by microarray [J]. Journal of cellular physiology, 2019, 234(10): 18156-18168.
[114] STAFA K, RELLA A, EAGLE W, et al. miR-146a is a critical target associated with multiple biological pathways of skin aging [J]. Frontiers in physiology, 2024, 15: 1291344.
[115] SABOURI-RAD S, SABOURI-RAD S, SAHEBKAR A, et al. Ginseng in Dermatology : A Review [J]. Current pharmaceutical design, 2017, 23(11): 1649-1466.
[116] BAZIN R, FLAMENT F. Skin Aging Atlas: Asian Skin (Vol. 2)[M]. Paris: Editions Med'Com, 2010.
[117] ITO H, ITO M. Recent trends in ginseng research [J]. Journal of natural medicines, 2024, 78(3): 455-466.
[118] TODOROVA V, IVANOV K, DELATTRE C, et al. Plant Adaptogens-History and Future Perspectives [J]. Nutrients, 2021, 13(8).
[119] MURUGESAN M, MATHIYALAGAN R, BOOPATHI V, et al. Production of Minor Ginsenoside CK from Major Ginsenosides by Biotransformation and Its Advances in Targeted Delivery to Tumor Tissues Using Nanoformulations [J]. Nanomaterials（Basel, Switzerland）, 2022, 12(19).
[120] ZHANG J, LIU Y, AN C, et al. Protective Effect of Ginsenoside CK against Autoimmune Hepatitis Induced by Concanavalin A [J]. Foods（Basel, Switzerland）, 2023, 12(24).
[121] ZHANG J, LI Z, SONG X, et al. Ginsenoside CK and retinol on UVA-induced photoaging exert the synergistic effect through antioxidant and antiapoptotic mechanisms [J]. Scientific reports, 2025, 15(1): 16664.
[122] LIU M Y, LIU F, GAO Y L, et al. Pharmacological activities of ginsenoside Rg5（Review）[J]. Experimental and therapeutic medicine, 2021, 22(2): 840.
[123] PENG H, CHEN L, DENG Y, et al. Ginsenoside Rh2 mitigates myocardial damage in acute myocardial infarction by regulating pyroptosis of cardiomyocytes [J]. Clinical and experimental hypertension（New York, NY : 1993）, 2023, 45(1): 2229536.
[124] XIAO Y， LIU C， IM W， et al.Dynamic changes of multi-notoginseng stem-leaf ginsenosides in reaction with ginsenosidase type-I[J].Journal of Ginseng Research， 2019， 43(2) : 186-195.
[125] XUE-FENG J， HONG-SHAN Y， DONG-MING W， et al.Kinetics of a cloned special ginsenosidase hydrolyzing 3-O-glucoside of multi-protopanaxadiol-type ginsenosides， named ginsenosidase type III[J].

Journal of microbiology and biotechnology，2012，22(3)：343-51.
[126] HU D J, SHAKERIAN F, ZHAO J, et al. Chemistry, pharmacology and analysis of Pseudostellaria heterophylla：a mini-review [J]. Chinese medicine, 2019(14): 21.
[127] KAN Y, LIU Y, HUANG Y, et al. The regulatory effects of Pseudostellaria heterophylla polysaccharide on immune function and gut flora in immunosuppressed mice [J]. Food science & nutrition, 2022, 10(11): 3828-3841.
[128] 孔钰婷，何洪，安凤平，等．太子参提取物抗氧化能力的比较研究 [J]. 食品研究与开发，2021, 42(19): 28-35.
[129] 李军，周涛，郑伟，等．太子参不同提取物及环肽 HB 对酪氨酸酶抑制活性的分析 [J]. 时珍国医国药，2019, 30(5): 1100-1102.
[130] BONDA C. Research pathways to photostable sunscreens[J]. Cosmetics & Toiletries, 2008, 123(2): 49-60.
[131] 赵小敏，陈志华，李亚男，等．防晒剂的配伍性及其影响因素分析 [J]. 中国美容医学，2015, 24(20): 78-82.
[132] 丁怡．2007 年—2015 年防晒类化妆品中防晒剂的使用情况变化 [J]. 中国卫生检验杂志，2016, 26(6): 882-884.
[133] 刘小娟，张弦，周桓，等．2015—2019 年防晒类化妆品中防晒剂的使用情况分析 [J]. 广州化工，2020, 48(24): 78-80.
[134] 蒋亚奇，高天阳，张良雨，等．防晒类化妆品中 23 种防晒剂使用情况及风险分析 [J]. 香料香精化妆品，2022(3): 56-60.
[135] 简育莹，陈硕，卢端萍，等．福建省 2022 年市售防晒化妆品中防晒剂应用状况 [J]. 海峡预防医学杂志，2023, 29(6): 75-78.
[136] 塔娜，余振喜，高家敏，等．2017—2021 年我国进口防晒化妆品注册情况分析 [J]. 日用化学工业（中英文），2023, 53(10): 1204-1210.
[137] 郑敏．热活化延迟荧光分子光物理与光化学反应动力学研究 [D]. 合肥：中国科学技术大学，2023.
[138] 裘炳毅，高志红．现代化妆品科学与技术（中册）[M]. 北京：中国轻工业出版社，2016: 1410-1430.
[139] AGRAPIDIS-PALOYMPSIS L E, NASH R A, SHAATH N A. The effect of solvents on the ultraviolet absorbance of sunscreens[J]. Journal of the Society of Cosmetic Chemists, 1987, 38(4): 209-221.
[140] 姚超，张智宏，林西平，等．纳米技术与纳米材料（Ⅴ）——防晒化妆品中的纳米二氧化钛 [J]. 日用化学工业，2003, 33(5): 333-336.
[141] SHAATH N A. Sunscreens: regulations and commercial development[M]. 3rd ed. Boca Raton: Taylor & Francis, 2005: 246-248.
[142] 裘炳毅，高志红．现代化妆品科学与技术（上册）[M]. 北京：中国轻工业出版社，2016: 821-863.
[143] 李璇，张敏，李秋叶，等．二氧化钛表面处理研究进展 [J]. 化学研究，2017, 28(5): 537-546.
[144] 张金龙．光催化导论 [M]. 上海：华东理工大学出版社，2012.
[145] 张铮，陈琼，李璐，等．纳米原料安全性的国际研究趋势（防晒篇）[J]. 中国化妆品，2023(3): 82-87.
[146] 宫泽和之，吉莱 R, 麦卡锡 B, 等．细胞激活剂：CN202080025571.4[P].2021-11-12.
[147] HSU Y H, LIN Y F, CHEN C H, et al. Far infrared promotes wound healing through activation of Notch1 signaling[J]. Journal of Molecular Medicine, 2017, 95(11): 1203-1213.
[148] LEE J H, ROH M R, LEE K H. Effects of infrared radiation on skin photo-aging and pigmentation[J]. Yonsei Medical Journal, 2006, 47(4): 485-490.
[149] 张齐，肖巧学，崔玉娇，等．一种嗜热栖热菌光裂合酶及其提取方法与应用：ZL202110103205.2[P]. 2022-02-08.
[150] 郑晓阳，孟祥璟，李敏，等．防晒剂及其包覆技术研究进展 [J]. 日用化学品科学，2023, 46(3): 42-45.

[151] 王刚力，邢书霞 . 化妆品安全性评价方法及实例 [M]. 北京：中国医药科技出版社，2020.
[152] 张铮，陈琼，李璐，等 . 纳米原料安全性的国际研究趋势（防晒篇）[J]. 中国化妆品，2023(3): 82-87.
[153] 苏哲，罗飞亚，张凤兰，等 . 化妆品纳米原料的国际监管及最新研究进展 [J]. 中国药事，2021, 35(2): 227-236.
[154] FDA. 21 CFR Parts 201, 310, 347 and 352 Sunscreen Drug Products for Over-theCounter Human Use. Federal Register, 2019, 84(38): 6204-6275.
[155] IARC. Titanium dioxide. IARC monographes on the evaluation of carcinogenic risk to humans：carbon black, titanium dioxide and talc. 2010(93): 194-276.
[156] EFSA Panel on Food Additives and Flavourings（FAF）, Younes M, Aquilina G, et al. Safety assessment of titanium dioxide（E171）as a food additive[J]. Efsa Journal, 2021, 19(5): 6585.
[157] World Health Organization. Safety evaluation of certain food additives：prepared by the ninety-seventh meeting of the Joint FAO/WHO Expert Committee on Food Additives（JECFA）[M]. World Health Organization, 2024.
[158] 柳舟，周博洋，李邻峰 . 儿童与孕妇皮肤特点及护肤品的选择 [J]. 皮肤性病诊疗学杂志，2019, 26(6): 386-389.
[159] 何欢，孙磊，温雪华，等 . 日本防晒产品的管理制度及对我国的启示 [J]. 日用化学工业（中英文），2023, 53(8): 935-944.

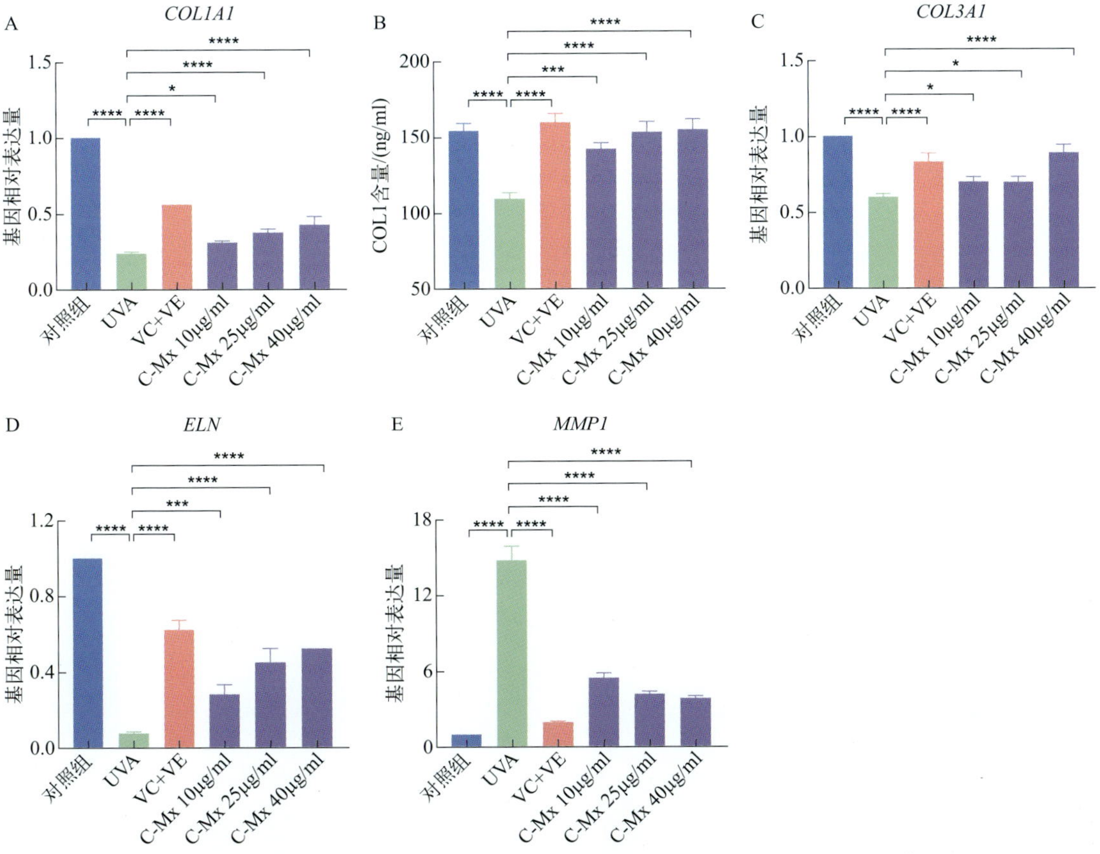

图 4-8　稀有人参皂苷 C-Mx 对 ECM 相关指标的影响

（A）C-Mx对真皮成纤维细胞内*COL1A1*表达的影响；（B）C-Mx对真皮成纤维细胞内COL1蛋白表达影响；（C—E）C-Mx对真皮成纤维细胞内*COL3A1*、*ELN*、*MMP1*表达的影响（UVA：辐照组，9 J/cm^2；VC+VE：阳性对照组，100 μg/ml 维生素C+7 μg/ml 维生素E；数据以均值±标准差展示，采用单因素方差分析）

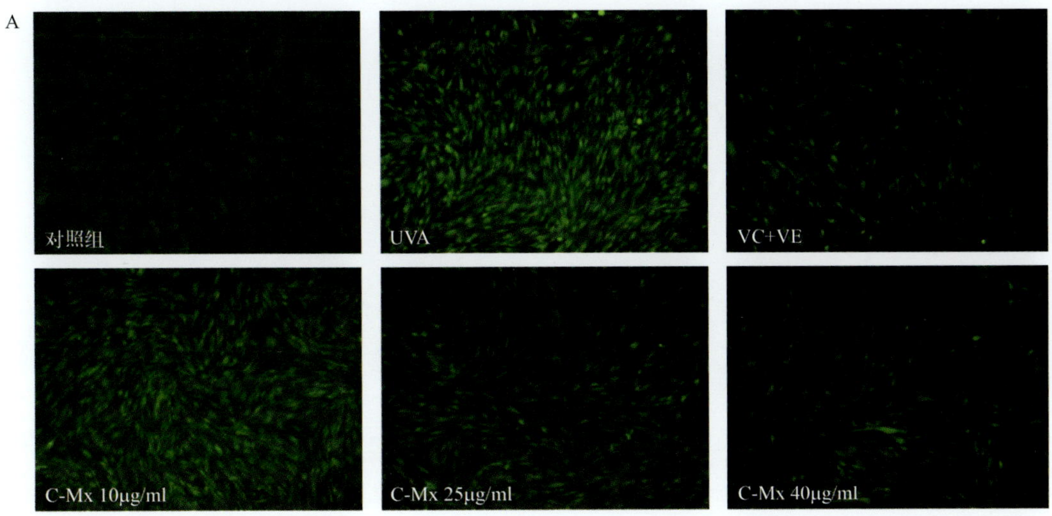

图 4-10

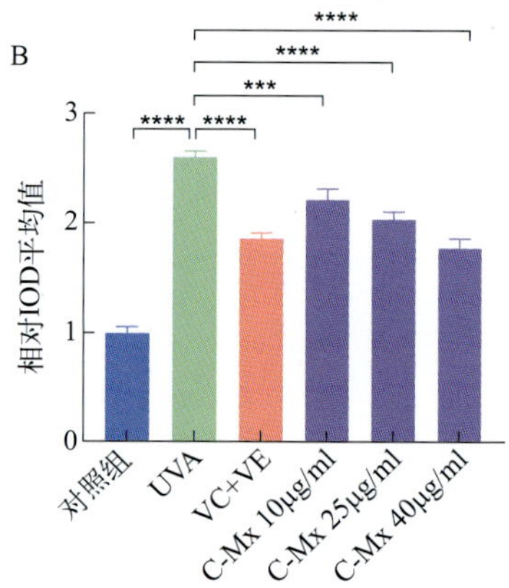

图 4-10　稀有人参皂苷 C-Mx 对细胞内 ROS 生成的影响

（A）细胞内ROS成像示意图（绿色荧光）；（B）各组别细胞内绿色荧光平均荧光强度统计（UVA：辐照组，9 J/cm²；VC+VE：阳性对照组，100 μg/ml 维生素C+7 μg/ml 维生素E；数据以均值±标准差展示，采用单因素方差分析）

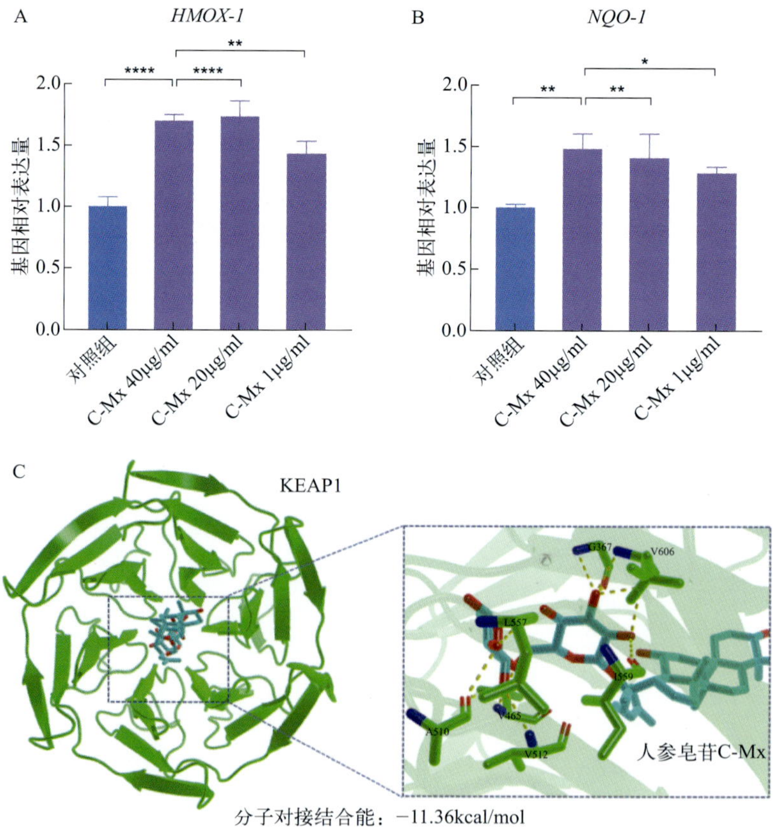

图 4-11　稀有人参皂苷 C-Mx 对 KEAP1/NRF2 信号通路影响

（A—B）C-Mx作用于真皮成纤维细胞12 h，对NRF2下游靶基因*HMOX-1*、*NQO-1*表达的影响；（C）C-Mx对KEAP1蛋白分子对接模拟（*HMOX-1*代表HO-1蛋白编码基因；数据以均值±标准差展示，采用单因素方差分析）

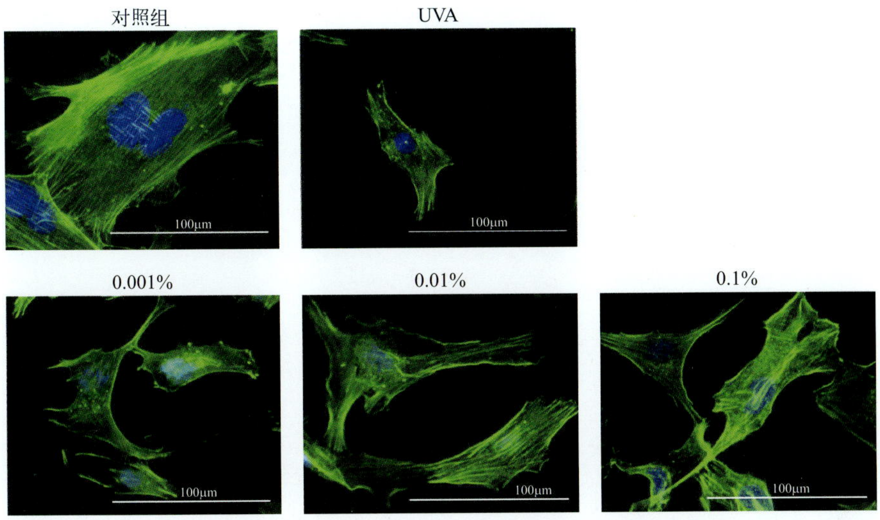

图 4-15　太子参提取物对成纤维细胞骨架形态结构的影响

UVA：辐照组，15 J/cm²；绿色荧光代表鬼笔环肽着染细胞骨架结构，蓝色荧光代表Hoechst着染细胞核；比例尺100 μm

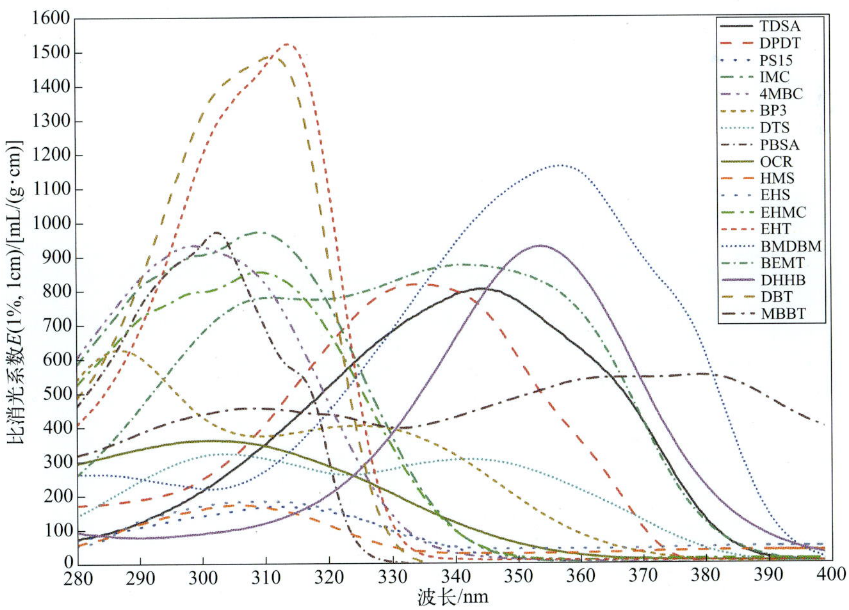

图 5-6　18 种常用有机防晒剂的紫外吸收曲线（280 ~ 400nm）

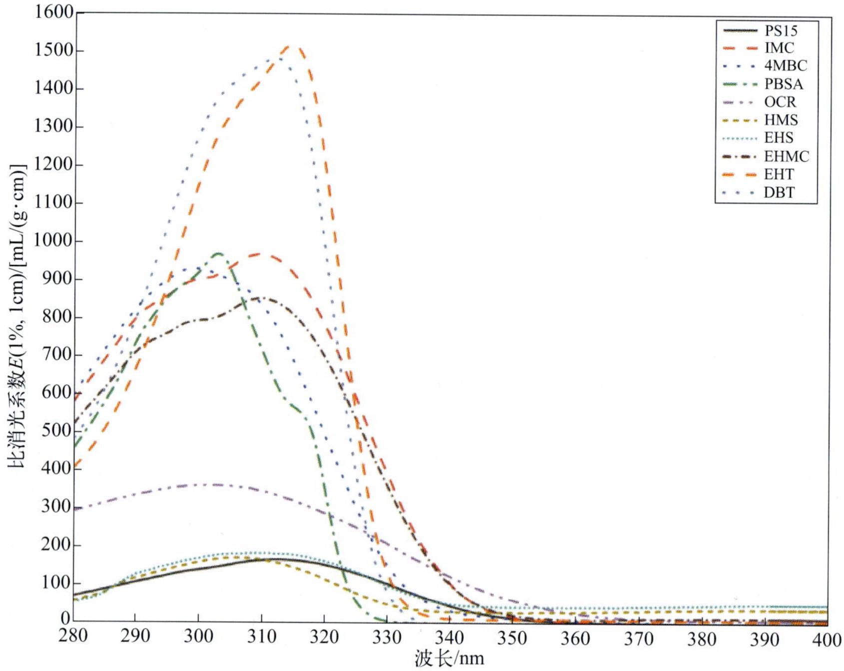

图 5-7　10 种常用 UVB 波段有机防晒剂的紫外吸收曲线（280 ~ 400nm）

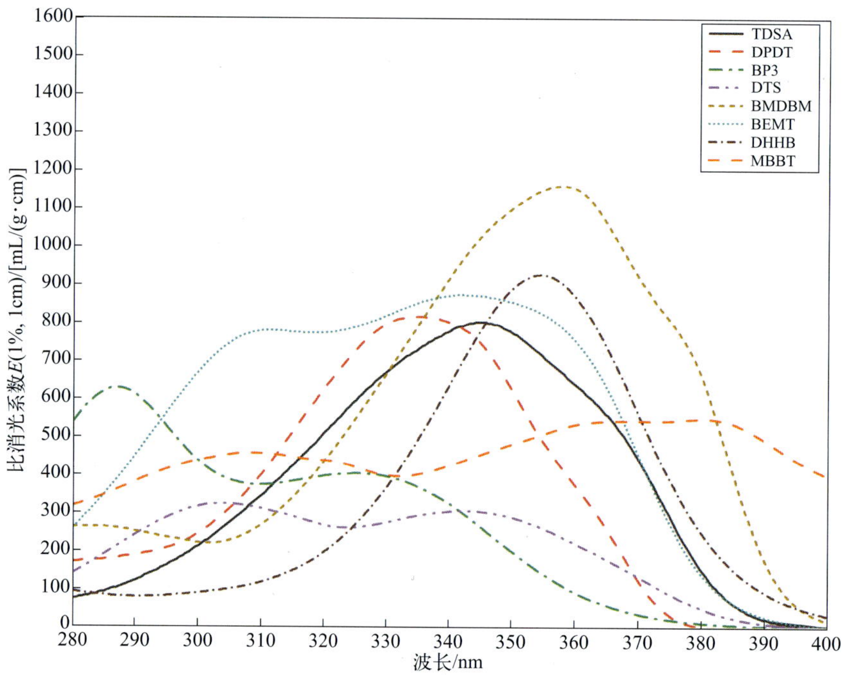

图 5-8　8 种常用 UVA & 广谱有机防晒剂的紫外吸收曲线（280 ~ 400nm）

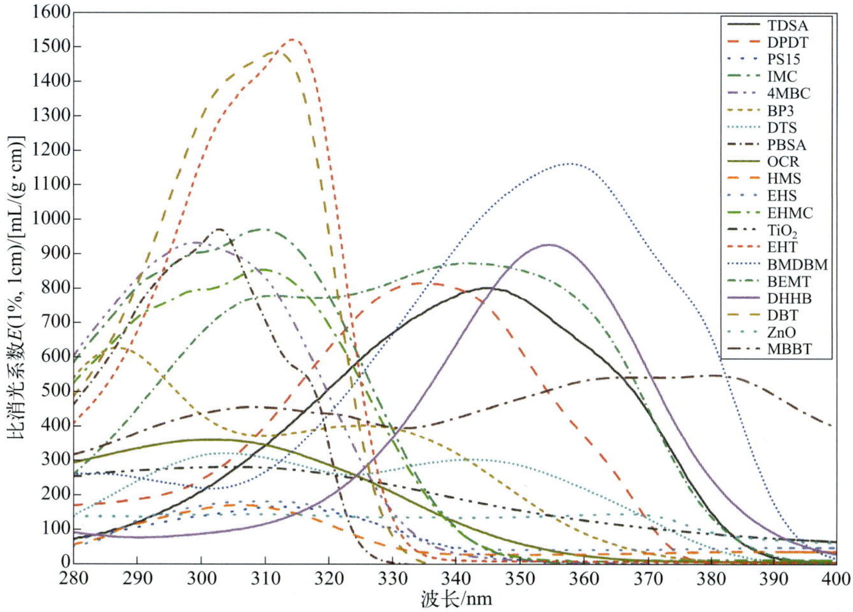

图 5-11　20 种常用防晒剂（整体）紫外吸收曲线

销售分类建议：化妆品
ISBN 978-7-122-49357-6
9 787122 493576
定价：108.00元